教育部人文社会科学研究青年基金项目『清代河官与河政研究』（11YJCZH076）成果

中国博士后科学研究基金资助项目（2012M511638）成果

金诗灿 著

清代河官与河政研究

武汉大学出版社

WUHAN UNIVERSITY PRESS

图书在版编目(CIP)数据

清代河官与河政研究/金诗灿著.—武汉:武汉大学出版社,2016.6
ISBN 978-7-307-14922-9

Ⅰ.清… Ⅱ.金… Ⅲ.河道整治—行政管理—研究—中国—清代
Ⅳ.①TV882 ②D691

中国版本图书馆 CIP 数据核字(2014)第 279387 号

责任编辑:朱凌云 责任校对:汪欣怡 版式设计:韩闻锦

出版发行:**武汉大学出版社** (430072 武昌 珞珈山)
 (电子邮件:cbs22@ whu.edu.cn 网址:www.wdp.com.cn)
印刷:虎彩印艺股份有限公司
开本:720×1000 1/16 印张:24 字数:355 千字 插页:1
版次:2016 年 6 月第 1 版 2016 年 6 月第 1 次印刷
ISBN 978-7-307-14922-9 定价:49.80 元

序　言

张建民

　　20 世纪七八十年代，在彭雨新先生的指导下，我们开始关注、研习中国水利史。当时先生的指导思想是：农业是中国传统社会最重要的经济部门，以中国的自然地理条件，传统农业的发展与水利兴废有着十分紧密、无法分割的关系，因此，要了解、理解中国传统社会经济发展变迁的历史及其机制，不能不从水利问题入手。这看上去简单，并没有刻意设计高深、复杂理论模式的说法，特别是将水利和中国社会直接联系起来，却直截了当地点出了水资源、水利因素对中国传统社会的农业乃至整个经济、传统社会的重要意义，其间无疑蕴含着对中国传统社会的深刻理解。数年间，便有分别以明清时期西北地区的农田水利研究、以明清时期江浙地区的农田水利研究为题的多篇学位论文问世，更有我与先生合作完成的《明清长江流域农业水利研究》著作。其后，在这一思路的指导下，我们没有间断对水利问题的关注，亦鼓励研究生选择与水利史相关的领域撰写学位论文，于是先后有廖艳彬《明清赣江中游地区的水利、环境与地方社会》、王红《两湖平原水事纠纷研究》等博士学位论文，分别对明清时期长江中游的水资源、水利设施与区域社会经济的关联、人地关系演变、水利纠纷的产生、协调进行了较为系统的考察。金诗灿的博士学位论文以清代治河为选题方向亦是这一指导思想延续的结果。

　　治清史者，于康熙皇帝"以三藩及河务、漕运为三大事，夙夜廑念，曾书而悬之宫中柱上，至今尚存。倘河务不得其人，一时漕运有误，关系非轻"之说大凡不会陌生，康熙皇帝所谓三大政事，与

1

水紧密相关者居其二。又，清代黄、淮等河，不少河段之河道即运道，治河亦是治漕，或曰河务即漕务，河政即漕政，以致河工与漕运几不可分。若再进一步言之，运道水源之丰枯、水位之涨落诸因素，又直接、间接影响着沿线的农田灌溉、渍涝问题，则农田水利之义亦在题中。由此可知河政在清朝的重要地位，亦可知清代河政的复杂性，还不难看到河官"其人"之于河务的关键作用。

中国古代很早就有水官之设置，而且，相对于一般的行政官员言之，水官有自己独特的专门技艺。《管子》云："请为置水官，令习水者为吏大夫、大夫佐各一人，率部校长官佐各财足。乃取水左右各一人，使为都匠水工，令之行水道，城郭、堤川、沟池、官府寺舍及州中当缮治者，给卒财足。"①《慎子·外篇》载："古者五行之官，水官得职则能辨其性味，潜而复出，合而更分，皆可辨之。"②"习水"、"辨水"、知水之性，无疑有助于治水、用水。与此相类，清代的河官群体亦有一定的特殊性，至少一部分河官不同程度上带有些许专业官员或技术官员色彩。《清代河官与河政研究》将清代河官视作一个相对独特的整体进行考察，利用大量的资料，包括政书、水利专书、档案、方志、文集等，从河官的培养、选任与考成、治河过程中不同力量对于河政的干预、不同时期河政腐败的发生与发展趋势，到有清一代不同时期河官对于治河所做的努力和探索，进行了较为系统的实证性考察，再现了清代治河的复杂历史过程。在此基础上展开的分析，力图从河官这一专门的视角审视清代的河政及其变化，探讨清代治河成败背后的深层次因素。

在系统考察清代河务的同时，作者通过定量分析和个案研究，对清代河官做出评价，肯定了河官在治河中的作用，对以前研究未曾涉及或较少涉及的方面予以重点论述，提出自己的新观点，体现在对康熙中后期治河问题的反思，对雍正、嘉庆、道光年间河政的分析，对安东改河等问题的探讨、晚清治河分歧的梳理斟酌等。作

---

① 《管子》卷第十八。
② 《慎子》。

者还用相当的篇幅讨论清代治河中的权力纷争，就皇帝、中央官员、漕运总督及地方督抚对治河事务的干预及其影响进行了详细剖析，将清代治河过程中的种种矛盾呈现出来，以期能够全面理解清代河政之得与失。此外，对于学术界的某些成说，如靳辅治河方略的得失、黄河划段而治的利弊、南河与东河的关系、清代河工经费的庞大数额及不断增长的原因等，亦以实证考察为基础，综合考量，给出了自己的判断。

论著虽然以"河官与河政"为名，作者考察的对象却未局限于文献记载中的专职"河臣"，上至皇帝、部院大臣，下至河道总督、地方督抚、地方其他河印官员，凡是与河务相关的官员，无不在考察之列，这一点正是清代河务管理的特征之一。而且，除了有职位之官，还将视野扩及实际上承担治河工役的河兵与夫役，而对基层兵丁夫役的关注，使得我们对清代河防体系的认知更加立体，结合书中关于河工经费、河漕关系、河政腐败等方面的分析考察，大体上可以得到清代河务制度的基本面相。

另一方面，对于历史学者而言，研究水利史并非易事，不仅需要具备历史学等人文社会科学专业知识，还需要掌握必要的河流、水利工程及技术等专业知识，若有欠缺，就很可能成为准确认识某些相关问题的局限。中国传统社会向有"有治人无治法"之说，与之相伴的往往是人亡政息的现象。清代河官与河政，应是治人与治法关系展现得颇为充分的领域，对此，应该还有继续探讨的余地。

《孟子》载："白圭曰：丹之治水也愈于禹。孟子曰：子过矣。禹之治水，水之道也。是故禹以四海为壑，今吾子以邻国为壑。水逆行，谓之洚水。洚水者，洪水也，仁人之所恶也。吾子过矣。"① 贾谊之治河三策更为治水者众所周知。当今之世，水问题不仅更加突出，且愈益复杂，成为世界性难题。中国治水数千年，其间不乏有识之士、睿智高见，功业政绩更是层出不穷，然见仁见智，值得研讨者尚多。《清代河官与河政研究》正是诸多研讨成果之一，相信会有助

———————————

① 《孟子》卷十二《告子章句下》。

于相关论题的深化。

　　此书乃作者在其博士学位论文的基础上，又经过博士后阶段的修改补充而后完成的，在即将付梓之际，写下初读书稿的一些感想，是为序。

2014 年 12 月于珞珈山

目　录

引　言 ……………………………………………………………………… 1

　　一、选题的缘由和意义 ……………………………………………… 1

　　二、学术史的回顾与评价 …………………………………………… 3

　　三、主要研究方法 …………………………………………………… 26

第一章　河官沿革与清代专业河防体系的构建 ……………………… 27

　　一、清代以前的河官设置 …………………………………………… 27

　　二、清代河官的设置与沿革 ………………………………………… 33

　　三、清代河工夫役的设置与沿革 …………………………………… 50

第二章　清代治河体系中的权力关系 ………………………………… 73

　　一、河道总督与皇帝 ………………………………………………… 74

　　二、河道总督与漕运总督 …………………………………………… 85

　　三、河道总督与地方督抚 …………………………………………… 88

　　四、河官与部院 ……………………………………………………… 101

　　五、河官与印官 ……………………………………………………… 109

第三章　清代河官的选任与考成 ……………………………………… 113

　　一、清代河官的选任 ………………………………………………… 113

　　二、清代河官的考成 ………………………………………………… 140

　　三、清代河道总督的群体性结构考察 ……………………………… 151

第四章　清初至乾隆时期的河政 ……………………………………… 164

　　一、河政败坏与漕运受阻 …………………………………………… 164

二、河道规制渐趋完善……………………………………… 173

三、河工经费的收支管理……………………………………… 222

四、清初河工弊政的表现及原因分析……………………… 230

第五章　乾隆中后期至嘉道咸时期的河政……………… 245

一、河道形势恶化……………………………………………… 245

二、河工弊政日趋严重………………………………………… 254

三、河工用银急剧增加及其原因……………………………… 264

四、治河的固守成法与尝试…………………………………… 278

五、对黎世序治河的个案考察………………………………… 292

第六章　咸丰朝铜瓦厢决口之后的河官与河政………… 309

一、南河机构的裁撤和东河机构的变更……………………… 309

二、河工经费的缩减…………………………………………… 315

三、河官和河兵的频繁调动…………………………………… 324

四、河工弊政的延续…………………………………………… 325

五、铜瓦厢决口后的治河争议………………………………… 329

结　语………………………………………………………… 349

参考文献……………………………………………………… 354

后　记………………………………………………………… 375

引　言

一、选题的缘由和意义

河官是中国传统社会官僚系统的一个特殊组成部分。他们并非一般意义上的官僚。一般官员主要处理人与人之间的关系，包括各类社会、经济、军事问题，而河官的主要工作对象是给人们的生存与发展带来重大影响的自然因素——河流，以及与之相关的其他问题。在清代，河官的主要任务是治理黄河①河道、修筑堤坝、抢险堵口，从而保证漕运通道的畅通。

选择清代的河官与河政作为研究对象，其原因有二：

第一，中国自古以来自然灾害多发，其社会发展进程一直与灾害相伴随。在各类自然灾害中，以水灾为最。管仲言："善为国者，必先除其五害。""五害之属，水最为大。五害已除，人乃可治。"② 道出了治水对于国家统治的重要作用。防治水灾是中国传统社会一项重要的国家职能，甚而有学者认为中国国家形态的出现就是为了更好地集中力量进行水患的防治。③ 当然，这种观点并不一定恰当，但从中亦可看到治水在传统中国社会的重要作用。要治水，就要"置水官，令习水者为吏"④，即在政府机构内设置专管水利的官员，任用熟悉

---

① 河官存在于黄河、运河及其他重要河段，本书以黄河问题为研究中心，故本书河官专指黄河河官。

② 管仲：《管子》，北京：燕山出版社1995年版，第383页。

③ ［美］卡尔·A.魏特夫著，徐式谷、奚瑞森、邹如山等译：《东方专制主义：对于极权力量的比较研究》，北京：中国社会科学出版社1989年版。

④ 管仲：《管子》，北京：燕山出版社1995年版，第384页。

治水业务的人，并配置技术人员负责具体的治水工作。

与其他官僚不同，河官的职责是处理河务，河官必须识水之性，因此，在专业素养方面有一定的要求。"河工本系专门之学，非细心讲求，躬亲阅历，不能得其奥窍。"① 中国历代王朝大多设有治河的官员。随着社会政治形态和经济形态的变化、王朝的更迭交替，负责治河的官僚体制不断变化、调整，并逐步完善。明代出现了总河一职。清承明制，河官体制趋于成熟、完善。晚清时期，官僚体制调整频繁，河官体制也发生了一些变化。陈锋指出，清代"既是传统社会的终结，也是新时代的开始"②。那么，清代河官制度与以前比较，存在哪些不同？河官是如何进行选任与考成的？河官在清代官僚系统中处于一种什么样的位置？河官与官僚体制中的其他系统是一种什么样的关系？这些问题，有待进行深入考察。对这些问题的研究，将有助于更加完整、系统地理解清代整个官僚体系，同时，对于今天技术官员的选任也有一定的借鉴意义。

第二，隋唐以前，治河的主要目的是防止水患。隋唐以降，治河在防止水患的同时又增加了漕运的功能。明清时期，漕运主要依赖于运河，明末黄河改道，对漕运的影响更大。因此，清朝定鼎中原之后，对关系漕运命脉的河务空前重视。康熙曾言："朕听政以来，以三藩及河务、漕运为三大事，夙夜厪念，曾书而悬之宫中柱上，至今尚存。倘河务不得其人，一时漕运有误，关系非轻。"③ 鉴于上述原因，清廷投入了巨大的人力、物力、财力，建立了一套官僚机构和一系列规章制度，从物料采办到河堤修守，都有具体的法制约束和规范。但是，在清代河工制度越来越严格的情况下，为什么河务却自康熙以降每况愈下？有的研究者将其归结为河官无能，认为清朝"两百余年间受命治河，绰有方略者，惟靳辅一人而已。余如朱之锡、齐

---

① 李鸿章：《李文忠公奏稿》卷79《勘筹山东黄河会议大治办法折》，《续修四库全书》第508册，上海：上海古籍出版社2002年影印本，第684页。

② 陈锋：《清代财政政策与货币政策研究》，武汉：武汉大学出版社2008年版，第16页。

③ 《清实录》第5册《圣祖实录（二）》卷154康熙三十一年（1692年）二月辛巳，北京：中华书局1985年影印本，第701页。

苏勒、嵇曾筠、丁宝桢等均无著绩可考"①。有的研究者将其归结于贪污腐败、河政废弛，也有学者提到了环境变迁而导致的河道形势的恶化等原因。那么，这些因素之间的内在联系是什么？清初到清末，河政到底经历了什么样的变化与发展？河官到底扮演着一种什么样的角色？本书将着力对上述问题进行探索与研究，以期能够为人们认识清代河官、河政等相关问题带来一些新启发。

二、学术史的回顾与评价

（一）20 世纪上半叶的研究状况

清朝于公元 1911 年灭亡，其两百多年的历史成为后世史家研究的重要内容。鉴于河务在清朝国务中的重要地位，其不可避免地成为史家关注的一个焦点。加上民国成立后，政局不稳，战乱频仍，未能尽全力对黄河进行整治，与晚清相比，河务并无显著好转。1931 年江淮发生大洪水，1933 年黄河下游多处决口，给沿河居民的生命财产安全造成了巨大的损失。历史和现实的双重需求，促使学者们更加关注清朝河政研究。

与此同时，一批水利杂志的创办也为相关研究的开展提供了平台。1928 年，华北水利委员会主办的《华北水利月刊》创刊。②1931 年 7 月，中国水利工程学会创办的《水利》月刊创刊，成为中国第一份水利技术专刊，"专载关于水利之论著、计划、译著、时闻等文字"③。1934 年，黄河水利委员会主办的《黄河水利月刊》创刊。④ 这些杂志的出版带动了水利史研究的开展。比如，《水利》月

---

① 尹尚卿：《明清两代河防考略》，《史学集刊》1936 年第 1 期。

② 该杂志于 1937 年停刊。

③ 该刊于 1948 年 3 月停刊。陈国达等主编：《中国地学大事典》，济南：山东科学技术出版社 1992 年版，第 608 页。

④ 民国 23 年（1934 年）1 月在开封创刊，16 开本。至民国二十五年（1936 年）年底终刊，共出版 36 期。黄河水利委员会黄河志总编辑室编：《黄河志 11 黄河人文志》，郑州：河南人民出版社 1994 年版，第 455 页。

刊共出版 4 期"黄河"专号，刊载了多篇有价值的清代治河史论文。①

　　这一时期，一批涉及清代治河问题的专著相继问世。1926 年，林修竹、徐振声的《历代治黄史》一书出版。该书"大事表"对黄河史上的决口、堵口、官司建置、重要奏疏等进行了记述，其中有关清代的记载最为详细。林修竹还对一些重要事件作出评价，比如他认为铜瓦厢决口不具有必然性，若能及时堵塞，就不会改道，或者可以延缓改道的时间。② 1932 年，张念祖《中国历代水利述要》一书出版。该书第八章《清之水利》以人为纲，对清代水利史上的重要人物及其治绩进行了叙述。③ 1935 年，武同举《河史述要》发表。他认为，清初河道败坏，至靳辅河道大治，乾隆三十年以前河道尚属小康，至嘉庆以后，河道败坏，已经无法挽救。④ 1935 年，张含英《历代治河方略述要》一书出版。该书对历史上的治水名人大禹、贾

---

　　① 《水利月刊·黄河专号》为《水利月刊》的第 6 卷 1、2 两期合刊，民国二十三年（1934 年）2 月出版。该专号载有黄河水利委员会李赋都、王应榆、武同举、朱延平、张含英等写的治河论著等。《水利月刊·黄河堵口专号第一集》，为《水利月刊》的第 9 卷第 4 期，民国二十四年（1935 年）10 月出版。该专号载有宋希尚写的冯楼堵口实录、恽新安等写的贯台堵口实习报告、车石段大堤堵口护岸实习报告和李仪祉写的论德国堵塞决口法。《水利月刊·黄河堵口专号第二集》为《水利月刊》的第 10 卷第 2 期，民国二十五年（1936 年）2 月出版。该专号载有董庄堵口视察报告、郑耀西写的黄河堵口工程概论、贯台堵口纪实、薛履坦写的启家滩堵口始末、张炯写的中牟大工始末、戴祁写的祥符大工始末、恽新安写的咸丰五年至清末黄河决口考。《水利月刊·黄河堵口专号第三集》为《水利月刊》的第 10 卷第 5 期，民国二十五年（1936 年）5 月出版。该专号载有栗宗高写的清顺康雍三朝河决考、薛履坦写的乾隆黄河决口考、骆腾写的嘉道两朝河决考、戴祁写的睢工始末和濮阳大工记。（黄河水利委员会黄河志总编辑室编：《黄河志 11 黄河人文志》，郑州：河南人民出版社 1994 年版，第 455~456 页。）
　　② 林修竹、徐振声：《历代治黄史》，山东河务总局 1926 年版。
　　③ 张念祖：《中国历代水利述要》，华北水利委员会图书室 1932 年印行。
　　④ 见载《国学论衡》1933 年第 2 期、1935 年第 5 期、1935 年第 6 期、1936 年第 7 期，《水利》1934 年第 6 卷 1、2 合期。《河史述要（续）》载于《生力月刊》1936 年第 5 期。全文载于《江苏研究》1935 年第 7 期。

让、贾鲁、潘季驯、陈潢及时人李仪祉的治河思想进行了论述和评价。作者在第六章中通过对《河防述言》的分析，指出陈潢的治河理论已经达到了当时的顶峰，如果能够结合后来治河技术的发展，完全可以达到新的高度，成为"今日之治河计划"，取得黄河治理的成功。① 同年，沈怡、赵世暹、郑道隆编著的《黄河年表》一书出版，该书用表格的形式将数千年黄河史上的大事进行了考述，并对职官沿革进行了提示，该书考证翔实，所述皆有出处，有重要的参考价值。②

1936 年，张含英的论文集《治河论丛》由国立编译馆出版。该书收录了作者 1925 年至 1935 年的 15 篇文章，其中多篇涉及清代治河的相关问题。《视察黄河杂记》（写于 1932 年 12 月）一文对铜瓦厢决口后清代河防及河工经费等问题进行了分析。《治河策略之历史观》（写于 1934 年 9 月）一文对清代的治河方略进行了分析，指出清代沿袭明代治理黄河的道路，以加固堤防为首善之策；靳辅对明代的河防政策进行了一定的完善，但靳辅之后清代治河专事"防险"一种途径，再无创新。在《五十年黄河话沧桑》一文中他对铜瓦厢决口之后清代山东地区的河防进行了记载和分析，指出铜瓦厢改道之后山东河务有了一定的好转，但到了光绪末年，河政腐败加剧，治河成效低下。③

1938 年，郑肇经《中国水利史》一书由上海商务印书馆出版。该书简明扼要地对上起尧舜、下迄近代的水利发展过程做了论述。全书共分"黄河""扬子江""淮河""运河""永定河""灌溉""海塘""水利""水利职官"等章。这是近代第一部中国水利史论著④，

① 张含英：《历代治河方略述要》，上海：商务印书馆 1936 年版。
② 沈怡、赵世暹、郑道隆：《黄河年表》，军事委员会资料委员会 1935 年版。
③ 张含英在 20 世纪上半叶先后出版了专著《治河论丛》（上海：商务印书馆 1936 年版）、《黄河水患之控制》（上海：商务印书馆 1938 年版）、《历代治河方略》（上海：商务印书馆 1945 年版）。这几部书的出版，代表着 20 世纪上半叶水利史研究的最高水平。
④ 行龙：《从"治水社会"到"水利社会"》，《走向田野与社会》，北京：三联书店 2007 年版。

"集前人水利著作之大成，对研究中国水利史有重要的参考作用"①。
全书对清代的河官与河政做了简要的介绍。1940年，他的另一本著作《中国之水利》出版。该书第一章"水政"及第二章"黄河"对于清代黄河的治理机构和治绩进行了说明。②

另外，由于清代黄河铜瓦厢改道之前与淮河在清口以下为同一河道，因此，许多有关淮河的研究也涉及黄河。重要的如武同举所著《淮系年表全编》③和《江苏水利全书》④，前书第三册"清代淮系年表"，后书第二编"淮附旧黄河史略"等包含清代清口以下黄河的水患及治理大事。

这一时期关于清代河官与河政的研究论文内容主要涉及清代黄河的决口及其原因的探讨、治理黄河的方略等，文章多以对史实的整理和考证为主。1936年，《水利》杂志"为前车借鉴计，乃有纂辑清代黄河决口史之发起"，刊载了一系列有关清代水患问题的文章，其中包括粟宗嵩《清顺康雍三朝河决考》、薛履坦《清乾隆朝黄河决口考》、骆滕《清嘉道两朝河决考》、恽新安《咸丰五年至清末黄河决口考》⑤。这4篇文章按照时间顺序对于清代黄河决口、堵口及其相关问题进行了详细的考证，有重要的参考价值。另外戴祁《黄河祥符大工始末记》、《睢工始末记》⑥，张炯《黄河中牟大工始末记》⑦，分别对清代的几次重要堵口工程及其过程进行了详细的叙述。张了且《历代黄河在豫泛滥纪要》对黄河数千年来在河南境内的泛滥历史进

---

① 周谷城、叶世昌主编：《中国学术名著提要：经济卷》，上海：复旦大学出版社1994年版，第749页。
② 郑肇经：《中国之水利》，上海：商务印书馆1951年版。
③ 武同举：《淮系年表全编》，民国二十八年（1939年）刊本。
④ 武同举：《江苏水利全书》，南京水利实验处1949年印行。
⑤ 前3篇文章均载于《水利》1936年第10卷第5期。恽文载《水利》1936年第10卷第2期。这4篇文章后来被收入《历代治黄文选》（下册），郑州：黄河水利出版社1989年版。
⑥ 分载于《水利》1936年第10卷第2期、第10卷第5期。
⑦ 张炯：《黄河中牟大工始末记》，《水利》1936年第10卷第2期。

行了考订，由于文字所限，内容稍显简略。①

一些文章对治水人物进行了研究。张家驹《清康熙之治水》对清初康熙年间靳辅对清口和海口的治理，康熙南巡与治河的关系，康熙年间治水职官的设置进行了论述，并附靳辅、张鹏翮事迹于后。该文资料翔实、论证公允，是研究清代康熙治河活动的一篇好文章。②另外，王楚材、侯仁之的文章分别对栗毓美③、陈潢、靳辅④的治河实践与思想进行论述。尹尚卿《明清两代河防考略》一文对靳辅治河的经过进行了叙述，同时，该文还对铜瓦厢改道过程进行了叙述，认为清廷疏于修守是导致黄河改道的重要原因。⑤

对于清代的水利行政制度，也有文章进行了论述。1934 年，叶遇春发表《历代水利职官志》，程瑞霖发表《中国的水利行政制度》。前者对于中国古代水利职官进行了概括性的研究，涉及清代河工经费、夫役、堤坝等项⑥，后者重点放在了对国民党时期水利行政制度的批判上，对清代水利行政制度亦做了评价。⑦

除此之外，这一时期的文献整理工作也值得重视。1936 年年初，国民政府全国经济委员会下属水利委员会成立了整理水利文献委员会，聘请武同举、赵世暹等人从事水利历史文献的编辑工作。1937 年委员会西迁重庆，改称编译组，后又改称整理水利文献室。其主要成果是编成《再续行水金鉴》的初稿并部分出版，编成《中国水利国书提要》等。

（二）20 世纪中叶以来的研究状况

新中国成立后，随着水利事业的扩展，关于水利史的研究不断升

---

① 张了且：《历代黄河在豫泛滥纪要》，《禹贡》1935 年第 4 卷第 6 期。
② 张家驹：《清康熙之治水》，《民族》1936 年第 4 卷第 2 期。
③ 王楚材：《清代栗恭勤公》，《西北公论》1942 年第 3 卷第 2 期。
④ 侯仁之：《陈潢治河》，（上海）《大公报史地周刊》1937 年 3 月 9 日第 126 期第 12 版；《靳辅治河始末》，《史学年报》1936 年第 2 卷第 3 期。
⑤ 尹尚卿：《明清两代河防考略》，《史学集刊》1936 年第 1 期。
⑥ 叶遇春：《历代水利职官志》，《国风半月刊》1934 年第 4 卷第 5 期。
⑦ 程瑞霖：《中国的水利行政制度》，《文化建设》1934 年第 1 卷第 1 期。

温，使得清代治河研究上升到了一个新的层次。不过，从研究成果上来看，新中国成立初期水利史的研究基本处于停滞状态，期间虽对清代故宫档案，包括水旱、防洪、航运、灌溉等资料进行过整理，但主要停留在整编阶段。值得注意的是岑仲勉的《黄河变迁史》，该书第十四节对于清代河防、河患、治河主张、治河技术、行政管理以及河工腐败问题都有论述。① 侯仁之《陈潢——清代杰出的治河专家》一文对陈潢的治河经历进行了详细的剖析，指出陈潢继承了潘季驯束水攻沙的理论，又提出了全面治理黄河的观点，较之潘季驯的理论有所发展。② 张家驹《论康熙之治河》认为康熙为了保护漕运、减轻关内人民的抗清斗争决定治河，且颇有成效。③ 中国台湾地区的申丙④和沈怡⑤两位学者的研究成果也值得注意。

20 世纪 70 年代后半期，水利史研究的环境逐渐好转。1979 年，于 1966 年停办的《黄河建设》更名为《人民黄河》，在郑州出版发行。《人民黄河》开辟了“黄河史研究”专栏，为相关研究创造了非常有利的条件。自 1979 年至 1995 年，该专栏刊载了 60 余篇文章，其中约一半是专门研究清代黄河问题的。⑥ 1982 年，中国水利史研究会在都江堰所在地四川灌县成立。⑦ 1983 年，《黄河史志资料》在郑州创刊。1993 年，中国水利史研究基金设立，成立了中国水利史

---

① 岑仲勉：《黄河变迁史》，北京：人民出版社 1957 年版。

② 该文首发于《科学史集刊》1959 年第 2 卷，后收录于王毓蔺编《侯仁之学术文化随笔》，北京：中国青年出版社 2001 年版。

③ 张家驹：《论康熙之治河》，《光明日报》1962 年 8 月 1 日。

④ 申丙：《黄河源流及历代河患考》，《学术季刊》1956 年第 5 卷第 1 期。《历代治河考》，《学术季刊》1956 年第 5 卷第 2 期。《黄河河工考》，《学术季刊》1957 年第 5 卷第 4 期。《黄河堤工考》，《大陆杂志》1959 年第 18 卷第 10 期。《黄河堤工考（下）》，《大陆杂志》1959 年第 18 卷第 11 期。申丙：《黄河通考》，台湾《中华丛书》编写委员会 1960 年版。

⑤ 沈怡：《黄河问题讨论集》，台湾：“商务印书馆”1971 年版。

⑥ 贾国静：《二十世纪以来清代黄河史研究述评》，《清史研究》2008 年第 3 期。

⑦ 中国史学会《中国历史学年鉴》编辑部编：《中国历史学年鉴 1983》，北京：人民出版社 1983 年版，第 307~308 页。

研究基金会。① 与此同时，作为中国水利史研究重镇的中国水利水电科学研究院水利史研究室的发展也进入了一个新阶段。姚汉源教授提出水利史研究是自然科学与社会科学的边缘学科之一，水利史不仅要注重学科自身的基础研究，也应当注重为现代水利建设服务。水利史的研究以一种喷薄而发的形势出现，涉及清代相关问题的研究也逐渐增多。

这一时期的清代治河研究，突破了 20 世纪上半叶以资料整理和考证为主的局限，开始在理论分析和探索方面向纵深发展。1979 年，《中国水利史稿》开始分册出版②。该书下册第十章和第十一章对清代黄河的治理进行了研究，指出明隆庆至清乾隆前期，是黄河下游堤防建设的一个高潮。这一时期，传统的河工理论日益完备，河工技术高度成熟和普及。到了清后期，黄河治理日益混乱，河道日梗，清口淤塞，入海不畅，河工腐败严重，河官更迭频繁，导致治河经费猛增，而河防日益松弛，最终导致黄河于咸丰年间在铜瓦厢改道。1982 年，《黄河水利史述要》一书出版。该书第九、十两章全面讲述了清代的河患及其治理，并对清代的堵口技术进行了分析。同时，该书对清代未曾担任河官的一些重要人物的治河观点进行了论述，认为这些议论和见解虽然在当时未被采纳，但有些观点对今天治河仍有借鉴之处。1986 年 2 月，张含英的《明清治河概论》一书出版。该书对明清时期的治河方略等问题进行了梳理，从水沙关系、筑堤与分流、改道与否、调整河漕的举措等诸方面对明清时期不同治水方略进行了比较。1987 年，姚汉源《中国水利史纲要》由水利电力出版社出版，该书对清代黄河的河患及其治理进行了论述，对于靳辅及其以后的治河进行了评价，认为靳辅治河以后，河工重防不重治，防又重在堵口，河务并无起色。2008 年，周魁一的《中国科学技术史：水利卷》出版，该书是 20 世纪中国

① 《中国水利史研究基金会简介》，《黄河史志资料》1993 年第 3 期。

② 全书分上、中、下三册。上册由两院联合编写，于 1979 年 8 月出版。中册由武汉水电学院编写，于 1987 年 6 月出版。下册由水利水电科学研究院编写，于 1989 年 1 月出版。各册均由水利电力出版社出版。

水利史研究的总结性著作，对清代的治河方略与规划、堵口技术等也多有涉及。①

　　另外值得提出的著作还有沈百先的《中华水利史》②。该书第六章对中国古代水利行政制度沿革进行了详细叙述。1996 年，孙保沭《中国水利史简明教程》③ 第七章在谈及康熙朝河政时指出，靳辅治河的成果维持了几十年，下至乾隆时期黄河形成了小康局面，而后来者不过是遵守靳辅成规、修堤堵口而已，法规制度和技术创新也大多是在这一时期。除此之外，杜省吾的《黄河历史述要》④、顾浩的《中国治水史鉴》⑤ 也对清代治河的相关问题进行了研究。

　　除了专著之外，许多论文也对清代河官与河政进行了研究。清代治河中枢机关为河道总督衙门。关于清代河道总督衙门的建置与沿革，很多职官史及制度史的相关著作中或多或少会有涉及。⑥ 很多论文也对清代河官制度进行了探讨。颜元亮《清代黄河的管理》从河官设置、任人制度、工程修防以及经费管理等方面论述了清代黄河的管理体制。文章指出，因为河工关系重大，清代给予河官很高的待遇，同时，清朝在河工上的奖惩制度颇为严厉；河员的升调主要靠保举；清代黄河的修守已经有一套比较完整的办法，只是在实践中未能

---

① 郭书春：《中国科学技术史研究概况》，载张海鹏主编：《中国历史学30 年：1978—2008》，北京：中国社会科学出版社 2008 年版。

② 沈百先：《中华水利史》，台湾："商务印书馆" 1979 年版。

③ 孙保沭：《中国水利史简明教程》，郑州：黄河水利出版社 1996 年版。

④ 杜省吾：《黄河历史述要》，郑州：黄河水利出版社 2008 年版。

⑤ 顾浩：《中国治水史鉴》，北京：中国水利水电出版社 2006 年版。

⑥ 如 1984 年，韦庆远在《中国政治制度史》（北京：中国人民大学 1985年版）简述了清代河道总督的沿革，认为河道总督是跨省的专职领导河工事务的总督，属于地方行政制度的范畴。吴宗国在《中国古代官僚政治制度研究》（北京：北京大学出版社 2004 年版）一书中将河道总督划入理事机构中，对河道总督及其属官的沿革进行了简单的说明。王志明在《雍正朝官僚制度研究》（上海：上海古籍出版社 2007 年版）一书第三章第三节 "河缺题补" 中专门对雍正时期的河官选拔进行了说明，指出河官的选拔在雍正时期不同于一般官员的选拔，在制度层面有着显著的特色。另外一些研究古代运河的著作在涉及清代时也会对河道总督进行介绍。

有效地贯彻执行。① 张轲风《清代河道总督研究初探》一文对河道
总督的建置沿革、职能、管辖区域、考成、选用、品阶、俸禄、奖惩
等方面都有涉及，还将河督与沿河地方督抚之间的关系以及内部的职
能协调等进行了分析，认为清代河务三方共管的体制影响了治河的成
效，该文视角全面。② 姚树民《清代河道总督的综合治理功能》认
为河道总督除了管理河道之外，还具有维护治安、催赶漕船、祭天敬
神、设仓济民、会审案狱等多种职能。③ 赵玉政、张荣仁《驻济治河
中枢及其他》对河道系统在济宁的机构设置进行了叙述。④ 曹金娜
《清初河务机构中管河都水分司探析》对清初中河、南旺、夏镇等七
个管河分司的裁撤进行了叙述，以此探讨清初治河政策的演变，并论
及清代满汉任官的变化。⑤ 丁建军《论靳辅对河道管理机构的革新》
对靳辅任职河道总督后实行的一系列措施进行了分析，认为靳辅简化
了河官系统，强化了河官与地方官的河工职责，创建了河营，完备了
河道管理机构的组成系统，形成了文武河官共同承担河工的局面。⑥
周魁一《黄河减灾的历史与现状》一文认为从康熙年间开始，清代
管河武职系统不断得到加强，河兵逐渐增多并超过河夫的数量，从而
使河防系统成为专业化的防洪军事部队。⑦

学者们对清代河政问题的研究，对康熙、雍正、乾隆时期的河
政，基本上持肯定态度，而对此后嘉庆直至清末的河政，基本上持否

① 载中国科学院水利电力部水利水电科学研究院《水利史研究室五十周
年学术论文集》，北京：水利电力出版社 1986 年版。
② 张轲风：《清代河道总督研究初探》，华中师范大学 2005 年硕士论文。
③ 姚树民：《清代河道总督的综合治理功能》，《聊城大学学报（社会科学
版）》2007 年第 2 期。
④ 赵玉政、张荣仁：《驻济治河中枢及其他》，《济宁师范专科学院学报》
2004 年第 2 期。
⑤ 曹金娜：《清初河务机构中管河都水分司探析》，《华北水利水电学院学
报（社科版）》2009 年第 4 期。
⑥ 丁建军：《论靳辅对河道管理机构的革新》，中南民族大学 2003 年硕士
论文。
⑦ 周魁一：《黄河减灾的历史与现状》，《水利的历史阅读》，北京：中国
水利水电出版社 2008 年版。

定态度。①

　　康熙时期是清前期河工制度的奠基与形成期，关于这一阶段的研究成果比较集中。李光泉《试论清初的黄河治理》对顺康雍时期的黄河治理进行了分析。② 李鸿彬《论康熙之治河》以具体治河工程为实例论证了康熙的治河功绩。③ 刘德仁《论康熙的治河功绩》从康熙的治河缘起、治河规划与治河实践几个方面对康熙的治河给予了较高评价。④ 商鸿逵《康熙南巡与治理黄河》就康熙南巡期间对黄河问题的关注以及靳辅治河当中遇到的问题进行了剖析，指出康熙治河成绩斐然，但是，在处理崔维雅与靳辅等人的矛盾和淮扬七州县屯田之事的过程中的不当，使得治河成绩打了一定的折扣。⑤ 王萍《康熙帝与水利工程》一文以《清圣祖实录》为主要资料来源，对康熙

---

　　① 见蒋兆成、王日根：《康熙传》，北京：人民出版社 1998 年版；冯尔康：《雍正传》，北京：人民出版社 1985 年版；唐文基、罗庆泗：《乾隆传》，北京：人民出版社 1994 年版；关文发：《嘉庆帝》，长春：吉林文史出版社 1993 年版。陈桦《18 世纪的中国与世界：经济卷》（沈阳：辽海出版社 1998 年版）中指出乾隆中后期，黄河大决口接连出现，间隔时间缩短，耗资越来越大，与此同时，长江及其他地方的水利工程拨款也是越来越多，对清廷财政产生了重要的影响。关文发《嘉庆帝》（长春：吉林文史出版社 1993 年版）一书第四章对嘉庆时期的治河进行过探讨，认为嘉庆帝的保守与被动治理，整个河官队伍素质的低下影响了其治河举措实施的成效。杨杭军《走向近代：清嘉道咸时期中国社会走向》（郑州：中州古籍出版社 2001 年版）一书认为嘉道咸时期的河工腐败不仅对河政产生了非常消极的影响，也影响到王朝统治机制的效率。康沛竹《灾荒与晚清政局》（北京：北京大学出版社 2002 年版）认为清政府虽然加大了河工投入，但大量的河防经费并没有真正用于河防工程。朱诚如主编的《清朝通史》（北京：紫禁城出版社 2003 年版）认为嘉庆朝的黄河治理依然停留在灾后防治的被动层面上。张艳丽《嘉道时期的灾荒与社会》（北京：人民出版社 2008 年版）一书在"嘉道时期的社会状况"一章对嘉道时期河道形势的恶化及河工的腐败情况进行过介绍。
　　② 李光泉：《试论清初的黄河治理》，云南师范大学 2005 年硕士论文。
　　③ 李鸿彬：《论康熙之治河》，《人民黄河》1980 年第 6 期。
　　④ 刘德仁：《论康熙的治河功绩》，《西南民族大学学报（人文社科版）》1981 年第 2 期。
　　⑤ 商鸿逵：《康熙南巡与治理黄河》，《北京大学学报》1981 年第 4 期。

的治河经历进行了叙述。① 孙琰《清朝治国重心的转移与靳辅治河》认为康熙初年对河防问题的高度重视标志着清朝以军事为重心向以经济为重心的治国方略的转移，这也直接促使了靳辅治河的出现，靳辅治河其所完成的工程保证了南粮北运，便利了人民交通和贸易往来。②

雍正、乾隆时期大致延续了康熙时期的治河方略。阚红柳、张万杰《试论雍正时期的水灾治理方略》将雍正时期的治河分为修筑堤坝、建官护理两个阶段。同时，该文还列举了雍正时期治河的具体措施，对其优缺点进行了评价。③ 曹松林、郑林华《雍正朝河政述论》对雍正时黄河水患、河官队伍整饬、河工经费支出和工程建设进行了研究，对职官设置、修防条例、考成保固等河工制度建设进行了分析，对雍正朝河政给予充分肯定，同时又指出雍正朝为清代后期河工机构膨胀埋下隐患。④ 徐凯、商全《乾隆南巡与治河》对康熙、乾隆祖孙二人南巡时的治河活动进行了研究，认为这对清前期社会的发展有着重要的积极影响。⑤

嘉庆、道光年间，河政呈现出与清前期不同的发展态势，河政与社会经济的联系显得日益密切，很多研究也将此作为清朝统治衰落的重要标志之一，对嘉庆、道光时期的河政给予了非常多的关注。王振忠《清代河政与社会》一文对清代中后期的河政弊端进行了探讨和分析，对河政中的贪污腐败种种现象进行了揭露。他指出，清代河政

① 王萍：《康熙帝与水利工程》，载台湾"中央研究院近代史研究所"编：《近代中国初期历史研讨会论文集》（上册），台北："中央研究院近代史研究所"1988年版。

② 孙琰：《清朝治国重心的转移与靳辅治河》，《社会科学辑刊》1996年第6期。

③ 阚红柳、张万杰：《试论雍正时期的水灾治理方略》，《辽宁大学学报》1999年第1期。

④ 曹松林、郑林华：《雍正朝河政述论》，《江南大学学报（人文社会科学版）》2007年第2期。另见曹松林：《雍正朝河政研究》，湖南师范大学2007年硕士论文。

⑤ 徐凯、商全：《乾隆南巡与治河》，《北京大学学报》1990年第6期。

的种种弊端，给清代漕运和盐政带来了很消极的影响，影响到了漕运和盐政的正常运行；同时，河工连年大修，使沿河居民大量流失，城镇趋于衰落，社会不稳定因素增加，在某种程度上加剧了清王朝的衰落。① 周魁一在《关于编纂〈清史水利志〉的调研与设计》一文中分析了乾隆以降清代河患不绝的原因：清代中央集权政府的管理能力下降，使得像黄河这样直接由政府管理投资的巨大工程受到很大影响，与此同时，河工物料加价、赔修制度，使得河政愈加混乱，成为贪腐之渊薮，无药可救。② 王质彬、王笑凌《清嘉道年间黄河决溢及其原因考》认为嘉道年间河道淤积、用人不当、墨守成规、贪污浪费等弊端，使"受病日深"的黄河终于走上了不治的绝境。③ 郑师渠《论道光朝河政》认为清代保漕治河的政策在道光年间面临全面失败，道光朝河政的颓坏，既是清朝统治衰朽的必然结果，同时又反过来加速了这种衰朽。④ 芮锐的《晚清河政研究：公元 1840—1911年》对晚清河政进行了梳理，认为晚清河政败坏，对清朝国运产生了消极影响，并分析了晚清弊政产生的原因。⑤ 除了上述成果之外，也有文章对水患本身进行了研究，如徐福龄《一七六一年及一八四三年黄河下游河患纪略》⑥、李文海等《鸦片战争后连续三年的黄河大决口》⑦。另外很多关于晚清史的研究及著作对这一时期的河政也有关注。

---

① 王振忠：《清代河政与社会》，《湖北大学学报（哲学社会科学版）》1994 年第 2 期。

② 周魁一：《关于编纂〈清史水利志〉的调研与设计》，载周魁一：《水利的历史阅读》，北京：中国水利水电出版社 2008 年版。

③ 王质彬、王笑凌：《清嘉道年间黄河决溢及其原因考》，《清史研究通讯》1990 年第 2 期。

④ 郑师渠：《论道光朝河政》，《历史档案》1996 年第 2 期。

⑤ 芮锐：《晚清河政研究》，安徽师范大学 2006 年硕士论文。

⑥ 徐福龄：《一七六一年及一八四三年黄河下游河患纪略》，《黄河史志资料》1984 年第 1 期。

⑦ 李文海：《鸦片战争后连续三年的黄河大决口》，《清史研究通讯》1989年第 2 期。

对晚清时期的治河及相关问题，学者把目光多集中在了铜瓦厢决口的原因和改道之后的治理上面。对铜瓦厢决口的原因，学者们持有不同的观点。张含英认为，铜瓦厢决口是由于统治者疯狂地镇压农民起义，而对河势不重视所致。① 岑仲勉认为，河道形势的恶化只是改道的一个因素，而太平天国起义以及清廷财政的匮乏也是铜瓦厢改道的重要因素。② 颜元亮《清代铜瓦厢改道前的黄河下游河道》认为，铜瓦厢改道前的黄河河道已经日趋恶化，悬河已经达到一定高度，坡降平缓，淤积不断发展，决口频繁，构成了咸丰五年兰阳铜瓦厢决口改道的自然因素。③ 孙仲明《黄河下游 1855 年铜瓦厢决口以前的河势特征及决口原因》④ 一文认为铜瓦厢决口的外在因素是黄河河势的变迁，而内在因素则是清政府政治不稳、财政匮乏、疏于河政。

铜瓦厢决口之后的治河争议和治理是学者们关注的另外一个重点。国风《大河春秋》对铜瓦厢决口之后的清代河政进行了详细的梳理。⑤ 王林在《山东近代灾荒史》一书中对铜瓦厢改道后清朝对于山东黄河的治理争议、治理过程、河工经费等问题作了一系列研究。⑥ 颜元亮《黄河铜瓦厢决口后改新道与复故道的争论》也关注了这一问题⑦。方建春《铜瓦厢改道后的河政之争》⑧ 认为双方争论

---

① 张含英：《历代治河方略探讨》，北京：水利出版社 1982 年版。
② 岑仲勉：《黄河变迁史》，北京：人民出版社 1957 年版。
③ 颜元亮：《清代铜瓦厢改道前的黄河下游河道》，《人民黄河》1986 年第 1 期。
④ 孙仲明：《黄河下游 1855 年铜瓦厢决口以前的河势特征及决口原因》，载中国水利学会水利史研究会编：《黄河水利史论丛》，西安：陕西科学技术出版社 1987 年版。
⑤ 国风编著：《大河春秋》，北京：中国农业出版社 2006 年版。
⑥ 王林：《山东近代灾荒史》，济南：齐鲁书社 2004 年版。
⑦ 颜元亮：《黄河铜瓦厢决口后改新道与复故道的争论》，《黄河史志资料》1988 年第 3 期。
⑧ 方建春：《铜瓦厢改道后的河政之争》，《固原师专学报（社科版）》1996 年第 4 期。

的目的是河运兼治，但是由于官吏畛域之见和地方本位主义的影响，导致河政争而不决，产生了消极影响。唐博《铜瓦厢改道后清廷的施政及其得失》认为政府在决口改道之初实行"暂行缓堵"政策是迫于形势而作出的，不是一个"不负责任的决定"，更不是"将政府御灾捍患的责任完全推卸到普通民众身上"。文章还指出，清廷"暂行缓堵"留下的责任真空被地方势力逐渐填补，中央控制能力更加弱化。加之通信系统的滞后与"河工习气"的盛行，清廷的中央集权面临严峻考验。这迫使其必须改弦更张，变法图存，从而客观上推动了中国近代化的进程。① 贾国静对铜瓦厢改道的原因及其影响进行了一系列研究，认为铜瓦厢改道主要是清廷在内忧外患的情形下疏忽河务所致，黄河铜瓦厢改道后，清廷将新河道的治理任务推给了地方，使黄河沿岸地区的传统权力结构体系发生了变化。在治理水患的过程中，士绅将其在官民之间的桥梁纽带作用发挥到极致，国家政权与基层社会传统权力体系在新的层面实现了统一。② 夏明方《铜瓦厢改道后清政府对黄河的治理》指出晚清治河虽然引进了西方先进科技，但由于河官队伍贪腐，加上封建社会内部传统惰性势力的顽固抵制，河工也只是在局部进行了改良，所以，晚清的治河没有多少实效。③

　　除了河政之外，河官的研究也是学者们关注的重点。对于河官的研究有助于加深对历史上治河思想和方略的进一步研究。对于清代河

----

　　① 唐博：《铜瓦厢改道后清廷的施政及其得失》，《历史教学》2008年第8期。

　　② 贾国静的博士论文即为《铜瓦厢改道与晚清政局》（中国人民大学2005年博士论文）。同时，她还发表了一系列研究铜瓦厢改道的文章，如《天灾还是人祸？——黄河铜瓦厢改道原因研究述论》，《开封大学学报》2009年第2期；《大灾之下众生相——黄河铜瓦厢改道后水患治理中的官、绅、民》，《史林》2009年第3期；《何时缚住苍龙——记1855年黄河铜瓦厢决口改道》，《中国减灾》2009年第11期。

　　③ 夏明方：《铜瓦厢改道后清政府对黄河的治理》，《清史研究》1995年第4期。

官的总体性研究，多数见于职官史相关著作当中。① 在论文方面，主
要有关文发的《清代前期河督考述》对清代以前的河督沿革、清代
设置河道总督的目标、河督体制及河督选任进行了叙述，对顺治至道
光时期的几任河道总督的治河成绩进行了评析。② 丁建军《顺康时期
的河道总督探讨》认为以康熙朝靳辅治河时期为分水岭，河道总督
的职能重心发生较大变化，最终导致了顺康以后河道总督并设、分段
治理河工的局面。③

　　除了总体研究之外，关于治水人物的个案研究更是涌现出了大量
的文章。对清代治水人物的研究，目前的研究成果表现出很大的不平
衡。当然，这同治水人物的思想和治绩在水利史上的地位有着密切的
联系，但从另一个角度来看，也是研究尚待深入的一个表现。

　　关于陈潢、靳辅的研究，成果颇丰，研究的视角和方法也很全
面。靳辅、陈潢是研究清史以及水利史无法绕过的话题，因此很多清
史及水利史著作都会对二人的治河方法和思想予以关注。除了数量众
多的专著和通史之外，许多文章也对此进行了细致的分析和完善。苏

---

①　如钱实甫在《清代职官年表》（北京：中华书局 1980 年版）中将河道
总督列于地方督抚之后予以记载。魏秀梅在《清季职官表附人物》（台北："中
央研究院近代史研究所" 2002 年版）中对于清代河道总督任职、去职等列专表
予以记述。山东省济宁市政协文史资料委员会编《济宁运河文化》（北京：中国
文史出版社 2000 年版）一书第六章对于清代驻扎济宁的河道总督的情况予以列
表记述，其中包括了河道总督的上任、离任、籍贯分布、满汉背景，但未进行
更加深入的分析。张玉法《中国现代化的区域研究：山东省（1860—1916）》
（《台湾"中央研究院近代史研究所"专刊（43）》，台北："中央研究院近代史
研究所" 1987 年版）一书在讨论山东地区的职官建置时对清前期的河督民族、
区域等进行了初步考察。但该书将河道总督作为山东地方官建置进行考察，前
提即有不当之处。温泽先主编的《山西科技史》（太原：山西科学技术出版社
2002 年版）对清代担任过河道总督的四个山西人兰第锡、康基田、栗毓美、乔
松年的事迹进行了介绍，实际上也是个案研究，但从地域出发的视角，给人带
来新的启示。
②　关文发：《清代前期河督考述》，《华南师范大学学报（社会科学版）》
1998 年第 4 期。
③　丁建军：《顺康时期的河道总督探讨》，《琼州大学学报》2002 年第 5
期。

凤阁在《功在前代、利在后世——论康熙年间的靳辅治河》中探讨了康熙年间黄淮水祸的成因，对靳辅的治河实践进行了叙述和分析，肯定了靳辅的治河实践和思想，同时也指出靳辅治河在思想上和技术上依然存在一定的缺陷。① 杨文衡《靳辅的治河理论和实践研究》对靳辅所主持的大型工程进行了介绍。② 研究陈潢治河实践及其思想的论文比研究靳辅的要多。宋德宣《陈潢治河简论》③ 一文对陈潢的治河思想进行了深入的探讨，用唯物辩证法对陈潢的治河理论进行了剖析，指出陈潢在治河理论上有自发的唯物主义和辩证法思想，能够利用自然规律，充分发挥人的主观能动性，用联系的观点和发展的观点、主次矛盾的观点来认清治河形势，在实践中取得了良好的效果，将中国古代的治河实践向前推进了一大步。苑明晨《论陈潢治河》指出，学界谈论清代治河，多关注靳辅，而对陈潢提及甚少，事实上，靳辅治河策略，多出自陈潢之手。陈潢在理论上继承发展了潘季驯"束水攻沙"的治河方略，在实践上最突出的是利用黄河泥沙进行放淤固堤，在处理黄运关系上，则是通过开凿中运河，保证清代漕运通畅。④ 杨胜《康熙初期的治黄及治河专家陈潢》认为陈潢是以"总工程师"的身份与靳辅开始了共同的治水事业，并且在治河过程中发挥了突出的作用，取得了良好的治理效果。⑤ 李云峰《试论靳辅、陈潢治河思想的历史地位》一文明确将靳辅、陈潢二人作为一个整体进行研究，指出靳辅、陈潢继承了潘季驯"束水攻沙"的思想，对于河性有了更加深刻的认识，在治河中辩证地处理了筑堤与疏导、合水与分水、黄淮运等一系列矛

---

① 苏凤阁：《功在前代、利在后世——论康熙年间的靳辅治河》，《广西师范大学学报》1998 年第 2 期。

② 杨文衡：《靳辅的治河理论和实践研究》，宋林飞主编：《"运河之都——淮安"全国学术研讨会论文集》，北京：中国书籍出版社 2008 年版。

③ 宋德宣：《陈潢治河简论》，《杭州师院学报（社会科学版）》1986 年第 2 期。

④ 苑明晨：《论陈潢治河》，《人民黄河》1988 年第 6 期。

⑤ 杨胜：《康熙初期的治黄及治河专家陈潢》，《民主协商报》2005 年 9 月 23 日第 3 版。

盾；同时，他们在治河过程中还使用流量概念，首开治河定量分析之先河。①

　　林则徐是另外一位受到较多关注的治河人物。林则徐是中国近代史上一位著名的人物，同时，曾短时间担任河东河道总督一职。而据笔者不完全统计，关于林则徐与水利的研究文章有数十篇之多。郭国顺《林则徐治水》一书是专门研究林则徐水利思想和实践的专著。②另外研究林则徐治河的文章如：丁孟轩《林则徐在豫东对黄河的治理》一文指出林则徐对豫东黄河的治理时间虽短，但成绩斐然，收到了事半功倍之效。③ 狄宠德《林则徐的治河方略》一文对林则徐的治理黄河思想进行了发掘，指出林则徐的治河思想吸收了王景等人的成果，但又拓宽了治河思路，主张全面治理黄河，上下游兼治，主张河道北移大清河入海；林则徐对当时的河官队伍有着清醒的认识，和贪腐作斗争；注重河工技术的总结。虽然林则徐担任河督时间较短，很多理念并未付诸行动，具有一定的局限性，但他的治河方略仍然产生了一定的积极影响。④ 王质彬《林则徐治黄——纪念林则徐诞辰二百周年》一文对林则徐担任河道总督期间及后来临时被派往河南参加祥符办理堵口的史实进行了整理，同时，对于林则徐治河治本、顺水之性的主张给予了肯定。⑤ 王金香《谈林则徐治水之功》对林则徐官宦生涯中的治水事迹进行了梳理，指出林则徐在河东河道总督、江苏巡抚、湖广总督任上，甚至在充军伊犁的过程中，对当地的水利事业作出了很大的贡献。⑥ 除了上述文章之外，也有很多文章

----

① 李云峰：《试论靳辅、陈潢治河思想的历史地位》，《人民黄河》1992年第12期。
② 郭国顺主编：《林则徐治水》，郑州：黄河水利出版社2003年版。
③ 丁孟轩：《林则徐在豫东对黄河的治理》，《史学月刊》1980年第3期。
④ 狄宠德：《林则徐的治河方略》，载福建省社会科学院历史研究所编：《林则徐与鸦片战争研究论文集》，福州：福建人民出版社1985年版。
⑤ 王质彬：《林则徐治黄——纪念林则徐诞辰二百周年》，《人民黄河》1985年第4期。
⑥ 王金香：《谈林则徐治水之功》，《黄淮学刊》1989年第1期。

谈到了林则徐治水的经历。①

　　晚清著名经世学者魏源的治河思想也有学者予以关注。李少军在《迎来近代剧变的经世学人：魏源与冯桂芬》一书中专门对魏源和冯桂芬的治河思想进行了分析，指出魏源不仅对河政的弊端有着清醒的认识，同时对河务本身亦有高明的见解。魏源主张黄河改道北行，但这种主张不为当时的统治者所接纳。而冯桂芬则在魏源的认识上更进一步，他认为，黄河北流并不能从根本上解决问题。该书还指出，二人同样对晚清的河政官僚表现出强烈的不满，冯桂芬甚至发出了"河督以下，一切官弁兵丁必应全裁"的呼声。② 王家俭《魏源的水

---

　　① 狄宠德：《析〈畿辅水利议〉谈林则徐治水》，《福建论坛（人文社会科学版）》1985 年第 6 期；张金库：《林则徐治河二三事》，《黄河史志资料》1985 年第 3 期；郑永福：《东河总督任上的林则徐》，《历史教学》1986 年第 7 期；曹竟成：《林则徐与苏、豫、鲁治水》，《治淮》1991 年第 1 期；陈伟华：《林则徐的水事活动》，《水利天地》1992 年第 4 期；于纪玉：《林则徐治水思想》，《水利天地》1993 年第 3 期；苏全有：《论林则徐的农业水利思想与实践》，《邯郸师专学报》1996 年第 1、2 期合刊；薛玉琴：《林则徐治淮政绩考述》，《淮阴师范学院学报（哲学社会科学版）》1997 年第 3 期；刘明：《林则徐与江苏水利》，《铁道师院学报》1998 年第 6 期；贾孔会：《林则徐治理长江的主张与实践》，《荆州师范学院学报》1999 年第 3 期；吴卿凤：《林则徐与治水》，《江苏水利》1999 年第 2 期；汪志国：《林则徐治水述论》，《海河水利》2001 年第 5 期；陈立平：《试论林则徐的治水方略》，《福建教育学院学报》2002 年第 10 期；任德起：《林则徐与水利工程审计》，《审计理论与实践》2002 年第 10 期；王卫平、顾国梅：《林则徐的荒政思想与实践——以江苏省为中心的考察》，《中国农史》2002 年第 1 期；林观海：《林则徐治水》，《华北水利水电学院学报（社科版）》2003 年第 3 期；陆玉芹：《林则徐江苏灾赈述论》，《江南大学学报（人文社会科学版）》2004 年第 2 期；曾杰丽：《林则徐在荒政实践中的选才用人思想》，《南宁职业技术学院学报》2004 年第 3 期；周志斌：《林则徐江苏治水》，《江苏水利》2004 年第 6 期；王娟：《"民本"与救荒——林则徐的救荒思想与实践》，《古今农业》2005 年第 3 期；华红安：《治水功臣林则徐》，《水利天地》2006 年第 1 期；郑凤新：《林则徐济宁治运始末》，《春秋》2007 年第 1 期；张笃勤：《林则徐与江汉平原洪涝灾害防治》，《学习与实践》2008 年第 6 期。

　　② 李少军：《迎来近代剧变的经世学人：魏源与冯桂芬》，武汉：湖北教育出版社 2000 年版。

利议——兼论晚清经世学家修法务实的精神》认为魏源的主要治水思想是治水应"顺水之性","因势利导";让地予水,不与水争地;注重水利兴修。在魏源治水思想中,集中体现了经世致用的思想。①汪志国《试论魏源的治水思想》认为魏源的治水思想凸显出一定的生态环境意识。② 彭大成、韩秀珍《魏源与西学东渐:中国走向近代化的艰难历程》第三章第三节对魏源的治水思想进行了专门研究。③国风在《大河春秋》中对于魏源的思想也进行了专章论述。④

除了对靳辅、陈潢、林则徐、魏源等人的关注之外,其他治水人物也大致于 20 世纪 80 年代进入学者们的研究视野。这一时期,对于治水人物的研究开始趋于分散。娄占侠《朱之锡治河》对清代第二任河道总督朱之锡的治河方法和成绩进行了分析,认为朱之锡治河收到了一定的成效,为清代前期社会经济发展作出了贡献,也为康乾盛世的出现创造了条件,同时,朱之锡的治河思想对后世产生了很大影响。⑤张天周《张伯行略论》一文对河道总督张伯行的生平进行了叙述,同时,对他的治水实践也给予了积极的评价。⑥ 王珂《张伯行治河方略述论》对于张伯行的治河思想进行了更加详细的分析,认为张伯行治河有着非常鲜明的特点,注重民生,因地制宜,治河与济运、保漕相结合。⑦ 王俊桥的硕士论文《清代张鹏翮研究》对张鹏翮的一生进行了较为详细的论述与分析,其第三章专门对张鹏翮的治河思想及实践进行了分析,认为张鹏翮秉承靳辅之治河思想,取得了

---

① 王家俭:《魏源的水利议——兼论晚清经世学家修法务实的精神》,载王家俭:《清史研究论薮》,台北:文史哲出版社 1994 年版。

② 汪志国:《试论魏源的治水思想》,《海河水利》2002 年第 5 期。

③ 彭大成、韩秀珍:《魏源与西学东渐:中国走向近代化的艰难历程》,长沙:湖南师范大学出版社 2005 年版。

④ 国风编著:《大河春秋》,北京:中国农业出版社 2006 年版。

⑤ 娄占侠:《朱之锡治河》,《华北水利水电学院学报(社科版)》2008 年第 4 期。

⑥ 张天周:《张伯行略论》,《中州学刊》1983 年第 6 期。

⑦ 王珂:《张伯行治河方略述论》,《许昌学院学报》2008 年第 6 期。

很好的治河成效。① 冯立升《清代满族水利专家齐苏勒》对雍正年间担任河道总督长达七年之久的齐苏勒的治河活动和思想进行了分析，认为他不仅在治河活动中取得了显著的成就，其治河举措和思想对后世也产生了较大的影响。② 张建民、王雅红《清代治河名臣——高斌》一文对乾隆年间的治河名臣高斌的治河实践思想和成就进行了详细的分析，给予了充分的肯定。③ 傅瑛《黎世序》对于清代嘉道年间著名的治河能臣黎世序的治水经历进行了叙述和分析，指出黎世序发展了前人"束水攻沙"的方法，采用"重门钳束"、"碎石护坡"的方法治水护堤，取得了很好的效果。④ 王质彬《清代治河名手郭大昌》一文对嘉道时期治河能手郭大昌的事迹进行了叙述，肯定了郭大昌的治河思想及其在治河史上的地位，同时对其治河理论难以付诸实践的原因进行了分析，指出河官的贪婪及腐败是郭大昌治河思想难以付诸实践的真正原因。⑤ 对于栗毓美的研究也有一些，如《清代治河专家栗毓美》⑥、史延廷《栗毓美与清代河患》⑦ 对栗毓美的治河经历和治河举措进行了分析，对栗毓美抛砖护堤的方法给予高度评价，指出栗毓美治河取得了显著的成效，值得后世借鉴。魏秀梅在《陶澍在江南》⑧ 一书中阐述道光时期江南河政之弊坏，对陶澍予江南河工所做的努力给予了充分肯定，指出陶澍大大降低了当时

---

① 王俊桥：《清代张鹏翮研究》，湖南师范大学 2008 年硕士论文。

② 冯立升：《清代满族水利专家齐苏勒》，《中国科技史料》1991 年第 3 期。

③ 张建民、王雅红：《清代治河名臣——高斌》，载朱雷主编：《外戚传》（下册），郑州：河南人民出版社 1992 年版。

④ 傅瑛：《黎世序》，《信阳师范学院学报（哲学社会科学版）》2002 年第 4 期。

⑤ 王质彬：《清代治河名手郭大昌》，《中国水利》1983 年第 3 期。

⑥ 《山西水利志》编办：《清代治河专家栗毓美》，《黄河史志资料》1985 年第 2 期。

⑦ 史延廷：《栗毓美与清代河患》，《晋阳学刊》1990 年第 4 期。

⑧ 魏秀梅：《陶澍在江南》，台北："中央研究院近代史研究所"1985 年版。

河工费用。倪玉平在《陶澍与东南三大政》① 中对这一问题也进行了研究。

关于周馥的研究，文章也比较多。吴宏爱《略论周馥的治河思想与实践》对周馥治理直隶河道和山东黄河的实践给予了非常肯定的评价，指出了周馥治河思想的特点，即古法今制互为利用、注重调查、关心民瘼、潜心研究总结。② 汪志国、黄学军《周馥与山东黄河的治理》同样探讨了周馥在山东治黄的举措，在肯定周馥治河成效的同时，也指出周馥的治河局限于山东一隅，尚未树立全局的治理观念。③

可以看出，关于清代治河人物的研究，存在不均衡性和研究空白，有待填补的地方很多。有清一代，担任河道总督一职者近百位，有些既有思想又有实践的河道总督，在治河当中进行了有益的探索与尝试，或上疏言事，或著书立说，对后世产生了一定的影响。他们的事迹，在很多著述中被一带而过，甚或视而不见。

经费是河工开展的前提和基础。有关清代财政及晚清史问题的研究大多会对河工经费问题进行关注。④ 除此之外，一些论文论及了清代的河工经费问题。陈桦《清代的河工与财政》一文指出，"政府财政状况决定着河工的规模，河工与财政之间具有密不可分的联系"，清朝建立了相应的财政管理体制。河工还与社会的政治、经济状况具有密切的联系，晚清政府财政收入虽然大幅度增加，却并未改变河工经费紧缺、水利工程日渐废弛的现状。⑤ 王英华、谭徐明《清代河工经费及其管理》一文对康熙至道光朝的河工经费使用及管理状况进

---

① 倪玉平：《陶澍与东南"三大政"》，《江苏社会科学》2008 年第 1 期。
② 吴宏爱：《略论周馥的治河思想与实践》，《历史教学》1994 年第 10 期。
③ 汪志国、黄学军：《周馥与山东黄河的治理》，《池州师专学报》2000 年第 4 期。
④ 如周伯棣《中国财政史》（上海：上海人民出版社 1981 年版）、孙翊刚《中国财政史》（北京：中国社会科学出版社 2003 年版）；陈光焱《中国财政通史：清代卷》（北京：中国财政经济出版社 2006 年版）、孙文学《中国财政史》（大连：东北财经大学出版社 2008 年版）等。
⑤ 陈桦：《清代的河工与财政》，《清史研究》2005 年第 3 期。

行了论述。① 饶明奇《论清代河工经费的管理》认为清代早中期在
治河工程上投入了巨额资金，并制定了严格的管理规章制度，尽管嘉
庆朝以后各级河官的贪污行为日益蔓延，使这些制度的实际效果受到
影响，但对清代水利建设仍然发挥了积极的作用。② 李德楠的博士论
文《工程、环境、社会：明清黄运地区的河工及其影响研究》对清
代的河工进行了详细的研究，包括河工的空间分布，河工经费、物
料、腐败等相关问题。③

　　立法是制度实现的重要手段。清代河工立法在前代的基础上更加
规范和细化，一些学者对此进行了探索和研究。周魁一《我国古代
水利法规初探》④ 一文论述了清代运河法规，以及光绪《大清会典
事例》中关于黄河河工的规定，指出清代的水利法规详细完善。饶
明奇从法制史的角度对清代黄河河工制度开展了一系列研究，发表了
数篇论文。《清代防洪法规的形成与特点》对清代黄河防洪法制作出
考察和研究，认为清代防洪法制进入了新的发展阶段。⑤《清代河堤
养护的立法成就研究》指出，清代有关黄河大堤养护的法规，为保
障河堤安全发挥了积极作用，体现了清代水利法制建设的成就。⑥
《论清代防洪工程所需料物立法的成就》一文认为清代对黄河防洪工
程所需料物的立法非常重视，对守河兵夫的责任、料场的管理、办料
官权力的监督等方面都制定了详细的法规，对当时大江大河的治理起
到了积极的作用。⑦《论清代的盗决河防罪》一文认为清代盗决河防

---

① 王英华、谭徐明：《清代河工经费及其管理》，载中国水利水电科学研
究院水利史研究室编《历史的探索与研究——水利史研究文集》，郑州：黄河水
利出版社 2006 年版。
　　② 饶明奇：《论清代河工经费的管理》，《甘肃社会科学》2008 年第 3 期。
　　③ 李德楠：《工程、环境、社会：明清黄运地区的河工及其影响研究》，
复旦大学 2008 年博士论文。
　　④ 周魁一：《我国古代水利法规初探》，《中国水利》1988 年第 5 期。
　　⑤ 饶明奇：《清代防洪法规的形成与特点》，《河北学刊》2008 年第 3 期。
　　⑥ 饶明奇：《清代河堤养护的立法成就研究》，《人民黄河》2008 年第 3 期。
　　⑦ 饶明奇：《论清代防洪工程所需料物立法的成就》，《人民黄河》2008
年第 4 期。

罪的立法继承了唐、宋、明以来的有关规定，又有不少创新之处。立法和司法实践承前启后，在水利法制史上具有重要的地位。①

除此之外，谭徐明、王英华《清代江南河道总督与相关官员间的关系演变》②，赵晓耕、赵启飞《浅议清代河政部门与地方政府的关系》③ 对清代东河总督与山东、河南巡抚的关系，南河总督和两江总督的关系，河员与地方州县印官的关系进行了分析与说明。

（三）现有研究成果的简单评价

上述研究成果，或从政治制度层面，或从经济史层面，或从人物的治水思想、方法以及成效等方面，对清代的河官、河政等诸多方面进行了考察，进行了分析与研究，得出了许多有价值的、有启发意义的结论。但是，也存在着不足之处：

第一，现有的研究成果未能将河官作为整体进行研究，缺乏一定的系统性和整体性。前面已经提及，清代河官是一个有别于其他官员的、具有一定特殊性的群体。研究这样一个特殊群体，有助于加深对古代官员选任、考成等诸多问题的理解。不过，从前述成果来看，这样的群体性研究较少，在深度上也存在着不足。

第二，部分时段的研究有待加强。已有的研究主要关注两个方面：一个是康熙年间靳辅、陈潢治河，另一个就是嘉庆、道光年间河政之衰败。从时间层面来进行分析，乾隆年间的治河未受到足够的重视。另外，对清初治河肯定居多，缺乏对潜在问题的分析。关于嘉庆、道光之后河政的研究，仍有待深入。从治河人物研究来看，一些治河专家的思想、实践及经验之总结未受到足够的重视，如朱之锡、嵇曾筠、黎世序以至吴璥等人，缺乏足够的研究。在事件研究上，对清代河政当中的一些重大问题应加强关注，如嘉庆、道光年间的安东

---

① 饶明奇：《论清代的盗决河防罪》，《华北水利水电学院学报（社科版）》2008 年第 6 期。

② 谭徐明、王英华：《清代江南河道总督与相关官员间的关系演变》，《淮阴工学院学报》2006 年第 6 期。

③ 赵晓耕、赵启飞：《浅议清代河政部门与地方政府的关系》，《河南政法干部管理学院学报》2009 年第 5 期。

改河等问题，晚清时期山东黄河的治理问题。对这些问题的深入研究，将有助于加深对于清代河政的整体认知。

第三，一些史料的价值有待深入挖掘和利用。2004 年，几代学人历经多年整理的《再续行水金鉴》由湖北人民出版社出版。该书是继《行水金鉴》、《续行水金鉴》之后的又一部水利巨著。又如，近年来，《中国山水志丛刊》、《中国水利珍本丛刊》的出版，为水利的研究提供了更多的资料，其中许多史料有着非常高的利用价值。虽然已经有多位学者进行了相关问题的研究，但是，其研究价值依然没有得到完整的体现。

三、主要研究方法

1. 实证研究。对文献的搜集、整理和运用是历史研究最基本、最常用的方法。中国的历史源远流长，文献浩如烟海。清代以来更是如此。本书所依据的文献范围主要包括实录、政书、档案、文集、笔记及水利书籍等。

2. 定量分析与定性分析相结合。马克思说："一门科学只有在它能运用数学的形式进行研究时，才算达到真正完善的地步。"① 本书在对清代河官进行量化考察及对河工财政问题进行研究时，力求把自然科学的定量分析方法和社会科学的定性分析方法结合起来，寻找隐藏在历史表象背后的规律。

3. 比较研究。就清代河官与河政而言，比较研究具有重要的意义。以清代河官与河政作为研究对象，就是要研究他们与其他官僚的区别，有助于更好地认识这一群体的全生态。只有通过比较研究，才能更好地、全面地认识清代的河官，了解清代河政的变化过程。

---

① ［法］拉法格：《回忆马克思》，北京：人民出版社 1954 年版，第 8 页。

第一章　河官沿革与清代专业河防体系的构建

一、清代以前的河官设置

夏、商、周时负责治水的是"司空"。春秋战国时代，出现了"水官"、"都匠水工"等专门负责治水的官员。① 秦汉时，主管河渠事务的官员为都水长丞。"主陂塘灌溉，保守河渠，自太常少府及三辅等，皆有其官。"② 汉武帝认为都水官太多，专门设置左右使者统领水官。汉哀帝时，裁掉左右使者，设河堤谒者。沈百先认为，东汉的河堤谒者，也就是西汉的都水使者。③ 魏国尚书郎下设水部。晋代魏，亦设水部，置都水使者一名，以河堤谒者为都水属官。④ 三国时期，军队开始在河工中发挥作用。景初二年（238年），遣都督沙兵部、监运谏议大夫寇兹"帅五千人，岁常修治，平河岨"，这是"将弁催督河工之始"。晋朝派遣中郎将治河，"此将弁司河工调遣之始"。⑤

---

① 河南省地方志编纂委员会：《河南省志·黄河志》，郑州：河南人民出版社1991年版，第277页。

② 傅泽洪：《行水金鉴》卷164，上海：商务印书馆1936年版，第2373页。

③ 沈百先：《中国水利史》，上海：商务印书馆1979年版，第575页。

④ 傅泽洪：《行水金鉴》卷164，上海：商务印书馆1936年版，第2375页。

⑤ 《历代职官表》卷59《河道各官表》，《文渊阁四库全书》第602册，上海：上海古籍出版社1987年影印本，第334、335页。

隋朝践祚，设水部侍郎，隶属工部。隋炀帝时改称水部郎。下设都水台（后来改台为监，又改为令），统领舟楫、河渠两署令。河渠署置令、丞各一人。① 唐代工部下设水部，水部设水部郎中、员外郎和都水监。水部"掌天下山川陂池之政令，以导达沟洫，堰决河渠。凡舟楫灌溉之利，咸总而举之"。② 龙朔二年（662年），改水部为司川，咸亨二年（670年），又改回水部。天宝二年（752年），又改水部为司水，同时，设置都水监使者二人，"掌川泽津梁之禁令"。③唐代地方官员皆兼管河事，治河主要依靠地方官员。④ 这对后代治河产生了很大的影响，从唐代开始，地方官员在治河上的作用开始变大。⑤

五代时，黄河水患逐渐增多。宋代，黄河"为患益甚"，朝廷不得不在水官的设置上进行调整和改进。宋代是古代水利职官发展的一个重要阶段。宋代设工部尚书，"掌百工水土之政令"。下设水部郎中，"掌沟洫津梁舟楫漕运之事，凡堤防决溢、疏导壅底，以时约束，而计度其岁用之物"。⑥ 宋代以前的河官多总管天下山川事务，并无专管黄河之官。宋代开始出现专管黄运河事务的官员，即都水监。《宋史·职官志》载：

　　都水监，旧隶三司河渠案，嘉祐三年，始专置监以领之。判监

① 《历代职官表》卷59《河道各官表》，《文渊阁四库全书》第602册，上海：上海古籍出版社1987年影印本，第336页。

② 孙逢吉：《职官分纪》卷11，北京：中华书局1988年影印本，第286页。

③ 傅泽洪：《行水金鉴》卷164，上海：商务印书馆1936年版，第2375～2376页。

④ 黄河水利委员会黄河志总编辑室编：《黄河河政志》，郑州：黄河水利出版社1996年版，第18～19页。

⑤ 《历代职官表》卷59《河道各官表》（《文渊阁四库全书》第602册，上海：上海古籍出版社1987年影印本，第337页）载："唐都水之属有河渠令丞、河堤谒者、诸津令，而州又有司士、参军掌津梁。此即宋时州县长吏主河堤之所由起也。"

⑥ 傅泽洪：《行水金鉴》卷164，上海：商务印书馆1936年版，第2379～2380页。

事一人，以员外郎以上充；同判监事一人，以朝官以上充；丞二人，主簿一人，并以京朝官充。轮遣丞一人出外治河埽之事，或一岁再岁而罢，其有谙知水政，或至三年。置局于澶州，号曰外监。

元丰正名，置使者一人，丞二人，主簿一人。使者掌中外川泽、河渠、津梁、堤堰疏凿浚治之事，丞参领之。……南、北外都水丞各一人，都提举官八人，监埽官百三十有五人，皆分职莅事；即干机速，非外丞所能治，则使者行视河渠事。

元丰八年，诏提举汴河堤岸司隶本监。先是，导洛入汴，专置堤岸司；至是，亦归之有司。元祐四年，复置外都水使者。五年，诏南、北外都水丞并以三年为任。①

史称"廷臣有奏，朝廷必发都水监核议，职责十有八九皆在黄河"②。《历代职官表》也称"宋金元之都水外监、都水行监，实今日总河之职"③。

———

① 脱脱等：《宋史》卷165《职官志五·都水监》，北京：中华书局1977年点校本，第3921~3922页。

② 转引自黄河水利委员会黄河志总编辑室编：《黄河河政志》，郑州：黄河水利出版社1996年版，第19页。

③ 《历代职官表》卷59《河道各官表》，《文渊阁四库全书》第602册，上海：上海古籍出版社1987年影印本，第332页。同书又载："河自周定王时徙流之后，至汉复决，屡遣使者塞治，嗣后河患罕见，未尝特设官以治之。至五代及宋，溃溢时闻，为患始大。于是宋有外都水使者、外都水丞，金有都水分监，元有行都水监、河防使等官，明则河道总督与漕臣屡为分合，此即今总河之沿革。特宋、金、元河患多在兖豫，故置监于澶、卫、滑、郑等州。明则全河大势南趋，又会通河既成，与大河实相表里，当事者惟以利漕护陵为急，故总河之官置于济宁，所治多在淮徐。此又其情形之小异者。综其因革之略，汉以后所置都水河堤等官，皆在京师，所司者乃天下水利。凡川泽、津梁、渠堰、陂池之属，无不隶焉，并非专事河防，今其职已并入工部都水司，与河道总督之职较殊。但自宋以前，防河并无专官，而宋金元之都水外监、都水行监，实今日总河之职掌。"（第332页）又云："自东汉以后至唐末，卒鲜河患。都水之官，皆置司京师，遥领河渠之务而已。五代河患萌芽，周显德初大决杨刘，至宋而为患益甚。于是始有都水外监，是为治河之官在外置司之始。外监分置南北，是为治河之官分任南北之始。"（第338页）

同时，宋代建立的一套治河体制，对后世产生了较大的影响。《历代职官表》有宋代水利职官对于清代职官影响的具体分述："宋都水监之属，有都提举八人。元祐时，又令转运使副皆兼都水事，此即今日河道之职。"① "宋之河堤判官，即今河工同知以下等专理河务者也。开封、大名府、郓、澶等州长吏各兼本州河堤使，即今知县之兼理河务者也。"② 也就是说，在河道文官制度上，宋代开创了先河。但是，与清代不同的是，宋代的河道武官并非常设，而属于临时差遣性质。"宋以将弁司河务，但暂出董役，役罢则还，与今河营等官常置者不同耳。"③

金、元水利职官大致沿袭了宋代的建置。金代设都水监，下设分治监，"专规措黄、沁河，卫州置司"。都水监为正四品，"掌川泽、津梁、舟楫、河渠之事"。下设少监一员、丞二员，分别为从五品和正七品。又设黄汴、黄沁、卫南、滑濬、曹甸、曹济都巡河官六员。六巡河官下辖二十六员散巡河官。同时还设诸埽物料场官，"掌受给本场物料"。"诸都巡河官，掌提控诸埽巡河官、散巡河官。"④ "凡巡河官，皆从都水监廉举，总统埽兵万二千人。"⑤ 在地方上，"沿河四府十六州之长贰皆提举河防事，四十四县之令佐皆管勾河防事"。⑥ 金代开始，河官的设置开始走向专门化，规制也逐渐完整。

元代设立都水监和河渠司来管理水政，"内立都水监，外设各处

---

① 《历代职官表》卷 59 《河道各官表》，《文渊阁四库全书》第 602 册，上海：上海古籍出版社 1987 年影印本，第 338 页。

② 《历代职官表》卷 59 《河道各官表》，《文渊阁四库全书》第 602 册，上海：上海古籍出版社 1987 年影印本，第 339 页。

③ 《历代职官表》卷 59 《河道各官表》，《文渊阁四库全书》第 602 册，上海：上海古籍出版社 1987 年影印本，第 339 页。

④ 脱脱等：《金史》卷 56 《百官志二》，北京：中华书局 1975 年点校本，第 1276~1277 页。

⑤ 脱脱等：《金史》卷 27 《河渠志》，北京：中华书局 1975 年点校本，第 670 页。

⑥ 《历代职官表》卷 59 《河道各官表》，《文渊阁四库全书》第 602 册，上海：上海古籍出版社 1987 年影印本，第 341 页。

河渠司，以兴水利、修理河堤为务"①。至正六年（1346年），设都水监，"专疏塞之任"。至正八年（1348年），于济宁郓城设立行都水监。至正九年，又设立河南、山东等处行都水监。十一年（1351年），立河防提举司，隶行都水监，掌巡视河道，从五品。十二年（1352年），行都水监添设判官二员。十六年（1356年），又添设少监、监丞、知事各一员。② 元代"滨河长吏佐贰皆兼河防，如宋金之制"。③

明代河官的设置较为复杂，尤其是总河之职，几经裁撤。④ 这种反复的背后是治河与治漕的复杂关系。明代工部尚书下设左右侍郎，掌天下百工。下设水部，后来又改称为都水清吏司，设置郎中、员外郎、主事，掌管川渎、陂池、桥道、舟车等事务。明朝初年，河、漕原为一体化管理。《大明会典》载：

> 总理河漕兼提督军务一人。永乐九年，遣尚书治河，自后间遣侍郎或都御史。成化弘治间，始称总督河道。正德四年，始定设都御史提督，驻济宁。凡漕河事悉听区处。嘉靖二十年，以都御史加工部职衔，提督河南、山东、直隶三省河患。隆庆四年，加提督军务。万历五年，改总理河漕兼提督军务。八年，革。⑤

---

① 宋濂等：《元史》卷64《河渠志一》，北京：中华书局1976年点校本，第1587页。

② 宋濂等：《元史》卷92《百官志八》，北京：中华书局1976年点校本，第2335页。

③ 《历代职官表》卷59《河道各官表》，《文渊阁四库全书》第602册，上海：上海古籍出版社1987年影印本，第342页。谭徐明在《古代水行政管理及监督机制的研究》 （水利工程网 http：//www. shuigong. com/papers/allto/20080611/paper26112. shtml）一文中指出，元代河渠司与宋代河渠司性质有所不同，元代河渠司是工部屯田司派驻地方监管重要水利工程的机构，长官称屯田总管兼河渠司事，官阶较低。

④ 《历代职官表》卷59《河道各官表》，《文渊阁四库全书》第602册，上海：上海古籍出版社1987年影印本，第344页。

⑤ 申时行等：《大明会典》卷209《都察院一》，《续修四库全书》第792册，上海：上海古籍出版社2002年版，第475页。

永乐年间，命令漕运都督兼理河道，每当黄河溃决，就命令总河大臣一名去治理河道，治理完毕，返回京城。总河大臣属于临时性职务，并不常设。① 在后来的发展中渐渐变为常设性职务，其职责就是专管黄河事务。《历代职官表》载："明之总督漕运，兼巡抚之职，而总理河漕者，实亦一总督也。"② 驻地为山东曹州。而河南、山东管河副使，则属管河郎中管辖。宪宗成化七年（1471 年），命工部侍郎王恕总理河道，是设置总河侍郎的开始。但当时黄河为患不大，"恕专力漕河而已"。③ 孝宗弘治二年（1489 年），命户部侍郎白昂修治河道。④ 世宗嘉靖四十四年（1465 年），则命工部尚书兼理河漕事务，后来又命金都御史总理河道。神宗万历五年（1577 年），令工部尚书吴桂芳兼理河漕事务，将总河都御史裁掉，于是河漕事务再次统一。⑤ "自桂芳、季驯时罢总河不设，其后但以督漕兼理河道。"⑥ 万历十六年（1588 年），潘季驯以右都御史总督河道，总河设置专官。⑦ 万历二十六年（1598 年），又以总河工部尚书杨一魁兼管漕

① 敖英《东谷赘言》卷下（北京：中华书局 1985 年版，第 24 页）载，或问：方面官有称"钦差"不称"钦差"者，何也？子曰："国初设官分职，咸有定额。往莅职掌者领部檄焉，皆不领敕，不称'钦差'。其后因事繁难，添设职掌，按察司如提学、屯田、兵备、边海、巡海、抚民之类，察院如清军、巡茶、巡盐、巡关之类，都察院如巡抚、巡视、总督河道、总督漕运、提督总制军务之类，皆领专敕，各于职衔上加'钦差'二字。于此以见前项职司俱出自朝廷处分，非吏部专擅也。"

② 《历代职官表》卷 50《总督巡抚表》，《文渊阁四库全书》第 602 册，上海：上海古籍出版社 1987 年影印本，第 172 页。

③ 张廷玉等：《明史》卷 83《河渠志一》，北京：中华书局 1974 年点校本，第 2020 页。

④ 张廷玉等：《明史》卷 83《河渠志一》，北京：中华书局 1974 年点校本，第 2021 页。

⑤ 张廷玉等：《明史》卷 84《河渠志二》，北京：中华书局 1974 年点校本，第 2051 页。同页载："桂芳甫受命而卒。"

⑥ 张廷玉等：《明史》卷 84《河渠志二》，北京：中华书局 1974 年点校本，第 2054 页。

⑦ 《历代职官表》卷 59《河道各官表》，《文渊阁四库全书》第 602 册，上海：上海古籍出版社 1987 年影印本，第 344 页。

运。万历三十年（1602年），又分设河、漕二臣，终明之世，河漕事务，不再合一。①

明代，地方管河专官的数量也在不断增加。② 同时，河工钱粮的管辖逐渐设立专门机关管理。"明制，河帑，直隶、江南掌以管河郎中，河南掌以副使，山东以郎中、主事、副使分掌，今并以道员主之。"③ 河官职掌日趋明晰与细化。

二、清代河官的设置与沿革

清代河官设置大致沿袭了明代的体制，但在明代设官的基础上又进行了很多改革。明代河漕官员，分分合合，复杂多变。清代河官的设置较之明代最明显的变化莫过于职官的固定和职责的细化。鉴于河道总督居于整个河官体制的中枢地位，本节对于清代河官设置和沿革的分析将重点关注河道总督，同时，对其下属司、道、厅、汛等也予以简要说明。

（一）河道总督

1. 河道总督的建置与沿革

清朝定鼎燕京，"国家漕运，仍明之旧"，"数百万国储，仰给于东南"。④ 这些粮食主要供给京师皇室、百官、驻军使用，漕运事关

---

① 张廷玉等：《明史》卷73《职官志二》，北京：中华书局1974年点校本，第1773、1775页。《历代职官表》卷59《河道各官表》，《文渊阁四库全书》第602册，上海：上海古籍出版社1987年影印本，第344页。

② 申时行等：《大明会典》卷198《工部十八·河渠三》，《续修四库全书》第792册，上海：上海古籍出版社2002年版，第368页。

③ 《历代职官表》卷59《河道各官表》，《文渊阁四库全书》第602册，上海：上海古籍出版社1987年影印本，第345页。《大明会典》卷198《工部十八·河渠三》载："山东管河道副使所属兖州府属州县堤铺夫银九千八百六十两，河南管河道副使所属开封等八府并汝州河堡夫银三万二千八百五十三两。"（《续修四库全书》第792册，上海：上海古籍出版社2002年版，第368页。）

④ 朱彝尊：《曝书亭集》卷60《康熙二十年江南乡试策问三首》，国学整理社1937年版，第705页。

重大。明人谢肇淛即言漕运"盖国之大计也"。① 而明清两代国家漕运"全资黄、运两河",因此,清代河道总督的设置,便与漕运密不可分,"特设河道总督一员,驻扎济宁,总理两河事务"。②

清代河道总督始设于顺治元年(1644 年),杨方兴担任首位河道总督。③ 河道总督仅设一名。《历代职官表》云:"顺治初,止设河一人。"④ 关于河道总督的品级,乾隆《大清会典》载"河道总督,正二品(加尚书衔从一品),山东河南一人,江南一人。直隶河道以总督兼理"。⑤ 乾隆十四年(1749 年),定"凡都督授都察院右都御史衔,河道总督、漕运总督同督抚,授都察院右副都御史衔,其应否兼兵部尚书、侍郎衔之处,请旨定夺"。⑥ 乾隆四十八年(1783 年),定嗣后漕运、河道总督,"给予兵部侍郎、右副都御史衔,着为令"。⑦ 嘉庆十二年(1807 年),议定凡总漕、总河、副总河,由各部尚书补授者,兼兵部尚书衔。⑧

顺治、康熙时期,河道总督辖区较广,大致包括河南、山东、安

---

① 徐阶:《漕运新渠纪》,载徐从法主编,京杭运河江苏省交通厅苏北航务管理处史志编纂委员会编:《京杭运河志(苏北段)》,上海:上海社会科学院出版社 1998 年版,第 659 页。

② 康熙《钦定大清会典》卷 139《工部九·河渠三》,《近代中国史料丛刊三编》,台北:文海出版社 1992 年影印本,第 6914 页。

③ 杨方兴,广宁人,后隶汉军镶白旗。顺治元年至顺治十四年担任河道总督。因下属贪赃被劾。康熙四年卒。(雍正《八旗通志》卷 201《人物志八十一·大臣传六十七·汉军镶白旗一》"杨方兴",上海:上海古籍出版社 1987 年影印本,第 679 页。)

④ 《历代职官表》卷 59《河道各官表》,《文渊阁四库全书》第 602 册,上海:上海古籍出版社 1987 年影印本,第 328 页。

⑤ 乾隆《钦定大清会典》卷 4《吏部·文选清吏司·官制四·外官》,《文渊阁四库全书》第 619 册,上海:上海古籍出版社 1987 年影印本,第 57 页。

⑥ 光绪《钦定大清会典事例》卷 23《吏部·官制·各省督抚》,《续修四库全书》第 798 册,上海:上海古籍出版社 2002 年影印本,第 407 页。

⑦ 光绪《钦定大清会典事例》卷 23《吏部·官制·各省督抚》,《续修四库全书》第 798 册,上海:上海古籍出版社 2002 年影印本,第 408 页。

⑧ 光绪《钦定大清会典事例》卷 23《吏部·官制·各省督抚》,《续修四库全书》第 798 册,上海:上海古籍出版社 2002 年影印本,第 409 页。

徽、江苏等地黄河以及直隶运河所有修防事宜。康熙中后期，河道总督的权力渐有被分割的趋势。康熙十六年（1677 年），"以江南河工紧要，移河道总督驻扎清江浦"。① 康熙十七年（1678 年）、二十二年（1683 年），江南河工紧迫，河南河工两次交由河南巡抚就近料理。康熙三十二年（1693 年），下旨"河南工程不必行总河往勘，照该抚所请修筑"。② 康熙四十四年（1705 年），直隶、山东河道因为距总河较远，管理不便，便按照河南巡抚兼管河务的方式，由直隶总督、山东巡抚分别兼管本省河务，就近料理。"直隶、山东河道，与总河相距甚远。应照河南例，令各该巡抚就近料理。"③ 康熙五十九年至康熙六十一年（1720—1722 年），河南省境内黄河连年决口，为河务划省而治提供了新的契机。

雍正元年（1723 年）六月，兵部右侍郎嵇曾筠被委派到河南办理武陟堵口事宜。④ 同年，堵口完成。在此过程中，河道总督对豫省河工的鞭长莫及明显地表现出来。雍正二年（1724 年）四月，又以河南武陟、中牟等县堤工紧要，设副总河一人，"专管河南河务"，驻河南武陟（后移至山东济宁州）。⑤ "以总河兼理南北两河，副总河专理北河。"⑥ 在副总河嵇曾筠的治理下，河南逐渐建立了一套完

---

① 光绪《钦定大清会典事例》卷 23《吏部·官制·各省督抚》，《续修四库全书》第 798 册，上海：上海古籍出版社 2002 年影印本，第 404 页。

② 乾隆《钦定大清会典则例》卷 131《工部·都水清吏司·河工一》，《文渊阁四库全书》第 624 册，上海：上海古籍出版社 1987 年影印本，第 140 页。

③ 光绪《大清会典事例》卷 901《工部·河工·河员职掌一》，《续修四库全书》第 810 册，上海：上海古籍出版社 2002 年影印本，第 861 页。

④ 嵇承筠（1670—1737 年），江南长洲人。雍正元年至雍正十三年先后担任河南副总河、河东河道总督、署江南河道总督等职。李元度：《国朝先正事略》卷 14《嵇文敏公事略》，《续修四库全书》第 538 册，上海：上海古籍出版社 2002 年影印本，第 312~313 页。

⑤ 《清国史》第 6 册，《大臣画一列传正编》卷 118《嵇曾筠列传》，北京：中华书局 1993 年影印本，第 434 页。

⑥ 光绪《钦定大清会典事例》卷 23《吏部·官制·各省督抚》，《续修四库全书》第 798 册，上海：上海古籍出版社 2002 年影印本，第 405 页。

善的官司制度，堤防情况有了明显好转。① 康基田认为嵇曾筠在豫省任副总河是"东河分治之始也"。②

虽然河南黄河堤防的情况有了明显的好转，但山东河务还是不理想。为了更好地治河，雍正四年（1726年）上谕："近年豫省河务险工下移，堤岸完固。山东河务甚属紧要，向系山东巡抚管理。但巡抚有地方责任，恐不能兼理河务。山东与河南接壤，令副总河兼管。"③ 这表明，河南、山东河务已经逐渐同江南河务分离开来，河南、山东河务归副总河兼管。不过，名义上，这几省河务仍归总河管辖。

雍正七年（1729年），齐苏勒病逝，新任河道总督尹继善对河务不甚熟悉，无法兼管南北两河事务。④ 雍正希望南北两河分任分治，专责管理，于是决定"授总河为总督江南河道提督军务，授副总河为总督河南山东河道提督军务，分管南北两河。其有江南、河东修理工程，令公同商酌，会稿具题。倘遇紧要抢修，一面堵筑，一面知会。不得藉会商为名，以致迟误工程。至题补河官及奏销钱粮等事，

---

① 参见《嵇曾筠与雍正时期河南河工建设》，载《信阳师范学院学报（哲学社会科学版）》2010年第1期。

② 康基田：《河渠纪闻》卷18《四库未收书辑刊》1辑29册，北京：北京出版社2000年影印本，第375页。

③ 光绪《钦定大清会典事例》卷901《工部·河工·河员职掌一》，《续修四库全书》第810册，上海：上海古籍出版社2002年影印本，第861～862页。

④ 齐苏勒，满洲正白旗人。姓纳喇。由官学生选天文生，任钦天监博士。后迁至永定河分司、山东按察使。雍正元年（1723年）出任河道总督，七年离任，遂卒。治河颇有成绩。（雍正《八旗通志》卷161《人物传四十一·大臣传二十七·满洲正白旗六》"齐苏勒"，《文渊阁四库全书》第666册，上海：上海古籍出版社1987年影印本，第700～704页。）尹继善，满洲镶黄旗人。大学士尹泰之子。雍正元年进士。雍正六年四月，命协理江南河务。八月，署江苏巡抚。七年二月，署河道总督。（雍正《八旗通志》卷143《人物传二十三·大臣传九·满洲镶黄旗九》"尹继善"，《文渊阁四库全书》第666册，上海：上海古籍出版社1987年影印本，第326页。）

仍令分办"。① 具体地讲，就是江南河道总督掌管"黄淮会流入海，
洪泽湖汕黄济运，南北运河泄水行漕，及瓜洲江工、支河湖港疏浚堤
防之事"，而河东河道总督则掌管"黄河南下、汶水分流、运河蓄泄
及支河湖港疏浚堤防之事"。② 江南河道总督驻地为江苏清江浦，河
东河道总督驻地为山东济宁，"分管南北两河"。③ 豫省河务与江南
河务在管理体制上彻底分开。

雍正八年（1730年），负责直隶营田事务的怡亲王允祥去世。雍
正对继任管理直隶河道事务的朱轼、何国宗等人均不满意，于是又
"设立河道水利总督一人，驻扎天津，令四道厅员及印河各官，受其
节制，一切事务，俱照河东总河例行"。④ 直隶河道水利总督习惯上
称为北河总督，驻地在天津（首任北河总督刘于义）。又设副总河一
名，驻地在固安（首任副总河徐湛恩）。同年，又设立东河副总河，
驻地为河南兰阳。雍正十二年（1734年），设立南河副总河，驻地为
清江浦。⑤

乾隆登基之后，决定裁东河副总河，将南河副总河驻地由清江浦

① 乾隆《钦定大清会典则例》卷131《工部·都水清吏司·河工一》，
《文渊阁四库全书》第624册，上海：上海古籍出版社1987年影印本，第143
页。明代即有南北二河分治之举。《大明会典》卷198《工部十八·河渠三》
载："正统四年，定巡视河道部属官六员。提督侍郎、都御史各一员，以济宁为
界，其南属侍郎，其北属都御史。又以都督一员，递相提督。"（《续修四库全
书》第792册，上海：上海古籍出版社2002年影印本，第369页。）这与清代南
北分治及徐州副总河的设置非常相似。
② 乾隆《钦定大清会典》卷74《工部·都水清吏司·河工》，《文渊阁四
库全书》第619册，上海：上海古籍出版社1987年影印本，第679页。
③ 赵尔巽等：《清史稿》卷116《职官志三》，北京：中华书局1976年点
校本，第3341页。
④ 光绪《钦定大清会典事例》卷23《吏部·官制·各省督抚》，《续修四
库全书》第798册，上海：上海古籍出版社2002年影印本，第405页。《清朝文
献通考》卷85《职官九》（杭州：浙江古籍出版社1988年影印本，第5617页）
载："雍正八年，设直隶总河一人，协理一人，后改归直隶总督。"协理与副总
河职掌同，亦俗称副总河。
⑤ 俞正燮：《癸巳类稿》卷12《总河近事考附编年姓名》，上海：商务印
书馆1957年版，第464页。

移至徐州。① "黄河自河南武陟至江南安东入海，长堤绵亘二千余里。旧设总河一员，驻扎淮安清江浦。雍正七年，复添设河东总河，诚虑鞭长不及，故俾南北分隶，各有责成。惟是河流日久变迁，旧险既去，新险复生。其间防浚之宜，有病在上流，而应于下流治之者；有病在下流，而应于上流治之者。必须通局合算，同心办理，庶无顾此失彼之忧。若河臣于南北形势未能洞悉，遇有开河筑堤等事，或至各怀意见，彼此参商，则上游下游②，必有受弊之处，所关匪细。徐州府当南北之冲，为两河关键，最为紧要。现设南河副总河，应着移驻徐州，以专督率。如两河有应会商事宜，就近可与南北河臣公同踏勘。应开浚者，即行开浚；应堵筑者，即行堵筑。毋得推诿，亦毋得掣肘。于河务似有裨益。着江南总河、河东总河会同确议具奏。"③

　　清代副总河的设置几经反复。④ 如江南副总河之裁设，乾隆二年（1737年）四月，罢江南副总河。⑤ 乾隆二十二年（1757年），复设。二十三年裁。嘉庆十一年（1806年），又因南河"事巨工繁，责任綦重"，重设副总河。⑥ 嘉庆十五年（1810年）裁。⑦ 嘉庆十九年

---

　　① 俞正燮：《癸巳类稿》卷12《总河近事考附编年姓名》，上海：商务印书馆1957年版，第464~465页。

　　② "就河之全局而言，豫省为黄河上游，江苏之徐州淮安等处即为下游，而总以海州之云梯关为入海之归宿。"（中国水利水电科学研究院水利史研究室编校：《再续行水金鉴·黄河卷1》引《南河成案续编》，武汉：湖北人民出版社2004年版，第208页。）

　　③ 《清实录》第9册《高宗实录（一）》卷19，乾隆元年（1736年）五月壬子，北京：中华书局1985年影印本，第471页。

　　④ 这主要是由于副总河"因时设立，不设专员"所致。《清国史》第4册，《职官志》卷10，北京：中华书局1993年影印本，第805页。

　　⑤ 黎世序等：《续行水金鉴》卷10，上海：商务印书馆1937年版，第235页。

　　⑥ 俞正燮：《癸巳类稿》卷12《总河近事考附编年姓名》，上海：商务印书馆1957年版，第469页。

　　⑦ 《清实录》第31册《仁宗实录（四）》卷232，嘉庆十五年（1810年）七月辛巳，北京：中华书局1986年影印本，第129页。俞正燮《癸巳类稿》卷12《总河近事考附编年姓名》记为"八月"（上海：商务印书馆1957年版，第470页）。

（1814年）复设，二十年又裁。道光六年（1826年）复设。九年又裁。① 在江南副总河被裁期间，多设协理河务一职来行使其职掌。如乾隆十四年（1749年），设江南协办河务官，职掌与江南副总河同。②

东河、北河副总河也是如此。东河设置总河之始，曾保留东河副总河一职。总河驻扎山东济宁州，副总河驻扎河南兰阳县。③ 乾隆元年（1736年）十月裁东河副总河。④ 嘉庆十九年（1814年）复设，二十年即裁。⑤

北河副总河于乾隆二年（1737年）裁撤，河道事务由直隶总督兼管。⑥ 乾隆十四年（1749年），上谕："直隶河道事务，近来以总督兼理，不过于伏秋汛至之时，往来率属防护，工程俱已平稳。所有直隶河道总督，不必设为专缺，即于总督关防敕书内填入'兼理河道'字样，其一应修防工程，向系河道等官承办者，俱照旧饬委办理。""裁直隶天津河道总督一人。"⑦

咸丰五年（1855年），黄河在铜瓦厢决口。决口之后，黄河北流，经大清河入海。江南河道总督及其下属机构无事可做，已成虚职。加上漕运改由海运办理，黄河之于漕运的重要性下降，南河官员贪污腐败问题严重，给清朝财政带来很大负担，裁撤江南河道总督及

① 光绪《钦定大清会典事例》卷902《工部·河工·河员职掌二》，《续修四库全书》第810册，上海：上海古籍出版社2002年影印本，第875页。
② 乾隆《钦定大清会典则例》卷131《工部·都水清吏司·河工一》，《文渊阁四库全书》第624册，上海：上海古籍出版社1987年影印本，第147页。
③ 中国水利水电科学研究院水利史研究室编校：《再续行水金鉴·黄河卷7》，武汉：湖北人民出版社2004年版，第2956页。
④ 黎世序等：《续行水金鉴》卷10，上海：商务印书馆1936年版，第226页。
⑤ 光绪《钦定大清会典事例》卷902《工部·河工·河员职掌二》，《续修四库全书》第810册，上海：上海古籍出版社2002年影印本，第875页。
⑥ 光绪《钦定大清会典事例》卷23《吏部·官制·各省督抚》，《续修四库全书》第798册，上海：上海古籍出版社2002年影印本，第406页。
⑦ 光绪《钦定大清会典事例》卷23《吏部·官制·各省督抚》，《续修四库全书》第798册，上海：上海古籍出版社2002年影印本，第407页。

其下属机构的呼声越来越大。咸丰十年（1860 年），江南河道总督被裁。

与此同时，河东河道总督的裁撤问题也被提出来。铜瓦厢决口之后，东河所辖十四厅仅余七厅有工可做。同治二年（1863 年），御史刘其年提出裁撤东河总督之议，因河南巡抚张之万主张保留，裁撤未准议行。但是，议准山东省河务划归山东巡抚就近管辖，河东河道总督所辖仅为黄河南北两岸两道七厅事务。① 光绪二十四年（1898 年），东河总督曾裁而复设。光绪二十七年（1901 年），在清朝机构大调整的背景下，河东河道总督锡良再次上疏请求撤销河东河道总督一缺，二十八年得旨准行。"所有河东河道总督一缺，着即裁撤，一切事宜，改归河南巡抚兼办。"② 这样，在清朝存在长达 259 年之久的河道总督终于被裁撤，彻底退出历史舞台。

2. 河道总督的职掌

关于河道总督的职掌，顺治年间朱之锡曾总结说："总河一官，司数省之河渠，佐京师之输挽，其间区划机宜，争于呼吸，而吏治民生、钱粮兵马，事务殷繁，责任重大。"③

康熙十六年（1677 年），安徽巡抚靳辅被任命为河道总督，康熙帝曾专门下了一道上谕。这篇上谕对河道总督的职责进行了详细的说明，兹全录如下：

> 兹以总河关漕运大计，特命尔总督河道、提督军务，驻扎济宁州。凡山东曹、濮、临清、沂州，河南睢、陈，直隶大名、天津，江南淮、扬、徐、颍各该地方，俱照旧督理。尔督率原设管河管闸郎中、员外、主事及守巡河道官，将各该地方新、旧漕河及河南、山东等处上源，往来经理，遇有浅涩冲决、堤岸单薄，

① 《清实录》第 46 册《穆宗实录（二）》卷 55，同治二年（1863 年）正月己未，北京：中华书局 1987 年影印本，第 20 页。

② 刘锦藻：《清朝续文献通考》卷 132《职官考十八·总督巡抚》，杭州：浙江古籍出版社 1988 年影印本，第 8917 页。

③ 朱之锡：《河防疏略》卷 1《惊闻新命疏》，《续修四库全书》第 493 册，上海：上海古籍出版社 2002 年影印本，第 606 页。

应该帮筑挑浚者，皆先事预图，免致淤塞，有碍运道。合用人
夫，照常于河道项下附近有司军卫衙门调取应用。其各省直岁修
河工钱粮，但系河道工程，俱照近日新行事例，通融计处支放。
务要规画停当，毋得糜费。若所属大小官员，果能尽心河务，即
据实举荐。有侵渔溺职、怠玩误事，及权豪势要之家，侵占阻
截，并违例盗取河防，应拿问者，径行拿问；应参奏者，指名参
奏。其河道紧要机宜，有干漕运，督抚衙门会同计议施行。若有
重大事情，奏请定夺。年终将修理过河道、人夫、钱粮，照例备
细造册，图画贴说奏缴。或有土贼不时窃发，虑河运为梗，尔当
精选将领，严核兵马，勤加训练，申明纪律，如遇贼寇窥窃，即
督发镇将官兵剿灭，勿使蔓延。如有将领临阵退缩，杀良冒功，
及粮运稽迟、失误军机者，武官自四品以下、文官自六品以下，
会同提督、巡抚，准以军法从事；镇、道等官，飞章参处。务期
消弭乱萌，保安地方。其山东、河南各巡抚，悉听尔节制。河
道、军务有开载未尽者，许以便宜举行，不从中制。尔以才望简
用，须殚竭忠猷，不避劳怨，斯称委任。毋或因循怠忽，及处置
乖方，有负委托。尔其勖之。特谕。①

从上谕来看，总河的职责大致有以下几项：督理河防事宜，监督
考核河官，协理漕运事宜，统领河标，保安地方。

修筑堤防，疏浚河道。康熙四十七年（1708 年）规定，河道凡
有修理工程，河道总督务必要亲自勘察。康熙五十二年（1713 年），
又重申了这一规定，强调"嗣后一应岁修抢修工程，均令河道总督
亲勘"。② 乾隆四年（1739 年），规定："总河所辖漕河，每年应详按
形势，查明脉络。凡各处泉河淀泊以及支河汊港，关系济运之处，穷
源溯委。将道里远近、现在堤身高宽丈尺、何处发源入漕、何处洩水

① 傅泽洪：《行水金鉴》卷 47，上海：商务印书馆 1936 年版，第 683～
684 页。
② 乾隆《钦定大清会典则例》卷 133《工部·都水清吏司·河工三》，
《文渊阁四库全书》第 624 册，上海：上海古籍出版社 1987 年影印本，第 177 页。

归宿，并将各堤堳坝旧制新增、更改事宜，逐一分析，绘图黏单，送部备查。"①

协理漕运。清代设置河道总督的主要目的就是解决有关黄河的"运道民生"问题，因此，漕运能否顺利进行，是考核河道总督是否尽职的一个重要标准。康熙《大清会典》即载有漕粮过淮违限及过淮及时、抵通迟误者，"河、漕二督"及沿河文武大小官员俱照过淮违限例处分。② 道光六年（1826 年），两江总督琦善说："河因漕治，漕待河行。设治河而与漕运无关，则其治亦与不治等。"③ 因此，河道总督有着很大的协漕职责。清代河道总督因为运道不畅而被处罚者屡见不鲜。如道光四年（1824 年），江南河道总督张文浩不早闭御黄坝，导致黄水倒灌运河，漕运延误，便被革职，后发往新疆效力。④

经管河工钱粮。河道总督经管钱粮的权限，在清前后期发生了比较明显的变化。康熙三十七年（1697 年）规定，河工大型工程以及岁修钱粮，均交由总河自行经管。⑤ 除此之外，河道总督还对下属各道厅等河工经费的使用有监督职责。康熙五十二年（1712 年）规定，"嗣后山东河南河库，每年令各该抚盘查。江南河库，每年令总河盘查，出具并无亏空印结，送部存案。出结后有亏空者，除责令赔补外，仍将该督抚照徇庇例议处"。⑥ 后来成立了专门负责钱粮的河库

---

① 光绪《钦定大清会典事例》卷 901《工部·河工·河员职掌一》，《续修四库全书》第 811 册，上海：上海古籍出版社 2002 年影印本，第 866 页。

② 康熙《钦定大清会典》卷 26《户部十·漕运一·漕规》，《近代中国史料丛刊三编》，台北：文海出版社 1992 年影印本，第 1199～1200 页。

③ 中国水利水电科学研究院水利史研究室编校：《再续行水金鉴·黄河卷1》，武汉：湖北人民出版社 2004 年版，第 286 页。

④ 中国水利水电科学研究院水利史研究室编校：《再续行水金鉴·黄河卷1》，武汉：湖北人民出版社 2004 年版，第 195～197 页。

⑤ 光绪《钦定大清会典事例》卷 904《工部·河工·河工经费岁修抢修一》，《续修四库全书》第 811 册，上海：上海古籍出版社 2002 年影印本，第 12页。

⑥ 光绪《钦定大清会典事例》卷 904《工部·河工·河工经费岁修抢修一》，《续修四库全书》第 811 册，上海：上海古籍出版社 2002 年影印本，第 12 页。

道。但是，总河的监督职责并未缩减。乾隆五十七年（1792 年），规定"河南河工，每岁帮价银两，前经降旨，概行停止。此项河工岁需料物，固由各州县采购交工，而办理工程、开销料物，皆系河员经手，尤应责成总河随时稽察。务令实用实销，毋任承办之员仍前冒滥，而采买之各地方官，亦当按照例价购办，不得丝毫派累民间。如河工地方官员，再有前项弊端，则惟该总河巡抚是问，决不稍为宽贷"。① 嘉庆十一年（1806 年），为了整顿财政，令"督抚到任及每年钱粮奏销后，例须盘查藩库一次。自当将各项款目及收支实数详悉钩稽，方为有益。……嗣后督抚到任及奏销时盘查司库，均当实力清查，并着于每年封印后亲赴藩库，将本年收支款项逐一详查，取结送部。如将来款项不清，将加结之督抚一并惩治。其运库、河库地方亦照此办理"。② 咸丰四年（1854 年），江南河库道被撤销，原归河库道管理的钱粮事务，划归到淮海道、淮扬道、淮徐道三处管理，但是，"公项款内额支，并官兵俸饷、武职养廉、堡夫工食等款，归总河汇总办理"。③

　　协助维持地方秩序。河道总督不仅是治河长官，还兼提督军务。其所辖河标就是为了在大工兴修之际，防止大规模聚集在一起的民众发生骚乱而设立的。当然，这是就河工本身的稳定而言。事实上，河道总督所辖的军队，对维持地方的社会稳定也起到一定的作用。当然，这种职能只在特定的时期发挥作用，即发生动乱或战争之时。如清初各地反清势力活动频繁，在这种情况下，维护政治稳定，就成了河道总督的第一任务，"办理剿捕贼匪"，"其事较河工为尤重"。④

　　① 光绪《钦定大清会典事例》卷 904《工部·河工·河工经费岁修抢修一》，《续修四库全书》第 811 册，上海：上海古籍出版社 2002 年影印本，第 22 页。
　　② 刘锦藻：《清朝续文献通考》卷 64《国用考二》，杭州：浙江古籍出版社 1988 年影印本，第 8206 页。
　　③ 光绪《钦定大清会典事例》卷 906《工部·河工·河工经费岁修抢修三》，《续修四库全书》第 811 册，上海：上海古籍出版社 2000 年影印本，第 36 页。
　　④《清实录》第 20 册《高宗实录（十二）》卷 967 乾隆三十九年（1774 年）九月己卯，北京：中华书局 1986 年影印本，第 275 页。

清代首任总河杨方兴，曾经"遣兵捕治土寇，扫穴擒渠"①。顺治二年（1645年），杨方兴发兵剿灭山东满家洞的农民抗清力量。② 雍正七年（1729年），孔毓珣任职江南河道总督，曾经镇压了宿迁县归仁集抗交租的民众。③ 又如乾隆三十九年（1774年），山东王伦造反，攻城略地，将山东巡抚徐绩等人逼至东昌，总河姚立德与徐绩等人在东昌协防。此时，开挖潘家屯引河的事情也在筹划之中，但因战事不稳，河工只得"暂缓勘办"。④ 直到王伦等人被擒，姚立德才被允许离开东昌，办理开河事宜。⑤ 清代中后期，社会矛盾加剧，农民起义时有发生，河兵也多次参与到作战当中，甚至影响到了河工的正常修防，对晚清河政产生了消极影响。

河道总督的另外一项重要职责就是人事权，掌握下属官员的考核题补等重要事项。这将在第三章进行论述。

另外，河道总督还要根据情况协助办理地方事务，如赈济灾民等。如康熙二十三年，淮扬一带发生水灾，灾民"饥寒兼迫，流亡者多"，苏州巡抚汤斌、总漕徐旭龄便同总河靳辅商定由总漕总河二人"就近分董淮安赈务"。⑥

（二）河道总督的属官设置与沿革——道、厅、汛

清人鲁一同曾说："州县长吏丞簿尉，治事之官也。州县以上，

---

① 赵尔巽等：《清史稿》卷279《杨方兴传》，北京：中华书局1977年版，第10109页。

② 《清实录》第3册《世祖实录（全）》卷17顺治二年（1645年）六月庚午，北京：中华书局1985年影印本，第153页。

③ 《世宗宪皇帝朱批谕旨》卷7之4《朱批孔毓珣奏折》，雍正八年（1730年）正月初十日江南河道总督孔毓珣奏，《文渊阁四库全书》第416册，上海：上海古籍出版社1987年影印本，第366页。

④ 《清实录》第20册《高宗实录（十二）》卷967乾隆三十九年（1774年）九月丁丑，北京：中华书局1986年影印本，第267页。

⑤ 《清实录》第20册《高宗实录（十二）》卷967乾隆三十九年（1774年）九月己卯，北京：中华书局1986年影印本，第275页。

⑥ 清国史馆原编：《清史列传（一）》卷8《大臣画一档正编五·汤斌》，周骏富辑：《清代传记史料·综录类②》，台北：明文书局1985年影印本，第677页。

皆治官之官也。"① 所谓治事之官，就是负责实际事务的官员；所谓治官之官，就是负责监督官员的官。在河道官员系统中，河道总督就是治官之官，而其下属之司道厅汛就属于治事之官。"总河一官，所辖黄运两河，不下四千余里，岂能分身，一一亲理？所恃以共济者，道府厅印官耳。……司厅尤其要也。"②

顺治至康熙早期，河道总督下辖的主要是七分司，即通惠、北河、南旺、夏镇、中河、南河、卫河，分管所属境内岁修抢修事宜。③ 到了康熙年间，七分司逐渐被"道"所取代。④ 见表1-1。

表1-1　　　　　　　　　河道七分司一览表⑤

分司名	驻地	裁撤时间	原辖地归属
通惠河分司	通州	康熙四十年	归通永道管理
北河分司	张秋	康熙十七年	归并济宁、天津二道管理
南旺分司	济宁	康熙十五年	归并济宁道管理
夏镇分司	夏镇	康熙十五年	所有滕、峄二县河道各闸，归东兖道管理；沛县河道各闸，归淮徐道管理

① 鲁一同：《胥吏论一》，载葛士濬辑：《皇朝经世文续编》卷22《吏政七·吏胥》，《近代中国史料丛刊》，台北：文海出版社1967年影印本，第609页。

② 朱之锡：《河防疏略》卷4《慎重河工职守疏》，《续修四库全书》第493册，上海：上海古籍出版社2002年影印本，第647页。

③ 乾隆《钦定大清会典则例》卷131《工部·都水清吏司·河工一》，《文渊阁四库全书》第624册，上海：上海古籍出版社1987年影印本，第139~140页。

④ 清代分司之裁撤多有反复。分司之裁，顺治年间朱之锡任总河时即已有此举措，如顺治十六年，就裁夏镇分司归运河厅管理，又裁临清分司归北河分司管理。但不久均又复设。至康熙年间才大多被道所取代。见傅泽洪：《行水金鉴》卷169《官司》，上海：商务印书馆1936年版；康基田：《河渠纪闻》卷13，《四库未收书辑刊》1辑29册，北京：北京出版社2000年影印本，第190页。

⑤ 乾隆《钦定大清会典则例》卷131《工部·都水清吏司·河工一》，《文渊阁四库全书》第624册，上海：上海古籍出版社1987年影印本，第139~141页。

续表

分司名	驻地	裁撤时间	原辖地归属
中河分司	吕梁洪	康熙十七年	归淮扬、淮徐二道管理
南河分司	高邮州	康熙十七年	归淮扬、淮徐二道管理
卫河分司	辉县	康熙四年	归分守河北道及卫辉府通判管理

　　河道七个分司在康熙年间全被裁撤，其职责和权限被新设的淮扬道、淮徐道、济宁道等所继承。①

　　道的源流大致可以追溯到唐太宗贞观年间并省州县，划分天下为十道。唐代以后，道已经成为中国地方行政体制当中比较固定的一级建制。"道"大致分为三种类型，即分巡道、分守道和兵备道。清代既设有分守道、分巡道及兵备道，又设有专管全省某些事物的具有特殊职能的"道"。②"国初定，各省设布政使左右参政参议曰守道，设按察使副使佥事曰巡道。有兼辖全省者、有分辖三四府州者。或兼兵备，或兼河务，或兼水利，或兼提学，或兼茶马屯田，或兼粮储盐法。各以职事设立，无定员。"③清代河工所设的"道"就是具有特殊职能的"道"。④它大致可以分为三类：一类是以所管工段为标准命名的"道"，如淮徐道所辖为江苏淮安至徐州段，淮扬道所辖为淮扬运河段。另一类是专门负责某项事务的"道"，如江南河库道所辖事务主要为钱粮支出和奏销等项。第三类的"道"兼具二者之功用，如河南管河道。总的来讲，道、厅、汛等官负责的多为具体事务。雍

---

　　① 分司的裁撤，主要得力于靳辅。康熙对靳辅裁撤分司的举措十分赞赏。康熙二十三年（1684年），康熙对靳辅说："尔前奏将南北河道各分司部官裁去极好。他们知得什么河道？不过每日打围罢了。"（傅泽洪：《行水金鉴》卷49，上海：商务印书馆1936年版，第715页。）

　　② 李国祁：《明清两代地方行政制度中道的功能及其演变》，载台湾《中央研究院近代史研究所》集刊》1972年第3期。

　　③ 光绪《钦定大清会典事例》卷25《吏部·官制·各省道员》，《续修四库全书》第798册，上海：上海古籍出版社1995年影印本，第424页。

　　④ 萧一山认为河道兼分守、分巡于一体（《清代通史》一，北京：商务印书馆1932年版，第539页）。

正元年（1723 年），胤禛在谈到河道的责任时说："河道有董率工程之责，凡分修河员，孰贤孰否，俱应洞晰。并宜亲身经历查勘，估计某口险峻，某口平易，某处堤工坚固，某处冒支帑金。"①

在清代河官系统中，道员是非常重要的职位，其上承河道总督，下管厅汛主簿等。一有工程，即赴工地。如雍正时期河南管河道张杓。康熙末年，河南水患频发。张杓于康熙六十一年正月补授河南管河道。时任河道总督陈鹏年康熙六十一年十二月十三日在给雍正的题本中这样写道："自该道赴任以来，并未一入衙署，昼夜住宿工所，料理堵筑事宜。经历寒暑，始终如一。"但是，却因沁河水势案要降五级调用。幸亏河道总督陈鹏年和河南巡抚杨宗义联名相保才得以留工。②

管河道所属官员，有同知、通判、州同、州判、县丞、主簿、巡检等官。同知、通判的官署为厅，州同以下则为汛。管河同知以下各官，各掌河之岁修、抢修及挑浚淤浅等工程。同知、通判督率州同、州判以下各官，分汛防守。③

对于各道的管辖区域及职责，乾隆《钦定大清会典则例》有较详细的记载。

江南河道总督下辖三道：江南河库道一人，掌出纳河帑。④ 淮徐河道一人，辖铜沛、邳睢、宿虹、桃源同知四人，丰萧砀、宿迁运河通判二人。二十四汛：州同、州判各一人，县丞五人，主簿十有二

_____

① 《清实录》第 7 册《世宗实录（一）》卷 3 雍正元年（1723 年）正月辛巳，北京：中华书局 1985 年影印本，第 75 页。

② 陈鹏年：《请留道员以固工程事》，载《清代吏治史料·官员管理史料（一）》，北京：线装书局 2004 年影印本，第 10 页。

③ 《历代职官表》卷 59《河道各官表》，《文渊阁四库全书》第 602 册，上海：上海古籍出版社 1987 年影印本，第 330~331 页。张德泽：《清代国家机关考略》，北京：学苑出版社 2001 年版，第 232 页。

④ 《历代职官表》卷 59《河道各官表》（《文渊阁四库全书》第 602 册，上海：上海古籍出版社 1987 年影印本，第 329 页）载："河库道，驻扎清江浦。掌出纳河帑，而岁要委其成于总督。"而其他道"皆掌分巡所属而兼理河务，其山东运河道、河南二道、直隶五道又兼掌河帑之出纳"。

人，巡检七人。分管淮扬河道一人，辖山清、里河、山清、外河、山安、海防、江防同知五人，高堰、山盱、桃源、安清、中河、扬河、扬粮水利通判六人。三十八汛：州同、州判各三人，县丞十有四人，主簿十人，巡检八人。

河东河道总督下辖四道：兖沂曹兼管黄河道一人，辖曹单黄河同知一人，四汛：县丞一人，主簿二人，巡检一人。河南开归陈道一人，辖上南河、下南河同知二人，仪考、商虞通判二人。十二汛：州判一人，县丞七人，主簿四人。彰卫怀道一人，辖怀庆黄河，开封上北河、下北河同知三人，彰德河务、卫辉盐河、怀庆河务、曹仪河务通判四人。二十汛：县丞八人，主簿十人，巡检二人，又林县管河典史一人。又山东运河道一人，辖运河沂郯、海赣同知二人，迦河、捕河、上河、下河、泉河通判五人。二十八汛：州同、州判各三人，县丞十人，主簿十有二人。①

河道下属各官为治事之官，"凡河务自管河同知以下为专司，知县为兼职，各掌沿河堤堰、坝闸岁修、抢修，及挑浚淤浅、导引泉流，并江防、海防各工程。同知、通判总理督率，州同、州判以下分

---

① 以上关于清初黄河沿岸"道"的管辖区域的设置，主要参考乾隆《钦定大清会典》卷74《工部·都水清吏司·河工》，《文渊阁四库全书》第619册，上海：上海古籍出版社1987年影印本，第679~680页。另《清朝文献通考》卷85《职官九》载："河道总督所属，除府县以地方官兼辖河务者具载府县官员内，道员之管理河务者，直隶清河道、通永道、天津道，河南开归陈许道、河北道，山东兖沂曹道，江南淮扬海道等缺，俱有兼巡地方之责，亦不载。其专司河道，自道员及同知以下，黜陟考核，皆掌于河道总督，特分载于后。直隶河道总督属永定河道一人，同知九人，通判八人，州同三人，州判十一人，县丞二十六人，主簿二十二人，吏目三人，闸官三人。（宛平县县丞、主簿各一人，大兴县庆丰闸闸官一人，俱系河员，已载顺天府下，此不载。）河东河道总督属山东运河道一人，同知二人，通判六人，州同二人，州判三人，县丞五人，主簿十三人，巡检二人，闸官二十九人，河南同知五人，通判三人，州判一人，县丞十八人，主簿十四人。江南河道总督属河库道一人，淮徐河务道一人，同知十一人，通判八人，直隶州州同一人，州判三人，县丞十九人，主簿二十三人，道库大使一人，巡检十七人，闸官十四人。"（杭州：浙江古籍出版社1988年影印本，第5620~5621页）《清朝通典》卷33《职官十一》亦有载。（杭州：浙江古籍出版社1988年影印本，第2207~2208页。）

汛防守"。①

清代黄河河工"道"的演变经历了一个复杂的过程。试简述如下：

康熙二年（1663年），裁江南省淮徐道，归并淮海道管理。九年（1670年），改江南省淮海道为淮扬道。十二年（1673年），江南省复设淮徐道。十七年（1678年），山东、河南二省特设管河道员。一应督修挑筑办料诸务，均令河道协同催趱。三十五年（1696年），改江南省里河同知为江南通省管河道。三十八年（1699年），裁江南通省管河道。

雍正五年（1727年）设河南省河北道一人，驻扎武陟，"兼管河务"。九年（1731年），设江南河库道。十二年（1734年），改山东省曹东道为管河道，专管黄运两河事务。

乾隆五年（1740年）改山东省管河道为运河道，专管运河兼河库事务，以兖沂曹道兼管黄河工程。乾隆八年（1743年），裁江苏省海防道，改设淮徐海巡道一人，驻徐州府。乾隆九年（1744年）规定：江南省淮徐、淮扬二道，原系分巡兼管河务。但河工关系紧要，该二道有管辖厅汛之责，嗣后应令其专管河道。乾隆三十年（1765年）又定"将淮、徐二府地方分巡事务，仍令淮徐道兼管。其扬州府地方分巡事务，仍令淮扬道兼管"。将添设之淮徐海道一缺，即行裁撤。

嘉庆十六年（1811年）添设淮海道，驻扎中河，专管桃北、中河、山安等六厅河务。

咸丰三年（1853年），裁撤南河河库道，所管收放钱粮，归淮扬、淮徐、淮海各该管道分管。咸丰十年（1860年），江南河道总督被裁撤，淮徐、淮海两道也即裁撤。淮徐道改为淮徐扬海兵备道，仍驻徐州。所有淮扬、淮海两道应管地方河工各事宜，统归该道管辖。

同治二年（1863年），因东河南岸所属四厅、北岸所属三厅河道干涸，裁撤兰仪、仪睢、睢宁、商虞、曹考五厅。同治四年（1865年），复设淮扬河务兵备道，管理淮扬两属。海州一属，仍归徐道管

---

① 《清朝通典》卷33《职官十一》，杭州：浙江古籍出版社1988年影印本，第2207页。

辖，作为徐海河务兵备道。

光绪三年（1877 年），江苏省淮扬河务兵备道改为淮扬海河务兵备道，徐海河务兵备道改为徐州河务兵备道。①

可以看出，有清一代，黄河"道"的建置在数量上并没产生大的变化，只是河道的职能及管辖区域根据黄河形势的变化而不断地变化。只是到了清代中后期，随着黄河改道，形势发生了非常大的变化，很多"道"才被裁撤和归并。

清代厅的设置在清前期和后期数量上发生了比较大的变化。以东、南河厅的设置而言，康熙初年，南河辖六厅，东河辖四厅，道光朝分别增至二十二厅和十五厅。仅厅的设置就增加了近 3 倍。"文武数百员，河兵万数千，皆数倍其旧。"② 这与清代治河形势的变化有着很大的关系。

三、清代河工夫役的设置与沿革

除了设置规模较大的河官系统之外，清朝还设立了河兵和河夫制度。作为基层防守的一线人员，这些人在清代河工中起着非常重要的作用。

（一）河兵制度

1. 河兵的起源

河兵是清代军队系统中一个特殊而重要的组成部分，是兵亦非兵，虽为军队，实则民用，只在极少数情况下同其他军队一样担负作战职能。更多时候，这支军队作为一支技术兵种，在清朝基层河防体系中，扮演着非常重要的角色。

军队参与治河，并非清朝才开始出现。汉代即有发兵卒治理水

---

① 有关清代黄河两岸"道"的设置与裁撤主要参考了光绪《钦定大清会典事例》卷 25《吏部·官制·各省道员》；卷 901《工部·河工·河员职掌一》；卷 902《工部·河工·河员职掌二》。

② 魏源：《魏源集》上册，北京：中华书局 1976 年版，第 367 页。

患、堵塞决口的记载。《史记·河渠书》载："汉兴三十九年（前170 年），孝文时河决酸枣，东溃金堤，于是东郡大兴卒塞之。"① 但这只是临时举措。军队参与河防渐趋制度化，大致出现在北宋时期。宋真宗大中祥符八年（1015 年）六月，规定"汴水添涨及七尺五寸，即遣禁兵三千沿河防护"②，士兵"负土列河上，以防河满"。③ 至金代，"设官置属"，将主要河段按埽划分防险区域，开始出现埽兵，且在军队防河上，其规定更加细化，体制逐渐完整。《金史》载："沿河上下凡二十五埽……埽设散巡河官一员。"散巡河官上又有六名都巡河官。巡河官"总统埽兵万二千人……此备河之恒制也"。此处所说的埽兵，就是后来河兵的前身。

2. 清代河兵的设置及其变迁

据乾隆《钦定大清会典则例》载，清代河兵设置始于顺治十二年（1655 年），仅在江南省设立④，且人数也少。据王庆云《石渠余纪》载："国初河标兵仅三千名，康熙初又裁减十之二。"河兵的大规模设置，"始于［靳］辅，而继以［于］成龙"。⑤ 康熙十六年（1677 年），靳辅担任河道总督，对河工系统进行了大规模整顿。靳辅提出以专业的河兵代替非专业的民夫："按里设兵，使之住于堤上，逐日看守，并将疏浚修葺事宜一切责成之。"⑥ 靳辅的建议受到了康熙的重视。尽管遇到一些阻力，康熙十七年（1678 年）仍然裁去江南凤阳、淮安、徐州、扬州四府浅夫、溜夫等，设立河兵 5860 名。⑦ 次

① 司马迁：《史记》，北京：中华书局 1963 年版，第 1409 页。

② 傅泽洪：《行水金鉴》卷 95，上海：商务印书馆 1936 年版，第 1401 页。

③ 傅泽洪：《行水金鉴》卷 95，上海：商务印书馆 1936 年版，第 1406 页。

④ 乾隆《钦定大清会典则例》卷 131《工部·都水清吏司·河工一》，《文渊阁四库全书》第 624 册，上海：上海古籍出版社 1987 年影印本，第 150 页。

⑤ 王庆云：《石渠余纪》卷 1《纪河夫河兵》，《近代中国史料丛刊》，台北：文海出版社 1967 年影印本，第 93 页。

⑥ 靳辅：《文襄奏疏》卷 1《治河题稿·经理河工第八疏添设兵丁》，《文渊阁四库全书》第 430 册，上海：上海古籍出版社 1987 年影印本，第 475~480 页。

⑦ 康熙《钦定大清会典》卷 138《工部八·河渠二·河道夫役》，《近代中国史料丛刊三编》，台北：文海出版社 1992 年影印本，第 6902 页。

年，江南河营又增设河兵 500 余名。① 这是河兵初步推广。河兵在河
工全面推行是从康熙三十七年（1698 年）开始的。康熙三十七年，
设永定河兵 2000 名。康熙三十八年（1699 年），河道总督于成龙奏
请裁撤徐州所属额设岁夫 6950 名，改设河兵 3030 名。② 此后，"裁
夫设兵，遂为定制"。③ 康熙年间河兵的设立并非一味地增加人数，
其数量多寡及裁设也是根据治河形势的变化及河兵所起的作用不断进
行调整。如康熙四十年（1701 年），应直隶巡抚李光地的请求，将永
定河河兵进行了大幅度削减，仅余 800 名在工防护。康熙五十九年
（1720 年），江南省将徐州河兵裁掉 1230 名，留 1800 名在工防护。④
康熙年间，设立河兵主要是在南河及永定河段。

雍正年间，河兵开始由南河向东河推广。雍正二年（1724 年），
在副总河稽曾筠的要求下，河南开始设立河兵。⑤ 河南河兵刚开始主
要是从江南调拨而来，后来逐渐使用河南本地人担任河兵。⑥ 雍正四
年（1726 年），又应河道总督齐苏勒申请，选拔 200 名河兵，委任 1
名千总、2 名把总，驻守山东曹县等处，负责修防。⑦ 同年，又增设

---

① 光绪《钦定大清会典事例》卷 903《工部·河工·河兵》，《续修四库
全书》第 811 册，上海：上海古籍出版社 2002 年影印本，第 1 页。

② 光绪《钦定大清会典事例》卷 903《工部·河工·河兵》，《续修四库
全书》第 811 册，上海：上海古籍出版社 2002 年影印本，第 1 页。

③《清朝文献通考》卷 22《职役考二》，《文渊阁四库全书》，上海：上海
古籍出版社 1987 年影印本，第 459 页。

④ 光绪《钦定大清会典事例》卷 903《工部·河工·河兵》，《续修四库
全书》第 811 册，上海：上海古籍出版社 2002 年影印本，第 1 页。

⑤ 光绪《钦定大清会典事例》卷 903《工部·河工·河兵》，《续修四库
全书》第 811 册，上海：上海古籍出版社 2002 年影印本，第 1 页。

⑥ 黎世序等：《续行水金鉴》卷 6，上海：商务印书馆 1937 年版，第 144 页。

⑦ 黎世序等：《续行水金鉴》卷 6，上海：商务印书馆 1937 年版，第 153
页。乾隆《钦定大清会典则例》卷 131《工部·都水清吏司·河工一》（《文渊
阁四库全书》第 624 册，上海：上海古籍出版社 1987 年影印本，第 150 页）载：
雍正三年议准："山东运河紧要，照河南之例，于江南额设河兵内选二百名，安
插险要地方。其江南河兵缺，即于滨河佣夫内，选其熟练河务者顶补。"在时间
上两者记载不同。

永定河河兵 400 名。① 总体来看，雍正年间普遍推行河兵制度，黄运两河沿岸河兵的设立已经成为常态，实现了制度化。

乾隆时期，黄河险工不断增加，河兵数量呈现出增多的趋势，但分布并不均衡。这并不是因为东河河段无险工，而是因为南河与漕运关系更加密切。乾隆元年（1736 年），江南河兵共 20 营 9145 名，东河只有怀河、豫河 2 营，河兵也只有 1100 名。② 南河河兵数量庞大，东河河兵数量明显不足。至乾隆中期，河兵数量已经达到 12200 多名，江南总河所属 21 营，河兵 10500 多名，东河所属怀河、豫河、黄运 3 河营额设河兵 1700 名。乾隆四十六年（1781 年），对河兵稍作调整，裁减南河河兵，增加东河河兵至 2714 名。③ 东河河兵不足的状况才稍有缓解。

嘉庆年间，河兵大约增加了 1300 名左右：主要有嘉庆七年（1802 年），永定河增加河兵 400 名。④ 嘉庆十三年（1808 年），江南省里、外二河厅，增加河兵 100 名。嘉庆十六年（1811 年），南河马港口南北两岸添设河兵 375 名。嘉庆十七年（1812 年），新设海安、海阜二厅营，增募河兵 401 名。⑤

道光年间，是河兵设立后调整较少的一个时期，这与当时的政治形势有密切的关系。外有列强入侵，内有农民起义，内忧外患叠加，在政局稳定面前，河工重要性陡然降低。道光年间的河兵调整，主要是在道光二年（1822 年），在徐州府属峰山河埝、天然闸河埝各添设

① 光绪《钦定大清会典事例》卷 903《工部·河工·河兵》，《续修四库全书》第 811 册，上海：上海古籍出版社 2002 年影印本，第 1 页。

② 乾隆《钦定大清会典则例》卷 131《工部·都水清吏司·河工一》，《文渊阁四库全书》第 624 册，上海：上海古籍出版社 1987 年影印本，第 151 页。

③ 《清朝文献通考》卷 24《职役考四》，《文渊阁四库全书》，上海：上海古籍出版社 1987 年影印本，第 492~493 页。

④ 光绪《钦定大清会典事例》卷 903《工部·河工·河兵》，《续修四库全书》第 811 册，上海：上海古籍出版社 2002 年影印本，第 3 页。

⑤ 光绪《钦定大清会典事例》卷 903《工部·河工·河兵》，《续修四库全书》第 811 册，上海：上海古籍出版社 2002 年影印本，第 3~4 页。

河兵 200 名。①

咸丰年间，是清代河兵制度走向衰落的一个转折点。这同黄河改道有密切的关系。咸丰五年（1855 年），黄河在铜瓦厢决口以后，河道北徙，"旧黄河一带无应办之工"，因此将南河绝大部分河兵裁撤归并。"所有河标改为镇标"，只保留河南省兰仪以下干河各营，改为操防，"不必归抚镇各标管辖"。② 至光绪十一年（1885 年），河南省开归道属豫河营额设兵 641 名，裁减 32 名。河北道属怀河营额设兵 719 名，裁减 72 名。运河道属运河营额设兵 400 名，裁减 20 名。河标四营，原存兵共 1613 名，除马兵 316 名不必裁减外，仍统按 100 名裁汰 5 名，计减去 80 名。以上七营，共减河兵 204 名。③ 这是河兵系统的最后一次大规模调整。

3. 河兵的来源、职责及其待遇

河兵的来源主要有三种：一是普通绿营兵直接改为河兵，这是河兵开始时的主要来源。如前文提及的康熙三十七年永定河筑堤以后，就从绿营军拨战守兵 2000 名作为河兵。但在雍正朝以后，从绿营兵直接改为河兵的数量不断减少。二是从河夫中挑选。在河兵制度逐渐完善以后，从技术较好的河夫中选拔河兵就成了最主要的途径。河夫有多种类型，如堡夫、浅夫、溜夫等，河兵的选拔主要是从堡夫中进行。堡夫也是清代河工基层修守的一个重要组成，其作用和河兵是相辅相成的。简单来讲，堡夫主要是体力工作，河兵是技术工作加体力工作。吃苦耐劳、技术较好的堡夫，经常在河兵缺出时被补入河兵。对此，清朝有明确的制度规定。此规定原始于东河。雍正二年（1724 年），河东副总河嵇曾筠在一份奏折中提到"堡夫中有能跟随河兵习学桩埽工程，谙练明白者……即拨作河兵"，得到雍正同意。雍正三年从江南河兵中选 200 名，安插山东运河险要地方。"其江南

① 光绪《钦定大清会典事例》卷 903《工部·河工·河兵》，《续修四库全书》第 811 册，上海：上海古籍出版社 2002 年影印本，第 4 页。

② 光绪《钦定大清会典事例》卷 903《工部·河工·河兵》，《续修四库全书》第 811 册，上海：上海古籍出版社 2002 年影印本，第 5 页。

③ 光绪《钦定大清会典事例》卷 903《工部·河工·河兵》，《续修四库全书》第 811 册，上海：上海古籍出版社 2002 年影印本，第 6 页。

河兵缺，即于滨河佣夫内，选其熟练河务者顶补。"同时，又规定："河南省堡夫，募精壮丁男补额，择其谙练工程者，每年于江南河兵更换时拨充河兵，俟数满五百名，将江南河兵停其调补。"① 可见，堡夫等夫役是河兵的一个主要来源。到了乾隆年间，张师载出任东河总督时，将其完全制度化。凡遇河兵缺出，即"拣选精壮堡夫顶补"。

河兵的第三个来源就是"余丁"。"余丁"就是候选河兵（八旗绿营兵中亦有余丁，为兵之候选、辅助），河兵缺额，就用余丁填补。因此，余丁也是河兵的重要来源。如何挑选余丁呢？徐端曾在《安澜纪要》中写道，要求年龄在15～25岁之间，"乡野诚实能耐劳苦之人"，"黑大粗壮、手面皆有力作之色者"。徐端总结道："大都河兵以诚实愚鲁之人为宜，愚鲁之人诚信足以感孚，忾气足以振作，加以恩威并用，其有不为我所用者？"② 这是当时河兵选拔的主要标准。

河兵的职责，不同朝代是有差异的。如淮建利认为宋代的河清兵不仅承担治河职责，还会经常做一些与治河不相干的事情，影响了河清兵治河作用的发挥。不过，到了清代，河兵的职责已经比较明确。清代河兵的职责几乎覆盖基层河工的各个方面，大体可以分为两类：一类是常规修守。"住于堤上，逐日看守"，负责"疏浚修葺事宜"。③ 靳辅曾经在黄河近入海口河道做这样的设置：每1里河堤，设河兵6名，每名河兵管河堤30丈。堤根种柳，堤旁植草，堤内添土。每2.5里建1个墩，墩旁住15名河兵。每墩给1艘浚船。每艘船配备2个铁扫帚（疏通河道的工具），系在船尾。每月初一、十一、二十一日，两岸墩兵一起，在河中刷沙，疏通河道。④ 这就是河

---

① 光绪《钦定大清会典事例》卷903《工部·河工·河兵》，《续修四库全书》第811册，上海：上海古籍出版社2002年影印本，第1页。

② 徐端：《安澜纪要》卷上，《中华水利志丛刊》，北京：线装书局2004年影印本，第123页。

③ 靳辅：《文襄奏疏》卷1《治河题稿·经理河工第八疏》，《文渊阁四库全书》第430册，上海：上海古籍出版社1987年影印本，第475页。

④ 靳辅：《文襄奏疏》卷1《治河题稿·经理河工第八疏》，《文渊阁四库全书》第430册，上海：上海古籍出版社1987年影印本，第475～476页。

兵初设时的职责。简言之，就是疏浚修葺、栽柳植草、添土帮宽。随着形势的变化，河兵的职责曾略有调整，但其主要日常职责并未发生变化。

河兵的另一个主要作用，实际上也是最能体现河兵价值的，就是合龙下埽。合龙下埽是河工抢险、堵筑决口时的关键步骤，非常危险，对技术有非常高的要求。前述常规修守很多时候可以由堡夫来做，但合龙下埽普通堡夫却无法完成。河兵无可替代的重要性恰恰体现于此。对此清人顾栋高曾有详细描述："其人率皆驻宿河干，熟谙水性。平日不责以骑射之能，而专司填筑之事。每遇河上紧急，匪但不役民夫，并不调营兵。合龙下埽，不爽分寸。云梯碨筑，悬绝千仞。当河涛决怒时，持土石与水争胜，性命悬于顷刻，惟责成专而谙练熟，故能奏功而无患害，匪其人鲜不败事。"① 嵇曾筠在担任河东河道总督时从南河调拨河兵最主要的原因就在于此。合龙下埽比较危险，河兵甚或官员在签椿下埽时掉入洪水中牺牲也并不罕见。

另外，从季节上看，河兵夏冬两季职能侧重点不同，夏季侧重防汛，冬季侧重修守。田文镜曾说，河兵在冬月之时，"例应堆积土牛"，及时补筑沿堤两岸"水沟狼窝、獾洞鼠穴并堤土松浮之处"。②

前文已提及，除黄河沿途设有河兵外，与运河相关的河段亦都设有河兵。但是，黄河河段的河兵与运河河段的河兵，其职责并非完全一致。运河河兵除一般的河工修守之外，对运河上其他相关事务也会进行一定的干预，比如运河河兵还会对拨船进行管理。③

除此之外，河兵在某些特殊情形下也会承担作战职能，但这种情形比较少，至晚清战事多发时才比较多。

河兵是非常辛苦的，"终岁勤劳，殆无虚日。临大汛如临劲敌，

---

① 顾栋高：《营制小叙》，载《皇朝经世文编》卷 71《兵政二·兵制下》第 17 册，《魏源全集》，长沙：岳麓书社 2004 年版，第 37~38 页。

② 田文镜：《抚豫宣化录》，郑州：中州古籍出版社 1995 年版，第 191 页。

③ 陈昌图：《南山房集》卷 2《添募河兵派管拨舡》，清乾隆五十六年陈宝元刻本，第 21 页。

守长堤如守危城。及至三汛安澜后，又有额柳积土，按日计工"。①
抗洪抢险、签椿下埽也是非常危险，"下埽则临深渊，有蹈险之患
也。签椿则上踏云梯，有履危之尤也"②，如此辛劳的河兵，其待遇
如何呢？

第一，饷银待遇。河兵饷银主要由原来的募夫所费钱银贴补，不
足部分再从河工款项中划拨。起初河兵的饷银同军队中守兵的待遇相
同。每名河兵每月支银一两二钱，遇闰加支。后因河兵工作比较危
险，雍正五年（1727 年）就将大部分河兵的待遇等同于一般作战士
兵。事实上，河兵的整体待遇在不断提升，至少在康雍乾时期是如
此。尤其是乾隆元年（1736 年）和乾隆二年，曾两次大规模提高战
粮比例，以提高河兵待遇。河兵由守粮改为战粮，每月能够多领五钱
银子，待遇大幅提升。③

乾隆年间，曾将东河河兵战守粮比例提升到八比二，直隶河兵甚
至提升到九比一。提升后，力作守兵每名每年饷米银十四两；桩埽战
兵每名每年饷米银二十两。不过，值得注意的是，河工系统官员的腐
败现象比较普遍，克扣、挪用、延发河兵饷银的事情也时有发生，甚
至在个别时期个别地方还比较严重，在一定程度上影响了河兵实际待
遇的提升。除饷银外，河兵抚恤也渐渐等同于作战士兵。"嗣后黄河
下埽之官兵，如在事遭险，入坎幸生者，照军功保守在事有功例，官
加一级，兵夫以一等军功伤例给赏。身故者，官不论衔级大小，照军
功阵亡例，以现在职分准荫加赠，给祭葬银。外委官弁以及兵丁夫
役，亦照军功阵亡例，分别给以祭葬银。如无亲族者，照例委官致
祭。"④

① 徐端：《安澜纪要》卷上，《中华水利志丛刊》，北京：线装书局 2004
年影印本，第 123~124 页。
② 邱步洲辑：《河工简要》卷 2，《中国水利要籍丛刊》第 5 辑，台湾：
文海出版社 1969 年版。
③ 光绪《钦定大清会典事例》卷 903《工部·河工·河兵》，《续修四库
全书》第 811 册，上海：上海古籍出版社 2002 年影印本，第 2 页。
④ 光绪《钦定大清会典事例》卷 903《工部·河土·河兵》，《续修四库
全书》第 811 册，上海：上海古籍出版社 2002 年影印本，第 1 页。

第二，仕途前景。河兵在系统内部的升迁途径是比较顺畅的，这与系统内官员升迁的指导思想有关。康熙六十年（1722 年），淮扬道傅泽洪就曾经提到"河营把总，专任修防，必由河兵出身、熟谙堤埽工程者委用，方无贻误"。① 傅泽洪还特别强调在淮扬道、淮徐道所属的黄运两河工段，"工程甚关险要，非得深知水性，在工力作久年之河兵专汛修防，鲜不贻误"。因此，他建议"嗣后凡徐属邳睢、宿虹、桃源、外河、山安六厅所属黄河各汛把总缺出，请于黄河各营汛内选取力作年久、实有劳绩、真正深知水性、熟谙工程之百队河兵，着令该厅于本年霜降之后预为保详，由道察核转送，听候验拔补放"。② 可见身为道员的傅泽洪，对于河兵出身的官员高度重视。乾隆年间，河东河道总督张师载说："河兵由守拔战、拔外委、拔分防递升至千、把以上，进身有阶。"③ 嘉庆年间担任江南河道总督的徐端也曾说到："河兵虽无侯伯之分，而为提镇者往往有之。"④ 可见，作为河兵，在仕途上是有希望的。实际上，清代河营"漕营并重，各有副、参、游、守。而河营之升迁，一与军功等"。⑤ 在系统内部的晋升中，河兵的优势是非常明显的。《永定河志》记载比较详细："凡河兵中明白工程、办事勤干者，由本汛移该管千总转送守备申送河道验准，拔补什长，由什长拔补头目，由头目拔补外委，皆给执照，于季报册□分□注明。内有出力办工、才堪驱策者，由本汛保送河道验准，为辕门额外外委。"⑥

---

① 傅泽洪：《行水金鉴》卷 169《官司》，上海：商务印书馆 1936 年版，第 2465 页。

② 傅泽洪：《行水金鉴》卷 169《官司》，上海：商务印书馆 1936 年版，第 2466~2467 页。

③《清实录》第 16 册《高宗实录（八）》卷 618 乾隆二十五年（1760年）八月壬午，北京：中华书局 1986 年影印本，第 956 页。

④ 徐端：《安澜纪要》卷上，《中华水利志丛刊》，北京：线装书局 2004年影印本，第 123 页。

⑤ 顾栋高：《营制小叙》，载《皇朝经世文编》卷 71《兵政二·兵制下》，《魏源全集》第 17 册，长沙：岳麓书社 2004 年版，第 37~38 页。

⑥ 陈琮：《永定河志》卷 8《经费考·兵饷》，上海：上海古籍出版社2002 年影印本，第 258 页。

4. 对清代河兵制度的评价

河兵制度曾经发挥过非常重要的作用。首先，河兵制度的建立，打破了以往征募夫役的弊端。原来所设置的河夫，是有关官员"按籍签点"，而官员假手吏胥，"大都冒张虚数，临时倩应老弱"，募夫制度名存实亡。河兵设立以后，"一以军政部署之。令其亡故除补有报，逐日力作有程，各画疆而守，计功而作，视其勤惰而赏罚行焉"。"较额夫旧制有条而不紊，有实而可核矣"，根除了以往征募夫役的弊端①，"无召募往来之淹滞，无逃亡之虑，无雇替老弱之弊"。②

其次，河兵能够弥补河夫的不足。清代的基层河防既设河兵，又设河夫，两者职责侧重不同。河夫侧重日常修守，河兵主要是负责大工大汛时的技术工作。曾经担任过江南河道总督、河东河道总督长达数十年之久的白钟山在《豫东宣防录》中曾写道："雇募之人夫止可搬柴抬土，其卷埽钉桩、守缆看橛以及镶柴压土，全在习惯之河兵。"③

清代河兵制度，对于完善清代河防体系，汛期抢险，常规修防等起到了重要的作用。清代一些学者、史家都曾给予河兵非常高的评价。咸丰年间曾出任两广总督的王庆云认为河兵制度"使民脱金派之苦，而工获修防之益"。④ 晚清著名学者冯桂芬在《校邠庐抗议》中亦曾评价："河兵之制，创自国朝。初设时，其人皆谙习水性，持土石与波涛争胜，合龙下埽，不失尺寸，故办工不调民夫。"⑤ 可见，清代河兵制度在防河方面的作用非常大，也减少了民间征调夫役的压力。著名水利专家李仪祉曾经描述过清末民初河兵不敷使用后的河工

---

① 靳辅：《治河奏绩书》卷4《治绩·设立河营》，《文渊阁四库全书》第579册，上海：上海古籍出版社1987年影印本，第712页。

② 靳辅：《治河奏绩书》卷4《治绩·岁修永计》，《文渊阁四库全书》第579册，上海：上海古籍出版社1987年影印本，第733页。

③ 白钟山：《豫东宣防录》卷2，《中国水利志丛刊》，扬州：广陵书社2006年版，第197页。

④ 王庆云：《石渠余纪》卷1《纪河夫河兵》，北京：北京出版社1985年版，第30页。

⑤ 冯桂芬：《校邠庐抗议》卷上《汰冗员议》，上海：上海古籍出版社2002年版，第501~502页。

乱象:"河兵减缩,不敷分配,险则趋之,平则忽之,于是獾穴千百而不之察,车马陵毁而莫之问。一旦崩溃,则委之天时,人力所不及防,而小民苦矣。"① 这也从侧面反映了清代河兵制度的作用。

当然,清代河兵制度也存在一些问题。河兵素质参差不齐,在河防中所发挥的作用也有差别,康熙朝直隶巡抚李光地曾在一份奏折中写道:"兵遇紧急工程,率多逃窜,以致堵御不速。及水缓停工,严冬无事,则又坐食糜饷。"② 康熙六十年(1722年),淮扬道傅泽洪在奏折中针对当时的河兵制度中存在的弊端曾说,"近年该管各衙门全不以河工为重,虚兵冒饷,巧立名色,坐占太多。每当伏秋水长,工程险急,河兵寥寥,不足供用",以致"有兵之名,无兵之实"。③ 前述冯桂芬在《校邠庐抗议》中于肯定早期河兵创建时的积极作用的同时,也对嘉道时期的河兵制度这样评价:"今皆不然。是河兵亦毫无所用。"④ 不过,总的来看,河兵制度于其建立初期在河防过程中所起的作用是应当值得肯定的。

(二)清代河夫制度——以堡夫为例

堡夫是明清时期河工夫役的重要组成,在河工中发挥着很大的作用。对清代堡夫的研究,在一些研究中有所提及,但论述未曾深入。⑤ 本书试图在已有成果的基础上对这一问题进行全面的分析,以有助于对明清时期的河政进行更加深入的了解。

---

① 张汝芬:《李仪祉》,《历代治河方略述要》,上海:上海书店1945年版,第81页。

② 李光地:《榕村集》卷26《请裁河兵疏》,上海:上海古籍出版社1987年版,第894~895页。

③ 傅泽洪:《行水金鉴》卷173《夫役》,上海:商务印书馆1936年版,第2528页。

④ 冯桂芬:《校邠庐抗议》卷上《汰冗员议》,上海:上海古籍出版社2002年版,第501~502页。

⑤ 如李德楠:《工程、环境、社会:明清黄运地区的河工及其影响研究》,复旦大学2008年博士论文。

1. 堡夫与河夫、铺夫

堡夫与河夫。"堡夫"一词用于河工①，大致起源于明代。《南河志》载："河夫之役，名目至不一矣。……有溜夫、有洪夫、有堤夫、有堡夫、有堡夫、有泉夫、有坝夫、徭夫、白夫、游夫、桥夫之类。"② 不过，此处认为，堡夫即为河夫之一种，并不十分准确。笔者认为，在明代"堡夫"并非"河夫"的一个类型，"河夫"和"堡夫"一样，都只是河道夫役的一种。《明世宗实录》载："河南岁派河夫三万四千六百名，堡夫二千三百七十二名。"③ 刘天和《问水集》："河道工役，频年繁兴，为费甚巨。在中州者，堡夫卒岁用工外，河夫岁用工三月，月给银一两，皆贮于官而计日给之。"又据明人王维桢："在山东则有溜浅之夫、堤白之夫，在大名亦有堤夫，在河南亦有河夫、堤夫、堡夫。"④ 章潢《图书编》亦称："岁例不可缺也，而例外之徭如河夫、稍草、堡夫、火夫、青衣、甲首之类，独不可量为节省乎?"⑤ 显而易见，堡夫与河夫是不一样的。

二者的区别主要有两方面。第一，两者的在工时间不一样。从前文可知，堡夫"卒岁用工"，河夫"岁用工三月"，就是堡夫要在河工做一年，而河夫仅需三个月，且河夫做工的三个月主要集中在春季。另外，河夫有临时征发的性质。当然，在做工时间内，两者每月的工银是相同的。

第二，两者的分布区域不一样，明代堡夫只存在于河南。为什么会在河南出现堡夫呢? 曾经担任过河官的明人商大节记载，明代治河以沿河五百里为界，五百里之内者出做河夫22164名，每年春季做工

---

① 驿站亦有堡夫，不过其职责与河工堡夫差别甚大，不在本书探讨之列。

② 朱国盛撰，徐标续撰：《南河志》卷9《河夫议》，上海：上海古籍出版社1987年影印本。

③ 《明世宗实录》卷183，嘉靖十五年正月丁丑，台湾"中央研究院历史语言研究所"1962年校印本。

④ 王维桢：《槐野先生存笥稿》卷十四策《黄河策》，明万历三十四年黄升王九叙刻本。

⑤ 章潢：《图书编》卷37《时务利病》，上海：上海古籍出版社1987年影印本。

3 个月。其余五百里以外的 35 个州县征银夫 12290 名，每名征银 3 两以抵三个月做工之数。这两项都是十年一次编审。但是河夫每年只做工三个月，其余时间"沿河点无人管修"。于是又在临河归德府、睢州、祥符、杞县等二十六州县，"每遇该编均徭之年，起编堡夫"，堡夫"专在临河守堤做工"。①

到了清代，河夫、堡夫有所变化。明代意义上的河夫在清初停止派发。康熙十二年（1673 年），停止金派河南河夫。次年，江南河夫亦停止金派。如遇岁修夫役不足，则动用河道钱粮召募夫役。② 此后，河夫成为"河道夫役"的简称，而堡夫也就成为河夫的一种。

堡夫与铺夫。明代黄、运两河均设有铺夫。但黄、运两河铺夫的职能并不一样。明代及清前期，铺夫特指与运河有关的黄河及其他水域的一种堤防修守人员，而堡夫则专指河南省黄河两岸堤防修守人员。简单来讲，就是黄河铺夫与堡夫相同，但黄河铺夫与运河铺夫职责不同。明代万恭《治水筌蹄》载："（黄河）邳、徐之堤为每里三铺，每铺三夫。南岸自徐州青田浅起，至宿迁小河口而止。北岸自吕梁洪城起，至邳州直河而止。为总管府佐者二，为分管汛地州县佐者六。南铺以千文编号，北铺以百家姓编号。按汛地修补堤岸，浇灌树株，遇水发各守汛地，遇水决则管四铺老人。振锣而呼，左老以左夫帅而至，右老以右夫帅而至。筑塞之不胜，则二总管以游夫五百驰而至助之，此常山蛇势之役也。"可见，黄河铺夫职责与堡夫大致相同，而运河铺夫则与黄河铺夫存在较大的差异。明代铺夫的范围主要是在山东③、江南④地区分布。清代河工主要存在于山东。对于设立铺夫的原因，《平江侯圹志》中记载："虑舟胶浅，则缘堤置铺夫，

---

① 商大节：《治河事宜》，国家图书馆藏紫江朱氏存堂影抄本，第 25 页。
② 康熙《钦定大清会典》卷 138《工部八·河渠二·河道夫役》，《近代中国史料丛刊三编》，台北：文海出版社 1991 年影印本，第 6902~6903 页。
③ 谢肇淛：《北河纪》卷 6，《文渊阁四库全书》第 576 册，上海：上海古籍出版社 1987 年影印本。
④ 万恭：《治水筌蹄》，上海：上海古籍出版社 1987 年影印本。

专指示浅处。"① 显然，运河设置铺夫的原因与黄河是有差别的，职责也是不同的。

2. 清代堡夫制度的设立与分布

关于清代堡夫的设立，《清史稿》载："（雍正）八年……始设黄运两岸守堤堡夫，二里一堡，堡设夫二，住堤巡守，远近互为声援。"②

此处记载有两个错误。其一，清代堡夫并非始设于雍正时期，堡夫制度在顺治、康熙时期一直存在。河道总督朱之锡于顺治十六年（1659 年）正月初八日《陈明河南夫役疏》即载有"河南开、归等府止见在堡夫八百余名"。③ 又康熙《钦定大清会典》卷 138《工部八·河渠二·河道夫役》载：

> 河南属。荥泽县，堡夫二十八名。原武县，堡夫八十八名。阳武县，堡夫五十四名。中牟县，堡夫三十八名。祥符县，堡夫二百二十八名。陈留县，堡夫一十六名。兰阳县堡夫，一百三十八名。仪封县，堡夫一百五十四名。封丘县，堡夫七十八名。考成县，堡夫一百一十名。虞城县，堡夫五十四名。商丘县，堡夫四十二名。河内县，堡夫十名。武陟县，堡夫十四名。④

靳辅《治河奏绩书》卷 2《河夫备考》亦载有详细的河南堡夫规制。⑤ 另外，康熙《河南通志》等地方志中也有关于当时堡夫设

---

① 杨荣：《平江侯圹志》，《文敏集》卷 25，上海：上海古籍出版社 1987 年影印本。

② 赵尔巽等：《清史稿》卷 127《河渠志二·运河》，北京：中华书局 1976 年点校本，第 3779 页。

③ 朱之锡：《河防疏略》卷 3《陈明河南夫役疏》，《续修四库全书》第 493 册，上海：上海古籍出版社 2002 年影印本，第 634 页。

④ 康熙《钦定大清会典》卷 138《工部八·河渠二·河道夫役》，《近代中国史料丛刊三编》，台北：文海出版社 1991 年影印本，第 6900~6901 页。

⑤ 靳辅：《治河奏绩书》卷 2《河夫备考·河南》，《文渊阁四库全书》第 430 册，上海：上海古籍出版社 1987 年影印本。

置的详细记载。显而易见，清初堡夫制度已经正式存在，并且有了完整的规制。堡夫制度在清代的设立，并非始于雍正年间。

其二，黄运两岸设立堡夫是在雍正九年（1731 年）而非雍正八年（1730 年）。江南黄运两岸设立堡夫，是在嵇曾筠担任江南河道总督之时。据嵇曾筠《防河奏议》载，其奏请在江南黄运两岸设立堡夫堡房的奏折《设立堡夫堡房》题于雍正九年八月初三，后"部议准行"，同年十月二十日奉旨"依议"。① 乾隆《钦定大清会典则例》记载江南黄运两岸设立堡夫之事为："九年议准，江南黄、运两河堤岸，每二里盖堡房一座，设夫二名。共建堡房千一百五十四座，设堡夫二千三百八名。"② 嘉庆、光绪《钦定大清会典事例》所载均与此相同。则此事为雍正九年（1731 年），当无疑义。

清代堡夫制度不仅存在于黄运两河，在其他一些河流水域的重要地方也同样存在。雍正十二年（1734 年），在通州、泰州所属范堤紧要之处照黄、运湖河之例，每里设堡夫一名，共设三百五十六名，"令其朝来暮返，每日担积土牛，修补残缺"。③ 乾隆十九年（1754年），在浙江海塘、江塘设立堡夫："一应土石柴塘，遇有蛰陷坍卸，堡夫即报巡捕，转报厅官查勘。如止些小坍损，即调集附近堡夫，修砌完固。"其中北岸设堡夫三百名，一里一夫。南岸设堡夫百名，二里一夫。乾隆二十三年（1758 年），又在浙江省仁和、钱塘二县一带二十余里江塘，按二里设立堡夫一名，设堡夫十二名。每名月给工食银一两。④

---

① 嵇曾筠：《防河奏议》卷 5《设立堡房堡夫》，《续修四库全书》第 494 册，上海：上海古籍出版社 2002 年影印本。

② 乾隆《钦定大清会典则例》卷 131《工部·都水清吏司·河工一》，《文渊阁四库全书》第 624 册，上海：上海古籍出版社 1987 年影印本。

③ 乾隆《大清会典则例》卷 134《工部·都水清吏司·水利》，《文渊阁四库全书》第 811 册，上海：上海古籍出版社 1987 年影印本。

④ 光绪《钦定大清会典事例》卷 922《海塘·夫役》，《续修四库全书》第 811 册，上海：上海古籍出版社 2002 年影印本，第 189 页。

3. 堡夫的职责及其待遇

对堡夫的职责，明代潘季驯《河防一览》有说明："堡夫常川住堡，看守埽料，防护堤岸，修补坍塌，填塞窝穴，看守柳株，禁逐樵牧，三伏九秋之间，不分风雨昼夜，竭力防守。"① 不过，堡夫的职责并非固定不变，它随着治河形势的发展而变化。尤其是在清代，治河形势日益复杂，堡夫的职责也增加了很多。康熙朝河南巡抚王日藻曾在奏折中这样写道：

> 豫省黄河自荥泽至虞城延袤六百里，筑堤防守，自外堤、重堤间有至三堤者，额设堡夫仅九百余名，责令昼夜瞭望水汛、垫平车道两陈、修补狼窝鼠穴，与夫栽柳浇灌、铲割蒿草，力役最苦。……工食又最少，乃又责令缴纳课程一项。每夫每年纳柳梢一百束、苘麻十斤，芟三十套，缆二十条。计其所纳课程之费，尽过倍于工食之数。茕茕堡夫，何以堪此？②

由此可见，清代堡夫的负担非常沉重。其中，缴纳课程一项尤为突出。但这还只是清初的情形，后来又不断增加其他任务，如植柳、积土、纳秸等。③ 兹列出清代堡夫职责变动之大略，以供参考：

康熙四十九年（1710年），令河南各州县于官地内责令堡夫广栽柳树。④ 雍正十二年（1734年）议准，黄河一堡两夫，除寒暑两月外，其他十个月，须每月积土十五方。运河堡夫任务稍轻，一堡两夫，每月只须积土十二方，不过，没有寒暑两月免积政策。也就是

---

① 潘季驯：《河防一览》卷11《申明河南修守疏》，上海：上海古籍出版社1987年影印本。

② 王日藻：《请豁堡夫课程疏》，康熙《河南通志》卷39《艺文五》，国家图书馆藏康熙三十四年刻本，第86~87页。

③ 当然个别时期堡夫的职责会有所减少，但减少只是个案，整体看来，清代堡夫的工作要比明代繁重。

④ 乾隆《钦定大清会典则例》卷133《工部·都水清吏司·河工三》，《文渊阁四库全书》第624册，上海：上海古籍出版社1987年影印本。

说，运河一堡两夫每年比黄河少积土六方（遇闰则少积土九方）。①
乾隆五年（1740年）规定，黄运湖河堤工，堡夫所积土牛改作子堰。
每夫二十名内，选拨六名，泼水夯硪，免其积土。② 嘉庆年间，运河
堤工也有了寒暑两月免积土的优惠。③ 堡夫除日常河工修守之外，还
要负责植柳，割秋秸，且每年都有数额之限。靳辅曾专门上疏提请减
免此项负担。

除了负责日常与河工相关的工作之外，堡夫还要听从地方政府的
调遣做其他工作。如乾隆二十五年（1760年），陈宏谋奏请河堤官地
由汛官责成汛兵、堡夫搜捕蝻子（蝗虫幼虫），并规定"如任跳跃蔓
延，责处兵夫并参汛官"。④

堡夫工作如此繁重，待遇如何呢？刘天和《问水集》载，堡夫
"月给银一两"。商大节《治河事宜》亦载：堡夫"每名该共十余年
一十二两"。山东铺夫亦是如此，每年给银一十二两。⑤ 这是明代的
情况。到了清代，堡夫的待遇急剧下降。康熙初年，堡夫工食银每年
不过三四两。⑥（堡夫分为许多类型，按照雇募方式不同如分为徭编
堡夫、乡堡夫，按照所处位置不同又分为防守大堤堡夫、防守缕堤堡
夫、防守等。）后来有所调整，徭编堡夫每名每年工食银6两，乡堡
夫每名每年3两6钱。⑦ 康熙《仪封县志》载，徭编堡夫每名每月工

① 乾隆《钦定大清会典则例》卷131《工部·都水清吏司·河工一》，
《文渊阁四库全书》第624册，上海：上海古籍出版社1987年影印本。
② 乾隆《钦定大清会典则例》卷131《工部·都水清吏司·河工一》，
《文渊阁四库全书》第624册，上海：上海古籍出版社1987年影印本。
③ 光绪《钦定大清会典事例》卷903《工部·河工·河兵》，《续修四库
全书》第811册，上海：上海古籍出版社2002年影印本。
④ 陈宏谋：《出土蝻子责成佃户搜除檄》，《皇朝经世文统编》卷41《内
政部十五·救荒》。
⑤ 谢肇淛：《北河纪》卷6，《文渊阁四库全书》第576册，上海：上海
古籍出版社1987年影印本。
⑥ 张缙彦：《条议修防河工疏》，康熙《河南通志》卷39《艺文五》，国
家图书馆藏康熙九年刻本，第82~84页。
⑦ 王日藻：《请豁堡夫课程疏》，康熙《河南通志》卷39《艺文五》，国
家图书馆藏康熙三十四年刻本，第86~87页。

食银5钱（每年折合约6两），乡堡夫每名每月工食银4钱（每年折合约4两8钱）。① 不同类型的堡夫工食银开始也存在差别，至后来才统一为六两。康熙《大清会典》载："（康熙）十六年题准，河南河夫照江南例，每日给银四分。"②

乾隆《仪封县志》对此记载非常详细，兹全录如下：

> 南岸沿堤堡房三十四座，月堤堡房二座。防堤堡夫八十一名，内分：防守大堤堡夫一十五名，每名工食六两，在于道库支取。防守缕堤堡夫五十八名，原额工食银二百四十五两二钱四分，在于县库支领。加增工食银一百二两七钱六分，在于道库支领。共银三百四十八两。防守七村堤堡夫八名，原额工食银三十七两九钱六分，加增工食银十两四分俱在道库支领。共银四十八两。

> 北岸沿堤堡房三十八座，防堤堡夫一百四名。内分：防守大堤堡夫五十二名，原额工食银二百四十六两八钱四分，加增工食银六十五两一钱六分，俱在道库支取。共银三百十二两。守遥堤堡夫三十六名，原额工食银一百九十两二钱八分，在于县库支取，加增工食银二十五两七钱二分，在于道库支领。共银二百一十六两。新设堡夫十六名。每名工食银六两，在于道库支领。③

总的来看，明代堡夫的待遇要比清代好。清代堡夫较之明代工食银低很多，在一定程度上影响到了堡夫护理河工的积极性。

从横向来看，堡夫的待遇也是比较差的。乾隆三年（1738年），白钟山的奏折中提到："黄河之堡夫……与河营兵丁辛苦无异。查河兵每名食守粮一分，岁支饷银一十二两。近又蒙皇上特恩，于河兵内

---

① 康熙《仪封县志》卷10《河防》，天津图书馆藏康熙三十年刻本。
② 康熙《钦定大清会典》卷138《工部八·河渠二·河道夫役》，《近代中国史料丛刊三编》，台北：文海出版社1992年影印本，第6903页。
③ 乾隆《仪封县志》卷4《河渠志·堡铺》，国家图书馆藏民国二十四年（1935年）铅印本。

桩手增给战饷，每名岁支饷银一十八两。若其家有红白之事，尚有赏生息银两赏给济用，优恤已为备至。此项堡夫与河夫同在河干做工出力，每名止岁支工食银六两，仅足糊口，一遇有红白之事，则费用一切无从措办，实为拮据。"① 白钟山的这道奏折是为了给堡夫争取红白事的赏银，其中亦提到了堡夫与河兵在待遇上的巨大差别。虽然乾隆批准了白钟山的提议，但堡夫的经济状况并未有太大改变。乾隆二十三年（1758 年），河兵饷银再次加增，堡夫工食统一改为每年六两，已是六两者并未加增。② 乾隆二十五年（1760 年），河东河道总督张师载曾将同为河工修守的河兵与堡夫做了一番比较："河工设立河兵、堡夫两项，修防堤埽工程。向有缺出，募民顶补。河兵系武弁管辖。力作守兵，每名岁给饷米银十四两。桩埽战兵，二十两。堡夫系文员管辖。工食银六两。同属修防劳苦，所得饷米工食，数大相悬。且河兵由守拔战、拔外委、拔分防递升至千把以上，进身有阶。堡夫工食外，别无寸进。是以河兵缺出，不待招募，即报充有人。堡夫缺出，多观望不前。"③

在工食银、福利、上升空间上，堡夫远远低于同为河工修防人员的河兵。而就连这甚至养家糊口都不足的工食银，还要受到各级官员的克扣。雍正三年（1725 年），查出黄河下北岸同知徐志岩克减堡夫工食银一案。徐志岩将堡夫工食银"提解到署，私自称封，扣除四季规礼并查柳卖草陋规，分作小包，注明字号，总包一大封，当堂发出，随令快手，将陋规小包从宅门缴署，居然入己"。田文镜气愤地说道："此等穷民出尽汗血，惟借此些须工食，以为养命之资，乃任意刻剥，居心何忍？官既如此狼籍，则下而家人、经承、快皂从中染

---

① 乾隆《仪封县志》卷 4《河渠志·堡铺》，国家图书馆藏民国二十四年（1935 年）铅印本。

② 海望：《题为遵旨查核漕运总督等奏销支给河道夫食并堡夫加增工食及河兵战饷等银两数目等事》，中国第一历史档案馆藏《户科题本》，档号：02-01-04-14906-014。

③《清实录》第 16 册《高宗实录（八）》卷 618 乾隆二十五年（1760 年）八月壬午，北京：中华书局 1986 年影印本，第 956 页。

指，诛求无尽，小民何堪？"①

不仅如此，堡夫的地位亦非常低，经常受到河兵、河官的压榨勒索。河兵"一至有事，衣冠而至堤上。惟手执一柳棍，指点堡夫而已。稍不遂意，即提棍乱打，俨然一督工之人，并非做工之人。殊可发指"。② 就连夫头也不例外。雍正二年（1724 年）九月，嵇曾筠在给雍正的折子中曾记载归德府考城县署主簿事、候补经历李京于雍正二年八月三十日赴堤查工时当场将夫头石友谅殴打致死之事。③ 待遇差，劳作苦，缺乏上升空间，经常受到欺压，这些无疑会在一定程度上影响到堡夫的积极性。

堡夫在汛期是怎样防守的呢？《河防一览》卷 4《修守事宜》载："黄河盛涨，管河官一人不能周巡两岸，须添委一协守职官分岸巡督。每堤三里，原设铺一座。每铺夫三十名。计每夫分守堤工一十八丈。宜责每夫二名共一段，于堤面上共搭一窝铺。仍置灯笼一个。遇夜在彼栖止，以便传递更牌。巡视仍画地分委省察等官。日则督夫修补，夜则稽查更牌。管河官并协守官时常巡督，庶防守无懈。……一竖立旗竿灯笼以示防守。各铺相离颇远，倘一铺有警，别铺不闻，有误救护。须令堤老每堤竖立旗竿一根、黄旗一面，上书'某字铺'三字灯笼一个。昼则悬旗，夜则挂灯，以便瞻望。仍置铜锣一面，以便转报。一铺有警，鸣锣为号，邻铺夫老挨次转报，各铺夫老并力齐赴有警处所，实时救护。"

这种警讯方式一直在清朝得到延续，并未有大的改动。据光绪《钦定大清会典事例》载：

> 汛临之时，该管官弁责令河兵堡夫加谨分防。每里设立窝铺，铺各标旗，编书字号。夜则悬镫鸣金以备抢护，昼则督率

---

① 田文镜：《抚豫宣化录》卷 4《告示·严禁克减堡夫工食俾沾实惠事》，郑州：中州古籍出版社 1995 年点校本，第 259 页。

② 田文镜：《抚豫宣化录》卷 3 下《文移·再行严饬河兵事》，郑州：中州古籍出版社 1995 年点校本，第 191~192 页。

③ 嵇曾筠：《题为特参不职汛员等事》，载《清代吏治史料·官员管理史料（九）》，北京：线装书局 2004 年影印本，第 5393 页。

兵夫。卷土牛小埽以听用。遇有刷损，随刷随补，毋使坍卸。至夜分巡守，易于旷废，应设立五更牌面分发南北两岸。照更次挨发各铺递传，如天字铺发一更牌；至二更时前牌未到日字铺，查明何铺稽迟，即时奉究。再汛发之时，多有大风猛浪，堤岸难免冲激。应督令堤夫多扎埽料，用绳桩悬系附堤水面。纵有风浪，随起随落，足资防护。又凡骤雨淋漓易致横决，应置备蓑笠，令兵夫冒雨巡守。此外非时客汛及十月后槽汛、十一月十二月凌汛，非三汛可比，止令兵夫照常巡守。凡黄运河工一例遵行。①

又据乾隆《仪封县志》卷4《河渠志·堡铺》：

> 河防之道与备寇同。仪邑跨河南北两岸大堤，每一二里设堡房一座，以为河兵堡夫巡查憩息之所，各贮蓑笠畚插之属。堡前悬小钟一具，遇有水涨险要情形，鸣钟警众，齐集防护，上下相联，互为照应，所以卫井疆何异于戢奸宄而安堵无虞矣。②

可见，由明至清，限于技术，堡夫的防守方式并未产生很大变化。这种情形直到晚清西方通信技术如电话、电报的引进，才有了些许的改变。

4. 堡夫的来源及其数量

"河工设立河兵、堡夫两项，修防堤埽工程。向有缺出，募民顶补。"③ 这说明了清代堡夫主要是从基层民众当中来选拔。当然，选拔堡夫，对于身体条件是有一定要求的，因为其主要从事的是体力劳

---

① 光绪《钦定大清会典事例》卷913《工部·河工·汛候》，《续修四库全书》第811册，上海：上海古籍出版社2002年影印本，第97~98页。
② 纪黄中等纂修：《仪封县志》卷4《河渠志·堡铺》，《中国方志丛书》，台北：成文出版社1968年影印本，第190~191页。
③ 《清实录》第16册《高宗实录（八）》卷618乾隆二十五年八月壬午，北京：中华书局1986年影印本，第956页。

动。清代堡夫，按照制度规定，应当是"精壮丁男"。① 当然，在堡夫的招募过程中也存在着许多问题，很多无赖奸猾之人成为堡夫。这些人在沿河地方欺压百姓也是常有之事。

明清时期，堡夫数量一直处于不断变动之中。明代嘉靖年间，河南堡夫有 2372 名。② 到了清代，堡夫数量减少很多。顺治十七年时，河南堡夫仅有 800 多名③，康熙时期，河南堡夫增至 1052 名。④ 后来各处又有增减，雍正八年河南堡夫增加 340 名。⑤ 雍正《钦定大清会典》载雍正时河南有堡夫 1174 名。⑥ 总体来看，较之明代减少了约二分之一。雍正朝在江南山东又设堡夫。江南有堡夫虽设置较晚，但鉴于江南黄运两河关系漕运甚密，故而堡夫设置亦最多。乾隆朝江南有堡夫 2308 名，山东有堡夫 237 名，河南有堡夫 1396 名。⑦ 嘉庆朝江南有堡夫 2258 名，河南有堡夫 1396 名。⑧ 光绪《钦定大清会典事例》载，江南省有堡夫 2258 名，河南省有堡夫 1396 名。⑨ 光绪朝的数据显然与嘉庆朝完全相同。

总的来看，清代河南堡夫的数量较之明代减少很多。堡夫数量的减少使得河防力不从心。雍正时期，嵇曾筠担任副总河期间，不

---

① 乾隆《钦定大清会典则例》卷 131《工部·都水清吏司·河工一》，《文渊阁四库全书》第 624 册，上海：上海古籍出版社 1987 年影印本，第 150 页。

② 商大节著：《治河事宜》，国家图书馆藏紫江朱氏存堂影抄本，第 1 页。

③ 崔维雅：《河防刍议》卷 4，清康熙刻本。

④ 康熙《钦定大清会典》卷 138《工部八·河渠二·河道夫役》，《近代中国史料丛刊三编》，台北：文海出版社 1991 年影印本，第 6900 页。

⑤ 乾隆《钦定大清会典则例》卷 131《工部·都水清吏司·河工一》，《文渊阁四库全书》第 624 册，上海：上海古籍出版社 1987 年影印本，第 153 页。

⑥ 雍正《钦定大清会典》卷 206《工部十》，《近代中国史料丛刊三编》，台北：文海出版社 1994 年影印本，第 13757~13758 页。

⑦ 乾隆《大清会典则例》卷 131《工部·都水清吏司·河工一》，《文渊阁四库全书》第 624 册，上海：上海古籍出版社 1987 年影印本，第 151 页。

⑧ 嘉庆《钦定大清会典事例》卷 690《工部·河工·河夫》，《近代中国史料丛刊三编》，台北：文海出版社 1992 年影印本，第 5716 页。

⑨ 光绪《钦定大清会典事例》卷 903《工部·河工·汛候》，《续修四库全书》第 811 册，上海：上海古籍出版社 2002 年影印本，第 6 页。

得不调江南河兵 1000 名用来协助河防。堡夫与河兵各有所长，互相补充，使得雍正时期的河防较之康熙中后期有了很大提高。但是，调来河兵之后，在河官中及部院官员中出现裁撤堡夫的声音。针对这种情况，田文镜曾经在一篇奏折中对堡夫不可替代的作用做了详细的说明："臣查堡夫一项，皆系永远土著。水势缓急，堤岸情形，无不深知熟悉。且搜寻獾洞、鼠穴，狼窝蛰陷，尤其所长。即或猝有险要，搬运泥土，竭力填塞，非堡夫不能胜任。至于新设河兵，虽镶填钉桩、卷埽下埽，固所熟谙，然而风防雨守，寒暑无间，昼夜巡视，不辞劳苦者，总不如堡夫之足供驱策也。况今加帮大堤工程，绵长千有余里，又系新筑之工，正须兵夫兼用，协力防御，方有实效。"① 可以看出，堡夫在河防中的作用亦是河兵无法替代的。

前文所提及的河工的负担重、待遇低严重影响到了清代河工堤防。王日藻就讲到，堡夫在严重的负担之下，"止以措办课程为重，看守堤岸为轻"，以致"相率逃亡，河务废弛。有夫之名，无夫之实"。最后他评价道："是此堡夫课程一项有益于国用者甚小，而所损于河防者甚大。"② 河兵不做工，只将工程交由堡夫来做，而堡夫已没有了工作积极性，以致雍正时期很多地方"堤岸并无一处做有土牛，即间或一二堆，俱低小不堪"。③ 这样的工程在洪水到来之际是非常危险的。

铜瓦厢决口之后，清代河道员弁之设亦有所变动，而堡夫亦随之大量裁减。

---

① 《世宗宪皇帝朱批谕旨》卷 126 之 2《朱批田文镜奏折》，雍正二年十一月初九日署理河南巡抚印务布政使田文镜奏，《文渊阁四库全书》第 421 册，上海：上海古籍出版社 1987 年影印本。

② 王日藻：《请豁堡夫课程疏》，康熙《河南通志》卷 39《艺文五》，国家图书馆藏康熙三十四年刻本，第 86~87 页。

③ 田文镜：《抚豫宣化录》卷 3 下《文移·再行严饬河兵事》，郑州：中州古籍出版社 1995 年点校本，第 191~192 页。

第二章　清代治河体系中的权力关系

治河是一项复杂的系统性工程，动辄牵涉到方方面面的利益，处置稍有不当，便会对河工产生很大的影响。谢肇淛在《五杂俎》中对明代治河所面临的复杂形势有过形象的描述："今之治水者，既惧伤田庐，又恐坏城郭；既恐妨运道，又恐惊陵寝；既恐延日月，又欲省金钱；甚至异地之官，竞护其界，异职之使，各争其利；议论无画一之条，利病无审酌之见；幸而苟且成功，足矣，欲保百年无事，安可得乎？"① 面对民众、运道、陵寝、地方、河道等种种利益交织在一起的黄河，要达到"大治"，谈何容易？

清代治河，河官处于比较尴尬的地位。乾隆二十二年（1757年）八月，乾隆帝说"一督、四抚、三总河均有河工专责"。② 咸丰三年（1853年），户部侍郎王庆云亦称："山东、河南既有两巡抚兼管河务，而又设河东道总督专管黄运两河。此河督之冗也。沿河道员皆有管辖厅汛之责，皆应管理钱粮，而又设河库道司其出纳，此河道之冗也。"③ 河官既要处理好治河规划与帝王谕旨的关系，处理好与部院尤其是工部、户部的关系，还要处理好与地方督抚等官员的关系，稍有不慎，便会招致非议甚或惩罚。清代河务的管理体制相当复杂，

---

① 谢肇淛：《五杂俎》卷3《地部一》，沈阳：辽宁教育出版社2001年点校本，第47页。

② 《清实录》第15册《高宗实录（七）》卷545乾隆二十二年（1757年）八月丙子，北京：中华书局1986年影印本，第926页。（一督，即两江总督；四抚，即河南、山东、安徽、苏州巡抚；三总河，即北河、南河、东河总督）。

③ 刘锦藻：《清朝续文献通考》卷115《职官一》，杭州：浙江古籍出版社1988年影印本，第8734页。

本章将以河道总督为中心来探讨治河中的复杂关系。

一、河道总督与皇帝

相对于明代皇帝来说，清代皇帝大多比较勤政。这为治河带来了一些便利。如康熙、雍正、乾隆、嘉庆等帝王对河工都十分关注。这主要是由河务在国家政务当中的重要性所决定的。不同的帝王在治河中扮演着不同的角色，发挥的作用也不同。

有清一代，治河成绩最高者，公推靳辅。靳辅主理河工期间，正值康熙统治的上升阶段。康熙在河务上用力颇勤。他自称从十四岁起就开始关注治河之事，"从古治河之法，朕自十四岁即翻复详考"。① 他曾将军、漕、河三事写在内廷的柱子上，用以自励。② 出于对治河重要性的清晰认识，康熙十六年（1677 年），也就是三藩之乱尚未平定、国家政局尚在动荡之时，就下决心任用靳辅大规模治理黄河。康熙一生六次南巡，主要目的就是要考察黄运河道，研究治河方法。③ 康熙曾亲自乘船沿黄河考察，加深对黄河情形的了解。康熙曾说："朕于河务，留心最切，经历最深。往年屡次阅河，时精力尚强，亲乘小舟，不避水险，各处周览。凡水泉源委，皆知之甚悉。"④ 对大臣们所上的河图，他也非常重视，"历年所奏河道变迁图形，朕俱留内时时看阅"⑤，作为在北京了解千里之外黄河治理情形的重要途径。可以说，康熙在治河上既有丰富的理论知识，又有一定的实践经验。

---

① 《清实录》第 5 册《圣祖实录（二）》卷 135 康熙二十七年（1688 年）五月癸酉，北京：中华书局 1985 年影印本，第 464 页。

② 《清实录》第 5 册《圣祖实录（二）》卷 154 康熙三十一年（1692 年）二月辛巳，北京：中华书局 1985 年影印本，第 701 页。

③ 商鸿逵：《康熙南巡与治理黄河》，《北京大学学报》（哲学社会科学版）1980 年第 4 期。

④ 《清实录》第 6 册《圣祖实录（三）》卷 292 康熙六十年（1721 年）四月庚子，北京：中华书局 1985 年影印本，第 838 页。

⑤ 《清实录》第 5 册《圣祖实录（二）》卷 135 康熙二十七年（1688 年）五月癸酉，北京：中华书局 1985 年影印本，第 464 页。

靳辅治河，得到了康熙的大力支持，这是靳辅取得成功非常重要的因素。①

康熙中后期，治河确实取得了一定的成绩，康熙对自己治河能力更加自信。加之靳辅以后，治河官员大多碌碌无为，在治河上多唯命

---

① 当然，这种支持也是相对而言的。事实上，在很多时候，康熙对靳辅并非完全信任。如康熙二十二年四月初四，康熙说："观靳辅所奏，河工似难就绪。"（中国第一历史档案馆整理：《康熙起居注》，康熙二十二年四月初四日，中华书局1984年版，第981页。）同年七月三十日，在靳辅上奏河工底绩之后，康熙又说："河道关系国计民生，最为紧要。前见靳辅为人似乎轻躁，恐其难以成功。今闻河流得归故道，良可喜也。"（同前书，第1037页。）可见，此前康熙对于靳辅并非完全信任。又如康熙二十三年七月，康熙对大学士石柱说："前召靳辅来京时，众议皆以为宜另行更换。朕思若另用一人，则旧官离任，新官推诿旧官，必致坏事，所以严饬靳辅，令其留任，限期修筑。今河工已成，水归故道，尚可望有裨漕运商民。使轻易他人，其事必致后悔矣。"（同前书，第1201~1202页）可见，当时康熙因无合适人选，才继续使用靳辅的。康熙二十五年六月，又说："靳辅原好大言，河务不可预定。靳辅一人去留无所关系，但河务所关者甚要。"又言："靳辅前为学士，朕所素知。此人出言轻躁，不虑始终。河工之事，甚要，不可逆料其必能有成。"（同前书，第1510、1511页）康熙二十七年，郭琇弹劾靳辅，康熙又说："靳辅在河工虽不为全无料理，但那［挪］费钱粮，贻害地方，天下共知，即百口亦不能置辩也。"（同前书第3册，第1724页。）康熙二十八年，康熙二次南巡，对靳辅的看法才有所改观："朕南巡阅河，闻江淮诸处百姓及行船夫役，俱称颂原任总河靳辅，感念不忘。且见靳辅疏理河道及修筑上河一带堤岸，于河工似有成效，实心任事，克著勤劳。前革职属过，可照原品致仕官例，复其从前衔级。"（同前书第3册，1852页。）康熙二次南巡回来之后，对于靳辅有了较大的改观。河工上大事均向靳辅予以咨询，如康熙三十年九月："河道关系紧要著户部侍郎博际、兵部侍郎李光地、工部侍郎徐廷玺，前往查阅。靳辅亦著同去。靳辅于河务最为谙练。如内河险工不能完固，则运河、中河俱坏，著将黄河刷底深阔及所修险工之处、从公阅看。"（《清圣祖实录》卷153，康熙三十年九月甲戌。）康熙三十一年二月，河道总督王新命被运河同知陈良谟所参，于是靳辅被再次任命为河道总督："靳辅熟练河务，及其未甚老迈用之管理，亦得舒数载之虑。靳辅著为河道总督。"（《清圣祖实录》卷154，康熙三十一年二月辛巳。）不过，此时靳辅已经年迈，康熙说："靳辅赴任之前，朕召入内廷，与之久语，观其奏对情状，大非昔比，则其衰病可知。著顺天府府丞徐廷玺前往协理先是。"（《清圣祖实录》卷154，康熙三十一年三月乙丑。）

是从，康熙对河政的干预也逐渐增多。康熙三十九年（1700 年），康熙曾视察永定河工，"河工诸员，并无知晓。因朕指示周详，河工诸臣方悟而大悦。总之经任河务者，勤而且廉，即克底绩。此河告竣，则黄河亦可仿此修之"。① 康熙四十五年，两江总督阿山、河道总督张鹏翮联名上书奏请康熙南巡，指示河工。康熙回答的一段话可谓他此时心态最好的写照："朕屡经躬阅河道，凡河工利病，地方远近，应分应合，应挑应筑之处，知之甚明。虽有未及经历之地，而向来舆图地名熟悉于衷，亦可即行定夺。"② 又如康熙五十年（1711 年），康熙说："河务甚难。朕昔因挖子牙河，亲身往视，有大城、武清县民跪于两岸，互相争诉。朕慰之曰，尔等勿得争竞，朕自有处置之法。因一一指授监修官员而回，后河工告成，于两处百姓均有裨益。"③ 之前，康熙二次南巡时曾说："河道关系漕运民生，若不深究地形水性、随时权变，惟执纸上陈言或徇一时成说，则河工必致溃坏。"④

康熙在位期间，将自己的主张贯彻到治河实践中，这种方式利弊参半。康熙在河工上作出过一些正确的决定。如南河修御黄坝，张鹏翮进京面圣，康熙亲授机宜，取得了成功。后康熙在回忆此事时，说："前张鹏翮任总河时来陛见，朕训之曰：尔于河工不可任意从事，但守成规，遵奉朕谕而行。及修御坝之时，朕亲身指授钉桩，张鹏翮遵朕指授修建。自此坝告成，清黄二水始会流入海矣。"⑤ 同时，康熙在河务上具有前瞻性和大局观。比如，靳辅所谓"运、河一体"

① 《清实录》第 6 册《圣祖实录（三）》卷 197 康熙三十九年（1700 年）二月乙亥，北京：中华书局 1985 年影印本，第 5 页。

② 中国第一历史档案馆整理：《康熙起居注》康熙四十五年（1706 年）正月初十，北京：中华书局 1984 年版，第 1933 页。

③ 《清实录》第 6 册《圣祖实录（三）》卷 245 康熙五十年（1711 年）二月戊辰，北京：中华书局 1985 年影印本，第 431 页。

④ 中国第一历史档案馆整理：《康熙起居注》康熙二十八年（1689 年）正月二十三日，北京：中华书局 1984 年版，第 1828 页。

⑤ 《清实录》第 6 册《圣祖实录（三）》卷 245 康熙五十年（1711 年）二月戊辰，北京：中华书局 1985 年影印本，第 431 页。

的思想，仅仅局限于安徽砀山以下，而康熙帝则早早地注意到了黄河上游（当时为河南段河工）。康熙二十三年（1684年），明确要求靳辅对河南段河工予以关注。① 从康熙二十四年（1685年）起，靳辅在河南地区进行了一些堤防工程的修建。② 不过，康熙也做过一些错误的决定，给河工带来较大危害。如康熙多次要求河官"于河工不可任意从事，但守成规，遵奉朕谕而行"，限制了河官的主观能动性，不利于因地制宜探寻合适的治河方法。他的这一要求多被后任帝王奉为圭臬，使得清代帝王对河政的干预达到了前所未有的程度。同时，康熙曾指示河官大规模修建挑水坝，河官逢迎阿上，掀起了一股兴建挑水坝的风潮，对黄河的常规修防产生了消极影响。康熙五十九年（1720年）至六十一年（1722年），黄河连年决口，泛滥成灾。嘉庆时河道总督、治河专家康基田曾有这样一段话："赵世显但以广筑挑坝为得策，不为远虑，四十余年之安澜，至此忽发大难，因循废弛于足迹不经之地，岂得谓非人事哉?"③ 虽是点名批评赵世显，实则间接包含了对康熙过度干预治河的批评。

　　同康熙朝相比较，雍正时期并未出现对河工过度干预的情形。这可能与雍正的个人经历有关系。雍正登基之前，仅在康熙四十二年（1703年）跟随康熙南巡时接触到黄河河工。这也是他唯一一次黄河之行。④ 登基之后，由于种种原因，雍正未曾南巡。与康熙相比，他缺少对黄河的亲身体验，缺乏治河经验。他对黄河问题的了解，主要依靠大臣所上的奏折及绘制的河图。对此，雍正有比较清醒的认识。尽管他也经常就治河问题表达自己的意见，但在与河臣意见发生冲突

---

　　① 傅泽洪：《行水金鉴》卷50，上海：商务印书馆1936年版，第723页。这个应该是不正确的。康熙二十二年五月，靳辅便题请"黄河上流开、归二府堤岸帮筑坚固"。当时靳辅认为黄河"下流筑塞已有头绪"，因此想将上流堤岸修筑坚固，"俾无冲决耳"。（中国第一历史档案馆整理：《康熙起居注》，康熙二十二年五月二十八日，中华书局1984年版，第1009页。）

　　② 傅泽洪：《行水金鉴》卷50，上海：商务印书馆1936年版，第724页。

　　③ 康基田：《河渠纪闻》卷17，《四库未收书辑刊》1辑29册，北京：北京出版社2000年影印本，第364页。

　　④ 冯尔康：《雍正帝》，北京：人民出版社1985年版，第9~11页。

的时候，他能够意识到自己的不足。雍正对河务的指导多是宏观层面，在具体事务上与河臣意见相左的时候，多数情况下都是采纳河臣的意见。如雍正六年（1728 年），河南副总河嵇曾筠经过勘察，决定在河南雷家寺工段挑挖引河。雍正在看到齐苏勒、嵇曾筠的奏折之后，进行批示"堵截支河、开挖引河"。二人在回奏中指出雍正的批示并不正确，"今此引河一开，支河一堵，则三家庄顶冲之势自必增重"。在朱批中，雍正自嘲道："此段河工，朕未获亲履其地，今向卿等论方略，可谓班门弄斧也。览奏朕实抱惭。"① 又如雍正七年（1729 年），雍正指示江南河道总督在清河南岸御坝工程处修建挑水坝一座，认为这样做有益于清口畅流。孔毓珣在收到雍正旨意之后，"即至坝上细看"。经过考察，孔毓珣回奏道："细加相度，此坝宽长丈尺均可无庸加筑。"雍正帝说："据奏坝工情形，乃朕所闻者误也。"② 雍正还鼓励大臣直抒己见："建筑之举，但应各出己见，讲求适当之方，期收后效，切勿涉于迎合阿顺，非朕所乐闻也。"③ 相对于康熙朝而言，雍正朝河臣有一个较为自由的施政环境，所以雍正朝的河道总督如嵇曾筠等能够放手按照自己的设想治理黄河，取得了不错的成绩。深受雍正倚重的河南总督田文镜在治河中也发挥了重要的作用。

雍正后期，还注重对河工人才的培养，如派高斌、白钟山等人随嵇曾筠学习河务。嵇曾筠卒于乾隆三年（1738 年），其后高斌、白钟山等人便担起治河大任。二人虽不如靳辅、齐苏勒等人，但在有清一

① 《世宗宪皇帝朱批谕旨》卷 2 下《朱批齐苏勒谕旨》，雍正六年（1728年）二月初八总督河道齐苏勒奏，《文渊阁四库全书》第 416 册，上海：上海古籍出版社 1987 年影印本，第 120~121 页。

② 《世宗宪皇帝朱批谕旨》卷 7 之 4《朱批孔毓珣奏折》，雍正七年（1729 年）十月二十八日江南河道总督孔毓珣奏，《文渊阁四库全书》第 416 册，上海：上海古籍出版社 1987 年影印本，第 352 页。

③ 《世宗宪皇帝朱批谕旨》卷 175 之 1《朱批嵇曾筠谕旨》，雍正元年（1723 年）八月二十四日兵部左侍郎嵇曾筠奏，《文渊阁四库全书》第 423 册，上海：上海古籍出版社 1987 年影印本，第 475~476 页。

代河臣当中，按照包世臣的说法，也算"知钱粮之臣"。① 如白钟山，可以说是继承了嵇曾筠的衣钵，其所采取之举措，多从嵇曾筠而来，确实也取得了一定的成绩。②

总体来看，虽然雍正对河务有干预，但程度较轻。雍正朝是清代河臣施政的宽松时期。这使得继康熙朝靳辅治河之后，雍正朝出现了清代河工第二次"大治"局面。③

乾隆时期是清代治河史上的一个关键时期，也是清代治河由盛转衰的一个时期。乾隆前期河务尚好，除了雍正时期的良好基础以及白钟山、高斌等人的努力之外，与乾隆对河工的较少干预也是分不开的。乾隆继承了其祖、父的传统，对河务甚为重视。康熙曾六下江南巡视河工，显见其对河务之重视。雍正在河工问题上与河臣有冲突，多不会勉强从事。乾隆集中了其祖、父之优点，这在其前期表现得非常明显。他曾亲下江南，虽然多为游玩，但对河工亦有所了解；同时，他还能够正确处理中央、地方官员与河臣之间的矛盾。河臣与中央、地方官员的矛盾，是制约清代河官治河方略实施的一个重要因素，在一定程度上影响了治河成效。在处理这个问题上，乾隆多倾向于河臣意见。乾隆认为，官员没有亲自处理河务，就不可能了解河务。即使曾在河工视察、学习，也未必能深悉河务，皇帝本人也不例外。

乾隆元年（1736 年）八月，直隶总督李卫覆奏勘察河道大概情形。乾隆说："河工朕未曾阅视，何能悬定？仍不外于卿奏所云因势利导、随时制宜耳。"④ 又如乾隆二年（1737 年）正月，协理江南河务德尔敏刚一上任，即就河工问题给乾隆上奏折，乾隆说："河工非

① 包世臣：《安吴四种·中衢一勺》卷中《答友人问河事优劣》，《近代中国史料丛刊》，台北：文海出版社 1968 年影印本，136 页。

② 黄河水利史述要编写组：《黄河水利史述要》，郑州：黄河水利出版社2003 年版，第 333 页。

③ 康基田：《河渠纪闻》卷 17，《四库未收书辑刊》1 辑 29 册，北京：北京出版社 2000 年版，第 448 页。

④ 《清实录》第 9 册《高宗实录（一）》卷 25 乾隆元年（1736 年）八月，北京：中华书局 1985 年影印本，第 568 页。

经数年虚心平气，明体达用，而且不用聪明，不能知其源［原］委也。汝甫到任，即为此奏，具见汝留心河务，而以为必可行，则朕不敢保也。当与高斌悉心妥议，缓缓行之。"① 乾隆十二年（1747年），又说："河工关系至重，而治河自古为难，非胸有全河不能得其要领。非数十年留心试验，确见情形，因势利导，亦不能万全无弊。较之办理诸务可用心思、智力测度经营者，迥不相同。"② 乾隆十七年（1752年），又说："朕之所批，亦不过统论治河之道。"③ 这些言论，可以说明乾隆对待治河问题的态度。所以，乾隆前期很少干预河工具体事务，只在钱粮上给予大力支持，目的就是要不惜帑金，治理好黄运两河。

与此同时，当官员指责河臣举措时，乾隆也多支持河臣。乾隆七年（1742年），黄河在丰县石林、黄村决口，"夺溜东趋"。④ 朝廷有人交章弹劾南河总督。乾隆说："江南河道总督职任最为重大，必得熟悉情形、经练干济之人，方为裨益。今年河湖异涨，原非寻常可比，而议者皆以不能先事预防、及时捍御，归咎于河臣，甚非情理之平。即条奏之人，亦并未身历其地，辄以臆度之论，纷纷陈说。及加考查，皆必不可行之事，其为害于河工甚大。若因议论纷起，即将河臣加以处分，则后之膺此任者，愈难办理矣。"⑤

乾隆十八年，黄河在铜山漫口，"大溜全行掣过，漫水南注灵虹各邑"⑥，堵筑工程甚难。乾隆一面下旨追究相关人员的责任，一面

---

① 《清实录》第9册《高宗实录（一）》卷36乾隆二年（1737年）正月，北京：中华书局1985年影印本，第659~660页。

② 《清实录》第12册《高宗实录（四）》卷289乾隆十二年（1747年）四月丁亥，北京：中华书局1985年影印本，第797页。

③ 《清实录》第14册《高宗实录（六）》卷417乾隆十七年（1752年）六月丁巳，北京：中华书局1986年版，第467页。

④ 赵尔巽等：《清史稿》卷126《河渠志一》，北京：中华书局1976年点校本，第3727页。

⑤ 《清实录》第11册《高宗实录（三）》卷181乾隆七年（1742年）十二月辛亥，北京：中华书局1985年影印本，第343页。

⑥ 黎世序：《续行水金鉴》卷13，上海：商务印书馆1937年版，第289页。

命河臣想方设法堵筑决口。在这个过程中，乾隆随时关注堵口进行情形，亦为之出谋划策："朕日夜焦劳，按图筹画，为今之计，惟有从断流处所，去湾取直，开挖引河，使正溜由故道而东，庶夺溜之势稍减，堵闭决口亦易施工。不然则专勤堵御，恐徒妄糜工料，未必能当巨浪之冲击也。"①

但乾隆在施工上并不固执己见。乾隆十八年（1753 年）十一月二十七日，乾隆在上谕中说："前据舒赫德等奏铜山漫口进埽情形。朕意当合龙之时堵御回溜，与遏绝奔流难易较殊，因朱笔画出，并传谕舒赫德等，迄今未见覆奏。兹遣额尔登额前往赏赉什物，令其顺便询问现在如何办理，并将三和回京所进图幅画出指示，亦不过约略情形，初无成见。今思合龙之时，两埽对面镶入，则溜走中泓，虽一面受冲，犹易为力。若交互进埽，则回溜迫束，水势旋激，左右均有冲动，转恐不能抢筑稳固。伊等亲在工次，自必筹之已熟，不必拘泥前旨，稍有迁就。总期悉心相度，务合机宜，俾成功迅速，若少存附会之见，于要工无益，转非委任之意。可传谕舒赫德等知之。"②

乾隆早期还比较重视对河工腐败问题的治理。康熙末年河工腐败问题日趋严重，雍正时期进行了整治，情况有所好转。至乾隆时期，又有愈演愈烈之势。为了遏制这种趋势，乾隆加大了对贪腐官员的惩处力度。乾隆十八年，策楞奏称铜山县管河同知李燉、守备张宾二人侵帑误工，导致河决铜山张家马路，乾隆帝下旨将二人于河干正法，同时还命将驻工协办大学士、内大臣高斌和河道总督张师载"缚赴行刑处所，令其目睹，行刑讫，再行释放"。③ 乾隆二十三年（1758年）承办艾山河工段河营千总高文魁、把总张忠所做工段，被查出

---

① 黎世序：《续行水金鉴》卷 13，上海：商务印书馆 1937 年版，第 291 页。

② 《清实录》第 14 册《高宗实录（六）》卷 451 乾隆十八年（1753 年）十一月戊寅，北京：中华书局 1986 年影印本，第 878~879 页。

③ 雍正《八旗通志》卷 142《人物志二十二·大臣传八·满洲镶黄旗八》"高斌"，《文渊阁四库全书》第 666 册，上海：上海古籍出版社 1987 年影印本，第 319 页。

短少丈尺，即被处于"照军法穿箭，押赴各工，传谕示儆"。乾隆还说："该弁所有侵冒之数，在千两以内，尚可按律定拟，追缴完结。若在千两以外，查勘既确，罪无可逭，即行奏明，在工正法，以昭炯戒。"① 对贪腐问题的惩治虽然没有从根本上解决河工弊政，但还是起到了一定的震慑作用。总体上看，乾隆前期的治河成效还是不错的。这一时期，黄河也没有发生较大的溃决。

当然，乾隆朝前期河政，依然存在着很大的问题。首先，河臣守成有余，创新不足。河臣大多固守成法，不思创新，甚或认为河工别无他法，惟守成而已。在这种消极心态的指导下，又如何能够探索到适应河势发展的新的治河方略？其次，河工腐败没有得到有效地遏制，反而在一定程度上有愈演愈烈之势。从谎报决口、克扣工银，到采办苇料以次充好，甚或借公船而营私利，河帑奏销，漏洞百出，河工成官员竞相逐利之所。官不在署，夫不上堤。种种弊端，使得河工成为清代国库的一大"销金窟"。再次，乾隆多次上调物料采办例价，为河工经费的增加埋下了隐患。②

进入统治中期，同康熙一样，乾隆开始干预河工具体事务。如乾隆二十二年（1757 年）南巡之时，为了治理江南河道，曾"亲授机宜"，同时，将江南河道划分为几个区域，"特派侍郎梦麟会同总河白钟山疏荆山桥一带，总河张师载、巡抚高晋协办徐州府黄河两岸堤工。其徐州护城石工，则委之副都御史德尔敏。下河诸工，则委之副总河嵇璜。六塘河以下各工，复委之侍郎梦麟"。虽然乾隆的出发点是好的，希望"分任责成，各有专属""冀收实效"③，但很明显，这种没有统一指挥的混乱局面，不会对河工产生积极影响。又如乾隆二十二年，乾隆批示："白钟山奏天然闸添建闸板一折，尤属迁就错误。黄河盛涨，岂木板所能堵拒？从古治河，未闻有以建闸为善策

---

① 《清实录》第 16 册《高宗实录（八）》卷 556 乾隆二十三年（1758年）二月己巳，北京：中华书局 1986 年影印本，第 42~43 页。

② 乾隆多次上调河工物料价格一事，将在第五章进行详细论述。

③ 《清实录》第 15 册《高宗实录（七）》卷 538 乾隆二十二年（1757年）五月辛丑，北京：中华书局 1986 年影印本，第 801 页。

者。就令中造石矶，分为二门，石矶能为砥柱乎?"① 对河官的具体治河措施，进行了干预。乾隆中后期对治河的过度干预，成为河政衰败的一个重要原因。在此情形之下，河官失去了治河积极性，为了推诿责任，一切惟皇帝之命是从。从乾隆二十六年（1761年）开始，黄河频繁决溢。至嘉庆年间，黄河形势已经异常糟糕，"通工皆病"。②

嘉庆登基之后，意图励精图治，重振康乾雄风。在河务上他坐镇北京，遥控指挥。嘉庆对河工的干预程度较之乾隆、雍正、康熙等有过之而无不及。他凭河臣所送河工图样及奏章，对河工进行详细规划，黄河大工堵口甚至进埽等事都要干涉。他甫一登基，这点就明显地表现出来。嘉庆元年（1796年）七月，他在一份上谕中指示："兰第锡奏六堡漫溢，阅图内漫口处所系属东南，而漫水盖系敷余，回溜转向西北冲开大堤，看来大溜并未掣动，而奏折及图内俱未声说。朕意何不于高家庄坐湾处所向东开挖引河，引水东注，归入正河。其西北圈堰，仍一面堵闭，使漫水不致淹及金乡、鱼台一带。岂不较易为力?"③ 三天之后，在另一份上谕中批示："昨因该河督奏到图样，未能明晰，以为大溜尚未掣动。今据奏，正河溜势仍有四五分，是大溜已掣动五六分。自应于下游开挖引河，使坝基不致著重。前旨拟令于高家庄开挖引河，今该河督只于右首筑做挑水坝，而河水不能分泄，恐不易堵合。上次朱笔标出开挖引河之处，是否应如此办理。若溜势湍激，引河逼近口门，难于吸溜。或将坝基稍移向北，使其在引河之外籍势堵合，更可得力。"④ 可以看到，嘉庆全凭官员呈上河图来对工程进行遥控，"河工堵筑事宜，朕于千里之外，就伊等奏到情形及所绘图样，酌加指示"，虽然他也声称"该督等接奉谕旨，于应

① 《清实录》第15册《高宗实录（七）》卷541乾隆二十二年（1757年）六月庚辰，北京：中华书局1986年影印本，第845页。

② 吴璥：《通筹湖河情形疏》，载《皇朝经世文编》卷99《工政五·河防四》，《魏源全集》第18册，长沙：岳麓书社2004年版，第358~359页。

③ 《清实录》第28册《仁宗实录（一）》卷7，北京：中华书局1986年影印本，第131~132页。

④ 《清实录》第28册《仁宗实录（一）》卷7，北京：中华书局1986年影印本，第133~134页。

行遵办者即当将如何合宜之处，详悉声叙。或有未能遵办者，亦不妨将实在情形奏明，方副朕集思广益之意"。① 但是可以想见，在重压之下，来自皇帝的指示无疑是河官最好的诿过之策。嘉庆在其统治期间，动辄就在河图上用"朱笔"标示何处该如何施工。当然，他希望以此能够改变乾隆后期河政的颓势，治理好黄河，使百姓安居，漕运畅通，这从他对河工问题动辄数百言的批示中可以看出来。但是，过多的干预并没有带来他所需要的效果。黄河在嘉庆年间动辄决口，大工频兴。他将这些问题统统归结到河官的无能上面。事实上，由于他对河工的过度干预，河臣们只是执行他的治河方针的传令官而已。他还频繁地更换河道总督。嘉庆在位二十五年，南河、东河河督换了近三十任，平均每个河督任职时间不到两年。时间短的，任职数月即被撤职。同时，嘉庆年间加大了对河官的惩罚力度。河道总督动辄得咎，甚而枷号河干，发配边疆。如嘉庆时江南河道总督陈凤翔获罪枷号河干，后病死在清河县。② 周馥在《〈国朝河臣记〉序》中言："历来大臣获谴，未有如河臣之多。……河益高，患愈亟，乃罚日益以重。嘉道以后河臣几难幸免，其甚者仅贷死而已。"③ 官员视河工为畏途，如嘉庆十五年（1810 年）浙江巡抚蒋攸铦被授为江南河道总督，未上任便以"未谙河务辞"。后来嘉庆恩威并施，蒋攸铦不得已而赴任。赴任之后，又上奏说："见虽接印，恐贸然从事，贻误国计民生。"不得已，嘉庆只得令其"仍回浙江原任"。④ 河官们为了明哲保身，在治河上不敢提出新建议，唯遵圣旨而行。遇事则互相推诿，南河总督与两江总督、东河总督与南河总督关系不时恶化，对河政产生了消极影响，使乾隆后期以来日趋败坏的河政雪上加霜。

---

① 《清实录》第 28 册《仁宗实录（一）》卷 8，北京：中华书局 1986 年影印本，第 147 页。

② 《清国史》第 8 册卷 108，北京：中华书局 1993 年影印本，第 633~634 页。

③ 周馥：《秋浦周尚书（玉山）全集·文集》卷 1《〈国朝河臣记〉序》，《近代中国史料丛刊》，台北：文海出版社 1987 年影印本，第 917 页。

④ 清国史馆原编：《清史列传（六）》卷 34《大臣传次编九·蒋攸铦》，周骏富辑：《清代传记丛刊·综录类②》，台北：明文书局 1985 年影印本，第 143 页。

　　道光以降，朝廷军务频繁，社会矛盾重重，河工相较于其他事务重要性有所降低。再加上漕粮海运方案的提出，皇帝不再过问具体的治河事务，而是只看治河的成效如何，对河工具体的干预也逐渐减少。但此时的黄河问题已是积重难返，无药可救，直至铜瓦厢决口，黄河改道。

　　总体来看，清代帝王对河务的具体干预在康熙、乾隆两朝呈现出先松后紧，在雍正朝为不松不紧，在嘉庆朝基本上始终处于一种紧绷的状态。皇帝对河工的干预有利有弊，但总体来讲是弊大于利。在这种体制下，河务官员只是帝王旨意的传达者、方略的执行者。在康熙、乾隆中后期及嘉庆时期治河过程中，少有官员能够积极主动提出治河主张，尤其是当其观点与皇帝观点相左时，即使有成熟的想法和主张，也鲜有表达。在治河中，奉"上谕"为宝典，不考虑河工的实际变化，成为清代治河史的一个奇特现象。

二、河道总督与漕运总督

　　同河道总督一样，漕运总督一职始设于明代。永乐十九年（1421 年）朱棣迁都北京，制定了南粮北运的漕运制度。① 漕粮部分依靠海运，后来曾经设置漕运使一职，不久裁撤。后曾用御史、侍郎、都御史监管漕运。景泰二年（1451 年），在淮安设置漕运总督，和总兵、参将共同管理漕运。②

　　明代设官总理河务，"俱为漕运之河，不为黄河之河也"。③ 因此，明代漕运总督和河道总督经常由一人担任，并且一般是由漕运总督兼管河务。万历《大明会典》载："（景泰）六年，令总督漕运都督兼理河道。"④ 如嘉靖四十四年（1565 年），右副都御史总理河漕

---

　　① 李文治、江太新：《清代漕运》，北京：中华书局 1995 年版，第 11 页。
　　② 张廷玉等：《明史》卷 79《食货志三·漕运》，北京：中华书局 1974 年影印本，第 1922 页。
　　③ 沈百先：《中国水利史》，台北："商务印书馆" 1979 年版，第 578 页。
　　④ 申时行等修：《明会典》卷 198《工部十八·黄河钱粮》，北京：中华书局 1989 年影印本，第 998 页。

朱衡兼管河务。万历五年（1577年），干脆将总河都御史一职裁撤掉，以总督漕运工部尚书吴桂芳来兼管河务。此后十余年间，河、漕二事实由一人管理。直到万历十六年（1588年），河道败坏，潘季驯重新获用，任职右都御史总督河道，总河一职才设置专官。十年后，杨一魁担任总河，又兼管漕运，河漕事务又为一体。万历三十年（1602年），河漕再次分开，各由专官管理。所以在明代，漕司、河官的关系也是非常复杂，矛盾冲突不断。为了缓解矛盾，明代对相关部门的职责进行了比较详细的规定，曾经划段区分责任："兑毕过淮过洪，巡抚、漕司、河道各以职掌奏报。有司米不备，军卫船不备，过淮误期者，责在巡抚。米具船备，不即验放，非河梗而压帮停泊，过洪误期，因而漂冻者，责在漕司。船粮依限，河渠淤浅，疏浚无法，闸坐启闭失时，不得过洪抵湾者，责在河道。"① 但实际上这并没有多大的作用。

清沿明制，南粮北运，漕、河关系非常密切。康熙六年（1667年），山东道监察御史徐越在奏折中写道"国家之大事在漕，漕运之务在河"。② 同明代一样，清代河漕的关系难以协调。清代黄河夺淮入海已经有很长一段时间。泥沙淤积导致河患频发，而当时所认为的治河关键点便在黄淮交汇的清口一带，这里也是漕运的关键所在。要想真正治河，就会对漕运产生一定的影响。漕运总督出于自身的利益，自然会与河臣发生龃龉。漕运总督为了更好地完成漕运任务，许多时候也会干预河务。如靳辅治河时曾多次与漕运总督发生矛盾。《行水金鉴》记载："公（指靳辅）于二十一二年间，与总漕帅相讦告，谪公为安东长乐司巡检。到任一月，复任总河。……后又为开屯事被总漕慕天颜所劾，天颜罢官，而公又复任。"③

清代对河道总督的重视有所增加。王英华认为，清代河道总督的

---

① 张廷玉等：《明史》卷79《食货志三·漕运》，北京：中华书局1974年影印本，第1922~1923页。

② 徐越：《敬陈淮黄疏浚之宜疏》，载《皇清奏议》卷18，《续修四库全书》第473册，上海：上海古籍出版社2002年影印本，第166页。

③ 傅泽洪：《行水金鉴》卷50，上海：商务印书馆1936年版，第731页。

地位随着河患的增多而渐渐凌驾于总漕之上。明代总漕常常代理河务，总河一职时设时废，清代总河一职从未空而不设，而且总河代理总漕事务者很多，总漕兼理河务的现象却很少。① 康熙六十一年（1722 年），漕运总督施世纶卒于任所，其缺就由当时的署理河道总督陈鹏年暂代署理。陈鹏年在奏报中这样说："臣遵旧例，暂管漕运印务。"② 这里面提到"旧例"二字，可见在顺治、康熙两朝，漕运总督一缺新官未上任之前，由河道总督署理漕运总督是有规定的。事实上，康熙朝以后这种情况依然时有出现。乾隆三十三年（1758 年）十二月，漕运总督杨锡绂病故，其缺便由当时的河道总督李宏暂署。

从最高统治者的角度出发，当然希望漕运总督、河道总督能够互相帮助、和衷共济，既能办理好漕运，又能消弭黄河水患。但是，清政府关于漕运的许多规定都是双重领导，容易导致河漕双方互相推诿。如清朝规定"凡河漕总督，专管督率运粮，如各官不预行挑浅疏通，以致粮艘迟误者，该督题参议处。如回空船只，该督不行力催，又不题参各官者，降二级留任"。③

河道总督兼管漕运，主要负责运河闸坝启闭工作，因此，漕运总督时常以闸坝启闭失时、水位过低等为借口，将漕运延迟之过诿于河道总督。漕运顺利与否，与河道总督的利益是密切相关的。有清一代，河道总督因延迟漕运而受处罚者数不胜数。如道光三十年（1850 年），江南河道总督杨以增因为道光二十九年漕船回空时吴城七堡启闭不当，导致河湖受淤，影响到漕运，被"交部严加议处"。④

---

① 王英华、谭徐明：《清代江南河道总督与相关官员间的关系转变》，《淮阴工学院学报》2006 年第 6 期。

② 《清实录》第 6 册《圣祖实录（三）》卷 297 康熙六十一年（1722 年）三月戊戌，北京：中华书局 1985 年影印本，第 882 页。

③ 康熙《钦定大清会典》卷 27《户部十一·漕运二·漕禁》，《近代中国史料丛刊三编》，台北：文海出版社 1992 年版，第 1256 页。

④ 王先谦：《东华续录（咸丰朝）》，《续修四库全书》第 376 册，上海：上海古籍出版社 2002 年影印本，第 9 页。

"河、漕总督专管运粮，督率各官挑浅疏通粮艘，如不预行挑浅疏通以致迟误者，请旨议处。"① 双方时常因此事发生龃龉。乾隆三十九年，漕船行走不畅，漕运总督嘉谟指责江南河道总督吴嗣爵、河东河道总督姚立德运河闸坝启闭失时，对水位控制不好，以致漕运延误。吴嗣爵和姚立德二人则对嘉谟的指责进行反驳。乾隆安抚三人："阅嘉谟、吴嗣爵、姚立德覆奏漕船水势情形各折，未免有各存意见、不能和协之处。漕臣、河臣，虽职有专司，而于粮艘往来，实系同办一事。自应彼此和衷共济，总期于漕运有裨。设或河臣于运河节宣机要，不能先时调剂，以致重运稽迟，自难辞办理不善之咎。漕臣即当一面据实陈奏，一面商同妥办。今东省闸坝，既系依期开放，而沿途水势，亦因去秋存水不旺，春流未能充畅。然开坝以后，旋即长水，浮送有资，并未贻误漕务。特嘉谟前奏，不免略早耳。今三人覆奏之折，仍然各执一词，以图自占地步，而于河、漕交涉情理，未能融洽。盖东省上年底水本不及向年之充足，由于秋雨略少，此非人力所能施。若以此诿过河臣，是责人以所不能，徒令其胸中芥蒂，于公事又有何益？现在东省已得透雨，计泉源长发，河水加增，自必足资浮送。但嘉谟等承办转漕一事，务须寅恭合力，妥为经理。勿稍存畛域之见，方为不负委任。将此谕令知之。"②

河道总督和漕运总督之间的复杂关系随着咸丰五年（1855年）铜瓦厢决口，黄河在山东境内经大清河入海而渐渐消除。黄河北流，与原有运道的关系也仅仅维持在山东段运河之内。咸丰十年（1860年），江南河道总督裁撤，漕运总督与江南河道总督的关系便不复存在了。

三、河道总督与地方督抚

河道总督与其他地方督抚的关系较之于漕运总督，更为复杂。

---

① 杨锡绂：《漕运则例纂》卷12《漕运河道·挑浚事例》，乾隆刻本。
② 《清实录》第20册《高宗实录（一二）》卷954乾隆三十九年（1774年）三月戊辰，北京：中华书局1985年影印本，第937页。

明代河道总督设立之始，即与地方督抚存在着复杂的关系。万历《大明会典》载，河道总督设置之初，权力很大："（嘉靖二年）议准遣都御史一员提督河道事务，山东、河南、南北直隶巡抚、三司等官俱听节制。"万历五年（1577年），河道总督一职撤销，"其事务并归各该巡抚照地分管"。万历七年（1579年），又议准山东、河南、南北直隶各巡抚衔内添上"兼管河道"四字，"给与专敕"。①

到了清代，情况变得更加复杂。二者在职权上的重合，为责任的不确定以及矛盾的产生埋下了隐患。康熙十七年（1678年）规定"各省堤岸有无冲决，该督抚于年终造册报部"。② 乾隆二十二年（1757年）八月，规定"一督、四抚、三总河均有河工专责"。③ 地方督抚兼管河务，一方面给治河带来了积极影响，如大工兴作时筹集物料、调拨夫役上若地方官配合，就有许多便利。另一方面，治河与地方事务也有矛盾。靳辅曾说："河臣，怨府也。督抚为朝廷养民，而河臣劳之；督抚为朝廷理财，而河臣縻之。故从来河臣得谤最多，得祸最易也。"④ 加上职权的重叠，使得这一问题更加复杂。

1. 河道总督与两江总督

黄河中下游主要流经河南、山东、安徽、江苏四省。河南、山东两省河务在雍正以后主要由河南山东河道总督（东河总督）管理，安徽、江苏两省河务由江南河道总督（南河总督）管理。在很长一段时间内，两江总督有"兼管河务"之责。很明显，江南河道总督与"兼管河务"的两江总督在职权上重复，这种体制给河务的管理带来较大的影响。

清代河道总督之设早于两江总督。河道总督之设始于顺治元年

---

① 申时行等：《明会典》卷198《工部十八·黄河钱粮》，北京：中华书局1989年影印本，第998页。

② 康熙《钦定大清会典》卷139《工部九·河渠三》，《近代中国史料丛刊三编》，台北：文海出版社1992年影印本，第6927页。

③ 《清实录》第15册《高宗实录（七）》卷545，乾隆二十二年（1757年）八月丙子，北京：中华书局1986年影印本，第926页。

④ 靳辅：《治河奏绩书》卷4《帮丁二难》，《文渊阁四库全书》第579册，上海：上海古籍出版社1987年影印本，第733~734页。

（1644年），而两江总督的设置则始于顺治二年（1645年）。有清一代，两江总督的地位大多要高于河道总督。《清史稿·职官志》载：

> 总督两江等处地方提督军务、粮饷、操江，统辖南河事务一人。顺治二年，以内阁大学士洪承畴总督军务，招抚江南各省。寻改应天府为江宁，罢南直隶省府尹。四年，置江南江西河南三省总督，驻江宁。九年，徙南昌，时号江西总督。未已，复驻江宁。十八年，江南、江西分置总督。康熙元年，加江南总督操江事务。四年，复并为一。十三年，复分置。二十一年仍合。寻定名两江总督。雍正元年，以综治江苏、安徽、江西三省，加兵部尚书兼都察院右都御史衔。道光十一年，兼两淮盐政。同治五年，加五口通商事务，授为南洋通商大臣，与北洋遥峙焉。①

可见，两江总督设置虽几经变革，但因其所辖区域广大，且辖区内经济发达，事务繁重，因此，权力颇大。从二者职衔上比较，两江总督为兵部尚书兼都察院右都御史衔，而江南河道总督为兵部侍郎兼都察院右副都御史衔。② 很多情况下两江总督要处于强势地位。

清初两江总督即有稽核钱粮之责，但在乾隆以前，两江总督对河

---

① 赵尔巽等：《清史稿》卷116《职官志三·外官》，北京：中华书局1976年点校本，第3338～3339页。

② "凡百官之任……有加衔以显其秩"，"总督兼右都御史兵部尚书衔，总漕、总河、巡抚兼右副都御史、兵部侍郎衔"。昆冈等修、吴树梅等纂：《钦定大清会典》卷7，《吏部·文选清吏司》，《续修四库全书》第794册，上海：上海古籍出版社2002年影印本，第78页。又，顺治时期，总督加衔并未成为定制。一般来讲，由于和军政有关，常加兵部尚书或兵部左右侍郎衔，在监察方面，常加都察院右都御史衔，但以右副都御史和右佥都御史为多。各省总督，如由各部尚书及左都御史特旨补授者，俱为兵部尚书兼都察院右都御史。如由各部侍郎以及别项官员补授者，俱为兵部右侍郎兼都察院右副都御史衔。乾隆十三年，定两江总督不论由何官补授，俱为兵部尚书兼都察院右都御史。次年，将都察院右都御史衔加诸各直省总督。而河道总督及漕运总督同巡抚，加都察院右副都御史衔。（古鸿廷：《清代官制研究》，台北：五南图书出版有限公司2005年版，第173～174页。）

工"虽有兼辖之名，究非专责"，因此，总河有独自处理河务的权力，两江总督的干预较少。① 雍正年间，三河分治，原河道总督所辖区域划归南河、东河、北河总督分别管辖。河道总督和两江总督的关系转化为南河总督与两江总督的关系，但两者在治河权力的分配上并无实质变化，两江总督河务权力有限。乾隆年间，江南河道总督和两江总督的关系逐渐发生了变化，两江总督的河务权力有了很大提高。乾隆十年（1745 年），尹继善出任两江总督，乾隆说："总河虽系白钟山，但彼一谨慎而不识大体之人，只可司钱粮出入耳。……故河工一事，一以委卿，不可推诿白钟山。朕亦知卿不推诿于彼，但不为之隐饰斯可矣。"② 可见，乾隆实际上是将河工大权交给了两江总督尹继善，江南河道总督白钟山并没有实权。但这只是个案，在制度上并没有规定。从制度上看，两江总督真正兼管河务，始于乾隆三十年（1765 年）。是年，南河总督高晋改任两江总督，南河总督一缺由东河总督李宏出任。但是，李宏曾长期在江南河工效力，先后担任江南河库道、淮徐道等要职，且曾卷入乾隆十六年（1751 年）江南河工亏帑案中，乾隆帝对李宏并不放心。乾隆在上谕中说："两江总督员缺，着高晋补授。江南河道总督员缺，着李宏调补。向来总河事务，两江总督虽有兼辖之名，究非专责。兹李宏甫由监司擢用总河，现在所属道厅，多系旧时同寅，恐难免有瞻徇掣肘之处。高晋久任南河，于一切工汛修防，素为谙练。所有南河总河事务，着高晋仍行统理。"③ 这也就明确了两江总督对于河务的职责，"南河归两江总督

---

① 当然，因两江总督兼"督察院右都御史"衔，因此，其对河道事务也有监督纠察之责。如雍正元年，淮徐道潘尚智便被两江总督查弼纳一纸奏折给革职。见查弼纳《特参不职道员以肃法纪事》，载《清代吏治史料·官员管理史料（三）》，北京：线装书局 2004 年影印本，第 1244 页。

② 《清实录》第 12 册《高宗实录（四）》卷 251 乾隆十年（1745 年）十月，北京：中华书局 1985 年影印本，第 244~245 页。

③ 《清实录》第 18 册《高宗实录（一〇）》卷 733 乾隆三十年（1765 年）三月乙未，北京：中华书局 1986 年影印本，第 70 页。

总理"。① 同年八月，两江总督高晋奏定《总督总河会办章程》，主要内容有：一、文武官题补题署、咨补咨署，并由河臣主稿，知会督臣商定，然后题咨；一、工程所用钱粮三道，一体详报督臣衙门查考；一、各厅工程，用存料物，各工水势，责成道厅营汛一体通报督臣。② 通过该章程，两江总督在人事任免、钱粮支核、工程兴造方面对河务进行全面管理。这同以前形式上的"兼管"有着本质差别。该章程的出现与确立，是清代河务管理体制的一大转变。"自此，两江总督兼河务遂为例"。③ 两江总督在河务中的作用更加重要。

这种情形一直持续到嘉庆年间。从乾隆中后期开始，由于黄河治理形势愈加复杂，治河责任重大，相关官员动辄受到处分，两江总督对河务不再热衷。嘉庆四年（1799年），两江总督费淳曾上疏请求免去其兼管河务职责。但是，嘉庆认为"但河皆该督所辖地方，是河工实该督第一要务。若督臣不兼河务，遇有要工，则河臣呼应不灵。现在邵家坝漫口，合而复开，甚至被火焚毁料物，未必不由于此。所有该省河工，着费淳照旧兼管。会同河臣吴璥，悉心筹办"。④ 费淳的请求未得到批准。不过，朝廷划分了两江总督和河道总督在河道事务上的具体职责。

　　　　应归总河专管各事宜。一，稽查各厅用存正杂料物；一，查勘筹办黄运两河土埽工程；一，巡阅河营官兵；一，暂行委员署印及题参、咨参官员；一，题参武职疏防；一，年终甄别河员；一，奏报三汛安澜及漕运空重船只出入江境；一，据道详批发各厅工料钱粮，修造船只；一，河标四营官兵俸饷、棚马奏销，军

① 俞正燮：《癸巳类稿》卷 12《总河近事考附编年姓名》，上海：商务印书馆 1957 年版，第 467 页。

② 《清实录》第 18 册《高宗实录（一〇）》卷 743 乾隆三十年（1765年）八月癸酉，北京：中华书局 1986 年影印本，第 181 页。

③ 黎世序等：《续行水金鉴》卷 15，上海：商务印书馆 1937 年版，第 349页。

④ 《清实录》第 28 册《仁宗实录（一）》卷 60 嘉庆五年（1799 年）二月壬子，北京：中华书局 1986 年影印本，第 804 页。

装甲械，河银考成；一，河营官兵俸饷。

应与总督会办各事宜。一，奏拨河工钱粮、岁抢另案工程，由河臣衙门主政，会同核题，以昭慎重；一，遇堵筑大工，应行会奏，督饬州县集夫采办料物；一，大计及河营军政，应行会办；一，河员题请实授及升转沿河州县；一，河员通判以上、武职守备以上，俱照旧会商题补，文汛州同以下、武汛千总以下，咨补咨署，由总河衙门主稿，咨会办理，以归统摄。①

可以看出，较之乾隆三十三年之规定，两江总督在河务上的权力大大减少，仅仅处于协助地位，与之前的"兼管"有着很大的差别。

两江总督兼管河务的规定在道光二十二年（1842年）被中止。是年，道光帝任命钦差大臣、广州将军耆英为两江总督。因耆英军务繁重，道光下令"所有南河修筑事宜，暂且毋庸兼管。俟各省会商事件办理完竣，再行照常兼管"。② 不过，这种情形并没有持续多久，道光二十七年（1847年），李星沅任两江总督之后，仍然兼管河务，"以符旧制"。③ 直到后来南河总督衙门被裁撤。

在江南河道总督暂时无人出任或新官未上任之前，两江总督通常会兼署江南河道总督，如道光二十八年（1848年）江南河道总督潘锡恩因病解任，朝廷任命陕西巡抚杨以增为江南河道总督。杨以增到任之前，李星沅以两江总督身份兼署江南河道总督。④

可以看出，很长时期内，两江总督和河道总督的河务职权有重叠之处，且由于两江总督职衔高于南河总督，使得二者关系较难处理。

① 周馥：《秋浦周尚书（玉山）全集·治水述要》卷7引《南河成案续编》，《近代中国史料丛刊》，台北：文海出版社1987年影印本，第4788~4791页。

② 《清实录》第38册《宣宗实录（六）》卷381道光二十二年（1842年）九月乙丑，北京：中华书局1986年影印本，第866页。

③ 《清实录》第39册《宣宗实录（七）》卷447道光二十七年（1847年）九月丁酉，北京：中华书局1986年影印本，第612~613页。

④ 《清实录》第39册《宣宗实录（七）》卷459道光二十八年（1848年）九月甲戌，北京：中华书局1986年影印本，第789页。

嘉庆曾说"督臣与河臣同在一处，往往意见龃龉，转多掣肘"。① 一方面，南河总督有时会因治河损害地方利益，导致地方督抚对南河总督的治河方案不予配合。如乾隆七年（1742年）八月"黄淮交涨"，江南河道总督完颜伟派通判刘永钥将昭关等坝开放泄水，导致下河兴化、泰州"一片汪洋"。两江总督宗室德沛、苏州巡抚陈大受上疏称完颜伟捏称通判报"异涨漫决"，令下游百姓陷于水灾。② 后经直隶总督高斌等详细调查，认为"水势异涨"，开坝泄水，"势不可缓"，而人民遭受水患，地方官"归咎河臣，此情理所必有"。③ 不过，后来乾隆还是以完颜伟"素未谙练河务"，处置失宜为由，将其调往东河任河东河道总督。④ 另一方面，则是由于南河总督和两江总督在治河意见上相左而导致分歧。嘉庆年间，两江总督铁保与南河总督徐端不和，铁保便称徐端"办一工则有余，统全河则不足"，致徐端被降为副总河。⑤ 嘉庆十五年（1810年），南河总督吴璥、副总河徐端准备在海口筑新堤，而两江总督松筠时常掣肘。吴璥、徐端派员赴江宁同松筠商议，松筠借故不允。八月，松筠又上奏折，称"黄河受病之由，总缘嘉庆九年、十年间吴璥、徐端等将黄泥嘴、俞家滩二处，逢弯取直，致水性纡缓，转致停淤。此时办理之法，仍须将旧时曲弯处所修复如式"。后经徐端反驳，皆属谬论。于是嘉庆下旨，令"松筠不得干涉河机宜"。⑥ 嘉庆十七年，两江总督百龄和江南河道总督

---

① 《清实录》第28册《仁宗实录（一）》卷40嘉庆四年（1799年）三月戊辰，北京：中华书局1986年影印本，第480页。

② 《清实录》第11册《高宗实录（三）》卷172乾隆七年（1742年）八月己丑，北京：中华书局1986年影印本，第190~191页。

③ 《清实录》第11册《高宗实录（三）》卷175乾隆七年（1742年）九月，北京：中华书局1986年影印本，第254~255页。

④ 《清实录》第11册《高宗实录（三）》卷181乾隆七年（1742年）十二月辛亥，北京：中华书局1986年影印本，第343页。

⑤ 黎世序等：《续行水金鉴》卷34，上海：商务印书馆1937年版，第720页。

⑥ 黎世序等：《续行水金鉴》卷34，上海：商务印书馆1937年版，第802~805页。

陈凤翔互相参劾。① 道光年间，南河总督张井倡议安东改河之事，更是由于两江总督琦善的阻挠而未能成事。② 咸丰三年（1853年），户部侍郎王庆云曾提出"江南既有河道总督，其两江总督即毋庸兼管河防，庶事权专一。平时既免牵掣，有事亦无可推诿"。③ 两者在治河上经常出现矛盾，可以说是清代中后期治河成效不佳的一个重要原因。

2. 河道总督与河南、山东巡抚

巡抚之名，始于明代，不过当时尚无定制。但巡抚兼理河务，明已有之。正统五年（1440年）设巡抚山东，万历七年（1579年）兼管河道。④ 河南巡抚始设于景泰元年（1450年），万历七年兼管河道。⑤ 到了清代，山东、河南未设总督，巡抚便成为这两个地方的最高行政长官。⑥

河道总督与山东、河南巡抚的关系同其与两江总督的关系不同。靳辅治河时期，康熙帝予以靳辅很大的权力，令其节制山东、河南两地巡抚。⑦ 不过，由于河道绵长，河道总督在很长的时间内无法统筹兼顾。且靳辅治河时，主要以江南河道为主，因此，河道总督衙门由

① 详见曹志敏：《〈清史列传〉与〈清史稿〉所记"礼坝要工参劾案"考异》，《清史研究》2008年第2期。
② 范玉琨：《安东改河议》卷1《安东改河议始末》，《中华山水志丛刊》第21册，北京：线装书局2004年影印本，第4~5页。
③ 刘锦藻：《清朝续文献通考》卷115《职官一》，杭州：浙江古籍出版社1988年影印本，第8734页。
④ 张廷玉等：《明史》卷73《职官志二》，北京：中华书局1974年点校本，第1777页。
⑤ 张廷玉等：《明史》卷73《职官志二》，北京：中华书局1974年点校本，第1776页。
⑥ 清初山东曾设总督，不久即撤，河南曾于雍正年间设河南总督，但时间均不长。赵尔巽等：《清史稿》卷116《职官志三·外官》，北京：中华书局1976年点校本，第3337页。
⑦ 傅泽洪：《行水金鉴》卷47，上海：商务印书馆1936年版，第684页。

山东济宁移至淮安清江浦。①

康熙十七年（1678 年），江南河务大工迭兴，靳辅无暇顾及河南、山东河务。于是靳辅奏请将豫省河务暂时交给河南巡抚兼管，他在奏疏中提到："河南抚臣……敕书内原有'兼理河道'字样，与别省抚臣不同。"② 康熙同意了靳辅的请求，令豫省河务暂交河南巡抚代为办理："令河南岁修工程暂交该抚料理，俟江南大工告竣，仍照旧例，总河亲勘具题。"③ 但江南大工完成以后，这种"暂管"并未取消，反而逐渐成为定例。康熙二十二年（1683 年），下旨"兰家渡决口筑塞方完，河南堤岸工程专令河南巡抚暂行料理，如有应会总河事务，仍移文商榷毋误"④。康熙四十四年（1705 年），又向直隶、山东两省推广这种做法。"直隶、山东河道与总河相距甚远，应照河南例，令各该巡抚就近料理。"⑤ 这可以看作是雍正年间河务分治之征兆，同时也说明了地方督抚在河务中的权力上升。

雍正年间齐苏勒担任河道总督，颇受雍正信任。在河务上，一切以齐苏勒所奏为准，山东、河南巡抚要给予大力支持。雍正在雍正元年（1723 年）六月批复山东巡抚臣黄炳谨奏折时说："河工修筑机宜，不可自作聪明，一切俱听齐苏勒调度。但将钱粮及夫料等项预备充足，不致迟误，汝即可告无过矣。奏折不宜与河臣参差。汝二人意见符合，方期成效。脱有异同，朕亦必在齐苏勒处画一也。"⑥ 由此

---

① 光绪《钦定大清会典事例》卷 23《吏部·官制·各省督抚》，《续修四库全书》第 798 册，上海：上海古籍出版社 2002 年影印本，第 404 页。

② 靳治豫编：《靳文襄公（辅）奏疏》卷 2《江南大修疏》，《近代中国史料丛刊》，台北：文海出版社 1967 年影印本，第 188 页。

③ 光绪《钦定大清会典事例》卷 901《工部·河工·河员职掌一》，《续修四库全书》第 810 册，上海：上海古籍出版社 2002 年影印本，第 860 页。

④ 光绪《钦定大清会典事例》卷 901《工部·河工·河员职掌一》，《续修四库全书》第 810 册，上海：上海古籍出版社 2002 年影印本，第 861 页。

⑤ 光绪《钦定大清会典事例》卷 901《工部·河工·河员职掌一》，《续修四库全书》第 810 册，上海：上海古籍出版社 2002 年影印本，第 861 页。

⑥ 《世宗宪皇帝朱批谕旨》卷 23 上《朱批黄炳奏折》，雍正元年（1723 年）六月十一日山东巡抚臣黄炳奏，《文渊阁四库全书》第 417 册，上海：上海古籍出版社 1987 年影印本，第 389 页。

可见，齐苏勒深受雍正信任，而河南、山东巡抚在治河核心事务即工程修筑上的权力是非常有限的。所谓兼管河务，也就是在钱粮、夫料上配合河道总督的安排而已。不过，这也是因人而异，并非绝对情形。

雍正年间河南、山东河务与江南河务在管理体制上的分离，促使河南、山东巡抚与河道总督的关系发生了新变化。雍正二年（1724年），嵇曾筠被授予河南副总河，专管豫省河务。雍正四年（1726年），河南副总河又兼管山东河务。雍正七年（1729年），河南副总河改为河东河道总督，成为与江南河道总督并驾齐驱的重要河官。原来的河道总督更名为江南河道总督，河南副总河更名为河东河道总督。同时，直隶河道又添设北河总督一职。① 河南、山东巡抚与河道总督的关系也就转变为与江南河道总督、河东河道总督、直隶河道总督的关系。不过，由于河南、山东河道归河东河道总督管理，因此，主要还是豫、东二省巡抚与河东河道总督进行公务来往。

建制上的分开并不代表豫、东二省巡抚河防责任的减少。雍正以后，河南、山东巡抚在河务中依然具有重要的地位，甚至扮演着举足轻重的角色。如乾隆三十六年（1771年）八月，江南河道总督李宏病故，河东河道总督吴嗣爵调任江南河道，令姚立德署理东河事务。但乾隆对姚立德不放心，"伊初任总河，一切修防事宜，自不能如吴嗣爵之练习，恐难独力肩任"。而当时的河南巡抚何煟曾担任过河道总督，考虑到何煟"素谙河务"且"河工原系兼管"，于是雍正令何煟兼管东河所辖"黄运河防诸防"，与姚立德"协同经理"。② 又如道光二十四年（1844年），黄河中牟大工堵口失败，道光帝下令工部厘清责任，工部回奏时称："查河工防守不力，致被冲决者，例准销六赔四。东河向作九成分赔，内河督分赔

---

① 不过，由于北河相对于南河、东河事务较少，所以，在很长的时间里都是由直隶总督兼任。直到乾隆年间，才下令撤销北河总督专印，只在直隶总督衔上加上"兼管河务"四字即可。

② 《清实录》第 19 册《高宗实录（一一）》卷 890 乾隆三十六年（1771年）八月庚午，北京：中华书局 1986 年影印本，第 928 页。

二成，巡抚分赔一成，道府厅县汛弁分赔六成。"① 由此可见，巡抚的河防责任仍然非常大。

需要指出的是，对于河防的这种权力或者是责任，地方巡抚的态度是不一样的。乾隆八年，候补左春坊左谕德嵇璜②曾经针对东河河务上奏，认为东河河务"嗣后一照南河之例，除河道有分巡分守地方之责，应照旧会同抚臣拣选题补外，其题补同知以下等官，并题估题销诸案件，应令河臣自行题奏，不必会同抚臣，庶无牵制掣肘之患"。③ 针对这个奏折中提到的减少河南巡抚河务权力的提议，时任河南巡抚雅尔图认为嵇璜是受了河官的贿赂而为河官专责独揽游说，巡抚应当继续兼理河务，对河工有帮助。④

山东巡抚与河道总督的关系较之河南巡抚与河道总督的关系，稍有不同。清初，山东设有两位巡抚，顺治元年（1644 年）七月以方大猷巡抚山东，以陈锦巡抚登莱。顺治九年（1652 年）四月，裁登莱巡抚。⑤ 山东巡抚驻地为济宁，初与河道总督同城办公。顺治九年登莱巡抚裁撤后，山东巡抚移驻济南。山东巡抚于康熙四十四年（1705 年）兼管山东河道。⑥ 雍正四年（1726 年），因"巡抚有地方责任，恐不能兼理河务"，于是令副总河嵇曾筠兼管山东河务。⑦ 因

---

① 中国水利水电科学研究院水利史研究室编校：《再续行水金鉴·黄河卷3》，武汉：湖北人民出版社 2004 年版，第 1007 页。

② 其父嵇曾筠曾经在雍正年间担任过河东河道总督、江南河道总督等职务。

③ 嵇璜：《奏请专河臣之职守事》，中国第一历史档案馆藏朱批奏折档，档号：04-01-01-0069-065。

④ 雅尔图：《奏为据实陈明侯补谕德嵇璜奏请河臣专责欲臣无兼理河务之责事》，中国第一历史档案馆藏朱批奏折档，档号：04-01-01-0069-063。

⑤ 张玉法：《清初山东的地方建置：1644—1795》，《近代中国初期历史研讨会论文集》（上册），台北："中央研究院近代史研究所" 1987 年版。

⑥ 赵尔巽等：《清史稿》卷 116《职官志三·外官》，北京：中华书局1976 年点校本，第 3342 页。

⑦ 乾隆《钦定大清会典则例》卷 131《工部·都水清吏司·河工一》，《文渊阁四库全书》第 624 册，上海：上海古籍出版社 1987 年影印本，第 142页。

山东省河防不如河南重，因此，直至铜瓦厢决口之前，山东巡抚在河工上所起的作用相对于河南巡抚来讲较小。

咸丰五年（1855 年）铜瓦厢决口之后，东河总督所管有工河道，仅二百余里。由山东巡抚所管之山东河道，长九百里。山东巡抚河防责任迅速增加。河东河道总督主要管理河南河务，而山东河务则交由山东巡抚管理，成为事实上的"山东河道总督"。同治十年（1871年），山东郓城侯家林黄河决口，东河总督乔松年即称"事由东省主政"，要求将侯家林工程"由山东抚臣督办，以一事权"。① 山东巡抚丁宝桢在奏折中说："查侯家林决口，先经乔松年以为时较晚，奏请缓办。嗣钦奉谕旨，该处决口关系运道民生，必须赶紧堵筑。并蒙睿虑周详，指示明切。河臣职司河道，疆臣身任地方，均属责无旁贷，自当遵旨迅速筹办。纵不敢必有成效，亦须竭尽心力，以期上慰圣主、下对群黎。乃乔松年于钦奉谕旨后，其迭次来函来咨，一概诿诸地方，略不商及办理之事，诚不知其用意所在。"② 可见此时东河总督认为山东河务是职非所事，漠不关心，而山东巡抚却想让河道总督仍旧负责山东河防。

山东巡抚张曜曾经在光绪十五年（1889 年）称"本年臣驻工二百余日，督率修防，日不暇给"③，"今日抚臣之办河工，实与河臣无异"。④ 为此，他甚至在光绪十五年十二月、光绪十六年（1890年）闰二月两次上疏，请求将菏泽至运河两百多里河道划归东河总督管理，以减轻山东巡抚负担。继任山东巡抚如福润、李秉衡等人也多次上奏折，请求将山东河务全部或部分划归河东河道总督管理，但

① 《清实录》第 51 册《穆宗实录（七）》卷 327 同治十一年（1872 年）正月丁亥，北京：中华书局 1987 年影印本，第 325 页。

② 中国水利水电科学研究院水利史研究室编校：《再续行水金鉴·黄河卷3》，武汉：湖北人民出版社 2004 年版，第 1366~1367 页。

③ 中国水利水电科学研究院水利史研究室编校：《再续行水金鉴·黄河卷5》，武汉：湖北人民出版社 2004 年版，第 2209 页。

④ 中国水利水电科学研究院水利史研究室编校：《再续行水金鉴·黄河卷5》，武汉：湖北人民出版社 2004 年版，第 2209 页。

均未得到朝廷的同意。① 对于山东巡抚的这种要求，东河多任总督如许振祎、任道镕等人是坚决反对。②

河南、山东巡抚兼署河东河道总督，河东河道总督兼署河南巡抚、山东巡抚的情况都有出现。铜瓦厢决口之前，河东河道总督因事离署，例由山东巡抚兼署。铜瓦厢决口之后，河道总督衙门由山东移至河南，河南巡抚兼署河东河道总督的情况更多出现。咸丰十一年（1861 年）四月二十七日，河道总督衙门由黄河北岸移驻开封。③ 河东河道总督与河南巡抚同城办公。河东河道总督兼署河南巡抚的情形也有。道光二十八年（1848 年）八月十六日，河南巡抚鄂顺安被革职。朝廷命山西布政使潘铎为新任河南巡抚。在潘铎未到任之前，便由河东河道总督钟祥兼署河南巡抚。④ 咸丰十年（1860 年）十月，湖北布政使严树森升任河南巡抚，在其未到任之前，由河东河道总督黄赞汤暂行兼署。⑤ 后来严树森到河南上任，当时捻军起义，军事形势紧张。咸丰十一年，严树森赴陈州大营，黄赞汤依然在省城开封负责本省日常事务，兼管河务与地方事务。⑥ 光绪二十四年（1898 年），河南巡抚刘树堂称河南河工现已责成巡抚兼办，而巡抚关防，并没有管理河工之责，应当改铸，加入"兼理河务"四个字，得到同意。⑦

① 中国水利水电科学研究院水利史研究室编校：《再续行水金鉴·黄河卷5》，武汉：湖北人民出版社 2004 年版，第 2209 页、第 2228~2229 页。

② 中国水利水电科学研究院水利史研究室编校：《再续行水金鉴·黄河卷5》，武汉：湖北人民出版社 2004 年版，第 2232~2234 页。

③ 中国水利水电科学研究院水利史研究室编校：《再续行水金鉴·黄河卷3》，武汉：湖北人民出版社 2004 年版，第 1226 页。

④ 王先谦：《东华续录（道光朝）》，《续修四库全书》第 375 册，上海：上海古籍出版社 2002 年影印本，第 717 页。

⑤ 《清实录》第 44 册《文宗实录（五）》卷 333 咸丰十一年（1861 年）十月庚辰，北京：中华书局 1987 年影印本。

⑥ 中国水利水电科学研究院水利史研究室编校：《再续行水金鉴·黄河卷3》，武汉：湖北人民出版社 2004 年版，第 1231~1232 页。

⑦ 《清实录》第 57 册《德宗实录（六）》卷 426 光绪二十四年（1898 年）八月庚寅，北京：中华书局 1987 年影印本，第 600 页。

一般情况下，巡抚只要协助河道总督办公即可，但是在大型堵口工程出现时，则需要巡抚甚至朝廷委任大员，多方襄助。当然，山东巡抚、河南巡抚也有对河工钱粮稽核之责。

河道总督与地方大员之间这种复杂的关系，利弊参半，再加上每逢大工堵口，中央要员进行协办，导致很多时候双方矛盾的产生，从而影响治河效果。①

四、河官与部院

河官除了与地方官打交道之外，与中央部院之间的公务往来也是在所难免。河官因其职责主要涉及钱粮与工程兴造，因此，与户部、工部来往比与其他部门要多。户部的职能是掌天下之地政与其版籍。② "凡赋税征课之则，俸饷颁给之制，仓库出纳之数，川陆转运之宜，百司以达于部。尚书、侍郎率其属以定议。大事上之，小事则行，以足邦用。"③ 工部的职能是掌天下造作之政令与其经费。"凡土木兴建之制，器物利用之式，渠堰疏障之法，陵寝供亿之典，百司以达于部。尚书、侍郎率其属以定其议，大事上之，小事则行。"④ 清代河工经费，一般程序是河道总督预估工程，"确估题报"，工部"查议明确，定议知照"，户部经过审查，"令其动项兴修"。⑤ 奏销也要经过两部门的核准。河官与部院的关系，主要是指与工部和户部的关系。

---

① 芮锐：《晚清河政研究（1840—1911）》，安徽师范大学2006年硕士论文。
② 乾隆《钦定大清会典》卷8《户部》，《文渊阁四库全书》第619册，上海：上海古籍出版社1987年影印本，第94页。
③ 嘉庆《钦定大清会典》卷10《户部》，《近代中国史资料丛刊三编》，台北：文海出版社1991年影印本。
④ 嘉庆《钦定大清会典》卷45《工部》，《近代中国史资料丛刊三编》，台北：文海出版社1991年影印本。
⑤ 徐端：《安澜纪要》卷下《河工律例成案图》，《中华山水志丛刊》第20册，北京：线装书局2004年版，第155页。

　　河官与部院的关系，并不和谐。下面借"部费"来对清代河官与部院的关系加以论述。清代陋规，有部费之说。所谓部费，嘉庆四年（1799年）的上谕对其进行了详细的说明："外省各官，遇有题升、调补、议叙、议处、报销各项，并刑名案件，每向部中书吏贿嘱。书吏乘机舞弊，设法撞骗，是其常技。至运京饷、铜、颜料各项解员，尤受其累。自投文以至批回，稍不满欲，多方勒掯，任意需索，动至累百盈千，名曰部费。"① 靳辅奏折中也曾有过详细的说明。"各省销算钱粮，科抄到部。承议司官，虽不乏从公议允之案，然偶值一事，或执己见，或信部胥，任意吹求，苛驳无已。钱粮数目繁琐，头绪牵杂，非精于核算、洞悉款项、熟知卷案者，万难得其要领。司官专司其事，除猫鼠同眠者不必言外，其实心奉公之员，设或稍欠精详，便为吏胥蒙蔽。况堂上官不过总其大概，止据说堂数言，安能备知底里？加以从慎重钱粮起见，自是一照司议。由是而部胥之权重矣。权既重，则经用钱粮之官不得不行贿以求之，所谓部费也。"② 即所谓通常所言之"书办纸笔饭食之需"。③ 对于河工而言，也就是在办理请拨和奏销时所需的打点工部、户部相关人员的灰色款项。

　　部费在钱粮奏销中起着非常大的作用。雍正曾经说："各省奏销，除地方正项钱粮及军需之外，其余一应奏销，积弊甚大。若无部费，虽当用之项，册档分明，亦以本内数字互异，或因银数几两不符，往来驳诘，不准奏销。一有部费，即糜费钱粮百万，亦准奏销。或将无关紧要之处驳回，以存驳诘之名，掩饰耳目。咨覆到日，旋即

---

　　① 《清实录》第28册《仁宗实录（一）》卷55嘉庆四年（1799年）十一月戊寅，北京：中华书局1986年影印本，第714页。

　　② 靳辅：《文襄奏疏》卷7《遵谕敬陈第三疏（苛驳宜禁）》，《文渊阁四库全书》第430册，上海：上海古籍出版社1987年影印本，第662~663页。

　　③ 《世宗宪皇帝朱批谕旨》卷70《朱批甘国奎奏折》，雍正二年（1724年）十一月二十四日浙江按察使甘国奎奏，《文渊阁四库全书》第419册，上海：上海古籍出版社1987年影印本，第197页。

议准。内外通同，欺盗虚冒。"①

清代前期，部费尚且不多，诚如雍正所言，"地方正项钱粮及军需"奏销，情况还不严重。至清中后期，部费大盛。道光朝御史余文铨称："河工、军需、城工、赈恤诸务，则曰讲分头，所需部费自五六万至三四十万两不等。此等银两，非先事于公项提存，即事后于各属摊派。上司既开通融之门，属员遂多浮滥之用。克扣侵欺，弊端百出。"②

部费在钱粮中所占的比例不定。"各省动用帑项，每于奏销时，先遣人与户部经承议定部费，预防部驳。"③ 雍正年间，江苏巡抚陈时夏在奏折中称苏州布政使解库银每百两扣部费二两。④ 晚清张佩纶谈及奏销一事，一千五百九十一两就需部费二百两，则部费需索的比例约为12.5%，比例是相当高的。⑤ 少的也有，如曾国藩就说"报销部费拟以三厘为率，至贵不得过四厘"。⑥ 一般部费在六七分左右，"各省解京之款，每千两需部费六七十金"。⑦

部费纯属灰色款项，不仅给钱粮正常请拨和奏销带来了困难，也给官场带来了不良习气。"料理部费虽系大员，而其费则出自属下员弁，求免部内驳查。至于文武大员，藉部费之名分肥入已者，亦复不

① 《世宗宪皇帝上谕内阁》卷3，雍正元年（1723年）正月十四日，《文渊阁四库全书》第414册，上海：上海古籍出版社1987年影印本，第38页。
② 王先谦：《东华续录（道光朝）》，《续修四库全书》第375册，上海：上海古籍出版社2002年影印本，第278页。
③ 《清实录》第40册《文宗实录（一）》卷77咸丰二年（1852年）十一月庚午，北京：中华书局1986年影印本，第1008页。
④ 《世宗宪皇帝朱批谕旨》卷11下《朱批陈时夏奏折》，雍正五年（1727年）十一月初六日苏州巡抚陈时夏奏，《文渊阁四库全书》第416册，上海：上海古籍出版社1987年影印本，第642~643页。
⑤ 张佩纶：《涧于集·书牍》卷5《致李肃毅师相》，民国十五年（1926年）涧于草堂刻本。
⑥ 曾国藩：《曾文正公书札》卷14《致李中堂》，清光绪二年（1876年）传忠书局刻增修本。
⑦ 《刑部通行条例》卷2，清同治木活字本。

少。究其实，文官设法取于里下，武官科派队伍兵丁。"①

　　为清厘此弊，清朝也做了很多努力。如雍正元年（1723年），曾专门设立会考府。但是效果并不明显。"近见各处奏销之事，并不送会考府。各部有擅行驳回者，如此则勒索之弊尚未革除也。"雍正强调"嗣后有应驳之事，定须送会考府查看。如果应驳，会考府王大臣官员列名驳回"。② 雍正五年（1727年）十二月，曾将章孔昭收受部费一事严加惩处，"章孔昭即行处斩，陶东山、金秉衡、汤福、张盛既属知情，又朋分银两，俱着发往黑龙江给与披甲之人为奴"。③ 乾隆五年（1740年）还特别规定"各部院衙门书办，有辄敢指称部费、招摇撞骗、干犯国宪，非寻常犯赃可比者，发觉审实，即行处斩。为从知情、朋分银两之人，照例发往云、贵、两广烟瘴少轻地方，严行管束"。④

　　但这并没有阻止部费需索之公行。雍正时部费仍然很多，清中后期已成为公开之潜规则。咸丰七年（1857年），曾国藩在给李次青的信中就说"敝处报销部费，需款甚巨，顷商之杨彭，在于华阳镇厘金项下筹办，胡中丞亦允代为设法"。⑤ 光绪六年（1880年），御史张观准又奏称："臣闻各省州县补缺，吏部书吏按缺之优劣指要银两，名曰部费。军需、粮台、河工柴料、外防勇粮皆有呈报细册。若不将部费托人向户、兵、工三部关说，则虽册子上呈，仍然指其小疵，藉端挑驳。应发之款，万难准其支领。即应销算者，亦

---

　　① 《世宗宪皇帝朱批谕旨》卷119《朱批丁士杰奏折》，雍正三年（1725年）五月初二日贵州大定总兵官丁士杰奏，《文渊阁四库全书》第420册，上海：上海古籍出版社1987年影印本，第152页。

　　② 《世宗宪皇帝上谕内阁》卷4，雍正元年（1723年）二月二十五日，《文渊阁四库全书》第414册，上海：上海古籍出版社1987年影印本，第54页。

　　③ 《世宗宪皇帝上谕内阁》卷64，雍正五年（1727年）十二月初五日，《文渊阁四库全书》第414册，上海：上海古籍出版社1987年影印本，第745页。

　　④ 沈家本：《大清现行新律例》，清宣统元年（1909年）排印本。

　　⑤ 曾国藩：《曾文正公书札》卷4《致李次青》，清光绪二年（1876年）传忠书局刻增修本。

不能无事。至捐输卯册，各省皆有分局。各省委员勾串奸商，以少报多，空白官照，纷纷倒填年月。户部司员高下其手，皆有沾润。"① 光绪九年（1883 年），云南奏销一案，获罪官员"内外大臣以及御史司员道府下至书吏凡三十余人"。为此，张之洞主张将部费合法化，"将此数从优定为千分之一"，"此后各省销案多者七八百万，少者一二百万，饭银不过一二千金至数千金而止，尚不至骇人观听"。②

河工是奏销款项之大端，自然成为部属胥吏勒索的对象，所需部费也较多。靳辅治河时，请帑奏销，便受到工部的为难。为此，康熙曾责备工部尚书伊桑阿说："河道关系重大，特简靳辅专任一切修筑事宜。今该督以节省钱粮，建立减水坝，浚引水河具题，尔部不即准行。议令伊桑阿等会议，故为耽延，殊属不合。"③ 归根结底，在于靳辅等人所上部费较少之缘故。对此问题，康熙也是心知肚明。"督、抚者不畏惧人奉职循理，本无所难。每因部费繁多，以致不能洁已。"④ 康熙三十九年（1700 年），又面斥工部尚书佛伦："朕观河工之弗成者，一应弊端，起于工部。凡河工钱粮，皆取之该部。每事行贿，贪图肥己，以致工程总无成效。"⑤ 康熙四十三年（1704 年），谕满洲尚书侍郎："天下之民所倚以为生者，守令也。守令之贤否，系于藩臬；藩臬之贤否，系于督抚；督抚又视乎部院大臣。而行部院大臣所行果正，则外自督抚而下至于守令，自为良吏矣！今工部弊端发露，尔等亦知愧否？工部之弊，朕屡降严旨切责，并不悛改。以至于此郎中费扬嘏等，俱九卿保举之人，仍尔作弊，侵蚀河工帑金，殊属不堪。堂司官上下扶同，但利之所在，罔顾身命，此何谓也！尔等

---

① 朱寿朋：《东华续录（光绪朝）》，《续修四库全书》第 383 册，上海：上海古籍出版社 2002 年影印本，第 331 页。

② 张之洞：《张之洞全集》第 1 册卷 7《奏议七·请明定报销饭银折》，石家庄：河北人民出版社 1998 年点校本，第 197 页。

③ 傅泽洪：《行水金鉴》卷 49，上海：商务印书馆 1936 年版，第 707 页。

④ 王先谦：《东华录》康熙八十四，光绪十年（1884 年）长沙王氏刻本。

⑤ 《清实录》第 6 册《圣祖实录（三）》卷 202 康熙三十九年（1700 年）十二月丁丑，北京：中华书局 1985 年影印本，第 66 页。

身为大臣，诚能彼此箴规，有所见闻，即为剖示。属官有品行不端者，即罢斥之，庶几无玷厥职。今部院诸弊，尔等岂果不知？但恐结怨于人，隐忍不言。科道官员亦因彼此掣肘，不肯条奏举劾耳。"① 康熙四十八年（1709 年）又说，"今部院中欲求清官甚难"。②

雍正元年（1723 年），雍正说："向来奏销钱粮，不给部费，则屡次驳回，勒索地方官。"③ 雍正二年（1724 年），又说："从前题奏事件，俱有部费。朕屡次降旨严禁，今闻仍蹈前辙，凡事不讲部费，不能结案。各衙门书吏，势难枵腹，办事酌量稍给纸笔饭钱，于理犹无违碍。何得费至盈千累万，以遂小人无厌之求？"④ 很明显，部院官员的贪婪需索是导致河工腐败的一个重要原因。

河工请拨、奏销上交部费是多少呢？雍正二年（1724 年）河南巡抚田文镜曾说："访闻南河工程，凡遇奏销，每开销银一两，支给部胥饭食银自五分起至七分止。"⑤ 即部费约为每年总开销银两的 5%~7%。由于资料所限，很难给出一个确定的答案。不过，下列一则雍正八年（1730 年）江南河道总督孔毓珣的奏折及雍正朱批可以作为一个参考。

> 为奏明河工饭食银两事。臣查南河各厅，从前原有工部饭食一项，系各厅自行交送。其数目多寡，本无一定。历任河臣，俱不经管，亦不稽查。雍正七年七月至十月，历准工部咨文，内开

① 《清实录》第 6 册《圣祖实录（三）》卷 216 康熙四十三年（1704 年）五月壬寅，北京：中华书局 1985 年影印本，第 187~188 页。
② 《清实录》第 6 册《圣祖实录（三）》卷 238 康熙四十八年（1709 年）五月丁酉，北京：中华书局 1985 年影印本，第 375 页。
③ 《世宗宪皇帝上谕内阁》卷 4，雍正元年（1723 年）二月二十五日，《文渊阁四库全书》第 414 册，上海：上海古籍出版社 1987 年影印本，第 54 页。
④ 《世宗宪皇帝圣训》卷 5《圣治一》，雍正二年（1724 年）十月癸巳，《文渊阁四库全书》第 412 册，上海：上海古籍出版社 1987 年影印本，第 76 页。
⑤ 《世宗宪皇帝朱批谕旨》卷 126 之 3《朱批田文镜奏折》，雍正二年（1724 年）十二月十五日河南巡抚田文镜奏，《文渊阁四库全书》第 421 册，上海：上海古籍出版社 1987 年影印本，第 68 页。

南河每年应解饭食银一万七千六百五十两，系奏明养廉之项，催令解部。经前署河臣尹继善行令淮扬、淮徐二道转饬起解。臣抵任之后，据两道转据各厅遵奉部文，先凑饭食一半银八千八百二十五两，请咨起解。臣随给咨解部，交纳在案。但查此项银两，臣未到任之前，即据各厅会详称，河工饭食一项，向系各厅自行交部，银数多寡，并无定额。今既奉大部每年饬解饭食银一万七千六百五十两，应于岁抢修工程项下，以每厅承修多寡，照数均摊汇解。但岁修于本年十月题估，而抢修于次年四月报销。此项饭食既照岁抢修银数分摊，必须两次起解，方免迟误等语。臣思此项饭食银两，系部堂司官作为养廉之用，但事属创始，可否如各厅所详，于岁抢修项下均摊汇解，抑或仍照从前听各厅自行交送？理合据实奏明请旨。臣谨奏。

朱批：据奏似应行令淮扬、淮徐二道照岁抢修工程，计算多寡，均摊汇解为是。但未悉此项银两或出自工程节省之内，或于给发钱粮内扣除，其中有无侵帑累工之处，察明据实具奏。至于部费之存而未革，因向来河员循行日久，已成定例；而部中需索无厌，不肖官吏借此任情开销。不如作为一定之数，庶几内外无扰之意。今日河员若不愿出此费，便不行解交，亦不畏部中借端掣肘，据实奏明，朕即饬谕该部，竟将此项革除。密之。①

从上面一则史料中可以看出，所谓饭食银两，即部费也。此项已成为公开之秘密，甚而工部直接发文索取。部费的总数为17650两。另据乾隆初江南河道总督高斌称"江南河工，每年岁抢修销银三十万至四十万不等"②，则部费所占比例约为4.5%~6%。此与前述田文镜所得之数大致相符。若仅以此比例计算，则嘉庆时东河、南河岁

---

① 《世宗宪皇帝朱批谕旨》卷7之4《朱批孔毓珣奏折》，雍正八年（1730年）正月初十日江南河道总督孔毓珣奏，《文渊阁四库全书》第416册，上海：上海古籍出版社1987年影印本，第367页。

② 康基田：《河渠纪闻》卷20，《四库未收书辑刊》1辑29册，北京：北京出版社2000年版，第469页。

抢修两项每年开销五六百万，仅部费就多达三四十万。当然，这只是岁抢修项开销之部费。河工尚有另案、大工等项，开销银数更多，自然也需更多部费。

另外，从朱批中亦可以看出，在治理难见成效的情况下，朝廷采取另外一种方式，即"不如作为一定之数，庶几内外无扰"。这实际上是默认了部费的存在及其合理性，只不过并未公开罢了。

对这种现象，河道总督深恶痛绝。靳辅曾上疏请求康熙"严饬部臣，嗣后一切钱粮，如有不肖官员捏款朦销，用少开多，部臣察出实情，访知的弊，即便据实题参，将不肖官员置以重典。……若并无朦销多报情弊，则应销者即销，应豁者即豁，可裁者裁，不可裁者即止。毋再徒为混驳，使在外不肖官员得以借口部费，肆行科敛，致伤国本"。① 康熙三十九年（1700 年），张鹏翮从江南江西总督任上调补河道总督，在奏折中提了三条必须之举措，其中即论及河道与部院之关系。张鹏翮指出，部院本当与河官协力同心，将河务办理妥当，但工部经常在钱粮问题上为难河官。他说："河工者，司空之事。河工成，则司空之职举。是工部与河臣事关一体，理宜同心共济，以期底绩。乃部臣每事掣肘，估修奏销，任意混驳，种种弊端，难逃皇上洞鉴之中。伏乞皇上敕谕部臣，宽其文法，责以成功，庶精神得以专一，而河务不致旁挠矣。"②

从前文亦可看到，虽然朝廷作出了一些努力，力图消除部费之弊，但成效甚微。这在一定程度上也使得河官与部院之间的矛盾持续存在。这种矛盾的存在，既给河工钱粮奏销带来了困难，也使得工程浮销现象加剧，给河工带来非常消极的影响。

另外，朝廷还经常派遣中央部院官员阅视河工。如康熙二十一年（1682 年），即派遣户部尚书伊桑阿勘阅河工。伊桑阿在奏折中说："臣等奉命前往，至黄河，将两岸堤工逐段丈量，所筑堤工及减水坝

① 靳辅：《文襄奏疏》卷 7《遵谕敬陈第三疏（苛驳宜禁）》，《文渊阁四库全书》第 430 册，上海：上海古籍出版社 1987 年影印本，第 664 页。
② 张鹏翮：《治河全书》卷 17《章奏·首请三事》，《续修四库全书本》第 847 册，上海：上海古籍出版社 2002 年影印本，第 729 页。

等处有不坚固、不合式者，俱一一注明册内。"①

当然，部院官员对于河臣所上治河主张有时候也会起到一些监督作用。这里面既有工部官员，也有其他部院的官员。如康熙十八年十月二十八日，靳辅奏请动支十四万两银子在骆马湖另开运河一道，"以便挽运"。工部尚书马喇认为"宜从其请"。户部尚书伊桑阿也赞同此观点。而都察院左都御史魏象枢则认为靳辅"前奏修筑堤坝，已成七分，今又另开运河，岂不复滋烦扰?"②

五、河官与印官

河官与印官的关系复杂，渊源也较深。唐代规定，沿河州县有办理河务之责。宋代将此制度加以完善。金大定二十七年（1187年）规定"四府十六州之长贰皆提举河防事，四十四县之令佐皆管勾河防事"。③办理河务，需要大量的夫役和物料，必须得到地方官员协助，方能克济功成。"印官职掌守土，比闾之民，皆其抚驭，一号召间，即夫役也；帑藏之财，皆其典守，一措置间，皆物料也。"④清代对此也进行了许多规定。雍正三年（1725年），覆准"豫省增设河官，凡岁修、抢修，均令河汛各官专司其事，倘遇紧要大工，仍令沿河印官与汛河各官协同办理"。⑤雍正九年（1731年），"山东省运河一应修筑堤岸闸坝工程，均责令管河厅汛等官分司修防，不得推诿。

①《清实录》第5册《圣祖实录（二）》卷105康熙二十一年（1682年）十月丙戌，北京：中华书局1986年影印本，第65、66页。
② 中国第一历史档案馆整理：《康熙起居注》康熙十八年十月二十八日，北京：中华书局1984年版，第455页。
③《历代职官表》卷59《河道各官表》，《文渊阁四库全书》第602册，上海：上海古籍出版社1987年影印本，第341页。
④ 薛清祚：《两河清汇》卷8《刍论·岁办物料》，《文渊阁四库全书》第579册，上海：上海古籍出版社1987年影印本，第479页。
⑤ 光绪《钦定大清会典事例》卷901《工部·河工·河员职掌一》，《续修四库全书》第810册，上海：上海古籍出版社2002年影印本，第861页。

倘有疏虞，题参赔修。如别案大工，仍令地方官与管河各官分段修筑"。① 河道修守，堤防加固，本为地方民生而立，二者当互相支持。但事实并非如此。河官与地方官由于分属不同的系统，矛盾重重。

　　汛期一到，河官征夫办料，均需地方协助，地方官则出于安靖地方及节省民力的考虑，对于河官的许多要求，借故稽延，颇有微词。由于各种关系和利益的冲突，双方在很多问题上无法达成一致意见。顺治十六年（1659 年），河南巡抚李及秀上疏，认为河南河工用夫较多，希望减少河南地区的夫役数量。② 河道总督朱之锡则称："河属各官，掣肘难行，有非一端可尽。夫无米不能为炊，空拳不能格兽，此必然之理也。河官责任在躬，惟恐一覆难收，方恨不得重门以待暴、投鞭以断流；而局外者绝不知误河之为害，徒自见恤民之为名，以省夫为循良，以急公为苛刻。……人情好逸恶劳，虽大声疾呼，尚不免秦越相视。今臣方望之以保河之功，而人反责之以佚民之说，然则为河官者，将劳其民以保河之为尽职乎？抑佚其民以误河者之为尽职乎？长此不已，窃恐百姓藉口迁延，莫肯效力；河官戒心瞻顾，不敢督催。驯至大弊极坏而后追咎误夫者之失计，亦何及哉？"③ 又说："朝廷设官，无不以爱民节财为职，独治河一事，以劳民者保民，费财者□。"④ 靳辅也说："府州县之正印官，往往视河务为余事等，河官为赘疣。每有漠不相关之状，而无同舟共济之情。虽遇大声疾呼，往往置若罔闻，以致掣肘误工，不一而足。"⑤

---

　　① 光绪《钦定大清会典事例》卷 901《工部·河工·河员职掌一》，《续修四库全书》第 810 册，上海：上海古籍出版社 2002 年影印本，第 863 页。
　　② 康基田：《河渠纪闻》卷 13，《四库未收书辑刊》1 辑 29 册，北京：北京出版社 2000 年影印本，第 187 页。
　　③ 朱之锡：《河防疏略》卷 10《治河必资夫力疏》，《续修四库全书》第 493 册，上海：上海古籍出版社 2002 年影印本，第 730~732 页。上疏日期为顺治十七年二月十四日。
　　④ 朱之锡：《河防疏略》卷 3《陈明河南夫役疏》，《续修四库全书》第 493 册，上海：上海古籍出版社 2002 年影印本，第 635 页。
　　⑤ 靳治豫编：《靳文襄公（辅）奏疏》卷 1《经理河工第七疏·裁并河官选调贤员》，《近代中国史料丛刊》，台北：文海出版社 1967 年影印本，第 90 页。

另外，河工办料，官办居多。所谓官办，就是由地方官员在河库领帑办料。在办料的过程中，时有弊端发生。薛凤祚就说河工物料官办一事，"州县、河官视为寄货，岁估既定，冒银入己，括取里递草束。河夫攀折柳梢，遮掩一二，便为了事"。①

另一方面，清代相关制度的缺陷导致了二者矛盾的增加。如在河工奖惩上面，田文镜就说："三年保固无虞，河员得以循例议叙，州县则又置之局外。倘一有疏失，河员固不能免过，州县一并严处。是利则河员独享，害则州县共被，在州县亦何乐有此河员也？"② 奖惩不均，造成州县官员对于河工官员的不满，实属正常。河工还向临河州县借兴工之名而行敲诈勒索之实。"不特河厅各员得以借查丈堤工名色，鱼肉州县，即一切管河州同、县丞等官，亦无不向州县需索。"③

康熙九年（1670年），为了平衡印官、河官之间的关系，将沿河地方官员的考核与河官挂钩，规定"河工冲决，地方承办桩柳等物迟缓，或称非系本汛推诿误工者，皆降一级调用，不行转催之上司，罚俸一年"。④ 靳辅加大了对沿河地方官的惩处。"一凡附近地方官不协同设法募夫、不将急需之柳草等项一切料物火速办买，上缴解运，以致迟误河工者，将州县官降三级调用，道府官降一级调用。"⑤ 雍正年间，嵇曾筠提出河官、印官通融调补的方案，嵇曾筠建议河工官员与地方官员互相升调，"沿河府州县官，有娴熟河务者，准令河

---

① 薛清祚：《两河清汇》卷8《刍论·岁办物料》，《文渊阁四库全书》第579册，上海：上海古籍出版社1987年影印本，第479页。
② 田文镜：《议州县河员分办工料疏》，《皇朝经世文编》卷103《工政九·河防八》，《魏源全集》第18册，长沙：岳麓书社2004年版，第525页。
③ 田文镜：《议州县河员分办工料疏》，《皇朝经世文编》卷103《工政九·河防八》，《魏源全集》第18册，长沙：岳麓书社2004年版，第525页。
④ 乾隆《钦定大清会典则例》卷133《工部·都水清吏司·河工三》，《文渊阁四库全书》第624册，上海：上海古籍出版社1987年影印本，第184页。
⑤ 靳辅：《治河奏绩书》卷4，《文渊阁四库全书》第579册，上海：上海古籍出版社1987年影印本，第738页。

臣会同抚臣保题,升调河工道厅;其河工厅汛官,有才守兼优者,亦准令河臣会同抚臣保题,升调沿河府州县"。① (东豫两省题补河官之始,江南州县调补亦照此例。②) 这既完善了河工官员体制,又为新设官员提供了晋升途径。③ 不过,这个方案的执行情况并不是很好。在地方官和河官之间,矛盾依然很大。乾隆二十三年(1758年),河东河道总督张师载在奏折中说:"豫、东二省沿河州县官,多与河员意见不和,诸事不免掣肘。"乾隆面对此事也感慨道:"十余年来,虽有通融升调之例,而豫省间或照办,东省则竟未有举行者。夫州县官既视河员一途,于已无涉,毋怪乎平日于河工事务,漠不关心,遇事动多掣肘,呼应不灵。"④

要之,有清一代,河官与印官的矛盾始终无法得到很好的解决。

---

① 雍正《河南通志》卷 15《河防四》,《文渊阁四库全书》第 535 册,上海:上海古籍出版社 1987 年影印本,第 410 页。

② 康基田:《河渠纪闻》卷 21,《四库未收书辑刊》1 辑 29 册,北京:北京出版社 2000 年影印本,第 516 页。

③ 参见金诗灿:《嵇曾筠与雍正时期河南河工建设述论》,《信阳师范学院学报》2010 年第 1 期。

④《清实录》第 16 册《高宗实录(八)》卷 562 乾隆二十三年(1758年)五月癸巳,北京:中华书局 1986 年影印本,第 128 页。

第三章　清代河官的选任与考成

河工关乎国计民生，是清代三大政之一。同时，河工又与其他政务存在区别。乾隆曾说："治水非他政务可比。必卓识远虑、明于全局，又不执己见，广咨博采，而能应机决策。其委用河汛员弁，则一本大公，好恶毫无偏徇。备此数者，庶或有济。顾安得斯人而授之重任耶？"① 乾嘉时期治河专家康基田也说："修防要务，非学习不能知，非历练不能办，而熟谙河工者，尤难抡才于什百之中、收效于练习之后，必须广储备用，以便遴选。"② 道光四年（1824 年），上谕："朕思河务一切事宜，与地方情形不同，非熟谙修防、实心任事之员，不能得力。总在平日留心察看，储养人才。方足以资任使。"③由此可见，河官的选任非常重要。

一、清代河官的选任

清代河官的选任包括培养、选拔、任用等几个方面。为了能够选拔出真正的河工人才，清朝还在很多方面采取了特殊措施。

（一）培养

为了培养河工人才，清朝建立了一套河官培养制度。这种制度不

① 《清实录》第 15 册《高宗实录（七）》卷 536 乾隆二十二年（1757年）四月乙丑，北京：中华书局 1985 年影印本，第 760 页。
② 康基田：《河渠纪闻》卷 20，《四库未收书辑刊》1 辑 29 册，北京：北京出版社 2000 年影印本，第 494 页。
③ 王先谦：《东华续录（道光朝）》，《续修四库全书》第 375 册，上海：上海古籍出版社 1995 年版，第 296 页。

同于其他一般官员的培养。河官培养制度，大致始于康熙年间。康熙曾两次派部院官员去江南学习河务。但是，此时人员的派发是临时性的，没有形成一定的制度。

雍正年间情况有了较大的改变。雍正非常重视官员的选拔，曾说："盖自古迄今，大抵中材居多，欲求出类拔萃之贤，世不屡觏，故理国之道，贵储才有素。"① 又说："荐举人材，关系国家辨才论官之要道。举得其人，则政事无不就理；举非其人，则弊从此而生。"② 可见，雍正对于人才的培养是十分关注的。

雍正十年（1732年）前后，河政经过齐苏勒和嵇曾筠等人的整顿，扭转了康熙晚年颓废的局面，堤防坚固，漕运畅通，出现了靳辅之后的又一个大治局面。③ 雍正居安思危，希望通过建立一套制度来为河工培养后继人才。在整个河务系统中，河道总督责任最大，因此，他首先考虑的就是河道总督的培养问题。雍正十一年（1733年），他对大学士张廷玉说："年来嵇曾筠办理河工甚为妥协，但黄河工程关系紧要，除嵇曾筠外，欲更觅一明晓河道情形者，不得其人。"因此，他希望派人跟随嵇曾筠学习河务，为河督选拔继任人选。"朕思高斌现在江南管理盐政，若从此讲论河工事务，将来可望熟练。着就近在嵇曾筠处学习。并非以嵇曾筠不能专理，更须人协助也。尔可寄信与嵇曾筠，令其留心教导，并寄信与高斌，令其加意学习。"④

---

① 《清实录》第7册《世宗实录（一）》卷53雍正五年（1727年）二月乙亥，北京：中华书局1985年影印本，第806页。

② 《清实录》第7册《世宗实录（一）》卷64雍正五年（1727年）十二月丁亥，北京：中华书局1985年影印本，第980页。

③ 康基田：《河渠纪闻》卷19，《四库未收书辑刊》1辑29册，北京：北京出版社2000年影印本，第448页。

④ 《世宗宪皇帝朱批谕旨》卷205下《朱批高斌奏折》，雍正十一年（1733年）三月初一日管理两淮盐政兼管江宁织造、龙江关税务布政使高斌奏，《文渊阁四库全书》第424册，上海：上海古籍出版社1987年影印本，第524~525页。《续行水金鉴》卷9《河水》（第206页）作"雍正十二年二月十二日"，误。不过高斌此次跟随嵇曾筠学习河务，雍正十一年十二月，嵇曾筠丁母忧，高斌即署理江南河道总督。但是，到了雍正十二年（1734年）四月，高斌回盐政任职。命江苏布政使白钟山为南河副总河，专司河务。（江南设副总河即始于此。）黎世序等：《续行水金鉴》卷9，上海：商务印书馆1937年版，第209页。

雍正不仅对高级河官十分重视，对中下级属官的人选，也十分关切。雍正十一年（1733年），他提出要定期派员往江南学习河务、储备治河官员。"河防关系重大，将来河务必得通晓熟练之人遵循分理，斯克继前功。而全河形势，非平日讲求、亲身阅历，必不能胸有成算、洞晓机宜，即修防堵筑以及估工查料等事，亦非经练熟谙、备悉利弊，必不能随时损益，有裨工程。是通晓河务之员，不可不预为储备也。着每年在各部院拣选贤能、勤慎司官二员，带领引见，派往南河学习河务。酌量委办估工查料等事。以二年为期，出具考语，咨回本任。如有操守才具实堪任用者，即行保奏留工，酌量题补。其不堪学习者，不必拘定二年，于试用数月后即咨回原任，另行派员前往学习。"①

可以看出，雍正在这个问题上是花了很多心思的。对于选拔出来去河工历练的官员，要求必须是"贤能勤慎"。他还对官员学习河务期间的职责进行了限制，即"酌量估工查料"。这是为了防止所派官员借其职权，肆意干涉河务，非但无功，反而有害。对于学习期限，则将其限定为两年。表现较差的派出人员，又"不必拘定二年"，试用数月后即可随时咨回原任。雍正希望通过这种方式来培养河工人才："数年后，通晓熟练者自不乏员，于河工诸务大有裨益。"② 可以说，清代河官学习制度在雍正朝正式确立。

学习河务的官员权力不大，如前文提及雍正在命高斌随嵇曾筠学习河务时，曾经强调"凡有题本奏折之处，高斌俱不必列名"。③ 不过，学习河务的高级官员在河道总督因事离署时，可代其主管河务。雍正十一年（1733年），江南河道总督嵇曾筠回籍丁母忧，便由两淮

① 《清实录》第8册《世宗实录（二）》卷137雍正十一年（1733年）十月己亥，北京：中华书局1985年影印本，第751页。
② 《清实录》第8册《世宗实录（二）》卷137雍正十一年（1733年）十月己亥，北京：中华书局1985年影印本，第751页。
③ 《世宗宪皇帝朱批谕旨》卷205下《朱批高斌奏折》，雍正十一年（1733年）三月初一日管理两淮盐政兼署江宁织造、龙江关税务布政使高斌奏，《文渊阁四库全书》第424册，上海：上海古籍出版社1987年影印本，第525页。

盐政、学习河务高斌署理江南河道总督一职。乾隆十三年（1748 年）江南河道总督高斌进京面圣，即由学习河务、仓场侍郎张师载署理江南河道总督。①

乾隆对于派中央部院司官前往河工学习河务的政策继承得比较好，注意培养河道总督的继任人选。如乾隆十八年（1753 年），就命河南布政使富勒赫以布政使衔前往江南随大学士高斌学习河务。② 不过，乾隆中后期至嘉庆前期对于河官的培养不像前期那样重视。

嘉庆在其统治后期，开始反思河政败坏之因由，决定重新施行这种制度。嘉庆二十二年（1817 年）大挑举人③之后，决定往河工输送一批举人。从前派往河工学习之员，俱由各部挑选在任官员赴河工学习，而此次主要是大挑举人，也就是在科举上不是很成功的人。发往河工学习的原因，主要是为这类人提供进身之阶。虽然表面上是"策励人才"，但主要原因在于"疏通额缺"。本次发往河工学习的人

---

①　《清实录》第 13 册《高宗实录（五）》卷 323 乾隆十三年（1748 年）八月丁未，北京：中华书局 1986 年影印本，第 331 页。

②　《清实录》第 14 册《高宗实录（六）》卷 432 乾隆十八年（1753 年）二月甲午，北京：中华书局 1986 年影印本，第 644 页。

③　清初旧制，举人会试三科，准其拣选知县，就教职者不拘年分。顺治十五年改定远省举人如旧例，直隶近省举人会试五科方准拣选，三科方准就教。康熙三十七年从湖广道御史李登瀛之请，仍准直隶、山东、河南、江南、浙江、江西、陕西、湖北等处近省举人照旧制。乾隆十七年定大挑制度，于会试榜后举行，仅乾隆三十一年、五十二年两年于榜前挑选。举人大挑，六年一次。资格初为经过会试正科四科者，嘉庆五年改为三科。到遇挑之年，取具同乡京官印结，旗人取具本管佐领图片，呈请由吏部查造清册，注明年岁，咨送吏部。届期吏部堂官先过堂验看，然后请旨派王大臣于各省举人内公同挑选，重在形貌与应对。挑取人数，乾隆十七年定为大省 40 人，中省 30 人，小省 20 人。三十年分别增为 180 人、120 人、76 人。四十六年改为不拘省份，均匀挑取。嘉庆十三年挑选分为若干班，20 人为一班。每班入选者 12 人，内又分一二等。一等三名以知县用，得借补府经历、直隶州与单州之州同、州判、县丞、盐库大使，二等九名以学正、教谕用。（商衍鎏：《清代科举考试述录》，北京：三联书店 1958 年版，第 95~96 页。）

员共 60 名，其中南河 30 名、东河 20 名、北河 10 名。①

不过，嘉庆皇帝依然对此事十分重视。吏部刚开始对这批分发官员拟定的考察政策是："一年期满甄别，择其谙练河务、堪膺民社者，咨部注册，以知县用。照地方以原衔借补佐贰之例，先行咨署管河佐贰。俟经历三汛后实授。遇有沿河调缺知县缺出，准其调补。若甄别以佐贰改补者，得缺后照现缺升转，不准调还知县。"② 嘉庆皇帝否定了吏部拟定的政策，将考察期限延长了一倍："此项大挑一等分发河工人员，着定为试用二年、经历六汛后甄别。该河督秉公察看，其能通晓河务者，留于河工，照新定章程分别补用；如河务不能谙习，而才具尚堪膺民社者，奏明改拨地方，仍以知县补用。其才识迂拘者，以教职改补。"③

这批人员办理河工的成效到底如何，没有足够的史料来说明。这项政策在道光朝一定程度上得到了延续。道光朝两次大规模往河工派遣学习人员。一次是在道光五年（1825 年），一次是在道光十二年（1832年）。道光五年，御史熊遇泰上疏请求拣发正途人员，发往河工练习河务，得到道光帝的认可。人选的来源，依然是大挑举人。"其应如何酌定员数，并试用甄别限期及补用缺分各章程，均着照上届大挑办理。"④

然而，从道光帝的上谕来看，中央部院官员分发河工、学习河务的措施在乾隆后期和嘉庆朝的施行情况并不太好。道光十二年（1832 年），决定挑选六部官员去河工历练，提及是受到雍正而不是乾隆的启发。"朕思内阁、翰、詹、六部各衙门中，不乏才具出众之

① 锡珍：《吏部铨选则例·汉官则例》卷 4《除授·大挑各省举人》，《续修四库全书》第 750 册，上海：上海古籍出版社 2002 年影印本，第 412 页。

② 《清实录》第 32 册《仁宗实录（五）》卷 328，嘉庆二十二年（1817年）三月丁未，北京：中华书局 1986 年影印本，第 320~321 页。所谓三汛，指桃汛、伏汛、秋汛三汛，以伏汛、秋汛为最重。（中国水利水电科学研究院水利史研究室编校：《再续行水金鉴·黄河卷1》，武汉：湖北人民出版社 2004 年版，第 49 页。）

③ 《清实录》第 32 册《仁宗实录（五）》卷 328 嘉庆二十二年（1817年）三月丁未，北京：中华书局 1986 年影印本，第 320~321 页。

④ 《清实录》第 34 册《宣宗实录（二）》卷 88 道光五年（1825 年）九月丁酉，北京：中华书局 1986 年影印本，第 417 页。

员，而河务既未身亲，一切修防事宜，断难熟练。骤膺重任，办理未必得宜。若先经阅历，则诸务谙悉。即属中材，亦能学习，是于河防大有裨益。着检查旧案，当时行之几年，何时停止，其现在可否循照旧章拣员派往之处，着大学士会同军机大臣妥议具奏。"① 与雍正年间不同，这次主要发往东河、南河河工，北河总督已撤，因此，未曾发员前往。"着于内阁、翰、詹、六部、都察院各衙门，不分满洲、汉人，择其正途出身、清慎勤敏者，每衙门保送一员，咨交吏部，带领引见候旨，发往东南两河学习。如不得其人，无庸滥保，并着定为两年拣派一次。该员到工后，随同该河督等专心学习估工查料及一切疏浚堵筑各事宜。不必承办要工，亦不准经营钱粮。并着该河督量才差遣，周历河湖堤堰，查勘情形，俾资历练。其有谬妄滋事者，不但该河督应随时参劾，即两江总督、山东河南各巡抚，均有兼辖之责，并准其据实劾参，毋稍瞻徇。其黾勉勤慎、尚堪造就者，二年差竣，着该河督出具切实考语，送部引见，候旨录用。此系为慎重河务起见。其不谙河务者，准其仍回本任，不准乞恩改补地方。如遇大挑年分，仍照旧例分发试用，着该河督随时甄别。各该员等务须实心学习，期于熟谙宣防，厘工熙绩，以备国家任使。"②

道光帝对这次选拔非常重视，要求将这种制度固定下来，"定为两年拣派一次"。对学习河务人员的职责也进行了限定，基本上承袭了雍正时期的作法。不过，由于嘉庆以后河工派员主要是为了疏通仕途，因此，在任职的规定上与雍正时期还是存在一定的差别的。"道光十三年议准，拣发河工学习人员，如实缺不得其人，即候补亦一体拣选。其候补人员，仍按原到部之日，各按各部，比较日期先后照例题补，俟差竣补行引见。"③

道光十九年又定"各衙门保送河工，先尽实缺人员拣选。如不

①　《清实录》第 36 册《宣宗实录（四）》卷 221 道光十二年（1832）闰九月乙亥，北京：中华书局 1986 年影印本，第 293～294 页。

②　《清实录》第 36 册《宣宗实录（四）》卷 222 道光十二年（1832）闰九月丙申，北京：中华书局 1986 年影印本，第 314～315 页。

③　光绪《钦定大清会典事例》卷 57《吏部·汉员遴选·主事题补截留归选》，《续修四库全书》第 799 册，上海：上海古籍出版社 2002 年影印本，第 42页。

得其人，准以候补各员保送，未经奏留之员，概不准保，以符定制"。①

咸丰五年（1855 年）铜瓦厢决口以后，停止南河拣发，但东河依然保留。后来随着捐纳事例的增多，发往河工的人员也越来越多，以致光绪十三年（1887 年）东河总督成孚奏请"东河候补人员拥挤，请暂停拣发"。②

咸丰十年（1860 年），黄赞汤请暂停京员拣发河工学习，得旨俞允。③ 后来曾偶尔施行。如光绪十六年（1890 年）六月，山东巡抚张曜奏请工部"酌派司道三员来东学习河工"。④ 这项制度直到光绪后期才真正停止。

学习河务的官员在实践中存在很大的差异，在治河过程中成绩参差不齐。如富勒赫曾随高斌学习河务，后来参奏高斌在河工问题上钱粮不清，致使高斌罢职、张师载降职。但富勒赫署理江南河道总督后，治河成绩平平。乾隆曾评价道："从前富勒赫学习河务时，参奏南河积弊，尚似能实心任事。朕冀其有剔弊厘奸之能，是以即令署理河督。乃年来所办诸事，不过寻常供职，漫无实在整顿。即如孙家集地方，向来不设堤工，留为减泄黄水盛涨，冬令复行堵筑。历年俱如此办理。乃去岁旁溢之处，渐露河槽，富勒赫并不先事预防。及今秋水势冲漫，大溜渐移，亦未将情形据实入告，不过含糊具奏。现据刘统勋参奏，交部严加议处。若仍留总河之任，于河防重务，恐有贻误。"⑤

当然，就清代官员的培养而言，其他部门也有学习行走之说，但在选拔上与河工官员是有区别的。

---

① 光绪《钦定大清会典事例》卷 901《工部·河工·河员职掌一》，《续修四库全书》第 810 册，上海：上海古籍出版社 2002 年影印本，第 876 页。

② 《清实录》第 55 册《德宗实录（四）》卷 239 光绪十三年（1887 年）二月乙丑，北京：中华书局 1987 年影印本，第 218 页。

③ 中国水利水电科学研究院水利史研究室编校：《再续行水金鉴·黄河卷3》，武汉：湖北人民出版社 2004 年版，第 1209 页。

④ 《清实录》第 55 册《德宗实录（四）》卷 286 光绪十六年（1890 年）六月乙卯，北京：中华书局 1987 年影印本，第 812 页。

⑤ 《清实录》第 15 册《高宗实录（七）》卷 524 乾隆二十一年（1756 年）十月壬申，北京：中华书局 1986 年影印本，第 602 页。

（二）河官选拔

1. 选拔的标准

虽然清代政书当中并未具体规定河官的选拔标准，但依然能够从史料中发现一些规律。① 清初朱之锡曾说，河官"非淡泊无以耐风雨之劳，非精细无以察防护之理，非慈断无以尽群夫之力，非勇往直前无以应仓猝之机"。如康熙六十年（1721 年），淮扬道傅泽洪说："往例，凡遇大小员缺，俱遴选谙练河务、劳效昭著、人地相宜之员，题补委用。"② 河官的选拔标准，既同河务的特点有关，又与相关制度的规定有着密切关系。

河官选任的第一个标准是熟悉河务。河务不同于一般政务，河务官员既要有处理一般政务的能力，更要具备一定的治河知识。"治河之事，水性之变迁不常，修防之方略异致，器具物料之琐屑百出，夫役钱粮之盈缩多端。若姑俟体访而后施行，机变之来，呼吸不及，事后补救，损已多矣。故非谙习不可。"③ 晚清时期李鸿章也说，沿河要缺要遴选"熟悉河务、廉干耐劳之员"。④ 河官一般要掌握河道变迁情况、河道水利状况、治河的历史等，要考虑其是否亲身参与过河

---

① 关于治河官员之选拔，清以前即有人言及此事。如元武宗至大三年十一月，河北河南道廉访司言："今之所谓治水者，徒尔议论纷纭，咸无良策。水监之官，既非精选，知河之利害者，百无一二。虽每年累驿而至，名为巡河，徒应故事。问地形之高下，则懵不知；访水势之利病，则非所习。既无实才，又不经练。乃或妄兴事端，劳民动众，阻逆水性，翻为后患。为今之计，莫若于汴梁置都水分监，妙选廉干、深知水利之人，专职其任，量存员数，频为巡视，谨其防护。"宋濂等：《元史》卷 65《河渠志二》，北京：中华书局 1976 年点校本，第 1620~1621 页。

② 傅泽洪：《行水金鉴》卷 169，上海：商务印书馆 1936 年版，第 2465 页。

③ 朱之锡：《河防疏略》卷 4《慎重河工职守疏》，《续修四库全书》第 493 册，上海：上海古籍出版社 2002 年影印本，第 648 页。

④ 李鸿章：《李文忠公奏稿》卷 47《东明黄河添设中汛片》，《续修四库全书》第 507 册，上海：上海古籍出版社 2002 年影印本，第 555 页。

务相关工作，对于河务的管理是否熟悉。① 当然，作为一个地方大员，协调各方面关系的能力也是必不可少的。

河官选拔的第二个标准是家庭经济状况。这是河官选拔区别于其他系统官员的一个显著特征，也是清代河官选拔不同于前朝的一个重要特点。在帝王眼中，家庭经济状况关系到一个官员贪欲的大小。身家殷实者，贪欲小，对于所经手的大笔钱粮，不会轻易染指；出身寒卑者，则很容易受到各种诱惑。同时，清朝在河工上实行赔修制度，所谓"赔修"，就是在工程出现问题、造成损失时，由相关官员承担赔偿责任的一种制度。由于河工款项巨大，一旦出现损失，身家单薄之人在赔修追偿时很难实现。所以，河官尤其是中下层河官必须要身家殷实之人。雍正二年（1724年）规定："河工效力人员……果系身家殷实、熟习工程者，令该督酌量足用人数，详开履历，奏明奉旨，准其留工效力者。于年终将各官名数，造册报部存案。俟题补之日，以便查核。"② 可以看到，身家殷实成为河官选拔的一个非常重要的条件。要想投效河工，需要本籍地方官员开具身家殷实证明。"河工效力人员，必须取具身家殷实印结，原以河工差繁费重，设遇工程紧要，派委分办，稍不如式，即干参赔。……若不须身家殷实印结，恐贫乏者到工，资斧不给，或启需索、迟误等弊。"③ 开具证明的要求刚开始只适用于旗人："旗人赴河工、海塘效力者，请在本旗具呈。查明该员现有家产与例相符，即出结径咨工所。"④ 乾隆七年（1742年），规定汉人也需要开具证明："请嗣后各省如有愿往河工人员，亦照旗员之例，取具本籍地方官身家殷实印结，赴部投递注册。俟河

---

① 张轲风：《清代河道总督研究初探》，华中师范大学 2005 年硕士论文。

② 乾隆《钦定大清会典则例》卷 8《吏部·文选清吏司·遴选二·河工简发》，《文渊阁四库全书》第 620 册，上海：上海古籍出版社 1987 年影印本，第 209 页。

③ 《清实录》第 11 册《高宗实录（三）》卷 166 乾隆七年（1742 年）五月辛未，北京：中华书局 1985 年影印本，第 105 页。

④ 《清实录》第 10 册《高宗实录（二）》卷 123 乾隆五年（1740 年）七月壬辰，北京：中华书局 1985 年影印本，第 809 页。

工缺额请人，照数咨发到工。"①

河官选拔的第三个标准就是吃苦耐劳，身体健康。诚然，一般的政务官员对此亦有要求，但在河工上体现得尤其明显。这与河官的工作特点有很大关系。河官与地方官不同。地方官办理政务，有固定的衙署。河官则必须经常奔走河干，考察河道状况，了解工程进展及工需情况，协调处理大量的繁琐之事。陈潢说："夫水土畚锸，非可优游坐治也。暴露日星，栉沐风雨，躬胼胝，忍饥寒，其事固非易任矣。"② 可见，河务是一项非常艰苦的工作，需要能够吃苦耐劳的人才能做好。陈潢否定了两种人担任河官的可能性，"若膏粱纨绔之子，不可与共茶苦；躁进趋利之徒，不可与历艰辛"。③

这个原则一直到晚清都在执行。不仅中下级河官要求如此，就连河道总督亦是如此。如光绪七年，朝廷准备任用勒方锜担任河道总督，而勒方锜吸食鸦片，身体虚弱，通政司副使张绪楷认为这种人绝对不可以担任河道总督。兹将其奏折全文照录如下：

> 奏为河务紧要，新任河臣嗜好甚深，身体软弱，恐滋贻误，仰祈圣鉴事。窃维嗜好之害，深入肺腑，流毒寰区，一经沾染，未有不性耽安逸，精神以之短绌，公务从而废弛。凡居官读书之人，一概不准吸食，例禁綦严，职此之故。闻新任河臣勒方锜身体本极软弱，嗜好匪一朝夕，其在苏藩任内，日晡方起，懒于接见僚属，公务可知。前两江总督臣沈葆桢恶此气习之费事，用参一二大员以示警。当亦力加悛改也。不知一中此病，甚于膏肓，莫不畏难而苟安。迨至恩擢闽疆，遂至无所顾忌，痼癖益深。闽

---

① 《清实录》第11册《高宗实录（三）》卷166乾隆七年（1742年）五月辛未，北京：中华书局1985年影印本，第105页。其实，从实录来看，当时所实行的投效河工须身家殷实的规定遭到了一些人的异议，如御史胡定曾上疏"请河工效力人员，不必取具身家殷实印结"。

② 张霭生辑：《河防述言》，载《皇朝经世文编》卷98《工政四·河防三》，《魏源全集》第18册，长沙：岳麓书社2004年版，第296页。

③ 张霭生辑：《河防述言》，载《皇朝经世文编》卷98《工政四·河防三》，《魏源全集》第18册，长沙：岳麓书社2004年版，第296页。

省为海疆要地，且须带兵渡台，宜其竭蹶时形矣。嗣经简调黔抚，地方业就谧安，或可从容坐理。又承河臣新命，专以修防为事，较之身膺疆寄，似尤难易攸分也。是勒方锜为人早在宸衷默鉴之中，惟是河务最要，每岁之驻工巡防，严偷减除浮冒，在在胥费经营，周历于齐豫两省，往返长堤，备极劳瘁矣。一自节交三大汛，波涛震撼，时出险工，抢护防维，躬亲督帅，尤为昕夕不遑焉。似此情形，即使勤能素著，精神犹虑不给，夫岂稍涉嗜好，性耽安逸者所能胜任而愉快？

己卯，豫省大水，河臣李鹤年以强固之资，殚精竭虑，风雨河干，历十余昼夜之久，幸蒙圣主福庇，转危为安，直一呼吸间耳。膺此艰巨，设有疏虞，不惟数万生灵不堪设想，当此库款支绌，修筑动逾数百万，又将何出？所由旬日之间，尽人危惧，不独豫省臣庶虑灾切近为然也。臣为国帑民命攸关，不敢安于缄默，是否有当，伏祈皇太后、皇上圣鉴。谨奏。①

当然，凡事都有例外。如乾隆十八年（1853 年）八月陕西道监察御史蒋元益奏"近闻河道总督高斌、顾琮俱已抱疾，步履艰难，或遇异涨险工，恐不能轻骑疾驰，亲往调度。应请敕令解任，另简能员"，受到乾隆帝痛批。② 不过，如果从另一个角度分析蒋元益的奏折，其实也是对河官身体素质要求的一个例证。

另外，河官直接经手动辄上万甚至数十万两的工程款项，是否廉洁，也是选官的一个重要参考。康熙时期任命张鹏翮为河道总督时说："朕以尔清廉，因特简任。"③ 他还说："经任河务者，勤而且

<hr/>

① 张绪楷：《奏为特参新任东河总督勒方锜嗜好甚深身体软弱恐滋贻误河务事》，中国第一历史档案馆藏录副奏折，档号：03-5163-093。
② 《清实录》第 14 册《高宗实录（六）》卷 444 乾隆十八年（1753 年）八月丙戌，北京：中华书局 1986 年影印本，第 782~783 页。
③ 《清实录》第 6 册《圣祖实录（三）》卷 198 康熙三十九年（1700 年）三月丁未，北京：中华书局 1985 年影印本，第 13 页。

廉，即克底绩。"①

当然，以上所说的标准只是一个大致的情况，除了上述具有共性的要求之外，每个皇帝都有自己任人的方式和标准。这些差异也会影响到河官的选拔。

2. 选拔方式

河官的成长具有一定的时间周期，因此，怎样选拔河官就成为了统治者非常关注的问题。河务文官武官的选拔方式也存在一定的差别，这与文官、武官的职掌关系密切。包世臣说："文职主支收，其估计造做皆归于武职。"② 道光二十四年（1844年），河东河道总督钟祥在给道光帝的奏折中就提道："堵筑坝工，分派掌坝文武员弁，各有专司。文员系稽查弹压，催攒夫料，武弁系撑档打桩，厢筑进占。"③ 文官处理的事务主要是河道勘察、工程兴办、钱粮预算，而武官则负责工程修筑、签桩下埽、搜穴补洞、修堤护岸。这里着重介绍文官的选拔，武官的选拔相对从略。

清朝对河官中文官的选拔非常重视。清代河官选拔程序，大致形成于顺治、康熙年间。顺治十六年（1659年），河道总督朱之锡就指出选拔河官治河不求有功、但求无过的做法是非常错误的："若徒事绳尺，以为无过，去之无名，留之有害，事后议惩，悔已晚矣！"④ 针对河官选拔，朱之锡提出了预选的方法："预选之法有二：一曰荐用。除道印各官不系专司者，不敢荐用外……若所属大小官员，果能尽心河务，即指实荐举擢用。……一曰储材。凡河官悬缺，吏部升补之日，准于臣岁终题荐官员内，照其本等职级，循序升转，庶始终练达、驾轻就熟，而河防有恃。似应题请酌议者也。又必谙习，而后干

---

① 《清实录》第6册《圣祖实录（三）》卷292康熙六十年（1721年）四月庚子，北京：中华书局1985年影印本，第838页。

② 包世臣：《安吴四种·中衢一勺》卷中《答友人问河事优劣》，《近代中国史料丛刊》台北：文海出版社1968年影印本，第135页。

③ 吴筼孙编：《豫河志》，《中华山水志丛刊》第21册，北京：线装书局2004年影印本，第107页。

④ 傅泽洪：《行水金鉴》卷46，上海：商务印书馆1936年版，第668页。

济可以图成。"① 可以看出，朱之锡所提到的预选方法，既包含有人才的发现与提拔，也包含了河务人才的储备和培养。当然，预选的方法很明显只是适用于河道系统内部的官员。同时，他也知道选拔人才具有一定的难度："然人之才略可信，操守难信；人事可期，意外难期，预选固未易也。但为河道起见，何敢逆为过计？改辙贻误，惟有白简从之。"② 朱之锡的提议为清代河官选拔标准的确定奠定了基础。③

康熙十六年（1677 年），靳辅任河道总督，对河官的甄选提出了更细致、更高的要求。他指出，对于投效河工的人员，要择其优而录用，"不可滥录"。"倘假请滥录，必致贻误大工，是不可无遴选之良法也"。④ 因此，选拔过程非常重要。选拔分为三步。第一步，任命一个官员，专门负责河官选拔的第一道关，"究其素履，验其材力，审其邪正，择可录者保之"。第二步，进行面试，"升之于公，然后亲为验视而录之"。如何进行面试呢？"应对举止之间，其人之智愚敬忽，大略可见。至其福泽之厚薄，亦不可不审也。故命将者，福将为上，才将次之，勇将又次之，何则？夫福厚者，必德器厚也，其为人也，大抵皆坚凝持重，谦谨安详，奉上必诚恪也，任事必周密也，待人必宽恕也，临财必慎重也。其际危急之时，值艰险之地，乃能镇定而不惊，好谋而克济也，故曰观人者必观其心，而观心者必观其气也。"⑤ 第三步，就是在对于选拔出来的人进行实践的检验。"试之以事，试而不称即黜之，并究保者；试而称事，由细而巨，历委以试

---

① 傅泽洪：《行水金鉴》卷 46，上海：商务印书馆 1936 年版，第 668 页。
② 傅泽洪：《行水金鉴》卷 46，上海：商务印书馆 1936 年版，第 668 页。
③ 后世治河专家康基田对于朱之锡所提出的河官培养、选拔的方式给予了非常高的评价，认为朱之锡的河官选任理念"得用人治事之大要，永为后法矣"。康基田：《河渠纪闻》卷 14，《四库未收书辑刊》1 辑 29 册，北京：北京出版社 2000 年影印本，第 208 页。
④ 张霭生辑：《河防述言》，载《皇朝经世文编》卷 98《工政四·河防三》，《魏源全集》第 18 册，长沙：岳麓书社 2004 年版，第 296 页。
⑤ 张霭生辑：《河防述言》，载《皇朝经世文编》卷 98《工政四·河防三》，《魏源全集》第 18 册，长沙：岳麓书社 2004 年版，第 296 页。

之。"经过层层选拔与考验，能够通过的也就是真正的人才，"堪大任者出矣"。①

不过，这并不是一个非常严格的执行标准。理论上的要求和实际的需要往往存在着一些差别。不同的皇帝、河道总督在官员的实际选拔过程中执行着不同的标准。买官卖官、政出私门的现象也非常多。甚者如康熙后期的河道总督赵世显，任河督十年，将靳辅、张鹏翮等人建立起来的河工制度破坏殆尽。② 在清中后期，这种情形更是层出不穷。

当然，虽然建立了选拔制度，但在河工效力的官员到底有多少治河能手，这是一个很难回答的问题。不过，可以肯定的是，真正称得上治河能手的依然是凤毛麟角。雍正四年（1726年）三月，李卫奉雍正旨意去清江浦向齐苏勒了解河工情况。李卫在给雍正的奏折中写道："臣又问：每逢夏秋二汛，防河如同迎敌，不知各汛文武官中，何员可以为将才？善知水利者曾得几人？伊云'实未多得、难以指出'等语。"李卫感叹道："臣探得河臣齐苏勒操守学问甚优，办事不避勤苦，居心极欲求好，但治理黄河之处，未得其要，更无好官相辅。"③ 由此可见，河工人才确实非常难得。

前文已经提及，文武官的职责不一样，有很大差别，因此，二者的选拔也存在差别。相对文官来讲，武官的选拔程序比较简单。绿营千把总皆由拔补，河营副将到守备各职原则上由题补产生。④ 对于武

---

① 张霭生辑：《河防述言》，载《皇朝经世文编》卷98《工政四·河防三》，《魏源全集》第18册，长沙：岳麓书社2004年版，第296页。

② 详见傅泽洪：《行水金鉴》卷169，上海：商务印书馆1936年版，第2465~2468页。

③ 《世宗宪皇帝朱批谕旨》卷174之2《朱批李卫奏折》，雍正四年（1726年）三月初一日浙江巡抚李卫奏，《文渊阁四库全书》第423册，上海：上海古籍出版社1987年影印本，第34页。雍正认为李卫对于齐苏勒的评价并不客观，而《清国史》在谈到这次谈话时，仅言"齐苏勒操守学问甚优，办事不避勤苦，但无好官相辅"。见《清国史》第6册《大臣画一列传正编》卷103《李卫列传》，北京：中华书局1993年影印本，第226页。

④ 王志明：《雍正朝官僚制度研究》，上海：上海古籍出版社2007年版，第136页。

官的选拔，乾隆《钦定大清会典则例》有详细的规定："直隶总河标左营副将、都司、守备，右营游击、守备，永定河营守备；河东总河标中军副将、守备，左右营游击、守备，济宁城守营都司、守备，黄运河营、怀河营、豫河营各守备；江南总河标中军副将、都司、河营、参将，淮徐河营、淮扬河营各游击，丰萧砀河营、铜沛河营、邳州河营、睢灵河营、宿迁河营、宿虹河营、桃源南岸河营、桃源北岸河营、桃源安清中河营、宿迁运河营、山清外河上营、山阜南岸海防河营、山清里河上营、山阳里河下营、高堰河营、山盱河营、高宝运河营、扬河江防河营、山安上河营、安阜黄河北岸河营、苇荡左营、右营各守备，以上河营员阙［缺］简选熟悉河工之人题补，河标员阙［缺］简选材技优长、谙练地方者题补。"①

3. 清代河官的来源

清代河官的来源主要有以下几种：河道官员系统内部的晋升；吏部拣发；从沿河州县官中选拔；获咎之官；治河世家。前两种方式是比较常见的官员来源，后几种则相对比较特殊。本书将对后几种来源进行分析。

从沿河州县官和佐杂中选拔。事实上，从沿河州县官中选拔河官，也是协调河务与地方关系的一种手段。清代河官和地方官矛盾较大。河官经常指责地方官不配合河务，地方官经常指责河官借河务扰民。为了协调这种矛盾，雍正年间，河南副总河嵇曾筠提出河官印官"通融调补"的策略，得到了雍正帝的首肯。② 事实上，从沿河州县官中选拔河官，虽然在雍正之前并没有明确的制度规定，但在实际官员选拔当中，已经出现过。如靳辅曾选调地方官到河道系统任职。"请将见任江南太平府同知刘沛引、扬州府同知王兴元、池州府同知管通判事喻成龙、宁国府通判常君恩、庐州府通判黄际会、滁州知州

---

① 乾隆《钦定大清会典则例》卷 106《兵部·武选清吏司·职制四·题补事例》，《文渊阁四库全书》第 623 册，上海：上海古籍出版社 1987 年影印本，第 173 页。

② 参与见金诗灿：《嵇曾筠与雍正时期河南河工建设述论》，《信阳师范学院学报》（哲学社会科学版）2010 年第 1 期。

赵清正、和州知州夏玮、合肥县知县雷动声、清河县知县刘光业、宿
迁县知县李灿、山东单县知县韩第、恩县知县何朝聘，并原任五河县
丁忧知县陈显忠、原任扬州府降调通判俞森等十四员，准臣驰檄调
取，勒限来工，各给委札，分界事权，授以机宜，共襄大务。"① 但
这只是个案，嵇曾筠所提出的是制度，希望能够缓和与解决河工和
地方上的关系。不过，从执行的情况来看，并不是很好。地方官员
调补河道系统的多，河官升任地方官的则比较少。为了使这项制度
能够执行，乾隆七年、二十四年又多次强调了河官与地方官可以通
融调补。"各省河工同知、通判缺出，沿河州县中有应升者，果能
平日留心河务，遇有紧要工程，办料拨夫，不致贻误，准河道总督
会同该督抚具疏保题署理。不必专于河员内选补。其河工汛员，亦
准该督抚以应升之缺题升沿河州县。"②

　　获咎之官，就是朝廷处罚之臣。清朝很多获咎官员，动辄被
"发往河工效力"。如康熙四十五年（1706 年）正月，杨名时管理学
政，"所行平常，着发往河工效力"。③ 雍正时，官员发往河工者比
比皆是。如雍正元年（1723 年），河南巡抚石文焯参劾南汝道李承祖
为政不修，"人皆鄙薄"，后者便被雍正勒令革职，"留在河工效力赎
罪"。④ 乾隆曾说："当皇考时，臣工内有负恩溺职之员，多令于河

---

　　① 靳治豫编：《靳文襄公（辅）奏疏》卷 1《经理河工第七疏（裁并河官
选调贤员）》，《近代中国史料丛刊》，台北：文海出版社 1967 年影印本，第
94~95 页。

　　② 光绪《钦定大清会典事例》卷 64《吏部·汉员遴选·河员遴选》，《续
修四库全书》第 799 册，上海：上海古籍出版社 2002 年影印本，第 137 页。姚
立德：《奏请通融地方佐杂升调以裨河务事》，中国第一历史档案馆藏录副奏折，
档号：03-0131-096。

　　③ 中国第一历史档案馆整理：《康熙起居注》康熙二十五年正月二十三
日，北京：中华书局 1984 年版，第 1938 页。

　　④ 石文焯：《特参不职监司事》，《清代吏治史料·官员管理史料
（四）》，北京：线装局 2004 年影印本，第 2205 页。

工城工效力赎罪者。"① 事实上，不仅是雍正朝，有清一代将获罪之官发往河工效力的比比皆是。如乾隆二十三年（1758年），湖南布政使吴嗣爵因"莅任之初，并不告知抚臣。托缓征之名，实卸己之过，且为催征不力各员图免处分"，被从宽发往江南河工，以河务同知补用。② 乾隆中后期，被发往河工效力的戴罪官员越来越多。

治河世家。清代河道官员有一部分是比较有意思的，就是所谓治河世家。它主要是针对治河的高级官员而言，人数也是比较少的。这样的家族，内部会有几代人担任河道总督或副总河职务。有的是父子相承，有的是祖孙相继、叔侄相继。这从一个侧面反映了河官技术性因素的作用。

清代比较著名的担任过河道重要官员的家族有：

靳辅（河道总督）　　　　　靳治豫（协办江南河务，靳辅子）
张伯行（协办江南河务）　　张师载（东河总督，张伯行子）
嵇曾筠（河东、江南河道总督）嵇璜（南河副总河，嵇曾筠子）
　　　　　　　　　　　　　嵇承志（东河总督，嵇璜侄）
李宏（东河总督）　　　　　李奉翰（南河总督，李宏子）
　　　　　　　　　　　　　李亨特（东河总督，李奉翰子）
吴嗣爵（东河总督）　　　　吴璥（东河总督，吴嗣爵子）
姚立德（东河总督）　　　　姚祖同（东河总督，姚立德子）③

上述很多人被任命为河官，同其父或祖有很大关系。如雍正时期靳辅之子靳治豫被派往南河协助齐苏勒治河，就只是因为他是靳辅的儿子而已。"差靳治豫来，非因其才具优长也，不过因伊系靳辅之

① 《清实录》第11册《高宗实录（三）》卷198乾隆八年（1743年）八月丁巳，北京：中华书局1985年影印本，第547页。
② 《清实录》第16册《高宗实录（八）》卷561乾隆二十三年（1758年）四月壬午，北京：中华书局1986年影印本，第117~118页。
③ 俞正燮：《癸巳类稿》卷12《总河近事考附编年姓名》，上海：商务印书馆1957年版，第461~472页。

子，或其议论可采，少有帮助尔处，亦未可定，故遣伊前往。较尔之属员辈，自必少好。"① 可以看到，靳治豫的任命，完全是出于雍正对于靳辅治河功绩的肯定。想着靳治豫跟随其父靳辅，怎么说也要继承一些衣钵。又如乾隆任命嵇曾筠之子嵇璜任南河副总河时也说："伊父大学士嵇曾筠久任河工，见闻所及，谙练非难。"② 嘉庆时期河道总督吴璥也是如此。吴璥是原河道总督吴嗣爵之子。吴璥于乾隆四十三年（1778 年）中进士，五十三年担任陕西乡试正考官，五十四年提督安徽学政。乾隆召对后说："本日召见吴璥，因伊系原任总河吴嗣爵之子，询及河务情形，奏对甚为谙悉，人亦明白晓事，以之补放河道，可期得力。"便将吴璥补授河南开归陈许道。③

这种方式有时能选拔出来真正的治河人才，如张师载、吴璥、嵇璜等。但亦有虎父犬子之事，最明显之例莫过于靳治豫。靳治豫去南河之后，被齐苏勒参劾。"靳治豫条奏黄河添设减水坝，及堤坡栽种茭草等款，经等同伊会勘，不惟于河防毫无裨益，且于堤工民社大有妨碍。……再照靳治豫家口甚众，专事奢侈，恩赏养廉银二千两，未及三月，业已全行支用。诚恐所辖属员甚多，掩耳目渐，有需索应付等弊，大有未便。钱粮重地，似不宜于久驻者也。"④

除了上述几种途径之外，还有一点值得注意，就是捐生、监生在河员中所占的比例较大。这其实同后面所讲到的赔修制度有一定的联系。当然，这些非正途出身的官员整体素质相对于正途出身的官员来

① 《世宗宪皇帝朱批谕旨》卷 2 上《朱批齐苏勒奏折》，雍正三年（1725 年）十二月十五日河道总督齐苏勒奏，《文渊阁四库全书》第 416 册，上海：上海古籍出版社 1987 年影印本，第 106 页。

② 《清实录》第 15 册《高宗实录（七）》卷 531 乾隆二十二年（1757 年）正月己未，北京：中华书局 1986 年影印本，第 694 页。

③ 清国史馆原编：《清史列传（六）》卷 35《大臣传次编十·吴璥》，周骏富辑：《清代传记史料·综录类②》，台北：明文书局 1985 年影印本，第 239 页。

④ 《世宗宪皇帝朱批谕旨》卷 2 下《朱批齐苏勒奏折》，雍正六年（1728 年）九月初七日总督河道齐苏勒奏，《文渊阁四库全书》第 416 册，上海：上海古籍出版社 1987 年影印本，第 124～125 页。

讲要低一些。如乾隆五年（1740 年）就有人说河员"人数尤多，且多系考职、捐职，并贡监人员"。① 嘉庆二十五年（1820 年），军机大臣会议认为"河工关系紧要，自应添用正途人员，俾令学习，以资治理"，"将教习期满知县教职保举知县两项人员，由部行文，饬取奏办拣选发往"。

另外还有一些河务官员，在调离河道系统就任他职时仍会兼管河务，显见河务与一般政务之不同。如康熙年间，齐苏勒由永定河分司迁翰林院侍讲、国子监祭酒，"仍管永定河分司事务"。② 雍正六年（1728 年）二月，嵇曾筠擢兵部尚书，四月，调吏部尚书，"仍管副总河事"。雍正八年（1730 年）五月，嵇曾筠调任江南河道总督。十一年（1733 年）四月，授文华殿大学士，兼吏部尚书，"仍总督江南河道"。甚而嵇曾筠丁母忧时，雍正还令其在任守制，"给假三个月，回籍料理丧事毕，仍回河道总督任办事"。后在嵇曾筠一再请求下，雍正才准许其回籍守制，但又说："嵇曾筠本籍常州，距淮安不远，明岁工程，亦可就近往来，协同经理。在伊终制之心既已得遂，而河防事宜亦大有裨益矣。"③ 尹继善由河道总督调任两江总督之后，乾隆更是授予其河务大权。

4. 清代河官的任用

吏部的职能是掌管天下文职官吏之政令。④ 嘉庆《钦定大清会典》载："凡品秩铨叙之制，考课黜陟之方，封授策赏之典，定籍终制之法，百司以达于部。尚书、侍郎率其属以定议。大事上之，小事

① 《清实录》第 10 册《高宗实录（二）》卷 121 乾隆五年（1740 年）闰六月乙卯，北京：中华书局 1985 年影印本，第 776 页。

② 《清国史》第 6 册《大臣画一列传正编》卷 97《齐苏勒列传》，北京：中华书局 1993 年影印本，第 165 页。

③ 《清国史》第 6 册《大臣画一列传正编》卷 118《嵇曾筠列传》，北京：中华书局 1993 年影印本，第 435~436 页。

④ 吴宗国主编：《中国古代官僚政治制度研究》，北京：北京大学出版社 2004 年版，第 463 页。

则行，以布邦职。"① 可见，一般官员的任命，权力掌握在吏部手中。"大小官员，尽由吏部"②。不过，这个规定并不适用于河道官员。"国家铨选各官，皆总汇于吏部。独沿河一带地方，同知、通判、州、县以下佐贰等缺，许令河道总督会同该省督抚，题请补授。诚以在工效力人员，或能谙悉河务，俾之因材器使，以重河防而收实用也。"③《清朝文献通考》亦言："其专司河道，自道员及同知以下，黜陟考覆皆掌于河道总督。"④

　　这种特殊规定始于顺治年间。顺治十六年（1659 年），议准"（河工）官员有能尽心河务者，听该督题请，准其升补"。⑤ 但这只是针对河道系统内部官员。康熙十六年（1677 年）云南道御史陆柞蕃又上疏："河道关系重大，必得才能熟练之人，始能胜任。嗣后凡河工道员缺出，内而部属，外而知府、同知，果有曾任河职、尽心河务者，令总河保题。其未任河职、才品优长、该督所深悉者，亦许题请。至见任河员、果能尽心河务、俸深升授他职者，

---

　　① 嘉庆《钦定大清会典》卷 4《吏部》，《近代中国史料丛刊三编》，台北：文海出版社 1991 年影印本。

　　② 赵翼：《置吏考》，载《皇朝经世文编》卷 18《吏政四·官制》，《魏源全集》第 15 册，长沙：岳麓书社 2004 年版。

　　③《清实录》第 9 册《高宗实录（一）》卷 20 乾隆元年（1736 年）六月癸酉，北京：中华书局 1985 年影印本，第 496 页。在乾隆六年，嵇曾筠之子嵇璜曾经奏请"题补同知以下等官，并题估题销诸案件，应令河臣自行题奏，不必会同抚臣"（嵇璜：《奏请专河臣之职守事》，中国第一历史档案馆藏朱批奏折，档号：04-01-01-0069-065）。时任河南巡抚雅尔图认为嵇璜之请是由于私心，因其常受东河官员馈赠，且与东河总督白钟山交好，故为此议。雅尔图认为东河河务与江南河务不同，需要地方官员协助的地方太多，因此，巡抚在官员的任免上应当保持原有的权力不变。（雅尔图：《奏为据实陈明候补谕德嵇璜奏请河臣专责意欲臣无兼理河务之责事》，中国第一历史档案馆藏朱批奏折，档号：04-01-01-0069-063）。

　　④《清朝文献通考》卷 85《职官九》，杭州：浙江古籍出版社 1988 年影印本，第 5620 页。

　　⑤ 康熙《钦定大清会典》卷 9《吏部七·考选·委署题补》，《近代中国史料丛刊三编》，台北：文海出版社 1992 年影印本，第 369 页。

许以升衔题留原任。升转时，仍照所升之职升用。"① 得到康熙批准。这就大大扩展了河道总督题补河员的范围。不仅如此，康熙二十年（1681 年）还规定，河道总督题补的人员在获得其他晋升机会时，以河道总督所题为准。"河道官员，俸满升转，经总河保留，后复题升别缺者，不准行。"② 康熙二十九年（1690 年），又重申了此项规定，河道官员仍"令该督拣选题补"。③ 不过，为了严格河官选拔，对河道总督题补的权力也进行了严格的限制，若选官不当，则河督有连带责任。"河官缺员，听总河选择，坐名题补。如题补之官，所管堤岸冲决，将该督照例议处外，仍照将不肖之官保举贤能例，再加议处。"④

康熙末年，河道总督陈鹏年提议河道一缺以三人备选，"每道员、同知、守备等官缺出，择合例三员具题引见，候上钦点。千总杂职等官缺出，亦择合例三员咨部验看掣签。从前河官缺出，督臣即保题莅任。鹏年一切示公，后遂为例"。⑤

雍正登基之后，延续了这个措施，在题补管河同知和通判时，河道总督一般都须选派拟正、拟陪二人引见，由皇帝最后裁决。虽无明文规定管河同知、通判应拟二人题补，但在雍正朝管河官拟正陪的现象为数并不少。王志明的研究表明，仅《清代官员履历档案全编》一书中就记载有 24 位题补为管河同知和通判的候选人分别为拟正、拟陪引见。⑥ 雍正十三年（1735 年）又规定："河道总督所属道

---

① 《清实录》第 4 册《圣祖实录（一）》卷 65 康熙十六年（1677 年）二月癸丑，北京：中华书局 1985 年影印本，第 837 页。

② 康熙《钦定大清会典》卷 9《吏部七·考选·委署题补》，《近代中国史料丛刊三编》，台北：文海出版社 1992 年影印本，第 371 页。

③ 《清实录》第 5 册《圣祖实录（二）》卷 144 康熙二十九年（1690 年）二月乙亥，北京：中华书局 1985 年影印本，第 591 页。

④ 康熙《钦定大清会典》卷 139《工部九·河渠三》，《近代中国史料丛刊三编》，台北：文海出版社 1992 年影印本，第 6924~6925 页。

⑤ 萧奭：《永宪录》卷 1，北京：中华书局 1959 年版，第 20 页。

⑥ 王志明：《雍正朝官僚制度研究》，上海：上海古籍出版社 2007 年版，第 135 页。

缺，均令该督拣选谙练河务者，具题引见补授。同知、通判员缺，令该督将命往人员并现任及从前题准留工之人，择其对品或应升者，遇有员缺，拣选题请委署。俟一年后经过三汛，果能胜任，出具考语，保题送部，引见实授。至佐杂等官员缺，亦令该督将命往人员并现任及题准留工之人，拣选对品或应升人员，择其谙练河务、著有劳绩者，先行咨部委署。俟一年后，察其果能胜任，再行保题实授。该员等如不胜任，不必拘定年限，立即调回，别行遴员，分别题咨署理。"①

题补制度有两方面的优点：第一，有利于选拔出懂水利的行家，第二，保举连带责任，能够在一定程度上对贪污腐败起到震慑作用。②

为了选拔优秀的河工人才，清朝还采取其他非常措施，最明显的莫过于回避制度中对河工人员的特殊规定。回避制度的出现，目的是防止在官员任用中舞弊现象的产生。明代关于回避制度的规定已经非常详细。清代虽言承袭明制，但在很多方面考虑到民族因素，对制度进行了一些调整。不过总的来讲，清代的回避制度依然主要有亲族、籍贯、师生回避三种类型。亲族回避是指任官之人，若有亲族关系，在同地、同衙署中，位卑者须回避。③ 所谓亲族，即指亲属和同族，凡有血亲关系、姻亲关系、同族关系者皆涵盖在内。

清代关于亲族回避制度的规定比较严格。乾隆《钦定大清会典》规定："外任官于所辖属员有五服之族及外姻亲属（母之父及兄弟，妻之父及兄弟，己之女婿适甥儿女姻亲）、师生（乡会同考官取中者），均令属员回避。"④ 很明显，没有针对河工人员的具体要求。

① 光绪《钦定大清会典事例》卷64《吏部・汉员遴选・河员遴选》，《续修四库全书》第799册，上海：上海古籍出版社2002年影印本，第137页。

② 王志明：《雍正朝官僚制度研究》，上海：上海古籍出版社2007年版，第135页。

③ 魏秀梅：《清代任官之亲族回避制度》，《近代中国初期历史研讨会论文集》（上册），台北："中央研究院近代史研究所"1988年版，第86页。

④ 乾隆《钦定大清会典》卷5《吏部・文选清吏司・铨政》，《文渊阁四库全书》第619册，上海：上海古籍出版社1987年影印本，第74页。

直到嘉庆五年（1800年）才规定："河工人员与地方督抚、两司各大员，如系嫡亲祖孙、父子、伯叔、兄弟，及外姻亲属中母之父及兄弟、妻之父及兄弟、己之女婿、嫡甥，俱令回避。"① 可见，在此之前，对河工人员中亲族回避的规定是比较松的。如雍正、乾隆年间白钟山及其子白永淳同在南河任职，白永淳得到雍正、乾隆两朝天子批准，毋庸回避。② 又如嘉庆九年（1804年），方受畴任直隶通永道，其胞弟方其昀为保定府河工同知，例应回避，但直隶总督颜检（兼北河总督）因方其昀在直隶为官已久，办理河工比较熟悉，因此奏请方其昀毋庸回避，得到批准。

籍贯回避是回避制度的另一个重要内容，大致可以分为本籍回避、祖籍回避、寄籍回避及原籍距任所在五百里以内者，当然，这并不包括回避经商地方及游幕地方。③ 清初规定，双月、单月选补官员，均应回避本省。同时，又规定："外海内河水师及河营各官不拘本省之人，均准题补。"④ 军队的回避制度存在一定的特殊性。河营官员作为军队的一个组成部分，理所当然地将这种特殊性体现出来。

清朝官员的籍贯回避，较之明代更为周详和严密，有文官、武官之区别，文官又有京官和地方官之区别。不同类型的官员，在籍贯回避的适用上，是有差别的。京官的籍贯回避大体上只限于有特殊任务的官员，比如有关财政、司法、治安等职责的官吏。地方官的籍贯回避，又可以分为一般官员和特殊官员。⑤

① 光绪《钦定大清会典事例》卷47《吏部·汉员铨选·亲族回避》，《续修四库全书》第798册，上海：上海古籍出版社2002年影印本，第706页。
② 白钟山：《豫东宣防录》卷3《奏请次子白永淳随任》，《中国水利志丛刊》第14册，扬州：广陵书社2006年版。
③ 魏秀梅：《清代任官之籍贯回避制度》，载台湾《"中央研究院近代史研究所"集刊》1989年第18期。
④ 乾隆《钦定大清会典则例》卷106《兵部·武选清吏司·职制四·回避事例》，《文渊阁四库全书》第623册，上海：上海古籍出版社1987年影印本，第186页。
⑤ 魏秀梅：《清代任官之籍贯回避制度》，载台湾《"中央研究院近代史研究所"集刊》1989年第18期。

　　清朝对地方官的籍贯回避作了比较详细的规定。顺治十二年（1655 年），规定"在外督抚以下、杂职以上，均各回避本省"。① 康熙四十二年（1703 年）规定进一步细化，出现了回避距离五百里的相关规定，"候补候选知县各官，其原籍在现出之缺五百里以内者，均行回避"，同时还规定"江苏安徽、湖北湖南、甘肃陕西，原系两省，毋庸回避。其在五百里以内者，仍行回避"。② 雍正十三年（1735 年）又规定："各省佐贰杂职，驻扎地方在原籍五百里以内者，亦令回避。"③ 乾隆七年（1742 年）规定："寄籍人员，凡寄籍原籍地方，均令回避。"④ 乾隆九年（1744 年）规定："官员邻省接壤，原缺与原籍相距五百里以内者，均应回避。"⑤ 可见，清代的籍贯回避制度在逐步细化和加强。

　　但是，关于地方官员籍贯回避的有关规定，并不完全适用河工官员，尤其是中下层河官。顺治、康熙年间，没有明确规定河工官员须遵守籍贯回避制度。雍正年间，对于河官籍贯回避的规定逐渐严格起来。如雍正七年（1729 年），署江南江西总督范时绎欲题请刑部郎中程梦瑛任职江南河务，但因程梦瑛是安徽休宁人，雍正便不准他在江南河工效力，"程梦瑛籍隶江南，似不便用于本省"。⑥ 乾隆十一年（1746 年）四月江南河库道吴同仁调补山东兖沂曹道，乾隆在上谕中

---

　　① 光绪《钦定大清会典事例》卷 47《吏部·汉员铨选·本籍接壤回避》，《续修四库全书》第 798 册，上海：上海古籍出版社 2002 年影印本，第 702 页。

　　② 光绪《钦定大清会典事例》卷 47《吏部·汉员铨选·本籍接壤回避》，《续修四库全书》第 798 册，上海：上海古籍出版社 2002 年影印本，第 702 页。

　　③ 光绪《钦定大清会典事例》卷 47《吏部·汉员铨选·本籍接壤回避》，《续修四库全书》第 798 册，上海：上海古籍出版社 2002 年影印本，第 702 页。

　　④ 光绪《钦定大清会典事例》卷 47《吏部·汉员铨选·本籍接壤回避》，《续修四库全书》第 798 册，上海：上海古籍出版社 2002 年影印本，第 702 页。

　　⑤ 光绪《钦定大清会典事例》卷 47《吏部·汉员铨选·本籍接壤回避》，《续修四库全书》第 798 册，上海：上海古籍出版社 2002 年影印本，第 702 页。

　　⑥《世宗宪皇帝朱批谕旨》卷 1 下《朱批范时绎奏折》，雍正七年（1729 年）四月十四日署理江南江西总督印务尚书范时绎奏，《文渊阁四库全书》第 416 册，上海：上海古籍出版社 1987 年版，第 61~62 页。

说"吴同仁熟悉河务，虽离本籍五百里以内，不必回避"。① 可见，在此之前，河道高级官员，如河道总督和道员是须遵守籍贯回避制度的，吴同仁只是个案而已。

不过，直到乾隆三十二年（1767 年），才"停河员不避原籍例"，明文规定河工人员须回避原籍。② 本年，直隶总督方观承参劾子牙河通判张尧"怠玩误公，复扰累铺民"。乾隆认为"张尧旷官滋事，虽咎由自取，然究其所以，实因本籍之人得为本地河员，以致易滋弊端。则向来河工各官，准令原籍人员投效，立法未为尽善。在定例之意，虽为人地相习起见。殊不知各地方官回避本省，何尝因籍贯远离。秘蒲资驾轻就熟之效。……且如河道总督及河道等大员，隔省简用，于河务自能谙练，又何必独令属员就近服官，不为防微杜渐之计耶？嗣后所有河员不避原籍之例，永行停止。其现在河工本省人员，作何对调之处，着各该总河、酌量分别咨部，另行妥议具奏"。③ 据此可见，乾隆三十二年之前，河工官员有"不避原籍之例"，"准令原籍人员投效"，但是，这类规定只限于河道系统的中下级官员，高级官员如河道总督、总督下辖各道分司等官员仍然要受籍贯回避制度的限制。然而，乾隆所说的"河工不避原籍之例永行停止"的旨意，也没有完全执行，因为河工上本省效力人员队伍庞大，江南河道总督、河东河道总督及吏部均对乾隆所提出的意见提出了异议。乾隆也说："前经降旨，令河员一体回避原籍，旋据总河嵇璜奏请将河南、山东两省河工人员彼此酌量调补。吏部议覆，俟直隶、江南一并详查咨明到部，再为通行核议。朕意各该省河工员数，多寡既不能适均，即酌量对调，亦难于恰当。而其中酌调江南河员一节，视他省尤不免更费周章。盖南河额缺本繁，若拨往北省，惟河南、山东毗连各处，情形犹不甚悬。至以直隶工务相较，南北不同，办理转恐未能

---

① 《清实录》第 12 册《高宗实录（四）》卷 265 乾隆十一年（1746 年）四月庚寅，北京：中华书局 1985 年影印本，第 439 页。

② 光绪《钦定大清会典事例》卷 47《吏部·汉员铨选·本籍接壤回避》，《续修四库全书》第 798 册，上海：上海古籍出版社 2002 年影印本，第 703 页。

③ 《清实录》第 18 册《高宗实录（一〇）》卷 798 乾隆三十二年（1767 年）十一月戊戌，北京：中华书局 1986 年影印本，第 768 页。

妥协。因思此等人员专管河工,原非地方官员经理民事者可比。但不
至近邻乡里,与亲故难以避嫌,其于职守官方,毫无隔碍。"于是下
旨,"嗣后凡河工同知以下各员,有官居本省而距家在三百里以外
者,俱准其毋庸回避。如此,则工员不致多调纷繁,而河务益可驾轻
就熟,实为一举两得。着各该督等即遵旨妥协筹办"。① 可以看出,
所谓回避本省的规定,实际上已经大打折扣。表 3-1 显示了乾隆三十
三年地方官员籍贯回避情况。

表 3-1　　　乾隆三十三年(1768 年)适用回避河工人员表

回避者	备　考
江苏宿虹同知王益灿	距家三百里以内,拟与铜沛同知黄涛对调
江苏宝应县县丞王椿年	距家三百里以内,拟与丹阳县县丞万光前对调
江苏宿迁运河主簿徐光第	距家三百里以内,拟与萧县主簿李德瀚对调
江苏仪征清江闸官彭恩保	距家三百里以内,拟与兴化县白驹闸官王存仁对调
河南陈留县县丞刘尚宽	距家三百里以内,拟改调山东宁阳县县丞
山东曹县县丞郑嵩望	距家三百里以内,拟改调河南陈留县县丞
山东汶上县寺前闸闸官梁元捷	距家三百里以内,拟与南阳闸闸官对调

(资料来源:乾隆朝宫中档第 29 辑,第 370~385 页。转引自魏秀梅《清代
任官之籍贯回避制度》,载《"中央研究院近代史研究所"集刊》1989 年第 18
期。)

　　乾隆五十五年(1790 年),京畿道监察御史王友亮再次上疏,请
求严定河员回避之规定。"河工人员虽无民社之责,至于整修工程、
雇请人夫、购买木料,均与地方交涉。若本省人办理,该籍府县谊属
同寅,即难保无瞻徇之事……该河员等分领承办,关系匪轻,若系本
省之人,距家较近,亲族便于往来,殊恐日久弊生。……请嗣后河工

———————————

① 《清实录》第 18 册《高宗实录(一〇)》卷 801 乾隆三十二年(1767
年)十二月辛巳,北京:中华书局 1986 年影印本,第 801 页。

人员即照盐场人员之例，概令回避本省。"不久，乾隆下旨，"嗣后各省河工人员，有籍隶本省并寄籍、祖籍，均一体令其回避。至现任人员，有原籍距任所在五百里以内者，均照地方官之例，一体回避"。① 此后，有关于河工官员回避的制度较之以前更加严格。咸丰元年（1851 年），穆清阿调直隶永定河道，直隶总督便以"回避河工候补人员"的相关规定，奏请撤回。②

除此之外，在河官的任命当中，满汉也是有差别的。清初规定："军需、河工拯荒捐赀效力人员，满缺入班次补用，汉缺入月分铨选。"③ 至雍正三年（1725 年）才将满缺改照汉缺例，"轮月推放"，"分单双月掣签补用"。④ 河官一般正式上任之前都有一个考察期，一般为三汛，即一年时间。乾隆《钦定大清会典则例》专列"河工署事实授"条："乾隆十六年议准，河工官员例应先行题署试看，是以必经阅三汛后，如果称职，送部引见实授。"⑤ 长者甚而为六汛。

为了收揽更多的河工人才，清朝还实行了其他一系列举措。如乾隆二年（1737 年）议准，"凡各省督抚，除河工效力外，如有赴任之时，奏请将平日所知人员带往以备委用者，概不准行"。⑥ 说明河道

---

① 光绪《钦定大清会典事例》卷 47《吏部·汉员铨选·本籍接壤回避》，《续修四库全书》第 798 册，上海：上海古籍出版社 2000 年影印本，第 704 页。

② 中国第一历史档案馆编：《咸丰同治两朝上谕档》第 1 册咸丰元年，桂林：广西师范大学出版社 1998 年影印本，第 86 页。不过，仅仅过了两个月，崇伦便补授云南按察使，所遗直隶永定河道员缺，"仍着穆清阿补授"。（同书第 147 页，咸丰元年四月三十日）

③ 雍正《钦定大清会典》卷 8《吏部六·吏部文选司·满汉迁除通例》，《近代中国史料丛刊三编》，台北：文海出版社 1994 年影印本，第 263 页。

④ 雍正《钦定大清会典》卷 8《吏部六·吏部文选司·满缺除选》，《近代中国史料丛刊三编》，台北：文海出版社 1994 年影印本，第 295 页。

⑤ 乾隆《钦定大清会典则例》卷 8《吏部·文选清吏司·遴选二·河员署事实授》，《文渊阁四库全书》第 620 册，上海：上海古籍出版社 1987 年影印本，第 195 页。

⑥ 乾隆《钦定大清会典则例》卷 8《吏部·文选清吏司·遴选二·督抚不准随带人员》，《文渊阁四库全书》第 620 册，上海：上海古籍出版社 1987 年影印本，第 199 页。

总督在赴任之时，可以将平日所熟悉的人员带往河工以备差遣。

二、清代河官的考成

　　清代河官的考成，主要有四个方面：第一，堤防的稳固（保固）；第二，漕运的畅通；第三，大型工程的完成情况（主要指决口堵筑）①；第四，植柳。其中保固制度最能彰显清代河官考成之特色。

　　堤防稳固与否，是考察河官是否称职最重要的标准。鉴于河工的重要性，清初就制定了非常严格的考成保固条例。康熙《钦定大清会典》载："顺治初，定黄运两河堤岸修筑不坚、一年内冲决者，管河同知、通判、州县等官降三级调用，分司、道官降一级调用，总河降一级留任。如异常水灾冲决者，专修、督修官皆住俸修筑，完日开复。本汛堤岸冲决，隐匿不报，别指他处申报者，加倍议处。如一年外冲决者，管河等官革职，戴罪修筑；分司、道官住俸督修，完日开复。本汛堤岸冲决，隐匿不报，别指他处申报者，管河等官降二级调用，分司、道官降一级调用，总河不行详确具题，罚俸一年。如地方冲决少而申报多者，降三级调用，转详官降二级调用，总河不行详查具题，降一级留任。至冲决地方，限十日申报。过期始报者，降二级调用。其沿河堤岸，预先不行修筑，以致漕船阻滞者，经管官降一级调用，该管官罚俸一年，总河罚俸六个月。"②

　　可见，清初就对不同年限堤岸冲决时各级官员的责任与处理，进行了比较详细的规定。同时，对谎报、虚报地方冲决者的惩处也非常严厉。很明显，对于堤岸冲决或者谎报冲决的处罚，连带责任起了相当大的作用。下至管河同知、通判、州县，上至分司、道员、总河，均会承担责任。不过，这个规定只是对于现任官员的处

---

　　①　"河工奖案，向以堵口为异常劳绩，奖叙最优。培筑堤埝，修防三汛，均照寻常劳绩奖叙。"（朱寿朋：《东华续录（光绪朝）》光绪八十一，《续修四库全书》第384册，上海：上海古籍出版社2002年影印本，第103页。）

　　②　康熙《钦定大清会典》卷139《工部九·河渠三》，《近代中国史料丛刊三编》，台北：文海出版社1992年影印本，第6920~6922页。

罚，对于离任官的责任并没有相应的规定，使得离任官逃避了相关责任。

顺治十六年（1659年），朱之锡担任河道总督，奏请将离任官也纳入责任追究的范围。"河工各官，无论升迁降调，俱将任内修防事宜开明，候交代离任。堤岸冲决，该管官参处。"① 顺治十七年（1660年）还规定承修官在工程完工之后，须出具"伏秋无虞印结，同册奏销。如本年冲决者，指参议处"。②

康熙年间，考成保固条例进一步细化。康熙元年（1662年），将修筑官员与防守官员的责任进行了细致的区分，规定凡修筑黄河堤岸"一年内冲决者，参处修筑之官；一年外冲决者，参处防守之官"。如果工程筑完未满一年，而修筑官于保固限内去任，防守官不为料理，导致堤岸冲决的，"将防守官一并参处"。③ 康熙十五年（1676年），对于堤岸冲决相关官员的处罚，较之顺治年间有了明显的加重，明确规定堤岸冲决"不得以异常水灾具题"。同时，处分力度也在加大。黄河堤岸半年内冲决者，"经修、防守等官俱革职，分司、道官降四级调用，总河降三级留任"。黄河堤岸过半年冲决者，"经修、防守等官降三级调用，分司、道官降二级调用，总河降一级留任"。已过年限冲决者，"管河各官俱革职，戴罪修筑；分司、道官住俸督修，工完开复；总河罚俸一年"。若保固年限内冲决，经修官已经离任，仍将经修官与防守官一同处分。同时还规定："其年限内本汛堤岸冲决、别指他处申报者，经修、防守等官俱革职；分司、道官降五级调用，总河不确查具题，降三级调用。其余仍照旧例遵行。"④

① 康熙《钦定大清会典》卷139《工部九·河渠三》，《近代中国史料丛刊三编》，台北：文海出版社1992年影印本，第6922页。
② 康熙《钦定大清会典》卷139《工部九·河渠三》，《近代中国史料丛刊三编》，台北：文海出版社1992年影印本，第6922页。
③ 康熙《钦定大清会典》卷139《工部九·河渠三》，《近代中国史料丛刊三编》，台北：文海出版社1992年影印本，第6922~6923页。
④ 康熙《钦定大清会典》卷139《工部九·河渠三》，《近代中国史料丛刊三编》，台北：文海出版社1992年影印本，第6923~6924页。

不过，上述规定都是对于河官的处罚，对于兼有河防责任的地方官员并没有相应的惩罚规定。康熙十六年（1677年），靳辅任河道总督，着手对地方官员漠视河务的"旧习"进行整治。他提出要加强地方官员的治河责任。康熙十七年（1678年），规定"知府有地方之责，嗣后如遇冲决等事，照道员处分"，正式将地方官员的河防责任固定下来，责任划分也非常详细。"承修两河堤岸一应工程，均限半年完工。半年不完，承修官罚俸一年，督修道府罚俸半年。再展限三月完工，如仍不完，承修官降一级调用，督修道府罚俸一年。如承修官原系革职戴罪之人，半年限内不完，降一级调用，不准展限。工程别委他官，仍限三月完工。不完，罚俸一年。督修道府所属官员工程，一年内不完，降一级调用。"同时还规定若兴举大工，附近地方官"不协同设法募夫，不将急需柳草等项速买解运，致误河工者，题参。将州县官降三级调用，道府降一级调用"。另外还规定"凡举劾大计，将河工一并考成，河道果无冲决，或旋决旋修，不致殃民损课者，方准荐举"。① 这样就将地方官的利益与河务紧密地联系在一起。

清朝河工保固中很重要的一个规定就是赔修。事实上，前面所述的各级官员的罚俸措施，就是一种赔修。不过"赔修"一词在官方文书至康熙年间才逐渐使用开来。清代河工修筑，是领银之后办料兴工。所谓赔修，就是承修工段在保固期限内冲决，将损失银两按照领银的比例上缴至河帑管理处。康熙二十一年（1682年）宿迁萧家渡决口，部议"将总河以下，凡在河工诸臣，皆褫职督工，其不合式处，责令赔修"。② 康熙二十三年（1684年），对河水决溢不同情形

① 乾隆《钦定大清会典则例》卷133《工部·都水清吏司·河工三》，《文渊阁四库全书》第624册，上海：上海古籍出版社1987年影印本，第184~185页。

② 傅泽洪：《行水金鉴》卷49，上海：商务印书馆1936年版，第710页。事实上，这一次康熙帝赦免了靳辅的赔修。"工部尚书萨穆哈等奏曰：萧家渡决口，应令靳辅赔修。上曰：修治河工，所需钱粮甚多，靳辅果能赔修耶？如必令赔修，万一贻误漕运，奈何？"《清实录》第5册《圣祖实录（二）》卷105康熙二十一年（1682年）十月庚寅，北京：中华书局1985年影印本，第69页。

的处罚进行了规定："年限之内，河水漫决，河流不移者，令经修之官赔修。如过年限漫决不移者，令防守之官赔修，俟命下之日，永为定例。"① 康熙三十三年（1694 年），又对其进行了完善，规定"嗣后堤岸冲决、河流迁徙者，照定例处分；若堤岸漫决、河流不移者，免其革职，责令赔修。年限内漫决者，经修官赔修；年限外漫决者，防守官赔修"。②

不过总的来讲，康熙三十三年（1694 年）的规定，依然属于赔修制度的草创阶段。到了康熙三十九年（1700 年），这一规定逐渐走向完善，除了经修官和防守官之外，将分司、道员直至总河也纳入赔修官员范围之内。"嗣后堤岸冲决、河流不移者，管河各官皆革职戴罪，勒限半年赔修；分司、道员各降四级督赔，工完开复。如限内不完，承修官革职，分司道员降四级调用，总河降一级留任。未完工程，仍令赔修。其应赔工程已经奏明动帑者，仍将应赔银亦照赔修例，勒限处分。如限内不完，分司道员不揭报、总河不题参者，皆照徇庇例议处。"③

当然，某些特殊情况下的赔修是可以免除的。"凡黄河曲处揾浚引河，果属深阔，偶至淤垫者，该督亲勘保题，免其赔修。"④ 康熙四十二年（1703 年），又规定"河工官员……自捐银修堤，完工之后被水冲决，或因地势难筑，竣工无期，若仍责令赔修，甚属可悯。着总河察明具题，免其赔补"。⑤

① 傅泽洪：《行水金鉴》卷 49，上海：商务印书馆 1936 年版，第 713 页。
② 乾隆《钦定大清会典则例》卷 133《工部·都水清吏司·河工三》，《文渊阁四库全书》第 624 册，上海：上海古籍出版社 1987 年影印本，第 185 页。
③ 乾隆《钦定大清会典则例》卷 133《工部·都水清吏司·河工三》，《文渊阁四库全书》第 624 册，上海：上海古籍出版社 1987 年影印本，第 186 页。
④ 乾隆《钦定大清会典则例》卷 133《工部·都水清吏司·河工三》，《文渊阁四库全书》第 624 册，上海：上海古籍出版社 1987 年影印本，第 186 页。
⑤ 光绪《钦定大清会典事例》卷 917《工部·河工·考成保固》，《续修四库全书》第 811 册，上海：上海古籍出版社 2000 年影印本，第 131 页。

康熙四十六年（1707 年），地方官赔修人员的范围进一步扩大，与沿河河务有关的官员也纳入到赔修范围。"河南堤工由巡抚就近料理，如遇水长即严饬管河等官率领堡夫抢护。如怠玩贻误，将该地方官照黄河定例议处，仍察明年限，着落赔修。"① 很明显，前述康熙十七年的规定只是针对督修官员，而这次官员的范围则扩大了许多。

不过，赔修制度产生的弊端在雍正朝已经显现出来。很多官员在预估工程时多报钱粮，为后来可能落到自己头上的赔修留有余地，这使得河帑虚糜的情况很严重。雍正二年（1724 年），雍正曾针对河工承修官员兴办工程时浮估钱粮下旨"一应工程，严饬承修官据实估报，如估报时仍留核减余地者，该督抚题参，严加议处"。②

雍正很清楚赔修制度无法发挥真正的惩罚作用，还非常容易导致贪污腐败现象的出现。他试图解决这个问题。雍正四年（1726 年），上谕："赔修之例，甚属无益，从来河官领帑修工，必预留赔修地步，以致钱粮不归实用，工程断难坚固。即幸而得保无虞，而钱粮终归入己。似此情弊，相习成风，必照侵欺钱粮例，严加治罪，方足示惩。"③ 他要求大臣们想出一个解决问题的办法。经过讨论，规定："嗣后承修之官估计工程，总河与该督抚、分司勘明工段丈尺、桩埽料物，如果与所估数目相符，核实具题，发帑兴修。如估计过多，有心浮冒，察出即照溺职例革职。察勘之官不实心详核，扶同徇隐，即照徇庇例议处。至工完之日，该总河、督抚、分司再逐一察勘修过工程。果否如式坚固，与原估丈尺钱粮数目相符，如工程单薄、物料克减、钱粮不归实用，以致修筑不坚，不能保固，将承修官指名题参，照侵欺钱粮例，分别治罪。其侵欺银着落该员家产，勒限追赔。所修

---

① 乾隆《钦定大清会典则例》卷 133《工部·都水清吏司·河工三》，《文渊阁四库全书》第 624 册，上海：上海古籍出版社 1987 年影印本，第 186 页。

② 乾隆《钦定大清会典则例》卷 133《工部·都水清吏司·河工三》，《文渊阁四库全书》第 624 册，上海：上海古籍出版社 1987 年影印本，第 187 页。

③ 《世宗宪皇帝上谕内阁》卷 40，雍正四年（1726 年）正月初三日，《文渊阁四库全书》第 414 册，上海：上海古籍出版社 1987 年影印本，第 350 页。

工程，令总河、督抚等别委贤员，动帑修筑坚固，工完题销。"① 可见，这次讨论的出发点并未考虑赔修制度的合理性，而是在完善赔修的相关规定上下工夫。

雍正二年（1724 年）规定："嗣后给发钱粮交与谙练河务之人修筑，如修筑不坚、致有冲决者，委官督令赔修。不能赔修者，题参革职，别委贤员，给发钱粮修筑。将所用钱粮，勒限一年赔完，准其开复；逾限不完，交刑部治罪，仍着落家属赔完。如力不能完，着落发钱粮之上司赔补全完。"② 赔修人的范围已从承修官、经管官延及家属、发钱粮之上司。

雍正五年（1727 年），制定了各级官员赔修的份数（比例）。规定黄河一年之内堤工冲决，如果原来所修工程坚固，已经于工完之日经总河、督抚保题者，"承修官止赔修四分，其余六分准其开销"。如果承修官修筑钱粮均归实用，工程已经完竣，但尚未来得及题报而陡遇冲决者，"该总河、督抚据实保题，亦令赔修四分，其余均准开销"。③ 如若黄河一年之外堤工冲决，防守官实系防守谨慎，并没有疏虞懈弛，"该总河、督抚察实具题，止令防守该管各官共赔四分（内河道分司、知府共赔二分，同知、通判、州县守备共赔分半，县丞、主簿、千总、把总共赔半分），其余六分准其开销"。除此之外，将承修官、防守官均革职留任、戴罪效力。工完之日，才准开复。"倘总河、督抚保题不实，照徇庇例议处，仍照定例勒限分赔还项。"④

① 乾隆《钦定大清会典则例》卷 133《工部·都水清吏司·河工三》，《文渊阁四库全书》第 624 册，上海：上海古籍出版社 1987 年影印本，第 187~188 页。

② 乾隆《钦定大清会典则例》卷 133《工部·都水清吏司·河工三》，《文渊阁四库全书》第 624 册，上海：上海古籍出版社 1987 年影印本，第 188 页。

③ 光绪《钦定大清会典事例》卷 917，《工部·河工·考成保固》，《续修四库全书》第 811 册，上海：上海古籍出版社 2000 年影印本，第 132~133 页。

④ 乾隆《钦定大清会典则例》卷 133《工部·都水清吏司·河工三》，《文渊阁四库全书》第 624 册，上海：上海古籍出版社 1987 年影印本，第 188 页；光绪《钦定大清会典事例》卷 854《刑部·工律营造·盗决河防》，《续修四库全书》第 810 册，上海：上海古籍出版社 2002 年影印本，第 402 页。

　　乾隆二十八年（1763年），山东巡抚陈宏谋奏请对江南河工人员的分赔比例进行变更。"河工分赔银两成例，酌改五股分赔。内道员分赔一股，知府、参游共赔二股，厅营、州县共赔股半，文武汛员共赔半股。"① 第一次将防河武官纳入赔修人员范围。

　　乾隆三十九年（1774年），老坝口漫工堵口之后，江南河道总督吴嗣爵给乾隆上请罪奏折，并未提及河道总督的赔修之事。乾隆震怒："总河、督抚，平日席丰处厚，遇有应赔工程公项，岂可不与下属酌股分赔，以均甘苦？而令穷员摊扣无几，以致帑项久悬。大臣之道，当如是乎？"② 下旨"将用过钱粮除照例准销十分之六外，其余应赔四分，按其责任重轻，酌定赔数多寡。总作十成计算。河臣总理河务，一切董率机宜，是其专责，应赔二成。督、抚兼管河防，责任綦重，应赔一成。河道系专司河务大员，修防乃其职守，应赔二成。厅员驻扎河干，工程钱粮皆所经手，应赔二成。知府、州、县均系地方正印，有协守之责，应分赔一成。参、游专司估计，督率防护，守备协办工程，应分赔一成半。文武汛员驻工防守，责亦难辞，应分赔半成。如无兼管督、抚及额设参、游等官省分，即将应赔银两，在于总河以下文武各官名下，按应赔成数，分别摊赔"。③ 赔修官员的范围进一步扩大，赔修的份数也相应作了变更。

　　道光以前，兴筑大工经常派工部大员赴工监督。但是，出现问题一般不承担连带责任。自道光二十四年（1844年）中牟大工开始，这一惯例被打破。道光二十三年（1823年），黄河在中牟决口，至次年二月，除动用捐输钱粮之外，堵口实际上共用去正项银644万余两。④ 道光二十四年（1844年），堵口即将完工之际，大埽被风蛰失

① 光绪《钦定大清会典事例》卷917《工部·河工·考成保固》，《续修四库全书》第811册，上海：上海古籍出版社2000年影印本，第136页。
② 《清实录》第20册《高宗实录（十二）》卷971乾隆三十九年（1774年）十一月丁卯，北京：中华书局1986年影印本，第1254~1255页。
③ 《清实录》第20册《高宗实录（十二）》卷971乾隆三十九年（1774年）十一月丁卯，北京：中华书局1986年影印本，第1254~1255页。
④ 中国水利水电科学研究院水利史研究室编校：《再续行水金鉴·黄河卷3》，武汉：湖北人民出版社2004年版，第1005页。

五占，致水势日增，挽回乏术。道光大为震怒，命工部将惩罚措施详细报奏。① 工部回奏："查河工防守不力，致被冲决者，例准销六赔四。东河向作九成分赔，内河督分赔二成，巡抚分赔一成，道、府、厅、县、汛弁分赔六成。……臣部并无钦差大臣分赔成案，拟请比照销六赔四九成分赔之例办理。所有应赔银两，划作十成。令已革尚书麟魁、廖鸿荃分赔一成，河东河道总督钟祥分赔二成，河南巡抚鄂顺安分赔一成，承办坝汛之厅营等共分赔六成，以示惩儆。"②

文中提及"钦差大臣并无分赔成案"，可见在此之前河工的赔修上面，钦差大臣的责任是比较轻的。

光绪十一年（1885 年），山东巡抚陈士杰提出新的河工赔修比例。黄河大堤决口，在七八月内刚刚竣工，旋即冲决者，全数赔修。九月以后决口的，援照河工成案，采取销六赔四的方案。其中在保固期限内全数着赔的工程，巡抚赔三成，承修人员赔四成，工程所在的州县官员赔三成。在保固期限外冲决的，按照河工成案是销六赔四。这四成部分又分作十成，巡抚赔二成，防守带兵的统领赔二成，驻工文武官员赔四成，工程所在州县赔二成。③ 当然，陈士杰的这个赔修方案仅仅是针对山东河务而言。

清初对于河工赔修的时限未作出规定，以致很多官员借故拖延，甚或希望不了了之，赔修几成具文。为了严格赔修制度，雍正二年（1724 年）规定："不能赔修者，题参革职，别委贤员，给发钱粮修筑。将所用钱粮，勒限一年赔完，准其开复；逾限不完，交刑部治罪，仍着落家属赔完。如力不能完，着落发钱粮之上司赔补全完。"④但这个政策并未达到预期效果。乾隆二十三年（1758 年），根据应赔

---

① 《清实录》第 39 册《宣宗实录（七）》卷 403 道光二十四年（1844年）三月甲申，北京：中华书局 1986 年影印本，第 45 页。

② 中国水利水电科学研究院水利史研究室编校：《再续行水金鉴·黄河卷3》，武汉：湖北人民出版社 2004 年版，第 1007 页。

③ 中国水利水电科学研究院水利史研究室编校：《再续行水金鉴·黄河卷5》，武汉：湖北人民出版社 2004 年版，第 1929 页。

④ 乾隆《钦定大清会典则例》，卷 133《工部·都水清吏司·河工三》，《文渊阁四库全书》第 624 册，上海：上海古籍出版社 1987 年影印本，第 187 页。

银两的多少对官员赔修的期限做出了有区别的规定。"现任江南河工文武员弁，凡有应追核减分赔等项银两，除承追官催追不力，仍照向例按限查参议处外，其欠帑人员，无论文职、武职，银数在三百两以上者，勒限一年全完；三百两以下者，勒限六个月全完。应支廉俸人员，于应得廉俸内扣抵；倘扣不足数，或系不支廉俸之员，勒令自行完缴。"同时，对于在规定期限内不能完成的人员给予处罚："逾限不完，现任人员停其升调，效力人员停其补授。再限一年及六个月完缴，俟完缴后升调补授。再逾限不完，现任人员暂行解任，效力人员暂革职衔，仍留工比追。再限一年及六个月完缴开复，如仍无完缴，题参监追治罪，查封财产变抵。承追不力之员，初参复参，照承追杂项钱粮例议处。"① 为了完成追赔，对于承追官也加大了处罚力度。

嘉庆年间，黄河决口频繁、大工屡兴，工程动辄费银百万两甚至上千万两，河员所赔之款较之以往大大增加。道光年间豫省仪封大工，用银 4752275 两 4 钱 3 分 6 厘②，按照当时赔修数额计算，则叶观潮及琦善二人应赔之款高达 103 万两。③ 追赔的数额增加，困难也在加大，很多应赔之款数十年尚有未完者。于是，嘉庆七年（1802年），对河工追赔时限又作了新规定："直隶、河南、山东、江南等省，河工堵筑事竣，例应分赔银两数在三百两以下者，定限半年；三百两以上者，定限一年；数在千两至五千两者，定限四年；五千两以上者，定限五年；勒令完交。"④

此后，关于河工追赔的规定不断细化，不断调整，不断从严。道光九年（1829 年），奏准，"凡核减分赔，均照常例催追。其领银未办工料者，亦照常例，减半立限追缴"。道光十九年（1839

---

① 光绪《钦定大清会典事例》卷 917《工部·河工·考成保固》，《续修四库全书》第 811 册，上海：上海古籍出版社 2000 年影印本，第 135～136 页。

② 中国水利水电科学研究院水利史研究室编校：《再续行水金鉴·黄河卷 1》，武汉：湖北人民出版社 2004 年版，第 79 页。

③ 中国水利水电科学研究院水利史研究室编校：《再续行水金鉴·黄河卷 1》，武汉：湖北人民出版社 2004 年版，第 80 页。

④ 光绪《钦定大清会典事例》卷 917《工部·河工·考成保固》，《续修四库全书》第 811 册，上海：上海古籍出版社 2000 年影印本，第 137～138 页。

年）又规定，"河工赔项，如特旨严追银两，未完银数千两以下起，至十万两以上止，限期自勒限一年起至十五年止。处分自罚俸二年起，至革职止。河工核减银两，未完银数在三百两以下者，统限一年零六个月；三百两以上者，统限二年。俱分三限。处分自停升、停补起，至革职、监追止。河工溢领银两，未完银数在三百两以下者，统限半年；三百两以上者，统限一年。俱分三限。处分自停升、停补起，至革职、监追止。督抚、总河寻常分赔等款银两，未完银数自一千两以下起，至十万两以上止，限期自勒限一年起，至十五年止。处分自罚俸九个月起，至降二级调用止。河工属员寻常分赔银两，未完银数自一千两以下起，至十万两以上止，限期自勒限一年起，至十五年止。处分自罚俸九个月起，至降四级调用止。"① 咸丰十一年（1861年）规定："河工分赔逾限未完银两，奏明催追之日，按照例限减半，立限追缴。三百两以下，勒限三个月。三百两以上，勒限半年。一千两至五千两，勒限二年。五千两以上，勒限二年半。一万两以上，勒限三年。二万两以上，勒限三年半。三万两以上，勒限四年。以次递加。有银数在十余万两外，仍照每万两加限半年完缴。均由该管上司承追。再有迟逾，本员参处，承追官照不力例开参。"②

铜瓦厢决口之后，山东河工处于无序状态，所兴大工，多免于造册奏销。因此，赔修制度，也就不适用于山东河工。直到光绪九年（1883年），御史谢谦亨才奏请将山东"新筑重堤，定为保固三年。津贴民堰，定为保固一年。限内如有冲决，均着落承修之员全行赔修"。③ 随后山东巡抚陈士杰奏请民堰免于保固，新修重堤仍按旧例，

① 光绪《钦定大清会典事例》卷917《工部·河工·考成保固》，《续修四库全书》第811册，上海：上海古籍出版社2000年影印本，第139页。

② 光绪《钦定大清会典事例》卷917《工部·河工·考成保固》，《续修四库全书》第811册，上海：上海古籍出版社2000年影印本，第139~140页。

③ 中国水利水电科学研究院水利史研究室编校：《再续行水金鉴·黄河卷4》，武汉：湖北人民出版社2004年版，第1732页。

即与运河保固年限相同，一年保固。①

清代赔修制度是为了防止河员贪婪误工所采用的一种处罚措施。但是，在执行的过程当中也存在许多问题。

首先，免赔情形经常出现。雍正时期，曾多次对应该进行赔修的河官予以豁免。雍正三年（1725 年）夏，黄河仪封南岸大寨、兰阳县北岸板厂后两处决口，各有十多丈之宽，"理应照例处分赔修"，但雍正帝"恩施格外"，谕令疏防各官员"不必参处，并免赔修"。②雍正八年（1730 年）嵇曾筠任南河总督时亦曾获免参处及赔修。③

其次，真正追赔起来十分困难。如常维正于康熙年间任里河同知，任内亏欠各案帑银一万七千余两。康熙四十六年（1707 年）着落常维正长子常建岐名下追赔。但经过二十余年，仅完银一千五百余两。④ 又如乾隆二十四年（1759 年）江苏藩司应该追查的河工赔修人员"竟有千总、把总、县丞、主簿等官，应追未完，累百盈千，不一而足"。⑤ 乾隆四十七年起嘉庆二十五年止，追缴之款未完银五十二万二千九百九十余两。道光元年至七年，未完银四十八万三千余两。⑥

再次，真正处罚的官员赔修之款，也多是从河工款项中而来。对于地方官而言，赔修之款最终会落在百姓的头上。嘉庆四年（1799

---

① 中国水利水电科学研究院水利史研究室编校：《再续行水金鉴·黄河卷4》，武汉：湖北人民出版社 2004 年版，第 1732 页。

② 嵇曾筠：《防河奏议》卷 8《恭谢免赔兰仪二县漫工并免参疏防》，《续修四库全书》第 494 册，上海：上海古籍出版社 2002 年影印本，第 203～205页。另见田文镜：《抚豫宣化录》卷 1《奏疏·题为钦奉上谕事（各官谢堤工漫溢免其参处）》，郑州：中州古籍出版社 1995 年点校本，第 18 页。

③ 嵇曾筠：《防河奏议》卷 9《恭谢免参疏防并免分赔修复各堤钱粮》，《续修四库全书》第 494 册，上海：上海古籍出版社 2002 年影印本，第 230～232 页。

④ 《世宗宪皇帝朱批谕旨》卷 7 之 4《朱批孔毓珣奏折》，雍正七年（1729 年）十二月初六日江南河道总督孔毓珣奏，《文渊阁四库全书》第 416册，上海：上海古籍出版社 1987 年影印本，第 364～365 页。

⑤ 《清实录》第 16 册《高宗实录（八）》卷 587 乾隆二十四年（1759年）五月己亥，北京：中华书局 1986 年影印本，第 516 页。

⑥ 光绪《钦定大清会典事例》卷 906《工部·河工·河工经费·岁修抢修三》，《续修四库全书》第 811 册，上海：上海古籍出版社 2000 年影印本，第 33 页。

年）八月，费淳、吴璥、岳起、荆道乾联名的奏折中就说："着落漫口应赔各员，认赔四成，该工员等平日疏防，以致堤工漫溢，自应照股摊赔。若以六成摊扣江苏、安徽各官养廉，则两省大小官员等或亏缺库项，或派累闾阎，转得有以借口。前经降旨，不令地方官帮办河工，原为预防流弊起见。"①

所以，这一制度对于清代河工而言，作用不大。相反，很多河官预先在工料银领发之时就虚报工段，增加工程预算，为后来可能的赔修做准备，在一定程度上加重了河工浮销现象，对河政产生了消极影响。

三、清代河道总督的群体性结构考察

对于河道总督之职责，朱之锡曾说："总河一官，司数省之河渠，佐京师之输挽，其间区划机宜，争于呼吸，而吏治民生、钱粮兵马，事务殷繁，责任重大。"② 得其人，则河政兴；失其人，则河政衰。河道总督的选任得当与否，直接关系到黄河两岸百万生灵之生存以及天庾正供之挽运。对河道总督的群体进行量化考察③，可以较为清楚地把握清代河道总督的选任条件，有助于加强对于清代治河官员群体的认知，认识治河官员与清代河政兴衰之间的关系，更深刻地把握清代河政的演变过程。

本书主要是通过统计的方法来对相关问题进行解读，必须说明的

---

① 黎世序等：《续行水金鉴》卷29，上海：商务印书馆1937年版，第630页。

② 朱之锡：《河防疏略》卷1《惊闻新命疏》，《续修四库全书》第493册，上海：上海古籍出版社2002年影印本，第606页。

③ 对于清代官员进行群体考察的论文比较多，著名的如魏秀梅《从量的观察探讨清季布政使之人事嬗递现象》（台湾《"中央研究院近代史研究所集刊"》1971年第2期）、《从量的观察探讨清季督抚的人事嬗递》（台湾《"中央研究院近代史研究所集刊"》1973年第4期）等文章。瞿同祖在《清代地方政府》（瞿同祖著，范忠信、晏锋译，北京：法律出版社2003年版）中曾经对州县官这一群体进行考察。还有对于某省任职官员的考察，如龚小峰《清代两江总督群体结构考察——以任职背景和行政经历为视角》（《江苏社会科学》2009年第2期）。

是，由于种种原因，统计会存在一些错误概率和不确定因素，因此，所谓的量化考察并不能提供完整的历史原貌。而具体到某一个官员，其任职的过程会存在着许多偶然性因素，这些因素又无法通过简单的数据形式进行分析。当然，本研究的目的是尝试在这种偶然的背后，寻找一些必然的因素，以加深对于历史深层规律的认知。本书对于河道总督的考察将从民族结构、籍贯分布、资格背景、任职年龄、任职期限、行政经历等方面着手。

（一）民族构成

顺治元年（1644 年），满族入主中原。作为一个少数民族，在面对一个地域广大、人口众多、成分复杂的统治区域时，采取了许多不同于中原前代王朝的统治政策。最明显的，莫过于在政治、经济、文化等诸多方面采取了崇满抑汉的方针。清朝定鼎之初，满汉歧视非常大，后随着政治逐渐稳定，经济逐渐恢复与发展，满人逐渐汉化，满汉之间的差异逐渐缩小。同时，满人生活日趋腐化，战斗力下降，不得不大量借助于汉人来稳固政权，汉人的政治地位也随之有了一定的提高。[①] 对于河道总督的任命亦是如此。详见表 3-2。

表 3-2　　　　　 顺治元年至咸丰十年（1644—1855 年）
河道总督任用比较表（东河、南河）

统计类型	旗/汉	满/汉	顺治	康熙	雍正	乾隆	嘉庆	道光	咸丰	同治	光绪	合计
人数	旗人	满洲	0	1	5	8	0	5	3	0	5	27
		汉军	4	11	3	8	5	3	0	0	0	34
	汉人		1	2	3	14	20	13	5	5	13	76
	不详						1		2		1[①]	4
	合计		5	14	11	30	26	21	10	5	19	141

----

① 魏秀梅：《从量的观察探讨清季督抚的人事嬗递》，台湾《"中央研究院"近代史研究所"集刊》1973 年第 4 期。

统计类型	旗/汉	满/汉	顺治	康熙	雍正	乾隆	嘉庆	道光	咸丰	同治	光绪	合计
占比	旗人	满洲	0%	7%	45%	27%	0%	24%	30%	0%	26%	19%
		汉军	80%	79%	27%	27%	19%	14%	0%	0%	0%	24%
	汉人		20%	14%	27%	47%	77%	62%	50%	100%	68%	54%
	不详						4%		20%		5%	3%
	合计		100%	100%	100%	100%	100%	100%	100%	100%	100%	100%

1. 统计资料主要来源：钱仪吉编：《碑传集》，北京：中华书局1993年版。汪胡桢、吴慰祖编：《清代河臣传》，周骏富辑：《清代传记丛刊·名人类⑪》，台北：明文书局1985年影印本。缪荃孙编：《续碑传集》，沈云龙编：《近代中国史料丛刊》第99辑，台北：文海出版社1973年影印本。清国史馆原编：《清史列传》，周骏富辑：《清代传记丛刊·综录类②》，台北：明文书局1985年影印本。魏秀梅：《清季职官表：附人物录》，《"中央研究院近代史所"资料丛刊》（5），台北："中央研究院近代史研究所"2002年版。钱实甫编：《清代职官年表》，北京：中华书局1980年版。电子资源：台北：台湾"中央研究院历史语言研究所"网站"人名权威资料查询"http：//archive. ihp. sinica. edu. tw/ttsweb/html_name/search. php。除特别注明外，本书图表数据来源与此表同。2. 因北河总督存在时间较短，且多由直隶总督兼署，因此，本表并未将其统计在内。3. 本表统计包含副总河、协办河务在内。

由表3-2可见，在清初（顺治、康熙、雍正）河道总督的任命中，旗人占有绝对的优势。尤其是汉军，在22任河道总督之中，占了15名，比例接近70%。汉军八旗正式成立于崇德七年（1642年）①，在清朝前期很受重视。由于清初统治者希望以汉制汉，用汉军来加强对中原地区的统治。同时，清朝定鼎之初，十分重视满汉之别，对汉人存有戒心，而满人在治理中原地区尚无经验可谈，因此，

———————————

① 光绪《钦定大清会典事例》卷543《兵部·官制》，《续修四库全书》第806册，上海：上海古籍出版社2002年影印本，第503页。

汉军八旗就成为地方大员的重要之选。① 这在顺康时期河道总督的任用中表现得非常明显。不过，在雍正朝任命的两任河道总督及后来任命的江南河道总督和河东河道总督，除田文镜一人为汉军之外，其他均为满人或汉人。这一方面由于雍正朝时间较短，存在一定的偶然性。另一方面，雍正对汉军河官有成见，这对其任用河道总督有一定的影响。如雍正五年（1727 年），雍正曾说："向来汉军得补河员，凡经手一切工程，修筑既不完固，防守复多疏虞。上下通同，侵欺浮冒，虚糜国帑，甚至冀幸堤工之冲决，以遂其侵那［挪］开销之私计。种种弊端，朕所洞悉。"② 这明显会影响到他对汉军河官的任用。从乾隆朝开始，汉人担任河道总督的人员较之以前有了迅速增长，其比例在乾隆为 47%，而在此后所占比例均超过 50%，嘉庆朝比例上升至 75%，同治朝更是五任河道总督全为汉人。而在整个清代河道总督当中，汉人所占比例为 54%，比旗人高约一成。

（二）籍贯分布

籍贯分布就是指河道总督的地域性分布。众所周知，清朝定鼎之初，中央和地方大员多为旗人。早在 1980 年，罗继祖就提出了"清初督抚多辽人"的观点。③ 那么，在整个清代二百多年的历史当中，河道总督的籍贯分布情况到底如何呢？详见表 3-3。

表 3-3　　　　　　　　清代河道总督籍贯分布统计

序号	籍贯	人数	占比	序号	籍贯	人数	占比
1	汉军	24	19.51%	3	浙江	10	8.13%
2	满洲	23	18.70%	4	江西	8	6.50%

---

① 龚小峰：《清代两江总督群体结构考察——以任职背景和行政经历为视角》，《江苏社会科学》2009 年第 2 期。

② 《清实录》第 7 册《世宗实录（一）》卷 64 雍正五年（1727 年）十二月戊申，北京：中华书局 1985 年影印本，第 991 页。

③ 详见罗继祖：《清初督抚多辽人》，《吉林大学社会科学学报》1980 年第 5 期。

序号	籍贯	人数	占比	序号	籍贯	人数	占比
5	江苏	7	5.69%	14	河南	2	1.63%
6	山东	7	5.69%	15	云南	2	1.63%
7	直隶	6	4.88%	16	奉天	1	0.81%
8	湖南	5	4.07%	17	广西	1	0.81%
9	山西	5	4.07%	18	湖北	1	0.81%
10	福建	4	3.25%	19	蒙古	1	0.81%
11	安徽	3	2.44%	20	四川	1	0.81%
12	广东	3	2.44%	21	不详	6	4.88%
13	陕西	3	2.44%	合计		123	100.00%

（说明：江南省划入江苏省计）

从表 3-3 中可以看出，旗人（包括满洲八旗、汉军八旗、蒙古八旗）在整个清朝所任命的河道总督当中，共占约 48.2%，基本上与汉人所占比例相当。而在汉人当中，以浙江、江苏、江西、山东、直隶等省所占比例较大。这几省在当时均属文教比较发达的地区。正途出身的背景对于官员的晋升有着非常重要的意义，接下来就会论及这一点。通过表 3-3 也可以发现，沿黄河各省籍官员出任河道总督的比例比较低。也就是说，出任河道总督的多为非黄河两岸省籍官员。这应该与清朝的回避制度有着比较大的关系。清代回避制度比较严格，顺治十二年（1655 年）规定"在外督抚以下、杂职以上，均各回避本省"。① 乾隆九年（1744 年）规定："官员邻省接壤，原缺与原籍相距五百里以内者，均应回避。"② 籍贯回避制度在逐步的细化和加强，毫无疑问会对河道总督的任命产生较大的影响。

---

① 光绪《钦定大清会典事例》卷 47《吏部·汉员铨选·本籍接壤回避》，《续修四库全书》第 798 册，上海：上海古籍出版社 2002 年影印本，第 702 页。

② 光绪《钦定大清会典事例》卷 47《吏部·汉员铨选·本籍接壤回避》，《续修四库全书》第 798 册，上海：上海古籍出版社 2002 年影印本，第 702 页。

（三）资格背景

所谓资格背景，就是官员的出身。光绪《大清会典》："官之出身有八。一曰进士（文进士，满洲、蒙古翻译进士）。二曰举人（文举人，满洲、蒙古翻译举人，汉军武举）。三曰贡生（恩贡生、拔贡生、副贡生、岁贡生、优贡生、例贡生）。四曰荫生（恩荫生、难荫生）。五曰监生（恩监生、优监生、荫监生、例监生）。六曰生员（文生员，满洲、蒙古翻译生员，汉军武生）。七曰官学生（八旗官学生、义学生、觉罗学生、算学生）。八曰吏（供事、入胜、经乘、书吏、承差、典吏、攒□）。无出身者，满洲、蒙古曰闲散。……汉曰俊秀。"同时还规定："文进士、文举人出身者，均谓之科甲出身。与恩、拔、副、岁、优贡生，恩、优监生、荫生为正途。其余经保举者，亦同正途出身。旗人并免保举，皆得同正途出身。"① 《旧典备征》又载："国朝定制，凡仕进者以进士、举人、五贡、监生、荫生为正途出身。"很明显，这五种出身以外的，则为异途。该书经过大致统计，认为在高级官员中功名越高，人数越多。"汉人中官至一二品，内则尚书、侍郎，外而总督、巡抚，其出身惟进士为最多，次则举人。"② 有清一代，河道总督的出身情况详见表3-4、表3-5、表3-6。

表 3-4   清代河道总督出身统计（一）

序号	出身	人数	占比
1	进士	52	42.28%
2	举人	9	7.32%
3	贡生	8	6.50%

① 光绪《钦定大清会典》卷 7《吏部·文选清吏司》，《续修四库全书》第 794 册，上海：上海古籍出版社 2002 年影印本，第 80 页。

② 朱彭寿：《旧典备征》卷 4《汉大臣不由正途出身者》，北京：中华书局 1982 年点校本，第 110 页。

续表

序号	出身	人数	占比
4	监生	14	11.38%
5	生员	1	0.81%
6	荫生	8	6.50%
7	其他	10	8.13%
8	不详	21	17.07%
合计		123	100.00%

（说明：1."其他"一项中包括笔帖式、翻译生员、哈哈珠子、内务府主事。2.满洲官学生纳入荫生类。3.捐纳归入监生类。）

表3-5　　　　　**清代河道总督出身统计（二）**

出身\时期	进士	举人	贡生	监生	诸生	荫生	其他	不详	合计
顺治	1			1	1			2	5
康熙	3					4	1	4	12
雍正	3		2	1		1	3	3	13
乾隆	6	2	1	6		3	3	4	25
嘉庆	8	3	1	3			2	1	18
以上合计	21	5	4	11	1	8	9	14	73
占比	28.77%	6.85%	5.48%	15.07%	1.37%	10.96%	12.33%	19.18%	100.00%
道光	14	2	1	1				1	19
同治	5								5
咸丰	6							4	10
光绪	6	2	3	2			1	2	16
以上合计	31	4	4	3	0	0	1	7	50
占比	62.00%	8.00%	8.00%	6.00%	0.00%	0.00%	2.00%	14.00%	100.00%
共计	52	9	8	14	1	8	10	21	123
占比	42.28%	7.32%	6.50%	11.38%	0.81%	6.50%	8.13%	17.07%	100.00%

表 3-6　　　　　清代河道总督、两江总督出身统计比较

		进士	举人	贡生	监生	诸生	荫生	其他	不详
前期	河道总督	28.77%	6.85%	5.48%	15.07%	1.37%	10.96%	12.33%	19.18%
	两江总督	31.00%	4.00%	4.00%	8.00%	2.00%	8.00%	40.00%	4.00%
后期	河道总督	62.00%	8.00%	8.00%	6.00%	0.00%	0.00%	2.00%	14.00%
	两江总督	60.00%	6.00%	3.00%	0.00%	14.00%	9.00%	9.00%	0.00%
总计	河道总督	42.28%	7.32%	6.50%	11.38%	0.81%	6.50%	8.13%	17.07%
	两江总督	43.00%	5.00%	4.00%	5.00%	7.00%	8.00%	28.00%	1.00%

（两江总督的数据来自于龚小峰：《清代两江总督群体结构考察——以任职背景和行政经历为视角》，《江苏社会科学》2009 年第 2 期。）

通过表 3-4、表 3-5、表 3-6 可以看出，清代河道总督中，进士出身所占比例最大，这与两江总督基本相同。其次是监生，举人、贡生、荫生及其他出身者所占比例较小。这一点与两江总督差别较大。进士出身所占比例最大，与清代科举制度有非常密切的关系。而监生所占比例很明显与关于投效河工的规定有非常大的关系，也同清代河工捐纳事例有一定的关系。清代曾多次开河工捐纳事例①，在平时还多次开捐纳之事，虽规模不大，但对河工也产生了一定的影响。

还有一点值得注意，清前期（嘉庆以前）进士所占比例为28.77%，到了后期（道光以后）河道总督中进士所占比例猛增至62.00%。与之相对应的是清后期出身监生、荫生以及其他功名不详的人数所占比例急剧下降。很明显，随着清朝统治逐渐走上正常轨道，对于功名较之于前期更加重视。因而，取得科举较高功名进士的官员仕途上升的优势更加明显地表现了出来。

（四）任职年龄和任职时间

表 3-7 显示的是已知清代 50 位河道总督上任时的年龄。

---

①　许大龄：《清代捐纳制度》，北京：燕京大学 1950 年版，第 17~19 页。

表 3-7　　　　　　　清代部分河道总督上任年龄统计

姓名	上任时年龄	姓名	上任时年龄	姓名	上任时年龄	姓名	上任时年龄
朱之锡	35	李清时	59	周天爵	70	张之万	54
靳辅	44	周元理	65	黎世序	39	勒方锜	65
王新命	48	高晋	51	张井	48	乔松年	53
张鹏翮	51	嵇璜	47	栗毓美	57	李鸿藻	68
田文镜	68	何裕城	56	潘锡恩	41	倪文蔚	67
陈鹏年	58	康基田	55	徐泽醇	62	任道镕	73
嵇曾筠	54	兰第锡	47	杨以增	61	钱鼎铭	51
刘勷	56	戴均元	60	麟庆	42	曾国荃	51
高斌	38	吴璥	51	蒋启敭	60	成孚	49
周学健	53	陈凤翔	58	吴邦庆	36	锡良	48
张师载	54	郑大进	24	李星沅	51	陆应谷	48
方观承	52	姚祖同	60	郑敦谨	61		
刘统勋	57	那彦成	44	黄赞汤	54		

　　经计算，这 50 人上任时平均年龄约为 53 岁。较之两江总督
57.6 岁的年龄小了约 5 岁。① 任职时年龄大多在 40~60 岁。清朝对
河官身体条件的要求与地方官不同。地方官办理政务，有固定的衙
署，不用经常奔波在外。而河官则需要经常奔走河干，考察河道状
况，了解工程进展及工需情况，协调处理大量的繁琐之事。朱之锡曾
说河官"非淡泊无以耐风雨之劳，非精细无以察防护之理，非慈断
兼行无以尽群夫之力，非勇往直前无以应仓猝之机"。② 陈潢也说：

----

　　① 龚小峰：《清代两江总督群体结构考察——以任职背景和行政经历为视
角》，《江苏社会科学》2009 年第 2 期。
　　② 傅泽洪：《行水金鉴》卷 46，上海：商务印书馆 1936 年版，第 668 页。

"夫水土畚锸，非可优游坐治也。暴露日星，栉沐风雨，躬胼胝，忍饥寒，其事固非易任矣。"① 可见，治河是一项非常艰苦的工作，对身体条件自然会有一定的要求。另外值得注意的是，嘉庆及其以前共27 任已知河道总督上任的平均年龄约为 51 岁，道光至光绪年间上任的 23 任河道总督的平均年龄约为 55 岁。较之前面大了约 4 岁。任道镕担任东河河道总督时甚至已经 73 岁，周天爵署理江南河道总督时已 70 岁。古稀之年，奔走河干，是否能够尽职尽责，可想而知。这与清后期治河的不力应该存在一定的关系。

在任职时间上，清代河道总督的平均任职时间不到 3 年。其中长的有担任河道总督近十年之久，短的甚至还未到任，便改任他职。如蒋攸铦嘉庆十五年十一月由浙江巡抚授江南河道总督，但未及到任，十二月，便诏回原任。②

河道总督自顺治元年（1644 年）至雍正七年（1729 年）南北分治，共 86 年，23 任，平均任期 3.7 年。南河总督从雍正八年（1730年）设立至咸丰十年（1860 年）裁撤，共 131 年，49 任河道总督（内含 14 任署理南河河道总督。但署理有短则数月，长则数年之人。因此，署理者同实授计。下同），以此计算，则人均任职期限约 2.7年。东河总督自雍正七年（1729 年）设至光绪二十八年（1901 年）裁撤，共 173 年，91 任河道总督（内含 23 任署理东河总督）人均任职期限为 1.9 年。（考虑到清后期政局动荡对于河道总督频繁更换的影响，南河总督与东河总督会有所减少。）雍正七年（1729 年）至同治元年（1862 年），共 67 任，平均任期 2 年。

总的来看，东河和南河总督任期上存在较大的差距。这并非偶然。有清一代，对南河之重视要远高于东河。南河总督治绩不佳，常会调任东河总督，明调暗降，实为处罚。如道光六年（1826 年）

---

① 张霭生辑：《河防述言》，载《皇朝经世文编》卷 98《工政四·河防三》，《魏源全集》第 18 册，长沙：岳麓书社 2004 年版，第 296 页。

② 清国史馆原编：《清史列传》卷 34《蒋攸铦传》，周骏富辑：《清代传记丛刊·综录类②》，台北：明文书局 1985 年影印本。

三月南河总督严烺因事被降三品署东河总督。① 在任职江南河道总督之前，要先在东河任职，合格者才予以南河总督之任。这种例子数不胜数。毫无疑问，这对东河总督的任期产生了非常大的影响。

另外必须指出的是，嘉庆、道光以后河道总督的任职时间普遍缩短。这同嘉庆、道光时期对河道总督的处罚加大有着密切的关系。嘉庆年间加大了河官的惩罚力度，对河道总督动辄枷号河干，发配边疆。周馥曾言："历来大臣获谴，未有如河臣之多。……河益高，患愈亟，乃罚日益以重。嘉道以后河臣几难幸免，其甚者仅贷死而已。"② 嘉庆在位二十六年，南河、东河河督换了近三十任，平均每个河督任职时间约为 1.5 年，远低于清代河道总督的平均任期。时间短的，任职数月即被撤职。河道总督的频繁更换对于治河的危害性也是不言而喻的。很多官员在河道总督任上尚未至熟悉地步，便被调改他任。继任官员，依然生疏。周而复始，河工之不治，与此当有一定关联。

（五）行政经历

这里所说的行政经历，主要指的是河道总督及副总河等高级官员是否在黄河中下游地区，包括河南、山东、江苏、安徽等省担任过地方大员，或者在河道系统担任过同知、道员等职务，也就是他们是否从事过有关治理黄河的相关活动。经过对上述 123 任河道总督的任职经历分析（见表 3-8）可以发现，他们绝大部分在河南、江苏、山东等地担任过地方大员或河官中的同知、道员等职务，许多官员在上述三地都有任职经历。这说明清代在选拔河道总督这一职务时，对于他们的任职经历还是有一定考虑的。

---

① 赵尔巽等：《清史稿》卷 383《严烺传》，北京：中华书局 1977 年点校本，第 11648 页。

② 周馥：《秋浦周尚书（玉山）全集·文集》卷 1《〈国朝河臣记〉序》，《近代中国史料丛刊》，台北：文海出版社 1987 年影印本，第 917 页。

表 3-8　　　　　**首次担任河道总督之前任职（东河、南河）**

选任来源		南河	占比	东河	占比	东河	占比
河道系统	东河、南河	16	28.57%	5	8.06%		0.00%
	副总河	5	8.93%	5	8.06%		0.00%
	河道道员	3	5.36%	17	27.42%		0.00%
小计			42.86%		43.54%		
漕运系统	漕运总督	5	8.93%	2	3.23%	1	4.76%
	仓场侍郎	2	3.57%	0	0.00%	1	4.76%
地方官员	总督　两江总督	3	5.36%	0	0.00%		0.00%
	他省	3	5.36%	1	1.61%	1	4.76%
	巡抚　河南巡抚	0	0.00%	4	6.45%	6	28.57%
	山东巡抚	2	3.57%	2	3.23%	2	9.52%
	苏州（江苏）巡抚	3	5.36%	1	1.61%		0.00%
	安徽巡抚	1	1.79%	0	0.00%		0.00%
	他省巡抚	5	8.93%	2	3.23%	4	19.05%
	其他	3	5.36%	14	22.58%	4	19.05%
中央部院	大学士	1	1.79%	1	1.61%		0.00%
	尚书	1	1.79%	5	8.06%	1	4.76%
	侍郎	3	5.36%	3	4.84%	1	4.76%
合计		56	100.00%	62	100.00%	21	100.00%

　　由表 3-8 可知，清代南河总督、东河总督在选任上存在很大的差异。就南河总督而言，其来源主要是东河调任、副总河升任、两江总督、山东巡抚、苏州巡抚（江苏巡抚）调任，而对东河总督而言，河道道员升迁是最主要的途径（尤以江南淮徐道和直隶通永道为

多），副总河升任、中央部院尚书、侍郎派遣是另一个途径，由南河总督改任的大多数是南河任绩不佳，降调东河。除此之外，还有一个现象。东河、南河分治之后河督选任过程中，南河总督仅有一次由布政使（直隶）授官，且是在咸丰五年（1855 年）铜瓦厢决口之后，而东河则七次由布政使、三次由按察使、两次由奉天府尹、一次由宁夏布政使授官。① 选官上的这种差别，事实上是清代治河东、南河差异的一个重要表现。对于南河官员选任的重视程度要远远高于对东河官员选任的重视程度。

　　总的来看，清朝对于河道总督的选拔和任用是有规律可循的。比如，满汉之别、功名出身、年龄、行政经历等。这对于我们了解传统社会技术官员的选拔是非常有益的。另外，这种规律的变化同治河的成败有一定的联系。当然，既不能夸大这种联系，也不能忽视这种联系的存在。对于清代治河成败原因的探索，众说纷纭，而河官选任机制上存在的问题，应当也是清代治河失败的一个重要原因。

---

① 钱实甫：《清代职官年表》第 2 册《督抚年表附河道总督》，北京：中华书局 1980 年版。

第四章　清初至乾隆时期的河政

一、河政败坏与漕运受阻

（一）黄河频繁决口，水患频仍

明代洪武元年（1368 年）至弘治十八年（1505 年）的 137
年间，黄河频频决溢，河道几经变迁。嘉靖四十四年（1565 年）
至万历二十年（1592 年），潘季驯四任总河，对黄河进行了治
理。在治河过程中，潘季驯提出了束水攻沙的治河方法，同时，
加固黄河堤防，对于控制河道、防治黄河水患起到了一定的作
用。潘季驯之后，杨一魁又负责治河长达七年之久。杨一魁在治
河过程中提出了分黄导淮的方案，取得了一定的成效。但他们的
治河都存在着一定的缺陷。如潘氏治河局限在河南以下，没有对
于泥沙的来源进行治理，而杨一魁的方案也并未取得很好的效
果。① 明代对于黄河的治理，在潘季驯、杨一魁之后又陷入一个
低潮。至晚明时期，朝纲混乱，政事不修，加上农民起义不断，
朝廷无暇顾及黄河治理。

明朝末年，黄河在开封荆隆口决口。这次决口对河道造成了比较
大的影响："汴城已成新河，旧河竭矣。……计水九分，而旧河止一

---

① 黄河水利史述要编写组：《黄河水利史述要》，郑州：黄河水利出版
社 2003 年版，第 290~293 页。

164

分矣"①,"故道淤为平陆,邳宿运河亦涸,漕艘阻绝"。② 崇祯帝派侍郎周堪赓治之,"功未就而明亡"。顺治元年（1644 年）夏,黄河自复归故道。③"由开封经兰（阳）、仪（封）、商（丘）、虞（城）,迄曹（县）、单（县）、砀山、丰（县）、沛（县）、萧（县）、徐州、灵璧、睢宁、邳（县）、宿迁、桃源（今泗阳）,东经清河（今淮阴）,与淮（水）合,历云梯关入海。"④ 但是,堵口的成功并不代表水患的消弭。从清军入关开始,黄河水患便接连不断（见表 4-1、表 4-2）。清初河道总督杨方兴即言:"伏秋水涨,岁岁有之,亦处处有之。"⑤ 这给刚刚立国,社会亟需稳定、生产亟待恢复的清政府带来了很大的困扰。

表 4-1　　　　　　　　靳辅治河之前清代黄河主要决溢情况

决溢时间		决溢地点	决溢情况	备注
年号	公元纪年			
顺治元年	1644	温县	秋,温县河北塌三十里,时村落尽没。 伏秋汛发,北岸小宋口、曹家寨堤溃,河水漫曹、单、金乡、鱼台四县,自兰阳入运河,田产尽没。	雍正《河南通志》卷 15《河防四》 《清史稿》卷 279"杨方兴传"

① 傅泽洪:《行水金鉴》卷 46 引《崇祯长编》,上海:商务印书馆 1936 年版,第 654 页。"
② 《清国史》第 4 册《河渠志》卷 1,北京:中华书局 1993 年影印本,第 857 页。
③ 《清国史》第 4 册《河渠志》卷 1,北京:中华书局 1993 年影印本,第 857~858 页。
④ 赵尔巽等:《清史稿》卷 126《河渠志一·黄河》,北京:中华书局 1976 年点校本,第 3716 页。
⑤ 《顺治六年江北水灾题本》,《历史档案》1988 年第 32 期。

续表

决溢时间		决溢地点	决溢情况	备注
年号	公元纪年			
顺治二年	1645	考城	二年七月，河决流通集，分两道入运河，运河受河水淀浊淤塞，下流徐、邳、淮、扬亦多冲决。 二年夏，决考城，又决王家园。……七月，决流通集，一趋曹、单及南阳入运，一趋塔儿湾、魏家湾，侵淤运道，下流徐、邳、淮阳亦多冲决。	《清史稿》卷279"杨方兴传" 《清史稿》卷101《河渠一·黄河》
顺治三年	1646	汶上	全河下注，势湍激，由汶上决入蜀山湖。 河决刘通口，水北徙，至徐一带，河流涸竭。	《清史稿·河渠志》 《行水金鉴》卷46
顺治四年	1647	丰县	河溢，余流合并入丰，注太行堤，深丈余。	《行水金鉴》卷46
顺治五年	1648	兰阳		雍正《河南通志》卷15《河防四》
顺治七年	1650	封丘荆隆口，祥符朱源寨	秋禾皆没	《行水金鉴》卷46
顺治九年	1652	封丘大王庙、邳州	河决封丘大王庙口，冲毁县城。水从长垣趋东昌，坏安平堤，北入海，大为漕渠梗。 河决邳州，坏城垣，漂庐舍。睢宁县淹民田三十余里，冲断遥月等堤共十八道。 上流复决祥符之朱源寨，全河北徙。	《清国史》第4册《河渠志》卷1

决溢时间		决溢地点	决溢情况	备注
年号	公元纪年			
顺治十四年	1657	祥符槐疙瘩	黄河南徙，陈留孟家埠口溃决。	雍正《河南通志》卷15《河防四》
康熙元年	1662	曹县、开封黄练口、归仁堤、桃源黄家嘴	五月，决曹县石香炉、武陟大村、睢宁孟家湾。六月，决开封黄练集，灌祥符、中牟、阳武、杞、通许、尉氏、扶沟七县，田禾尽被淹没。七月，再决归仁堤。河势既逆入清口，又挟睢、湖诸水自决口入，与洪泽湖连，直趋高堰，冲决翟家坝，流成大涧九。	《清史稿·河渠志》；雍正《河南通志》卷15《河防四》；乾隆《江南通志》卷51《河渠志·黄河三》
康熙四年	1665	虞城、永城、夏邑	四月，河决虞城、永城、夏邑三县，庐舍田禾多被淹没。	雍正《河南通志》卷15《河防四》
康熙六年	1667	桃源烟墩、黄家嘴，萧县石将军庙	沿河州县悉受水患，清河冲没尤甚，三汊河以下水不没骭。黄河下流既阻，水势尽注洪泽湖，高邮水高几二丈，城门堵塞，乡民溺毙数万。	《清史稿·河渠志》
康熙七年	1668	桃源黄家嘴、邳州	河决桃源之黄家嘴，复决邳州，城郭庐舍，俱陷于水。已塞又决，决水南下横冲清河入运，决江都运河之崇湾堤，注下河。又决三义坝，水绕清河治后，冲没田庐。邑治几废。 清河县冲没居民田舍数十里，水入县治，仪门内水深三尺。三汊河以下水不没骭，漕艘路绝。黄河下流尽注洪泽湖，高邮溺人民数万，城中屋宇尽倾。	康基田：《河渠纪闻》卷14；《清国史》第4册《河渠志》卷1

167

续表

决溢时间		决溢地点	决溢情况	备注
年号	公元纪年			
康熙九年	1670	清河之黄家营二堡,卢家渡文华寺至永兴集	清河县境内百里皆淹,流离载道。	乾隆《江南通志》卷 51《河渠志·黄河三》;康基田:《河渠纪闻》卷 14
康熙十年	1671	萧县、清河五堡、桃源陈家楼、七里沟	萧县河水大溢。高下沦没。河决桃源之陈家楼,即塞之。又决清河之五堡、桃源之七里沟,淮水涨十余日,清水潭复决,田庐尽沉入水。	康基田:《河渠纪闻》卷 14
康熙十一年	1672	萧县两河口、邳州塘池旧城、虞城	河南虞城县黄水大溢,决水下注萧县两河口,堤决漫山西坡大下,村落为墟。复决邳州塘池。高邮清水潭复决,逾年始塞。	康基田:《河渠纪闻》卷 14
康熙十二年	1673		桃源七里沟决口塞,又决桃源之新庄口,阅四载乃塞之。又决清河之王家营、洪泽湖高良涧、高邮清水潭,复决。河决山东曹州之新村,三筑三决,三载乃成功。	康基田:《河渠纪闻》卷 14
康熙十四年	1674	徐州潘家堂、宿迁蔡家楼、睢宁花山坝、清河县治	民多流亡。	乾隆《江南通志》卷 51《河渠志·黄河三》

续表

决溢时间		决溢地点	决溢情况	备注
年号	公元纪年			
康熙十五年	1675	高堰等三十四处	十五年黄流倒灌洪泽湖，决高堰三十四处。黄淮合并东下，漕堤多溃。 夏，久雨，河倒灌洪泽湖，高堰不能支，决口三十四。漕堤崩溃，高邮之清水潭，陆漫沟之大泽湾，共决三百余丈，扬属皆被水，漂溺无算。	乾隆《江南通志》卷 51《河渠志·黄河三》

（资料来源：乾隆《江南通志》，文渊阁四库全书本。雍正《河南通志》，文渊阁四库全书本。康基田：《河渠纪闻》，《四库未收书辑刊》1 辑 29 册，北京：北京出版社 2000 年影印本。傅泽洪：《行水金鉴》，上海：商务印书馆 1936 年版。赵尔巽等撰：《清史稿》，北京：中华书局 1977 年点校本。）

表 4-2　　**历史黄河决溢间隔 20 年频次（明清部分）①**

时间间隔	水灾频次
1360—1379	12
1390—1399	21
1400—1419	12
1420—1439	10
1440—1459	16
1460—1479	9
1480—1499	8
1500—1519	13

---

① 宋正海等：《中国古代自然灾异动态分析》，合肥：安徽教育出版社 2002 年版，第 261 页。

续表

时间间隔	水灾频次
1520—1539	7
1540—1559	8
1560—1579	12
1580—1599	7
1600—1619	12
1620—1639	15
1640—1659	16
1660—1679	36
1680—1699	5
1700—1719	4
1720—1739	11
1740—1759	8
1760—1779	6
1780—1799	14
1800—1819	17
1820—1839	4
1840—1859	7
1860—1879	8
1880—1899	27
1900—1911	12

　　通过表4-1、表4-2可以清楚看到，清初黄河水患达到了明清时期的峰值，决口次数多，成灾面积大。这给清朝的统治带来了很大的危害，增添了很多不稳定因素。黄河成灾，导致运河河道淤堵，问题重重。靳辅曾说："康熙十六年以前，淮溃于东，黄决于北，运涸于

中，而半壁淮南与云梯海口且沧桑互易。"① 因此，清政府面临的治水任务异常艰巨。

黄河不断决口与河道本身的泥沙状况关系密切。黄河是世界上含沙量最高的河流，泥沙在河水流速达不到一定程度的情况下，会不断在河底淤积，从而抬高河床。② 康熙十六年（1677年），靳辅考察黄河下游河道，对黄河下游的淤积情况有过这样的描述："臣闻顺治年间河道未坏之时，清江浦以下之河身，深二三丈至五六丈不等，宽二三百丈至六七百丈不等。广大如此，是以虽遇伏秋水涨，足以有容，而不至于泛滥。乃今日清江浦以下之河身，深二三尺至五六尺不等，宽十二三丈至十八九丈不等，逼窄如此，是以即使霜降水消，亦难承受，而每至于冲溃也。"③ 不仅如此，靳辅还对清代河身与受水量进行了非常细致的分析："今者宽深之数，牵而合较之，深二三丈至五六丈，牵计深四丈，深二三尺至五六尺牵，计深四尺。昔四丈而今四尺，是前此河水之深十倍于今日也。宽二三百丈至六七百丈，牵计宽四百五十丈宽十二三丈至十八九丈牵算，计宽十五丈。昔四百五十丈而今止十五丈，是前此河身之宽三十倍于今日也。以十倍与三十倍合之，是今日受水之河身仅有前此三百分中之一分耳。"④ 在这种情形下，河水逢涨必溢，连年为患，也就不足为奇了。

总的来讲，靳辅治河之前，清代黄河河道的基本形势就是上游（指河南地区）频繁决口，导致黄淮地区频繁受灾，进而堵塞运河，阻碍漕运。若再不治理，则不仅江南水患不息，漕运受到的影响会更加严重，直接影响到京师粮食的供应，"决口既多，则水势分而河流

---

① 靳辅：《治河奏绩书》卷4《治纪·大工兴理》，《文渊阁四库全书》第579册，上海：上海古籍出版社1987年影印本，第710页。

② 邹逸麟：《千古黄河》，香港：中华书局（香港）有限公司1990年版，第15页。

③ 靳辅：《治河奏绩书》卷3《奏议·题为河道弊坏已极等事》，《文渊阁四库全书》第579册，上海：上海古籍出版社1987年影印本，第686页。

④ 靳辅：《治河奏绩书》卷3《奏议·题为河道弊坏已极等事》，《文渊阁四库全书》第579册，上海：上海古籍出版社1987年影印本，第686页。

缓，流缓则沙停，沙停则底垫，以致河道日坏，而运道因之日梗"①，对清朝的统治产生很大的影响。

（二）清代虽已初步建立了一套治河机构，但是河政问题重重

大约宋代之后治河，与前朝不同，原因就在于都城在北而不在南。宋以后，经济重心南移，南方成为粮食主产区，粮食需要北上供应京师所需。康熙二十一年（1882年），康熙曾说："古之治黄河者，惟在去其害而止，今则不特去其害，并欲资其力，以转运漕粮，较古更难。"② 清朝"定鼎燕京，岁漕东南四百万石，由江涉淮，入黄河，进董口，由徐堂口，经迦河、会通河、卫河，溯大通河，以达京师"。③"国家漕运，全资黄运两河"，因而在顺治年间就设立河道总督一职，"总理两河事务"，同时在河道总督下面设立通惠、北河、南旺、夏镇、中河、南河、卫河等七分司，还设置了河标。④ 可以说，清仿明制初步建立了治河保运机构。但是，机构的运转存在很多问题。如河官视河工为利薮，以侵帑误工为能事，工程质量差，弊端重重。靳辅曾言："堤岸冲决之由……官之罪有二：一在备员阘茸，不知河道为何物。其于运道民生，不啻秦越人之视肥瘠。虽有以未雨绸缪之策告之者，而茫然不能用也。一在利于多事，希图乘机侵蚀，故薄者不填而缺者不补，以致溃决废坏，不可收拾也。"⑤

河官尸位素餐，甚至企图以河工来满足个人私利，工程修防当然不会尽心尽力。顺治十四年（1657年）至康熙五年（1666年）担任河道总督的朱之锡，"稽之故籍，问之水滨"，发现明代留下的堤防经过战争的破坏已经被损毁太多。他在奏折中这样写道："前明经营

---

① 靳治豫编：《靳文襄公（辅）奏疏》卷1《河道弊坏已极疏》，《近代中国史料丛刊》，台北：文海出版社1967年影印本，第21页。

② 中国第一历史档案馆整理：《康熙起居注》，北京：中华书局1984年版，第843页。

③ 康熙《钦定大清会典》卷137《工部七·河渠一·运道》，《近代中国史料丛刊三编》，台北：文海出版社1992年影印本，第6823页。

④ 傅泽洪：《行水金鉴》卷166，上海：商务印书馆1936年版，第2403页。

⑤ 靳治豫编：《靳文襄公（辅）奏疏》卷1《经理河工第八疏·添设兵丁》，《近代中国史料丛刊》，台北：文海出版社1967年影印本，第99~100页。

遗迹，数十年来废弛已甚。如太行遥堤，正宋任伯雨所谓'宽立堤防、约拦水势者'，治河要策，无以出此，竟以工巨辄诎议寝。"①他还对当时运河的情况作了特别说明："运河自通惠至清口止计二千余里，防淤防浅，旧时规制，仅存十五。"② 薛清祚也指出："遥堤……车马之所践踏，风雨之所剥蚀，卑薄有不及往日之半者。"③

河道败坏影响到了清朝漕运。

黄河连年决口，对运道造成很大的冲击和破坏，南粮北运通道时常受阻。

二、河道规制渐趋完善

清前期顺、康、雍三朝对于黄河的治理，最主要的功绩在于初步遏制住了黄河水患的多发局面，建立了一套比较完善的规章制度，同时，确立了有清一代治河的基本方略。其中，朱之锡、靳辅、嵇曾筠三人可谓三朝代表人物，作出的贡献也最大。

（一）清初河道规制的奠基阶段——朱之锡治河

清代河道规制和治河方略的奠基阶段，大致可以认为是顺治年间至康熙初年，即靳辅治河以前。这一时期的河工，在朱之锡的主导之下，在官员建置、河道规划以及治河思想等方面都有所成就，为康熙时期靳辅治河奠定了基础。④

朱之锡，字孟九，号梅麓，浙江义乌人，顺治丙戌（1646年）

---

① 傅泽洪：《行水金鉴》卷46，上海：商务印书馆1936年版，第666页。

② 傅泽洪：《行水金鉴》卷46，上海：商务印书馆1936年版，第666页。

③ 薛清祚：《两河清汇》卷8《刍论·查理旧置遥堤》，《文渊阁四库全书》第579册，上海：上海古籍出版社1987年影印本，第482页。

④ 对于朱之锡的治河成绩，以陈锋、张建民、任放等《中国经济通史第八卷》上册（长沙：湖南人民出版社2002年版）对其评价最高，认为朱之锡"奠定了清前期治河的基调"，充分肯定了朱之锡的治河成就。（见该书第503页注释1）另，萧一山《清代通史》（上）（上海：商务印书馆1928年版，第642页）亦说："顺治十五年，河决山阳。康熙元年，河决原武、祥符。河道总督朱之锡上缓急十事，开治河之先路。"

进士，官至河道总督、兵部尚书。① 顺治十四年（1657 年），首任河道总督杨方兴卸任。同年七月，朱之锡就任河道总督②，康熙五年（1666 年）二月卒于任③，任职前后近十年。在这十年里，朱之锡实地踏勘黄河，修筑堤防，查污惩贪，整顿河官，清理河工弊政。他不仅在黄运两河的治理上做出了很大成绩，而且为完善清代河工制度打下了坚实的基础。

1. 朱之锡的治河思想

第一，朱之锡主张治河要从全局出发，实行漕河兼治的方法。杨方兴担任河道总督期间，治河主要是就河论河，为保漕而治河，没有从全局的角度来考虑治河方略。朱之锡与杨方兴不同，在清代治河史上，他首先提出了"漕河兼治"的治河思想。顺治十六年（1659 年）五月，朱之锡在奏折中提到"淮扬之治河也，较他处不同。在扬属运道，与湖水相连；在淮属运道，系淮黄交流。淮河自西而来，至泗州入诸湖，出清口达于黄河，以资利涉。是以治河、治漕必并行而不相悖，方于国计民生两有裨益"。④ 这是清代河臣中最早提出全面治理黄运两河的。他的这种思想被靳辅继承，并且予以发扬。

第二，治河无定法，要依据形势的变化，因地制宜地采取适当的措施治河。朱之锡上任之初，并未仓促地采取各项治河措施，而是进行了长时间的实地踏勘。顺治十六年（1659 年）十二月，朱之锡在给顺治的奏折中强调指出："黄运两河，情形不同，修防各异。即同一黄河、同一运河，而南北延亘，各不下数千里，天时之旱涝，地势之险平，广狭水势之趋舍，亦未有便一例而论者。"⑤ 他主张在不同

---

① 雍正《浙江通志》卷 161《人物一》，《文渊阁四库全书》第 523 册，上海：上海古籍出版社 1987 年影印本，第 331 页。

② 傅泽洪：《行水金鉴》卷 46，上海：商务印书馆 1936 年版，第 664 页。

③ 傅泽洪：《行水金鉴》卷 47，上海：商务印书馆 1936 年版，第 677 页。

④ 傅泽洪：《行水金鉴》卷 134，上海：商务印书馆 1936 年版，第 1939 页。

⑤ 朱之锡：《河防疏略》卷 10《覆河水贻害靡常疏》，《续修四库全书》第 493 册，上海：上海古籍出版社 2002 年影印本，第 720 页。

的河段采用不同的治理方法。

第三，清代与明代所面临的治河形势是相同的，治河目的也是相同的，明代的治河理论和实践已经相当成熟，清代要沿着明代的治河路线向前发展。① "我朝因明之旧，数百万京储仰给东南。黄河自荥泽以至山阳，南北两岸垂四千里，苟蚁穴不戒，漕且中断，则凡所以筹河者，岂能与前明有异？"② 他还提出，明末清初水灾频仍的主要原因就在于明代所修堤防多数已经遭到损害，"旧时规制，仅存十五"，无法发挥应有的功能，修理明代水利工程，是当时治河的一个有效方法。③

第四，他认为，治河受到很多因素的限制，其中最重要的就是财政因素。治河方略的实施要根据国家的财政状况来考虑。他指出，当时河工败坏，水患频仍，堤防失修，"以臣职掌论之，何事不宜修复？"但 "司农告匮，民力凋敝，无论举赢未易，即斤斤岁修常例，河帑缺额，渐苦捉襟"，因此，无法兴修大型水利工程，只能采取权宜之计，"内约盈虚，外权缓急，随时补苴，期不失为治标之策"。④ 顺治十六年又讲到 "桃源黄家嘴及安东五港口，淤垫年久，工繁费巨，难以轻举，且黄河谚称神河，难免不旋浚旋淤，惟以广积夫料，加意修防，收补偏救弊之功而已"。⑤ 尽量减少新建大型水利工程，而以修补原来的破损的堤防为主。在当时的技术条件和经济条件下，这确实是一种比较客观和现实的治河思想。

在后面的论述中将看到朱之锡治河思想的主要内容被后来的治水专家、河道总督所继承，在清代的治河过程中发挥了重要的作用。

---

① 朱之锡：《河防疏略》卷 3《两河利害甚巨疏》，《续修四库全书》第493 册，上海：上海古籍出版社 2002 年影印本，第 633 页。

② 傅泽洪：《行水金鉴》卷 46，上海：商务印书馆 1936 年版，第 666 页。

③ 朱之锡：《河防疏略》卷 3《两河利害甚巨疏》，《续修四库全书》第493 册，上海：上海古籍出版社 2002 年影印本，第 633 页。

④ 朱之锡：《河防疏略》卷 3《两河利害甚巨疏》，《续修四库全书》第493 册，上海：上海古籍出版社 2002 年影印本，第 633 页。

⑤ 《清国史》第 4 册《河渠志》卷 1，北京：中华书局 1993 年影印本，第859 页。

2. 在治河实践中，朱之锡主要采取了以下方略

第一，宽立堤防，慎挑引河。堤防是最重要的治河工程。朱之锡继承了明代潘季驯、徐有贞等人的治河思想，主张"宽立堤防，约拦水势"。① 他认为，太行遥堤是治理黄河的一个重要保障，当时竟以"工巨帑绌"而作罢，因此，应当重新加固太行遥堤。同时，要注意采取适当的措施清淤除沙。他认为，坚固的堤防是治河的一个重要方法，能够约束水势，使水在堤防内流走，不致泛滥成灾。他还强化了堤防的岁修制度，加强了岁修工程的管理与监督。

挑挖引河是治理黄河的一个重要举措，尤其是在治理险工方面。顺治十七年（1660 年），河南道御史余缙上《河防六款》一疏，主张疏凿河道，开挑引河。河南布政使徐化成、署管河道南河同知崔维雅也同意其主张。朱之锡则认为，河水来势凶猛，分散水势，因势利导，防患于未然，"原是治河良策"，但是挑引河之法，"形势不同，引河有可挑不可挑之异；水性难定，挑引河又有得成不得成之异"。② 然而，慎挑并非不挑，在合适的情况下挑引河也是非常有效的一种治河方式。顺治十六年（1659 年）五月，朱之锡就曾在上疏中说"从清河上四十五里仍挑黄家嘴，经清河至安东五港口东流入海"，若能成功，"诚为保运安民长策"，只是所费巨大，河帑不足，难以兴修。③

第二，重视埽工，建设柳园。明清时期，人们已经认识到河堤种植柳树，作用很大④，"沿堤植柳，勤加培养，既可以备卷埽之用，

---

①　"宽立堤防，约拦水势"，最早为宋代任伯雨提出。顾祖禹：《读史方舆纪要》第 11 册卷 126《川渎三》，北京：中华书局 2000 年版，第 5426 页。

②　傅泽洪：《行水金鉴》卷 46，上海：商务印书馆 1936 年版，第 671～672 页。

③　朱之锡：《河防疏略》卷 5《覆淮黄关系甚巨疏》，《续修四库全书》第 493 册，上海：上海古籍出版社 2002 年影印本，第 668 页。

④　"凡沿河种柳，自明平江伯陈瑄始也。"靳辅：《治河奏绩书》卷 4，《文渊阁四库全书》第 579 册，上海：上海古籍出版社 1987 年影印本，第 739 页。

而根株盘绕，更可以巩固堤防"。① 顺治年间，杨方兴曾"责成印官各于河干按汛栽柳"。② 朱之锡也非常重视埽工在加固堤防、防洪塞决中的作用。顺治十六年（1659年）正月，朱之锡在上疏中提到，黄河水势凶猛，"御险塞决，非埽无工"③，"河防之法，全资柳料"。④ 夏秋汛期，河势瞬息变化，修防比较困难，但是如果准备了充足的埽料，可以使"咄嗟之顷，转危为安"，"免塞决之费"；即便万一有地方被冲决，也可以做到"旋决旋塞"，不致"正流日淤、旁口日豁"，又可以"免塞大决之费"。但如果埽料不足，即使银两再多，人力再多，面对河水泛滥，也只能是"束手坐困"。而埽有许多种类，其中以柳埽最为坚固，在堤防上作用也最大，因此，必须使柳树"生植之数常有余于采办之数"，然后才可以源源不断地提供柳料。因此，朱之锡认为，栽柳以供埽工"乃治河者之第一义也"。⑤

为了做到这一点，朱之锡将杨方兴所推行的河岸植柳方案进一步加以完善、细化，制定了更加严格的奖惩措施。"令黄河经行各州县印官于濒河处所各置柳园数区，或取之荒地，或就近民田，量给官价。每园安置堡夫数名，布种浇灌。……秋冬验明，行以劝惩之例。"河官、印官有自置柳园栽种两万株柳树以上者，秋冬之时，验明成活确数，予以奖励。河官、印官动用官银置买柳园，必须栽种三万株柳树以上者，予以奖励。"如有怠于栽植及柳株枯损、不行补救者，指名题参，分别议处。"同时，朱之锡还指出，柳株"令印官责

---

① 朱之锡：《河防疏略》卷13《覆河防利弊六款疏》，《续修四库全书》第493册，上海：上海古籍出版社2002年影印本，第758~759页。

② 傅泽洪：《行水金鉴》卷46，上海：商务印书馆1936年版，第667页。

③ 朱之锡：《河防疏略》卷3《特议建设柳园疏》，《续修四库全书》第493册，上海：上海古籍出版社2002年影印本，第643页。

④ 朱之锡：《河防疏略》卷13《覆河防利弊六款疏》，《续修四库全书》第493册，上海：上海古籍出版社2002年影印本，第761页。

⑤ 朱之锡：《河防疏略》卷3《特议建设柳园疏》，《续修四库全书》第493册，上海：上海古籍出版社2002年影印本，第643页。

成里甲均采均运”，严防“包揽、掯索、扣克、准折”等弊端。① 则数年之后，“遍地成林”，到时“不但有济河工，而河帑亦可少节，民力亦可少苏矣”。②

第三，完善水闸的启闭管理制度，确保漕运畅通。水闸对于漕运而言，有着举足轻重的作用。水闸是否启闭得时，直接关系到漕运的畅通与否。顺治十四年（1657年），朱之锡指出，水闸启闭“应遵定例，非积六七尺不准启闸，以免泻涸。闭下闸，启上闸，水凝亦深；闭上闸，启下闸，水旺亦浅。重运板不轻启，回空板不轻闭”③，“俱允行”。④ 康熙四年（1665年）二月，朱之锡再次上疏请求加强水闸启闭的管理。要求除紧急差船外，其余船只要跟随漕运船只，才能过闸；不准利用权势，“强勒启闭，阻误粮艘”。⑤

第四，提倡官修与民修相结合的修防制度。朱之锡建议重大水利工程筑修可以动用河帑，其他工程地方可以在农闲之时招集民众进行修筑，将官修与民修结合起来。这是在朝廷国库空虚，财政不足的情况下不得不采取的一种举措。如顺治十六年（1659年），朱之锡在考察了江南河工之后，指出太行老堤，原系“民修民守”，应该恢复旧例，“按籍责成乡民分修”。很多重大工程需要进行大修，但因“工繁费巨”，只能等到“年丰物阜”、国库充盈的时候，才可以进行大规模的治理。⑥ 在淮河工段，朱之锡更是主张将官修和民修结合起来。“一、淮工宜酌行民修旧例。江淮河济，原分四渎。自挽河资

---

① 朱之锡：《河防疏略》卷3《特议建设柳园疏》，《续修四库全书》第493册，上海：上海古籍出版社2002年影印本，第643页。

② 朱之锡：《河防疏略》卷3《特议建设柳园疏》，《续修四库全书》第493册，上海：上海古籍出版社2002年影印本，第644页。

③ 赵尔巽等：《清史稿》卷127《河渠志二·运河》，北京：中华书局1976年点校本，第3770页。

④ 《清国史》第4册《河渠志》卷1，北京：中华书局1993年影印本，第860页。

⑤ 朱之锡：《河防疏略》卷18《粮运关系甚巨疏》，《续修四库全书》第493册，上海：上海古籍出版社2002年影印本，第837页。

⑥ 朱之锡：《河防疏略》卷5《覆淮黄关系甚巨疏》，《续修四库全书》第493册，上海：上海古籍出版社2002年影印本，第670页。

运，会淮注海，以一淮受河济两渎之水，漫决时有，工作不停。前明兼用官修、民修，我朝因之。自顺治九年定议募夫支给河银，未议及民修之例。河银有定额，用夫无常期，难免顾此失彼，宜分别。应官修者，募夫给银；应民修者，派夫给食米。人数少，可专派山阳一县；人数多，则均派高邮、宝应、兴化、泰州、盐城、泰兴各州县协济。则事分工速。"① 次年，朱之锡提出仿照明制，建立河工岁修制度，"遇有损伤，立时修补，而事易治矣"。②

3. 朱之锡还尤其注意加强官员的管理和监督，非常重视河官的选拔、管理和监督

第一，重视河官的选拔。朱之锡认为，治理黄运两河，需要总河与各司道厅印官合力而为，其中"司厅尤其要也"。因此，河官的选拔就显得非常重要。他提出河官预选的方法，通过荐用和储材两种途径来达到选拔合格河官的目的。就是要选拔那些那些长期任职河务，并且能够"尽心河务"、"始终练达、驾轻就熟"的官员。③

第二，延长河官的任职时间。顺治初年，官员实行一年为满的考核制度。顺治十四年（1657年），河道总督杨方兴曾上疏顺治帝，"请复河差三年旧例"。顺治十六年（1659年），朱之锡针对通惠河工上疏重申此例。康熙初年，朝廷"议将管河分司改为一年更替之例"。康熙二年（1663年）十一月，朱之锡再次上疏，强调河工关系重大，河官若一年一换，"初则生手未谙，茫然无措，及至稍知头绪，而差期已满，年复一年，岂免贻误?"因此，请求"管河分司汉官，仍遵前旨，三年一换"，在此期间，"暂停转迁"。得到批准。④

① 清国史馆原编：《清史列传（一）》卷8《大臣画一传档正编五·朱之锡》，周骏富辑：《清代传记丛刊·综录类②》，台北：明文书局1985年影印本，第721~722页。

② 康基田：《河渠纪闻》卷13，《四库未收书辑刊》1辑29册，北京：北京出版社2000年版，第191~192页。

③ 朱之锡：《河防疏略》卷4《慎重河工职守疏》，《续修四库全书》第493册，上海：上海古籍出版社2002年影印本，第649页。

④ 朱之锡：《河防疏略》卷17《请复河差三年旧例疏》，《续修四库全书》第493册，上海：上海古籍出版社2002年影印本，第815~819页。

第三，实行河官"新旧交代"制度。对于河防而言，时刻都要求有官员在职，即使有人代理河官，也是弊端极大。"员缺代署，不惟利害不切，即骤然经营，省解不易，难免误事。"① 因此，朱之锡认为，可以采纳前朝潘季驯的做法，实行"新旧交代"。即要求"河南管河道并各省、府、州、县管河佐贰官"，无论升职、降职或者调往他任，都要在原职等待新官上任。直到将他所任内"修防事宜，备造清册"，"传告新官"，方可离任，违者总河指参。②这种制度的实行，可以保证政策的连续性和稳定性，同时，也可以帮助新任河官尽快熟悉河工事务。这个政策在清代得到了较好的执行。③

第四，河官专职任事，不得兼管他务。朱之锡认为，河官处理河工事务，一定要身临其地，才能对形势作出正确的判断，制定正确的决策，即"河道一事，非足到眼到，则形势之委曲，工程之坚瑕，鲜不有错施而误事者"。④ 因此，他要求加强对河官兼管事务的监督与管理，建立严格的责任制度，尽量减少河官兼理其他事务。朱之锡身体力行了这一举措。顺治十八年（1661年），上疏辞理刑名事务，一心管理河务。⑤ 康熙四年（1665年）八月，针对朝廷欲将河道下辖七分司归并地方官的举措，朱之锡再次上疏，力陈利害，要求保留

① 傅泽洪：《行水金鉴》卷46，上海：商务印书馆1936年版，第670页。

② 朱之锡：《河防疏略》卷4《慎重河工职守疏》，《续修四库全书》第493册，上海：上海古籍出版社2002年影印本，第648页。当然，其他系统的官员可能较早地实行了这种制度。乾隆《钦定大清会典》卷6《吏部·考功清吏司·交代回籍》（武汉图书馆藏重刊武英殿聚珍版，江南省通行，本卷第11页a-b面）记载："凡升转降革裁汰患病休致，丁忧各官，任内无未完事者，方许离任。如不候交代即离任者，本官及上司皆议处。"

③ 见徐端：《安澜纪要》卷下《河工律例成案图》，《中华山水志丛刊》第20册，北京：线装书局2004年版，第145~146页。

④ 朱之锡：《河防疏略》卷4《申明河官专责疏》，《续修四库全书》第493册，上海：上海古籍出版社2002年影印本，第650页。

⑤ 朱之锡：《河防疏略》卷11《辞理刑名疏》，《续修四库全书》第493册，上海：上海古籍出版社2002年影印本，第744~745页。

各分司处理河务的独立性，得到朝廷同意。①

与此同时，又称："黄运两河，毗连数省，巡抚身任封疆，境内河道，不当视为非其职守，致调集夫料各省参差，请敕各巡抚共襄河务，平时先事绸缪，临急从宜抢救。"疏下，皆如所请。②

第五，奖惩分明，查贪惩污。对于河官的治理，朱之锡认为，最重要的就是奖罚分明，即所谓"要在有犯必惩也"。朱之锡到任河道总督之后的第一篇奏折就是《特请岁行举劾疏》。在此之前，河官考核并未像地方官一样，每年进行一次考核，导致"前此阘冗，竟致因循，而且无以昭示"。他上任之后，即要求"每年岁修之后即行举劾"。③朱之锡对于河官要求非常严格，通过《河防疏略》可以看到，朱之锡共有近三十篇奏疏弹劾管河相关官员。从贪污受贿、侵吞河帑、敲诈勒索、盘剥百姓、克扣夫役工食，到募夫不力、办料延误、影响河工，从分司、同知，到知县、主簿，无论河官还是印官，都有参劾。如顺治十五年（1658年）对河官在地方私征乱派的弊端进行了治理。④康熙三年（1664年）五月，朱之锡又参邳宿同知张四维。张四维顺治十七年（1660年）九月开始担任邳宿同知，到康熙二年冬，三年之中，勤劳任事，"拮据河干，颇尽勤瘁"。可以说，是相当不错的一位官员。但是，康熙二年（1663年）冬，张四维因故辞官。在辞官请求尚未批复之前，张四维对于所管河务，松弛懈怠。朱之锡认为，"黄水涨消无常，修防浚筑，一惟厅官是赖"，责任重大。张四维懈怠河工，朝廷应当让其速速离任，尽早另选他官赴

---

①　朱之锡：《河防疏略》卷19《题留河差各分司疏》，《续修四库全书》第493册，上海：上海古籍出版社2002年影印本，第843~848页。赵尔巽等：《清史稿》卷279《朱之锡传》，北京：中华书局1977年点校本，第10112页。

②　清国史馆原编：《清史列传（一）》卷8《大臣画一传档正编五·朱之锡》，周骏富辑：《清代传记丛刊·综录类②》，台北：明文书局1985年影印本，第723页。

③　朱之锡：《河防疏略》卷1《特请岁行举劾疏》，《续修四库全书》第493册，上海：上海古籍出版社2002年影印本，第610页。

④　朱之锡：《河防疏略》卷1《纠参河官私征疏》，《续修四库全书》第493册，上海：上海古籍出版社2002年影印本，第613页。

任，"所遗员缺，速令铨补施行"。① 可见，朱之锡对于下属河官要求之严格。

对于不合格的官员，朱之锡要求"有犯必惩"；对于尽心河务，表现良好，勤劳任事的河官，朱之锡也会上疏朝廷，对他们提出表彰。朱之锡坚持实行这种制度，取得了良好的效果，河官们治河的积极性得到了提高。

4. 加强对河工夫役、工料器具的监督与管理

河工夫役和工料器具是治河的两大因素。当时河南巡抚李及秀认为河南夫数较多，应当缩减。朱之锡认为，保证河工所需人力，是治河的一个重要前提。河南地方河工形势严峻，修防所需人力甚多，因此不得任意缩减夫役数量。② 顺治十六年（1659 年）四月，针对淮河五险堤工在顺治时期曾经取消夫役，造成堤工失修、险情加剧的情况，朱之锡提出要"照旧募夫"，以保证河道安全。③ 但河工夫役的征发又会给百姓带来负担，因此就要在保证河工所需人力的前提下，尽量减少民众负担。顺治十六年（1659 年）正月，朱之锡就河南以及淮河流域的河工夫役问题分别上疏。朱之锡认为，为了减轻民众负担，在大型河工的兴修过程中应采用雇募的方式。但"河南隆万年间岁修夫数不知何时更变，一例征银。本朝仍沿季年之制估计准工鸠夫，计夫给食，在官曰募，在民不得不计亩而派"。④ 在保证河工所需夫役充足的前提下，还应当尽量采取措施减少沿河地区民众的负担。他多次上疏请求抚恤沿河居民，舒缓民力，得到了朝廷的采纳。⑤ 同时，对于在工夫役，朱之锡还多次上疏，请求朝廷加以抚

① 朱之锡：《河防疏略》卷 17《特参怠玩厅官疏》，《续修四库全书》第493 册，上海：上海古籍出版社 2002 年影印本，第 824~825 页。

② 朱之锡：《河防疏略》卷 3《陈明河南夫役疏》，《续修四库全书》第493 册，上海：上海古籍出版社 2002 年影印本，第 634~636 页。

③ 朱之锡：《河防疏略》卷 3《议覆淮工夫役疏》，《续修四库全书》第493 册，上海：上海古籍出版社 2002 年影印本，第 637~639 页。

④ 朱之锡：《河防疏略》卷 3《陈明河南夫役疏》，《续修四库全书》第493 册，上海：上海古籍出版社 2002 年影印本，第 635 页。

⑤ 朱之锡：《河防疏略》卷 3《严剔河工弊端疏》，《续修四库全书》第493 册，上海：上海古籍出版社 2002 年影印本，第 644~645 页。

恤，按时发放工银，加以赏赍。①

工料器具是当时河工面临的另外一个重要问题。朱之锡上任之后，发现河工物料管理杂乱无章，或者有章不循，在制作、采办、储存、使用各个环节都存在着问题。如在制作上"制作潦草、不堪适用"，在采办过程中"交修掯索"、"扣减价值"，"折干肥私"，在存储过程中"盗用官物""储备不预"等，危害极大，"皆误工兼以病民者也"。针对这种情况，朱之锡一方面要求加强对相关官员的管理和监督，要求"司道府厅，互相觉察"。②另一方面，他采纳了下属的建议，恢复"场厂之旧制"，"建厂储料"，设理厂书管理工料的出入，设立厂夫来看守工料。这些措施，加强了工料的采办和管理，为治河提供了相对完善的后勤保障。③

朱之锡在担任河道总督的九年时间里，鞠躬尽瘁，尽心河务，史载："殚力尽职，益勤于初。经营河上，什一在署，什九在外，兼以雨旸勿若。非旱忧浅，即潦忧冲。每当各工并急，则南北交驰，寝食俱废。值盛暑介马暴烈日中，隆冬严寒触冒霜雪，诚所谓劳不乘、暑不盖，骎骎有古大臣风。"④朱之锡经营河务，成就显著，河政焕然改观，"首尾十年，无大工巨役，数省之民，获免昏垫"。⑤运道情形也得到了改善。"漕运自朱梅麓任事之后，以时浚治，转运如期，

---

① 朱之锡：《河防疏略》卷10《亟议赈恤招徕疏》；卷12《覆河夫第一苦累疏》，《续修四库全书》第493册，上海：上海古籍出版社2002年影印本。《清朝文献通考》卷21《职役一》载："民间夫役，河工为大。用民之例有二：一为佥派，一为召募。皆属民间力役。前代沿河州县有岁修民夫，颇为苦累。国初改设河夫，额给工食，编入《赋役全书》。十六年，河臣朱之锡条奏河政，议增河南夫役，均派淮工夫役，拨补河工夫食，皆下所司议行。"（杭州：浙江古籍出版社1988年影印本，第5046页。）

② 朱之锡：《河防疏略》卷3《严剔河工弊端疏》，《续修四库全书》第493册，上海：上海古籍出版社2002年影印本，第644页。

③ 朱之锡：《河防疏略》卷13《覆河防利弊六款疏》，《续修四库全书》第493册，上海：上海古籍出版社2002年影印本，第757~760页。

④ 傅泽洪：《行水金鉴》卷47，上海：商务印书馆1936年版，第677页。

⑤ 朱之锡：《河防疏略》，《崇祀录》"李之芳撰墓志铭"，《续修四库全书》第493册，上海：上海古籍出版社2002年影印本，第603页。

回空无冻阻之苦，而飞挽大计有宜随时审定者。"①

　　康熙五年（1666 年），朱之锡"抱病赴工"，至邳宿"病剧而卒"。②朱之锡受到百姓的肯定和最高统治者的认可。死后，即有沿河居民为了纪念他，立庙来祭祀他。③后来，他又被百姓敬为河神，"徐、兖、淮、扬间颂之锡惠政，相传死为河神"。④不仅如此，最高统治者也给了他很高的荣誉。乾隆四十五年（1780 年），朱之锡被封为"助顺永宁侯"。⑤光绪三十三年（1907 年），又在其家乡义乌建立专祠祭祀⑥，光绪帝亲赐匾额。⑦

　　总的来说，顺治时期直到康熙初年对于黄河、运河的治理，在理论和实践层面上并没有太大突破，但在明代的基础上确实出现了改善和发展的趋势。朱之锡作为清代第二任河道总督，在吸收前代治河理论经验的基础上，试图有所突破。但是，由于客观条件的限制，清初河政衰败，国库空虚，财政不支，影响了他的治河方略的实施。康熙五年（1665 年）他卒于任上之时，也仅仅只有四十几岁，可谓英年早逝。他没有足够的财政支持，又缺乏足够的时间，因此在治河上并未达到很高的成就，留下了很多遗憾。但是，朱之锡的治河，保障了黄运两河的畅通，在他任职河道总督的十年内，并未发生大的水患。他对于基层百姓民生问题的关注，受到了百姓们的拥护和爱戴。同

---

　　①　康基田：《河渠纪闻》卷 14，《四库未收书辑刊》1 辑 29 册，北京：北京出版社 2000 年影印本，第 202 页。

　　②　康基田：《河渠纪闻》卷 14，《四库未收书辑刊》1 辑 29 册，北京：北京出版社 2000 年影印本，第 207 页。

　　③　雍正《浙江通志》卷 161《人物一》，《文渊阁四库全书》第 523 册，上海：上海古籍出版社 1987 年影印本，第 331 页。

　　④　赵尔巽等：《清史稿》卷 279《朱之锡传》，北京：中华书局 1977 年点校本，第 10113 页。

　　⑤　光绪《钦定大清会典事例》卷 445《礼部·群祀》，《续修四库全书》第 805 册，上海：上海古籍出版社 2002 年影印本，第 110 页。

　　⑥　《清实录》第 59 册《德宗实录（八）》卷 556 光绪三十二年（1906年）二月癸亥，北京：中华书局 1987 年影印本，第 374 页。

　　⑦　《清实录》第 59 册《德宗实录（八）》卷 578 光绪三十三年（1907年）八月丙子，北京：中华书局 1987 年影印本，第 649 页。

时，他的治河理论与思想，对于清代的治河，也产生了非常积极的影响。

（二）清初河道规制的发展阶段——靳辅治河

河工经过朱之锡等人的不断治理，取得了一定的成绩，但并未从根本上解决问题。朱之锡病逝之后，黄河依然时常发生严重的水患，加上清朝开国之初，百废待兴，政治不稳，对于黄河水利的关注依然不够。朱之锡之后，卢崇俊、杨茂勋、罗多、王光裕等先后担任河道总督。① 但是，这些人治河均无多大建树。甚而如王光裕者，"全无治河之才，以致河道崩溃"。②

到了康熙十六年（1677 年），黄河水患已经到了非治不可的地步。"时河道久不治，归仁堤、王家营、邢家口、古沟、翟家坝等先后溃溢，高家堰决三十余处，淮水全入运河，黄水逆上至清水潭，浸淫四出。砀山以东两岸决口数十处，下河七州县淹为大泽，清口涸为陆地。"③ 是年八月，靳辅临危受命，担任河道总督，肩负起治理黄河的重任。靳辅，汉军镶黄旗人。顺治九年（1652 年），由官学生考授国史院编修。顺治十五年（1657 年）改内阁中书，不久升至兵部员外郎。康熙元年（1662 年）迁郎中。康熙七年（1668 年），迁通政使司右通政。康熙八年（1669 年），擢国史院学士，充纂修世祖章皇帝实录副总裁。九年（1670 年）十月，改内阁学士。十年（1671 年）六月授安徽巡抚。④ 靳辅在安徽巡抚任上就注意改革弊政，锐意

---

① 雍正《河南通志》卷 35《职官六》，《文渊阁四库全书》第 536 册，上海：上海古籍出版社 1987 年影印本，第 338 页。

② 《清实录》第 4 册《圣祖实录（一）》卷 65 康熙十六年（1677 年）二月丙辰，北京：中华书局 1985 年影印本，第 837 页。《清国史·河渠志一》对于清初河臣之评价更低："河臣自杨方兴以来，率皆庸暗不任职……糜金钱巨万，而东南水患益深，漕道亦浅阻。"（《清国史》第 4 册，北京：中华书局 1993 年影印本，第 863 页。）

③ 赵尔巽等：《清史稿》卷 279《靳辅传》，北京：中华书局 1977 年点校本，第 10115 页。

④ 雍正《八旗通志》卷 190《人物志七十·大臣传五十六·汉军镶黄旗二》"靳辅"，《文渊阁四库全书》第 667 册，上海：上海古籍出版社 1987 年影印本，第 459 页。

进取。康熙十五年（1676 年），户部、兵部因军需浩繁，奏请裁减驿站经费。靳辅上疏，认为"欲省经费，宜先除糜费。在外诸臣，非要务勿专差赍奏，则火牌糜费节省十之八。京差官员酌量并减。即解饷解炮，沿途自有官兵护送，亦止需部差一员，则勘合糜费节省十之三。严禁各员役横索骚扰，则节省无名之费更多。安徽所属驿站，额银二十六万两有奇，以十分之四科之，岁省十万余两。通天下计之，每岁所节当不下百余万。"部议定为成例。当年，驿站节省银 12 万 9 千余两。靳辅受到康熙帝的大力褒扬，下部议叙，加兵部尚书衔。①康熙十六年（1677 年）三月（八月？②），受命担任河道总督，开始了长达十几年的治河生涯。

　　前已述及，在靳辅治河之前，清代黄运两河面临非常严峻的形势，不仅关系到清代经济的恢复与发展，同时也事关清代政局的稳定与否。靳辅就任河道总督的康熙十六年，黄河泛滥依然严重。不过，靳辅担任总河之始，并没有匆忙开展工作，而是与其幕僚陈潢先做了周密的考察和调研。康熙十六年（1677 年）六月，靳辅在给康熙的奏折中写道："计自四月初六日于宿迁县到任之后……即遍历河干，广咨博询，求贤才之硕画，访谙练之老成。毋论绅士兵民以及工匠夫役人等，凡有一言可取、一事可行者，臣莫不虚心采择，以期得当。历今两月有余，竭尽臣之耳目心思，备稽当日所以敝坏之缘由，力求今日所应补救之次第。"③ 经过考察，靳辅拟定了一套比较完整的治河方案。这个方案，在"经理河工八疏"及其后续几个奏折中体现出来。

---

　　① 雍正《八旗通志》卷 190，《人物志七十·大臣传五十六·汉军镶黄旗二》"靳辅"，《文渊阁四库全书》第 667 册，上海：上海古籍出版社 1987 年影印本，第 459~460 页。

　　② 清国史馆原编《清史列传（一）》卷 8《大臣画一传档正编五·靳辅》（周骏富辑：《清代传记丛刊·综录类②》，台北：明文书局 1985 年影印本，第 729 页）记靳辅为康熙十六年八月授河道总督。误。

　　③ 靳治豫编：《靳文襄公（辅）奏疏》卷 1《河道敝坏已极疏》，《近代中国史料丛刊》，台北：文海出版社 1967 年影印本，第 20 页。

1. 靳辅的治河实践

疏通黄河下游。这里的黄河下游，主要是指清口至黄河入海口处。靳辅认为"治河之最宜先者，无过于挑清江浦以下、历云梯关至海口一带河身之土，以筑两岸之堤也"。① 这样，既能够挖深中泓，又能够培筑两岸堤防，一举两得。这是"先治下流以导黄归海之计也"②。后来，靳辅又将疏通方案延伸至徐州黄河两岸。③ 疏通黄河下游的工程在康熙十六年（1677 年）六月即已开工，"大挑清口烂泥浅引河四道及清口以下至云梯关河道"④，仅筑云梯关外大堤就长达18000 丈。⑤ 其中，"南岸自白洋河至云梯关，约长三百三十里，北岸自清河县至云梯关，约长二百里"⑥，均属遥堤。在疏通黄河下游的过程当中，靳辅创造性地使用了"川字河"的方法。"清江浦历云梯关至海口，河身泥淤，须于两旁离水三丈各挑引河一道。面阔八丈，底阔一丈，深一丈二尺。即以掘取之土，高筑堤岸。底七丈，面阔三丈，高一丈二尺。则黄淮下注，中央既有旧存一二十丈河身，左右又各有八丈新凿之河，合而为一。河身宽至四十丈，深至二丈，可以渐复旧观。"⑦

疏浚清口。前述第一点为导黄归海的方法，主要在于疏浚下游。靳辅认为下游虽然治理，但上游还有淤垫之处，如不及早疏通，"则

① 靳治豫编：《靳文襄公（辅）奏疏》卷 1《经理河工第一疏·挑青浦至海口》，《近代中国史料丛刊》，台北：文海出版社 1967 年影印本，第 29 页。
② 靳治豫编：《靳文襄公（辅）奏疏》卷 1《经理河工第二疏·挑浚清口》，《近代中国史料丛刊》，台北：文海出版社 1967 年影印本，第 45 页。
③ 乾隆《江南通志》卷 51《河渠志·黄河三》，《文渊阁四库全书》第508 册，上海：上海古籍出版社 1987 年影印本，第 554 页。
④ 傅泽洪：《行水金鉴》卷 65，上海：商务印书馆 1936 年版，第 962 页。
⑤ 乾隆《江南通志》卷 51《河渠志·黄河三》，《文渊阁四库全书》第508 册，上海：上海古籍出版社 1987 年影印本，第 547 页。
⑥ 康熙《钦定大清会典》卷 137《工部七·河渠一·运道·黄河》，《近代中国史料丛刊三编》，台北：文海出版社 1992 年影印本，第 6829 页。
⑦ 清国史馆原编《清史列传（一）》卷 8《大臣画一传档正编五·靳辅》，周骏富辑：《清代传记丛刊·综录类②》），台北：明文书局 1985 年影印本，第 730 页。

高家堰等一带决口尽堵，淮水直下之时，难免阻滞散漫之虑"。洪泽湖下流自高家堰以西至清口，长约二十里，是全淮会黄关键之所在。"自淮流东决、黄水倒灌之后，将此一带湖身渐渐淤成平陆，向之汪洋巨浸者，今止存宽十余丈、深五六尺至一二尺不等之小河一道"。至于疏通的方法，靳辅则采取仿照挑清江浦至海口一带的做法，"于小河两旁离水二十丈之地，各挑引水河一道，俾其分头冲洗，庶可渐渐刷开"。① 挑宽清口，则使洪泽湖水畅出无阻。

修筑洪泽湖东岸高家堰大堤。康熙年间，洪泽湖东岸一带大堤，事关下游淮扬一带民众之安危，不过，靳辅治河之时，东岸大堤除原冲各决口外，"其余堤岸无不残缺单薄、危险堪虞"，如果不堵堤防而先堵决口，"则水将寻隙地奔溃，势必堵者方堵而决者又决，岂非徒费钱粮、徒劳民力耶？" 因此，修筑洪泽湖东岸堤防"断不容缓"。② 在靳辅的主持下，将七里墩、武家墩、高家堰、高良涧至周桥闸12800余丈的堤通过采取碎石坦坡的方式予以加固。③

堵塞黄河决口，使河复故道。当时，黄河有决口21处，高家堰有决口34处，并且各个决口位置不同，堵塞难易程度也有差别。④ 靳辅采取先易后难、先小后大的方针，采用包土堵口的方式，将决口尽数堵塞，使河重回正溜，"两河之水重回故道入海"。⑤ 仅康熙十六年（1677年）便堵筑于家冈、武家墩、高家堰等处大决口十六处⑥，其

---

① 靳治豫编：《靳文襄公（辅）奏疏》卷1《经理河工第二疏·挑疏清口》，《近代中国史料丛刊》，台北：文海出版社1967年影印本，第45页。

② 靳治豫编：《靳文襄公（辅）奏疏》卷1《经理河工第三疏·高堰坦坡》，《近代中国史料丛刊》，台北：文海出版社1967年影印本，第49~50页。

③ 靳治豫编：《靳文襄公（辅）奏疏》卷1《经理河工第三疏·高堰坦坡》，《近代中国史料丛刊》，台北：文海出版社1967年影印本，第53~54页。

④ 《黄河水利史述要》编写组：《黄河水利史述要》，郑州：黄河水利出版社2003年版，第338页。

⑤ 靳治豫编：《靳文襄公（辅）奏疏》卷1《经理河工第四疏·包土堵坡》，《近代中国史料丛刊》，台北：文海出版社1967年影印本，第59~61页。

⑥ 乾隆《江南通志》卷51《河渠志·黄河三》，《文渊阁四库全书》第508册，上海：古籍出版社1987年影印本，第547页。

余堵口也于康熙十七年（1678 年）次第完工。① 不过，黄河规复故道的工程至康熙二十二年（1683 年）才最终完成。②

大挑运河。清代治河的目的是治漕保运，保障国家南粮北运通道的畅通。靳辅治河，也要遵循这个目的。"闭通济闸坝、深挑运河、尽堵清水潭等各决口，以通漕艘。诚为今日至要之务，所当次第修举者也。"③ 靳辅建议康熙下旨令江南、浙江、江西、湖广地方督抚将"所属将本年应运漕粮及早征收受载，火速催赶，务于康熙十七年三月内勒令尽数过淮"。漕粮一过，就将通济闸坝封闭，一切商民船只并该年回空漕艘，暂时由周桥闸绕出高邮州而行，淮关部司令暂往周桥闸收税。这样靳辅就可以集中将运河大挑宽深。挑浚后的运河面宽11 丈，底宽 3 丈，深 1 丈 2 尺，通计挑河 41400 丈，共挑土 3477600方。④

上面所提的这五项工程是靳辅治河的第一阶段的工作。在初步遏制住黄河水患多发的局面后，靳辅又开始了对黄河堤防大规模的修固。表 4-3 即列出了康熙十六年（1677 年）至康熙三十年（1691年）在靳辅主导下的黄河堤防工程。

表 4-3　康熙十六年（1677 年）至康熙二十六年（1687 年）
靳辅主持修筑的堤防

修筑时间	堤防类型	起止地点	长度（丈）	备注
康熙十六年（1677 年）	缕堤	云梯关至海口	18000	

① 傅泽洪：《行水金鉴》卷 49 载"是年（指康熙十七年，公元 1678 年），决口尽堵，水势消落"（上海：商务印书馆 1936 年版，第 708 页）。
② 乾隆《江南通志》卷 51《河渠志·黄河三》，《文渊阁四库全书》第508 册，上海：上海古籍出版社 1987 年影印本，第 552 页。
③ 靳治豫编：《靳文襄公（辅）奏疏》卷 1《经理河工第五疏·包土堵坡》，《近代中国史料丛刊》，台北：文海出版社 1967 年影印本，第 65 页。
④ 靳治豫编：《靳文襄公（辅）奏疏》卷 1《经理河工第五疏·包土堵坡》，《近代中国史料丛刊》，台北：文海出版社 1967 年影印本，第 65 页。

续表

修筑时间	堤防类型	起止地点	长度（丈）	备注
康熙十七年（1678年）	缕堤	宁县黄河南岸自卫工头起至峰山四闸	1345	
	缕堤	自峰山四闸起至武官营	3311	
	月堤	韩家庄	1110	
	缕堤	邳州黄河北岸自徐州界起至庙山	223	内有旧格堤
	缕堤	刘家寨起至刘家店	340	
	缕堤	自丰山起经青阳山塘池羊山寺至董家堂头坝	2651	
	缕堤	自马船帮起经宋家庄至五工头	1192	
	前撑堤	邳睢厅署前撑堤	98	
	缕堤	自五工头起经威字堡至旧遥堤头	845	
	缕堤	自旧遥堤头起至沈家堂	905	
	遥堤	自旧遥堤中间至羊山寺西	521	
	格堤	自绵山起至拐山格堤长二百一十九丈	219	
	格堤	马家山	195	
	缕堤	桃源县黄河南岸自临河堤起至烟墩旧险工东头	7209.6	
	缕堤	龙王庙起至四铺沟山阳县界	4938	
	缕堤	桃源县东界至石人沟筑	1863	
康熙十八年（1679年）	月堤	宿迁县黄河南岸蔡家楼墩郎庙月堤、老堤头月堤、彭家堡月堤	1599	内墩郎庙月堤295丈,老堤头月堤429丈,彭家堡月堤875丈

修筑时间	堤防类型	起止地点	长度（丈）	备注
康熙十九年（1680 年）	格堤	萧县黄河南岸东镇口格堤	864	
	遥堤	徐州黄河北岸自董家山经卢家山至邳州界	1664	
	缕堤	邳州黄河北岸自沈家堂起至直河口宿迁县界	2453.9	
	缕堤	桃源县黄河南岸临河堤自宿迁县界白洋河钞关口起至旧缕堤	1041	
	缕堤	徐州以上萧砀黄河两岸	18000	
康熙二十二年（1683 年）	缕堤	睢宁县黄河南岸自戴家楼至韩家庄	2082	
康熙二十三年（1684 年）	缕堤	砀山县黄河南岸自虞城界经毛城铺石闸至萧县界	14416.8	
	缕堤	萧县黄河南岸自砀山界至徐州界	11689	
	缕堤	徐州黄河南岸自萧县界经王家山郭家嘴上坝头三山头至灵璧县界	11618.6	
	缕堤	黄河北岸自吴家寨至李道华家楼	12193	
	缕堤	灵璧县黄河南岸自徐州界至睢宁县界卫工头	3948	
	缕堤	睢宁县黄河南岸自武官营经余家堂至戴家楼	4323	
	缕堤	自韩家庄至古堤头宿迁县界	6141.5	
康熙二十四年（1685 年）	子堤	灵璧县黄河南岸自徐州界撑堤起至龙虎山	2684	内接徐州子堤长 774 丈，系民筑
	子堤	武官营	704	
	月堤	武官营	3134	
	格堤	朱家楼	535	

续表

修筑时间	堤防类型	起止地点	长度（丈）	备注
康熙二十五年（1686年）	月堤	徐州黄河北岸狼矢沟	800	
康熙二十六年（1687年）	戗堤	宿迁县杨家庄	78	

（资料来源：乾隆《江南通志》卷51《河渠志·黄河三》，《文渊阁四库全书》第508册，上海：上海古籍出版社1987年影印本。）

通过表4-3可以很明显地看出，康熙十七年（1678年）和康熙二十三年（1684年）是黄河堤防大修的两年，康熙十七年共修筑月格遥缕堤26965.6丈。康熙二十三年则修筑了缕堤64329.9丈。通过此表也能够非常清楚地看到，靳辅非常重视缕堤在河防上的作用。

除了大规模修建堤防之外，靳辅还创造性使用减水坝这一方式来宣泄河水异涨。靳辅认为："堤有常水之消长无常也，故堤以束之，又为闸坝涵洞以减之，而后堤可保也。"[1] 康熙十七年（1678年），创建王家营减水坝两座。康熙十八年（1679年），创建黄河南岸砀山县毛城铺减水石坝一座，黄河北岸大谷山减水石坝一座，周桥、高涧、武墩、唐埝、古沟东西减水坝六座，增置宝应子婴沟、高邮永平港、南关、八里铺、柏家墩、江都鲫鱼口减水坝六座，改建高邮五里铺、车逻港减水坝两座，山阳运河、凤阳厂减水坝一座，"凡旧堤处，皆更以石"。创建宿迁朱家堂、温州庙，桃园县之古城，清河县之王家营，安东县之茆良口等六座。[2] 不过，在靳辅看来，减水坝之

---

[1] 黎世序：《黎襄勤公（世序）奏议》卷3《札道府厅州县合议徐州减水坝事宜（两江总督百会衔）》，《近代中国史料丛刊》，台北：文海出版社1982年影印本，第149页。

[2] 周馥：《秋浦周尚书（玉山）全集·治水述要》卷4，《近代中国史料丛刊》，台北：文海出版社1987年影印本，第4390~4391页。

建，仅是权宜之计。康熙二十三年（1684年），康熙南巡河工，靳辅就对他说："黄河为患最大，目前急务不得不治其大而略其小，故借减水诸坝，使决口水分势弱，人力易施，待黄河尽复故道之后，自当酌议闭塞耳。"① 另外，挑水坝也是当时靳辅比较重视的一个治河举措。康熙二十八年三月，康熙二次南巡时曾说："至于黄河险工，靳辅修挑水坝，令水势回缓，甚善。"②

2. 在河工制度建设上，靳辅在前人基础上，根据当时河工的实际建立了一套相对来讲比较完善的规章制度。这些制度包括选官、任官、考核、河营建置等诸多方面

第一，完善河官设置，厘清官员责任。靳辅上任之初，河官或不理河政，或互相推诿，遇事逃避，意图规避责任。"人情当积疲之后，委靡不振，无论贤、不肖皆狃以为固然。……自两河失故十有余年③，夙弊相沿，废弛日甚。司道委之府佐，府佐委之州县佐杂，而府州县之正印则袖手旁观。"④ 这种风气，对河工产生了非常消极的影响，"办物料则累月经年，计夫役则有名无实，核工程则苟且支吾，惩不胜惩"。河道总督对于此种情形，也是无能为力，"虽河臣亦无如之何"。⑤ 产生这种情形的最主要原因就是职权不明。靳辅上任之后，对于此种情形进行了改革。

靳辅认为："河道项下兴修守护等事，既有专管分管各官，驻宿河干，朝夕料理。其司道等官，原以兼总大纲，承上接下，膺督率属

① 《清国史》第4册《河渠志》卷2，北京：中华书局1993年影印本，第870页。康熙对于减水坝也是颇有微词，康熙二十七年郭琇弹劾靳辅，康熙便说："减水坝实为累民。"（中国第一历史档案馆整理：《康熙起居注》，北京：中华书局1984年版，第1724页。）

② 中国第一历史档案馆整理：《康熙起居注》，北京：中华书局1984年版，第1848页。

③ 靳辅治河之始为康熙十六年，距朱之锡卒于任正好十年。可见，朱之锡治河的成绩还是值得肯定的。

④ 靳辅：《治河奏绩书》卷4《治绩·首严处分》，《文渊阁四库全书》第579册，上海：上海古籍出版社1987年影印本，第711页。

⑤ 靳辅：《治河奏绩书》卷4《治绩·首严处分》，《文渊阁四库全书》第579册，上海：上海古籍出版社1987年影印本，第711页。

员、指挥调度之任，只须一官而兼辖数府，不必一府而兼设数官者也。"① 比如当时淮扬两府既设淮扬、淮徐两道，又设南河、中河两个分司，官员冗多。

靳辅对于分司和道员进行了分析，指出分司三年一换，有很多危害。官员"自以一官为传舍，而他人亦以客官目之"，其直接影响就是无法树立权威，呼应不灵。另一方面，分司无地方钱谷刑名事务，对于地方事务如"民情之休戚、风俗之奸良"不能一一熟察。② 而地方道员相对于司官来讲，有很多优点。道员任期长，系久任之官，"凡所举行，必图久远，而又兼管钱谷刑名之事，于地方情形自能周知。一切调拨协济事宜，庶易得当。而官民之奉行尤称惟谨"。③ 靳辅还对以部院官员（多为郎官）统领各分司事务的弊端进行了分析。首先，部院官员对于地方事务不熟悉，"举事率多格滞"，受到诸多掣肘。其次，部院官员统领分司事务，任期为三年，且任期届满之后会回调京城，不再在河工任职，对河务官员来讲是一种损失。因为部郎统领分司事务，上任之初事务不熟，待到对各项事务轻车熟路却又任期已满。这对于河工事务来讲是一种巨大的损失。

靳辅奏请裁去南河、中河、北河、通惠河四个分司，将其事务根据实际情况分别划归淮扬、淮海两道管理。其中，淮安府所属的山阳、清河、安东、盐城、海州、沭阳、赣榆以及扬州府属河道划归淮扬道管理。淮扬道的驻地仍然在淮安。淮安府所属的桃源、宿迁、邳州、睢宁以及凤阳府灵璧县，加上徐州所属河道，划归淮徐道管理。淮徐道驻地由徐州移到邳州。北河分司事务照省归并，分别交山东济宁、直隶天津二道管理。通惠河分司事务交给通永道管理。东兖道驻

---

① 傅泽洪：《行水金鉴》卷166，上海：商务印书馆1936年版，第2406页。

② 靳治豫编：《靳文襄（公）奏疏》卷1《经理河工第七疏·裁并河官选调贤员》，《近代中国史料丛刊》，台北：文海出版社1967年影印本，第85页。

③ 靳治豫编：《靳文襄（公）奏疏》卷1《经理河工第七疏·裁并河官选调贤员》，《近代中国史料丛刊》，台北：文海出版社1967年影印本，第85页。

地沂州，兼管滕县、峄县两县河务，归并济宁道兼管。①

同时，他还对冗官冗员进行了裁汰。当时淮安府有十名同知，管河务者就有八人。靳辅认为"河工事务，全在用人之当，而不在用人之多"。冗员太多，不仅对治河无益，反而有害。"同知为专管官，与分管防守之佐杂微员不同，乃画河为两岸而分管之，是竟置河身于不问矣。且其间有彼此意见不同而推诿观望者，有属员奉行不一而奔命不遑者。事权之杂出，诚为未便也。"靳辅建议，将管河同知减为五员，力求做到"职掌俱各画一，而无纷杂混淆之虞"。②

第二，增设河营。顺治年间直至靳辅治河之前，清朝河工夫役制度依然延续的是明代的征发方式，即佥发为主、雇募为辅，政府很少出资雇夫。③康熙年间，佥发为主、雇募为辅的方式逐渐向雇募为主、佥发为辅的方式过渡。康熙十二年（1673年），河南巡抚佟凤彩上疏请求变革夫役征发制度④，经过九卿科道会议，认为"派夫派银仍属累民，应将豫省河夫停其佥派，如遇岁修工程，仍动河道钱粮雇觅夫役。若钱粮不敷，该抚应动某项钱粮，具题可也"。⑤河南省正式确立了河工夫役的雇募制度。

但是，这种制度也存在弊端。"有司按籍佥点，必假手于吏胥，由吏胥而及之乡长里甲，大都冒张虚数，临时请雇老弱，故名存实

---

① 靳治豫编：《靳文襄（公）奏疏》卷1《经理河工第七疏·裁并河官选调贤员》，《近代中国史料丛刊》，台北：文海出版社1967年影印本，第86~89页。

② 靳治豫编：《靳文襄（公）奏疏》卷1《经理河工第七疏·裁并河官选调贤员》，《近代中国史料丛刊》，台北：文海出版社1967年影印本，第87页。

③ 周魁一：《中国科学技术史·水利卷》，北京：科学出版社1985年版，第451页。事实上，按照当时河南巡抚李粹然的看法，当时所实行的部分雇募制度，在实际中也是有名无实。"是全无募之实，而仅存派之名。"（李粹然：《河夫苦累疏》，康熙《河南通志》卷39《艺文》，国家图书馆藏康熙九年刻本，第69页。）

④ 蒋良骐：《东华录》，北京：中华书局1980年点校本，第159~160页。

⑤ 雍正《河南通志》卷15《河防四》，《文渊阁四库全书》第535册，上海：上海古籍出版社1987年影印本，第393页。

亡，而功以隳也。"① 于是，靳辅奏请添设河营。清代河兵的设置始于顺治年间。"顺治十二年，设江南省河兵。"② 不过，当时河兵数量不多。康熙十七年（1678年），靳辅奏请裁掉淮安、扬州、徐州、灵璧三府一县"堤浅等夫"，设江南河兵八营，共5860名。③ "营领以守备，递为千把总。一以军政部署之令，其亡故除补有报，逐日力作有程。各画疆而守，计功而作。视其勤惰而赏罚行焉。有事则东西并力，彼此相援；无事则索绹艺柳，巡视狐獾窟穴。较额夫旧制，有条而不紊，有实而可核矣。然守弁惟以督率兴作为务，至于钱粮出入、稽查商榷，非文职不可。故有一备，即以一厅员监之，然后文武相资，而事易集焉。"④

第三，加强对官员的处分。"凡黄、运堤岸修筑，各定年限。其汛地冲决及催夫不发、办料不前、推卸迟误，并不行转催、不行确查具题之上司，增定新例，较昔弥严。"不仅如此，鉴于地方官员对河务不甚关心，导致河工钱粮物料等方面经常延误，靳辅要求："其荐举大计等典，凡有河之道府州县正印、佐贰等官，俱将河工一并考成。"⑤ 使河务成为地方官考核的一个重要指标，有利于调动地方官员的积极性。

3. 在治河思想上，靳辅在继承前人的基础上有所发展

第一，大型工程当办则办。靳辅认为，治河之前必须先审视全河形势，若形势要求必须通过大工来治理，则大工必须兴办。大工兴办

---

① 靳辅：《治河奏绩书》卷4《治绩·改增官守》，《文渊阁四库全书》第579册，上海：上海古籍出版社1987年影印本，第711页。

② 光绪《钦定大清会典事例》卷903《工部·河工·河兵》，《续修四库全书》第811册，上海：上海古籍出版社2002年影印本，第1页。

③ 傅泽洪：《行水金鉴》卷49，上海：商务印书馆1936年版，第707页。

④ 靳辅：《治河奏绩书》卷4《治绩·增设河营》，《文渊阁四库全书》第579册，上海：上海古籍出版社1987年影印本，第712页。

⑤ 靳辅：《治河奏绩书》卷4《治绩·首严处分》，《文渊阁四库全书》第579册，上海：上海古籍出版社1987年影印本，第711页。

时，必须"全力为之"，不能"畏其大且难"。①

第二，进行堵口工程时，必须分清先后、上下顺序。传统治河理论认为，堵口工程一般进行的顺序是"先大而后小，先上而后下"。靳辅认为，这种观点存在很大问题，若先大而后小，则"大口工竣，而小口又复汕刷而成大……则是所塞之工，处处皆大口矣"。而先上后下的缺陷，与此道理相同。因此，靳辅认为，堵口必须先小后大，先下后上，则"无有不受治者矣"。②

第三，重视防守险工。靳辅认为，"防河之要，惟有守险工而已"。而防险的方法主要有三种：下埽、建逼水坝、挑引河。三种方法"各有其宜"，须因地制宜使用，方可收到最佳效果。③

第四，必须重视堤防的作用。"河之防，堤也。然堤太逼则易决，远则有容，而水不能溢。故险要之处，缕堤之外又筑遥堤，以备异涨。"他还指出筑堤必须坚固，"堤稍瑕即溃，与无堤同"。还对如何选择筑堤之土及筑堤之法进行了说明。指出，挖土切忌于堤根，必须于堤根五十丈之外取土。同时，堤成之后，"必密栽柳苇菱草，使其苗衍茸布，根株纠结，则虽遇飙风大作，终不能鼓浪冲突。此护堤之最要策也"。④

除了上面所提之治河实践及思想外，靳辅还挑挖中河，使运道避开黄河险工。同时在治河实践中，还创造性地使用了"川"字河的方法，成为清代治黄清淤的一个重要手段。

4. 靳辅治河之评价

后人对靳辅的治河成效给予了非常高的评价，有清一代治河亦多循文襄之成法。嘉道时期治河专家康基田对靳辅的评价可谓极具代表性：

---

① 靳辅：《治河奏绩书》卷4《治绩·大工兴理》，《文渊阁四库全书》第579册，上海：上海古籍出版社1987年影印本，第710页。

② 靳辅：《治河工程》，《皇朝经世文编》卷101《工政七·河防六》，《魏源全集》第18册，长沙：岳麓书社2004年版，第460页。

③ 靳辅：《治河工程》，《皇朝经世文编》卷101《工政七·河防六》，《魏源全集》第18册，长沙：岳麓书社2004年版，第460页。

④ 靳辅：《治河奏绩书》卷4《治绩·坚筑河堤》，《文渊阁四库全书》第579册，上海：上海古籍出版社1987年影印本，第718页。

河工当敝坏已极之后，覆辙频仍，闻者色变。文襄毅然以天下无不可为之事，力肩重任。总黄淮漕运，而权其分合向背之势、蓄泄疏防之宜、相维相济之道。先以浚清口至海口，通水去路；疏烂泥浅之淤，引淮外出；又以兼治河运必先束淮，向来议河者多尽力于漕艘经行之地，于决口则以为无关运道而缓视之。殊不知治河而不束淮，黄必内灌；束淮而不塞武墩至周桥三十余口之决，筑翟坝成河九道之堤，淮必不出而夺于黄。黄淮合而冲运，水潴于下河而不得泄，淤者愈淤，塞者更塞。河道日坏，运道因之。因极言黄运相关之故，南北决河穿运坏运之道，穷极于理，势所必至。又于第八疏内指陈冲决所由，罪官民夫役。官因阘冗而秦越异视，惰修以致溃决；民或近堤，有盗决以淹之，已田斥卤，盗泄以肥之。奸民避税，盗决以俟之。夫役乐于有事，利其飘淌，或因风纵火，捞抢居奇，残坏至此。非多设专心河道之人，未易图治。是不惟尽力于运道经行之地而握全河之关键，以计安全，固有操之在我者矣！①

晚清时期山东巡抚周馥也说："靳文襄治河为本朝第一人。"②不过，靳辅在治河过程中，也存在一些问题。如在规划上对于黄河中游的治理并未顾及。其所开减水坝，虽然在宣泄河湖异涨方面起了很大的作用，但是对于河水去路的安排并非合理。③康熙二十四年

---

① 康基田：《河渠纪闻》卷14，《四库未收书辑刊》1辑29册，北京：北京出版社2000年影印本，第222页。

② 周馥：《秋浦周尚书（玉山）全集·治水述要》卷4，《近代中国史料丛刊》，台北：文海出版社1987年影印本，第4282页。

③ 康熙二十一年（1682年）五月，康熙派工部尚书伊桑阿、侍郎宋文运阅工，并派候补布政使崔维雅随往，后崔维雅上《河防刍议》、《两河治略》两书，并条列二十四事，主旨即"欲变更靳辅所行减水坝诸法也"。清国史馆原编《清史列传（一）》卷8《大臣画一传档正编五·靳辅》（周骏富辑：《清代传记丛刊·综录类②》），台北：明文书局1985年影印本，第732页。

（1685 年），康熙即说："减水坝虽有益于河工，实无补于百姓。"①
康熙三十八年（1699 年），又说靳辅所筑减水坝："名为减水，而四
处奔泻，漂决甚多，彼但顾上河而不顾下河，水何以治?"②

另外，靳辅治河时期也并非没有大型决口的出现，不过，堵口
完工的时间比较短而已。如康熙十八年（1679 年），山阳运河戚家
桥堤工冲决五十余丈，"随塞之"。徐州北岸花山决口，"随塞之"。
康熙十九年（1680 年），大水冲坏泗州城，高邮水溃，"入城弥
月"。③ 康熙二十一年（1682）五月，河决宿迁徐家湾。当年堵口完
工。④ 六月，又决萧家渡，决口则迟至康熙二十二年（1683 年）才
行堵塞完工。⑤ 又如康熙二十三年，灵璧县来字堡漫堤四十余丈，
徐州城北岸长樊大堤冲去埽工两段，王家堂堤工漫决三十余丈，
"水落归槽，补筑完固"。安东北岸二铺塌卸堤工六十余丈，至月堤
水势方止。⑥

靳辅治河取得的成绩，与陈潢的辅佐是分不开的。同时也应当
看到，靳辅治河的举措，是在吸收前人经验的基础上进行发扬光
大，而并非其独创之举。如顺治九年（1652 年），御史杨世学疏
曰："臣闻定鼎之初，居民因新昌余贼缘海遁去，渐次堵塞，继而
行水之处变为圩田。土豪衙蠹，据为己有。此海口所由塞也。前时
水东入海，盐船重载，逆挽而西，多费人力。今海口既塞，行船安
稳，商人便之，不乐复开。此海口所以终塞也。……间有谋及海口

---

① 《清国史》第 4 册《河渠志》卷 2，北京：中华书局 1993 年影印本，第
872 页。

② 蒋良骐：《东华录》卷 18，北京：中华书局 1980 年点校本，第 288 页。

③ 康基田：《河渠纪闻》卷 14，《四库未收书辑刊》1 辑 29 册，北京：北
京出版社 2000 年影印本，第 238 页。

④ 靳辅：《治河奏绩书》卷 1《河决考》，《文渊阁四库全书》第 579 册，
上海：上海古籍出版社 1987 年影印本，第 650 页。

⑤ 傅泽洪：《行水金鉴》卷 50，上海：商务印书馆 1936 年版，第 711 页。

⑥ 傅泽洪：《行水金鉴》卷 50，上海：商务印书馆 1936 年版，第 712~
713 页；周馥：《秋浦周尚书（玉山）全集·治水述要》卷 4，《近代中国史料丛
刊》，台北：文海出版社 1987 年影印本，第 4398-4399 页。

者，多为奸人阻挠，簧鼓具词，以乱当事者之心。"① 户部侍郎王永吉也说："治河必先治淮，导淮必先开海口。"②"其议与杨世学略同，皆不果行。"③ 康熙九年（1670年），河决曹县牛市屯、单县谯楼市，大决清河县，高堰几崩，淮扬二郡几危。于是工科给事中李宗孔上疏请大修高堰石工。"一决高堰，清口必淤，止余浊流一股，必至垫塞海口，下壅而上溢，则今日之大修两河工程，势必仍溃坏。此高堰之利害，不仅仅在淮扬，而实有关于天下者也。"④ 而靳辅的很多治河举措，就是在汲取前人经验的基础上，将前人不能实施的思想付诸实践。

（三）清代河道规制的完善阶段——嵇曾筠治河

靳辅治河虽然成绩很大，但也存在不足。治河的关注点依然集中在黄河下游地区，对于山东、河南地区的河务关注不够。当然，这一方面是由于当时的条件限制，江南河工需要大力整治，同时也与清代治河一贯的保漕目的相关。靳辅对于豫省黄河河工的关注始于康熙二十三年（1684年）。当年，康熙南巡之时，问靳辅道："河南工程，尔都见过么？"靳辅回答："河南商丘县以上堤工，臣俱未见。"康熙对靳辅说："尔亦该去看看。"⑤ 在此之后，康熙二十三年至二十五年，靳辅对豫省黄河堤工进行了修整。康熙二十三年，修筑原武、封丘、兰阳、仪封、荥泽、商丘、虞城、考城堤。康熙二十四年（1685年），又筑阳武堤，封丘龙门口月堤，仪封蔡家楼月堤，虞城

---

① 《清国史》第4册《河渠志》卷1，北京：中华书局1993年影印本，第858页。

② 《清国史》第4册《河渠志》卷1，北京：中华书局1993年影印本，第858页。

③ 《清国史》第4册《河渠志》卷1，北京：中华书局1993年影印本，第858页。

④ 《清国史》第4册《河渠志》卷1，北京：中华书局1993年影印本，第860~861页。

⑤ 傅泽洪：《行水金鉴》卷50，上海：商务印书馆1936年版，第723页。

韩家楼堤，考城月堤。① 同年还增加了豫省黄河兰阳、仪封、荥泽等县的河官数量。② 但是，这些工程对于绵延近千里的豫省黄河而言，还是非常少的。

靳辅之后，康熙年间担任河道总督的有王新命、于成龙、董安国、张鹏翮、赵世显、陈鹏年等人。③ 王新命认为靳辅大修归仁堤之举，全无必要，"不若暂停，以省无用之费也"。④ 董安国治河期间，尽改靳辅成法，在海口创筑拦黄坝，"河工之溃坏，至斯而极"。⑤ 康熙三十七年（1698 年），黄淮并涨，黄水倒灌洪泽湖口，湖水从六坝旁泄由运河入下河，淹没民田，董安国被罢。⑥ 后张鹏翮接任河道总督，在康熙的授意下，"尽毁拦黄坝，大辟清口，连开张福口、

---

① 雍正《河南通志》卷 15《河防四》，《文渊阁四库全书》第 535 册，上海：上海古籍出版社 1987 年影印本，第 394~395 页。雍正《八旗通志》卷 190《人物志七十·大臣传五十六·汉军镶黄旗二》"靳辅"（《文渊阁四库全书》第 667 册，上海：上海古籍出版社 1987 年影印本，第 463 页）载："河南堤岸考城、仪封、阳武三县应帮筑堤七千九百八十九丈，封丘荆隆口应筑大月堤三百三十丈，荥泽县应修埽工三百一十丈。"

② 雍正《八旗通志》卷 190《人物志七十·大臣传五十六·汉军镶黄旗二》"靳辅"，《文渊阁四库全书》第 667 册，上海：上海古籍出版社 1987 年影印本，第 463 页。

③ 于成龙，奉天镶红旗人，荫生，康熙三十二年至三十四年、三十七年至三十九年两度担任河道总督。董安国，奉天镶红旗人，荫生。康熙三十四年由总漕部院兵部右侍郎兼都察院副都御史任河道总督，康熙三十七年罢。张鹏翮，四川遂宁籍，湖广麻城人。进士。刑部尚书晋太子太保，康熙三十九年任，四十九年去职。赵世显，镶红旗人，兵部右侍郎兼都察院副都御史，康熙四十九年任，六十一年罢。陈鹏年，湖广湘潭人，进士，康熙六十一年任。（雍正《河南通志》卷 35《职官六》，《文渊阁四库全书》第 536 册，上海：上海古籍出版社 1987 年影印本，第 338 页。）

④ 《清国史》第 4 册《河渠志》卷 2，北京：中华书局 1993 年影印本，第 876 页。

⑤ 张鹏翮：《治河全书》卷 9《黄河图总说》，《续修四库全书》第 847 册，上海：上海古籍出版社 2002 年影印本，第 545 页。

⑥ 乾隆《江南通志》卷 53《河渠志·黄河五》，《文渊阁四库全书》第 508 册，上海：上海古籍出版社 1987 年影印本。

张家庄诸引河，坚筑唐埝六坝。自是淮水悉出而会黄，淮黄相合，其力自猛，流迅沙涤，海口深通，两河皆循故道"。① 康熙四十六年（1707 年），张鹏翮倡议溜淮套工程被康熙否决。② 赵世显对河工更是无所建树，"在任十九年，穷奢极欲，废弛河务"。③ 康熙自己也曾亲口承认："朕三十年所治河工心血，被赵世显坏了。"④ 毫无疑问，这对于本来就不甚被重视的豫省河工而言，更是雪上加霜。

康熙末年至雍正初年，黄河连续数年泛滥成灾。⑤ 康熙六十年（1721 年）六月二十一日，黄河在武陟县马营口决口，自北岸大堤至原武北岸，南北二十余里，"皆成巨浸，护城堤不没者数寸"。⑥ 八月，黄河同时在武陟县詹家店、马营口、魏家口等处决口，直注滑县、长垣、东明等县，入运河，将张秋迤南赵王河口对岸冲决，由五

---

① 张鹏翮：《治河全书》卷 9《黄河图总说》，清抄本。萧一山认为"康熙朝号称能通河务者如张鹏翮、陈鹏年等，则皆宗辅遗规者也"。（《清代通史》上卷，上海：商务印书馆 1928 年版，第 643 页。）

② 蒋良骐：《东华录》卷 20，北京：中华书局 1980 年点校本，第 329～330 页。

③ 萧奭：《永宪录》卷 2 下，北京：中华书局 1959 年点校本，第 150 页。赵世显任职河道总督时间为康熙四十七年（1708 年）十一月至康熙六十年（1721 年）十一月。（汪胡桢、吴慰祖辑：《清代河臣传》，周骏富辑：《清代传记丛刊·名人类⑪》，台北：明文书局 1985 年影印本，第 230 页。）

④ 年羹尧：《请以张鹏翮等任河漕折》，《年羹尧奏折专辑》（中），台湾《"故宫"文献特刊》1971 年第 2 集，第 832 页。

⑤ 余文燦《陈恪勤公鹏年行状》（《碑传集》卷 75《河臣上》）也记载："当是时，河务废弛已久，修防抢筑徒文具。"乾隆时江南河道总督白钟山在谈到康熙晚年河务时曾评论："世显因循废弛，致有马营、秦厂连年横决，迁延至四载之久。"《河渠纪闻》卷 18，《四库未收书辑刊》1 辑 29 册，北京：北京出版社 2000 年影印本，第 392 页。清代著名治河专家、乾隆五十四年（1715 年）曾任署南河总督的康基田评价康熙六十年（1721 年）豫省河决事时曾道："赵世显但以广筑挑坝为得策，不为远虑。四十余年之安澜，至此复发大难。因循废弛于足迹不经之地，岂非人事哉？"康基田：《河渠纪闻》卷 17，《四部未收书辑刊》1 辑 29 册，北京：北京出版社 2000 年影印本，第 364 页。

⑥ 黎世序等：《续行水金鉴》卷 4，上海：商务印书馆 1937 年版，第 103 页。

孔桥入盐河归海。① 康熙六十一年（1722 年）正月十九日，黄河暴涨，钉船帮南坝尾接至秦家厂子堰决断二十余丈，又将新筑月堤塌断，"水深溜急，无可堵塞"。② 六月初四，沁水暴涨，冲塌秦家厂北坝台八丈、南坝台九丈五尺，又将钉船帮大坝蛰陷四十五丈，"抢筑将成，至初六日复陷"。九月，秦家厂南坝刚刚合龙，第二天又将北坝尾冲开一百余丈。至十二月初八日决口得以堵筑，"忽冰凌水积，将坝尾后堤埽面漫水二十余丈，马营口亦漫开八九丈"。③ 雍正元年（1723 年）六月十一日夜，风雨大作，河南中牟十里店、娄家庄黄河决口，由刘家寨南入贾鲁河。④ 三年之内，黄河数度决口，堵修诸工，成效甚小，甚至甫堵又决，为患甚大。在这种形势下，稽曾筠被雍正派往河南会同河南巡抚石文焯、河道总督齐苏勒堵筑决口、抢修险工、经理河务。⑤

稽曾筠，生于康熙九年（1670 年），卒于乾隆二年十二月（1737年）。字松友，号礼斋，江南长洲人，原籍无锡。康熙四十五年（1706 年）进士。雍正元年（1723 年）二月，擢都察院左金都御史，署河南巡抚。三月，充河南乡试正考官。六月，迁兵部左侍郎。同月，被派往河南经理河工。雍正二年（1724 年），授河南副总河，驻武陟县，专管河南河务。雍正五年（1726 年）正月，受命兼管山东黄河堤工。雍正七年（1729 年）三月，担任河南山东河道总督，兼

---

① 雍正《河南通志》卷 15《河防四》，《文渊阁四库全书》第 535 册，上海：上海古籍出版社 1987 年影印本，第 401 页；赵尔巽等：《清史稿》卷 126《河渠志一·黄河》，北京：中华书局 1977 年点校本，第 3724 页。

② 雍正《河南通志》卷 15《河防四》，《文渊阁四库全书》第 535 册，上海：上海古籍出版社 1987 年影印本，第 402 页。

③ 雍正《河南通志》卷 15《河防四》，《文渊阁四库全书》第 535 册，上海：上海古籍出版社 1987 年影印本，第 402 页；赵尔巽等：《清史稿》卷 126《河渠志一·黄河》，北京：中华书局 1977 年点校本，第 3724 页。

④ 赵尔巽等：《清史稿》卷 126《河渠志一·黄河》，北京：中华书局1977 年点校本，第 3724 页。

⑤ 《清实录》第 7 册《世宗实录（一）》卷 8 雍正元年（1723 年）六月甲子，北京：中华书局 1985 年影印本，第 157 页。

管运河。雍正八年（1730年）四月，任南河总督。[①]

稽曾筠从雍正元年（1723年）被派往河南经理河工，直到雍正八年（1730年）夏被任命担任江南河道总督，其间主理河南河务共七年。在这七年的时间里，稽曾筠不仅在修筑堤防上作出了很大成绩，也为豫省河工规划了一系列完整的修守制度。这些制度有部分被推广到了山东及南河地方，为完善清代河工制度作出了重要贡献。

1. 稽曾筠与豫省河工建设

（1）对黄河的治理

堤防是中国古代治河最重要的方法之一。明代潘季驯提倡"筑堤束水"、"以水攻沙"，清代靳辅延续了这一治河方法，并在此基础上有所发展。稽曾筠也认为"河工要务，全在坚筑堤防"。[②] 雍正元年（1723年）七月十八日，稽曾筠在给雍正的奏折中提道："豫省河工，废弛已久，两岸官堤约长八百余里……一遇伏秋暴涨，在在危险，断非篑土束薪略加补葺便可济事。……愚以为，与其补救于后，费多而工难，毋宁预防于先，费省而工易。伏乞我皇上敕下河抚两臣，确查豫省两岸官堤，估计夫料，于秋汛后遴委干员，协同办理，普律加帮宽厚坚实，其险要处所，应如何分别修筑，工完之后，应如何看守防护，听河抚两臣详加酌议，务期周备完固。纵使汛水涨发，庶几有备无患，于河道民生均有裨益。"[③] 这可以看作是稽曾筠主理

---

① 李元度辑：《国朝先正事略》卷14《稽文敏公事略》，《续修四库全书》第538册，上海：上海古籍出版社2002年影印本，第311~314页；吴忠匡总校订：《满汉名臣传》卷26"稽曾筠列传"，哈尔滨：黑龙江人民出版社1991年版，第2142~2148页；《清国史》第6册《大臣画—列传正编》卷118《稽曾筠列传》，北京：中华书局1993年影印本，第434~438页。但清国史馆原编《清史列传（二）》卷8《大臣画—传档正编十三·稽曾筠》（周骏富辑：《清代传记丛刊·综录类②》，台北：明文书局1985年影印本，第756页）记为"（雍正）八年五月，命署江南河道总督"，误。

② 稽曾筠：《防河奏议》卷5《设立堡房堡夫》，《续修四库全书》第494册，上海：上海古籍出版社2002年影印本，第118页。

③ 《世宗宪皇帝朱批谕旨》卷175之1《朱批稽曾筠奏折》，雍正元年（1723年）七月十八日兵部左侍郎稽曾筠奏，《文渊阁四库全书》第423册，上海：上海古籍出版社1987年影印本，第475页。

豫省河工期间的施政方针。综合后来他的治河实践来讲，也确实是按照这个方针来实行的。

第一，堵塞秦家厂决口。这是雍正派他来到河南的主要目的。到河南后，嵇曾筠一面抓紧进行堵口工程，一面对黄河进行考察。他认为解决问题，要从根源着手。黄河"下流受其患，上流必有致患之由"。① 于是，从雍正元年（1723 年）十一月初六开始，嵇曾筠"雇觅小舟"，"露处小舲，越宿晨兴"，"巡历上源"。② 经过考察，他得出结论："豫省之患，全由于北岸武陟秦家厂之决口，遂致河心淤高，水行两岸，东冲西突，其性难驯，是则治豫河者必将使武陟上游水势条顺，而后振裘挈领，始可徐图下游，以次第施工。"于是，他根据水势及地形要求，在仓头口对面横滩挑开一条引河，以避开河水"激射东北"，使姚其营、秦家厂"免顶冲之灾"。引河挑成以后，原来一直是险工的秦家厂一带"安于磐石"，险工尽去。③ 雍正二年（1724 年）九月，去河南考察河工的河道总督齐苏勒在给雍正的密折中道："臣由邳徐一带前至河南交界，看得黄河秋汛水势虽大，而大溜顺畅，多就中泓。据河南管河道厅呈报，武陟以下，势皆平稳。"④ 嘉庆时期曾担任江南河道总督的治水专家康基田对嵇曾筠此举也给予了高度评价，他认为嵇曾筠所采取的方法是"探本之治"，"于是秦厂各工安如磐石矣"。⑤

第二，对黄河两岸大堤普遍加帮高厚，进行加固。秦家厂堵口工

---

① 嵇曾筠：《防河奏议》卷 1《请挑仓头口引河·附纪》，《续修四库全书》第 494 册，上海：上海古籍出版社 2002 年影印本，第 8~9 页。

② 嵇曾筠：《防河奏议》卷 1《请挑仓头口引河·附纪》，《续修四库全书》第 494 册，上海：上海古籍出版社 2002 年影印本，第 8~9 页。

③ 嵇曾筠：《防河奏议》卷 1《请挑仓头口引河·附纪》，《续修四库全书》第 494 册，上海：上海古籍出版社 2002 年影印本，第 9~10 页。

④ 《世宗宪皇帝朱批谕旨》卷 2 上《朱批齐苏勒奏折》，雍正二年（1724 年）九月初二日总督河道齐苏勒奏，《文渊阁四库全书》第 416 册，上海：上海古籍出版社 1987 年影印本，第 93 页。

⑤ 康基田：《河渠纪闻》卷 18，《四库未收书辑刊》1 辑 29 册，北京：北京出版社 2000 年影印本，第 373 页。

程结束之后，嵇曾筠便抓紧对河南堤防的全面整治。他认为河南到江苏徐州两岸大堤"年久废弛"，"应需修筑之处甚多"，小修小补无济于事，应当统一加帮高宽。雍正二年（1724年）三月，嵇曾筠开始大修黄河南北两岸堤防，其中北岸堤工"自荥泽县起至山东曹县交界止"，加帮堤工长"四万七千三百四十丈"；南岸自荥泽县起至江南砀山县交界止，应当加帮堤工长"七万六千四百五十丈"。此次大工，实际用银"四十二万三千四百两有奇"。① 雍正三年（1725年）年初，大堤竣工。② 大堤修成以后，"长虹绵亘，屹若金汤"③，对防治黄河水患起到了很好的作用。

第三，排查两岸险工，进行重点防护。在全面加固黄河两岸大堤的同时，嵇曾筠还就河南段河工的重点地段进行了专门治理。雍正二年（1724年）七月，修郑州石家桥、中牟县拉牌寨、穆家楼及阳武县黄河北岸、祥符县珠水、牛赵一带堤工。④ 雍正三年（1725年）五月，嵇曾筠、齐苏勒、田文镜三人共同主持修筑了对山东运河影响甚大的河南兰阳、仪封、考城、祥符、商丘等段河工的月堤、格堤。⑤ 此次对于险工地段月堤、格堤加筑的成效很明显。河南地方由于"土性沙松，遇水易溃"，所以月堤、格堤所起的作用并不如江南地区那样明显，但是，此次对于月堤、格堤的加固，在取土上选择"胶结老土"，对各处堤工加帮高厚。铜瓦厢是黄河险工，此次加筑

---

① 嵇曾筠：《防河奏议》卷1《会估豫省黄河两岸堤工·附纪》，《续修四库全书》第494册，上海：上海古籍出版社2002年影印本，第14页。

② 嵇曾筠：《防河奏议》卷1《请修月格等堤》，《续修四库全书》第494册，上海：上海古籍出版社2002年影印本，第25页。

③ 嵇曾筠：《防河奏议》卷1《会估豫省黄河两岸堤工·附纪》，《续修四库全书》第494册，上海：上海古籍出版社2002年影印本，第14页；黎世序：《续行水金鉴》卷5《河水》，上海：商务印书馆1936年版，第131页。

④ 嵇曾筠：《防河奏议》卷1《请建石家桥一带埽坝等工》，《续修四库全书》第494册，上海：上海古籍出版社2002年影印本，第17~18页。《清国史》第6册《大臣画一列传正编》卷118《嵇曾筠列传》，北京：中华书局1993年影印本，第434页。

⑤ 嵇曾筠：《防河奏议》卷1《请修月格等堤》，《续修四库全书》第494册，上海：上海古籍出版社2002年影印本，第25~27页。

后又建立了严格的修防制度，"每岁增培，积至五六年，高厚倍前"。到了乾隆六十年（1795年），黄河水势暴涨，"大溜曲注，危险异常"，但是堤工稳固，并未出现险情。大堤经受住了数十年的考验。①雍正四年（1726年）三月，嵇曾筠会同河道总督齐苏勒、河南巡抚田文镜在河工"险要处所，增修埽坝，镶做防风护堤"，对险工进行加固。②同年九月，三人再次上疏，请求对黄河两岸临河卑薄堤工进行加帮培厚。③

这其中另外一个值得提及的就是嵇曾筠用引河杀险法，顺河势挑开引河，对个别极险工段进行治理。挑引河，需要对地形地势和水势的良好把握。顺治年间，朱之锡就曾讲到"形势不同，引河有可挑不可挑之异；水性难定，挑引河又有得成不得成之异。是又在司河者相机设防，期不致于溃决成害耳"。④就是说如果引河挑不好，反而有可能掣动大溜，产生更大危害。嵇曾筠认为："江南土性坚凝，难于刷动；豫地则土性浮松，易于奏效。引河之法，施之于豫省黄河，尤得地势之利便者也。"⑤引河杀险法第一个应用就是前述挑仓头口引河，使秦厂各工"安如磐石"，其后，他又将此法逐步推广。雍正三年（1725年），在郑州黄河北岸旧回回寨至官路李家旧河身挑引河一道，"引流直行，俾成东西之势，堤工得保固"。⑥雍正五年（1727年）十二月，嵇曾筠上疏言河南仪封县黄河北岸水流势急，将雷家寺上游滩崖刷成支河，水势一涨，"势如奔马"，"上下抢护，救

①　康基田：《河渠纪闻》卷18，《四库未收书辑刊》1辑29册，北京：北京出版社2000年影印本，第380页。
②　嵇曾筠：《防河奏议》卷1《增修埽坝防风》，《续修四库全书》第494册，上海：上海古籍出版社2002年影印本，第33~35页。
③　嵇曾筠：《防河奏议》卷1《改估临河增卑培薄工程》，《续修四库全书》第494册，上海：上海古籍出版社2002年影印本，第36~37页。
④　傅泽洪：《行水金鉴》卷46，上海：商务印书馆1936年版，第672页。
⑤　嵇曾筠：《防河奏议》卷1《挑挖雷家寺引河·附纪》，《续修四库全书》第494册，上海：上海古籍出版社2002年影印本，第50~51页。
⑥　《清国史》第6册《大臣画一列传正编》卷118《嵇曾筠列传》，北京：中华书局1993年影印本，第434~435页。

应不遑"，因此"亟宜乘机因势，开挖引河一道，导水东行"。雍正六年（1728年）二月十三日得到准行。① 雍正八年（1730年）三月，嵇曾筠上疏请开黄河北岸封丘县荆隆口。大溜顶冲。应开引河一道。工程自黑堽口起至柳园口陡崖河尾止，共长三千三百五十丈。②

经过上述对黄河两岸堤防的普遍加宽加厚，清查重点险工，加筑防风埽，豫省黄河堤防得到巩固。史载"厥后二十余年，豫省漫决罕闻"，这其中坚固的堤防起到了巨大的防护作用。

（2）河工制度的完善

嵇曾筠经理豫省河工期间，不仅大修堤防，排除险工，而且参照江南河工制度，建立和完善豫省河工制度，使河务焕然一新。

第一，实行物料储备和银两预拨，改革河帑奏销制度。

物料为河工第一要务。靳辅道："水土之工，物料最急。虽有经画之总理，又有谙练之属员，与子来之兵役，而所需不给，以至万夫束手以待，其误事非浅鲜也。然物料非难，采办为难。"③嵇曾筠到任之前，豫省河工并无物料预储之事。雍正元年（1723年）十一月，秋汛刚过，嵇曾筠便上疏请求施行河工物料预储。他认为，河南黄河两岸，"土性虚松"，水长之时，堤根险情，全赖"秋草椿麻，卷埽镶垫"，如果没有预备物料，面对险情只能束手无策。即便当时购买物料，不但价格高，时间也来不及。因此，河工所需物料"与其采办于后，毋宁预备于先"，建议豫省黄河两岸应当令抚臣"酌拨司库银两"，每年冬天将河工经费分发到沿河州县，采办物料，"堆贮险要工所"，以备应急之用。这样，就能够做到"料物应手，修筑有资，虽有险工，不致临时遗误"。④

---

① 嵇曾筠：《防河奏议》卷1《挑挖雷家寺引河》，《续修四库全书》第494册，上海：上海古籍出版社2002年影印本，第50~51页。

② 嵇曾筠：《防河奏议》卷3《开挑荆隆口对岸引河》，《续修四库全书》第494册，上海：上海古籍出版社2002年影印本，第70~71页。

③ 靳辅：《治河奏绩书》卷4《治绩·采办物料》，《文渊阁四库全书》第579册，上海：上海古籍出版社1987年影印本，第740页。

④ 嵇曾筠：《防河奏议》卷1《预备岁抢修料物》，《续修四库全书》第494册，上海：上海古籍出版社2002年影印本，第11页。

但是，采办物料所用银两，来自地方司库，多有不便。雍正二年（1724 年）十二月，他又请求仿江南河工"估修发帑之例"，"敕部于司库内先行拨银五万两，移解河道，及时分发备料"，经过桃汛秋汛之后，"于本年十月内题估，次年四月内题销"。如果物料未曾用完，则将其"加谨收贮，以充下年修防之用"；如果银两不敷，则"再行题名拨给"。①

第二，增设河员，完善河员设置。

嵇曾筠认为，河南堤工绵长，险工较多，修守任务很重，原来所设官员甚少，远远满足不了河工的需要。因此，雍正二年（1724 年）正月，他即请求于黄河南岸添设巡道一名，专管开封、归德、河南三府河务。将豫省河工原设管河道，令其驻扎黄河北岸，专管彰德、卫辉、怀庆三府河务。同时，他还请求在开封府南北两岸各添设同知一员，怀庆府添设同知一员，武陟县添设主簿一员。均得到雍正同意。② 至此，豫省河工"规制略备矣"。③ 同年十一月，又奏请"于大州县添设千总一员，中小州县添设把总一员"。"所有千把总员缺，即于南工熟谙河务效力弁目并椿埽手内选补"，其职责就是"董率修防，练习椿埽"。④ 雍正五年（1727 年）正月，鉴于黄河险汛下移，祥符县工程更加险要，又添设祥符南岸主簿一员；同时由于祥符、兰阳北岸仅有主簿专管河务，"不理民事，且堤埽绵长，奔走窵远，募夫办料，呼应不灵"，奏请于这两地分别添设巡检一员。⑤ 雍正七年（1729 年），嵇曾筠疏请在河南怀河营、豫河营添设守备两员，作为

① 嵇曾筠：《防河奏议》卷 1《预备岁抢修银两》，《续修四库全书》第494 册，上海：上海古籍出版社 2002 年影印本，第 21~22 页。

② 嵇曾筠：《防河奏议》卷 1《增设分防厅员汛弁》，《续修四库全书》第494 册，上海：上海古籍出版社 2002 年影印本，第 14~16 页。

③ 康基田：《河渠纪闻》卷 18，《四库未收书辑刊》1 辑 29 册，北京：北京出版社 2000 年影印本，第 375 页。

④ 嵇曾筠：《防河奏议》卷 1《增设分防厅员汛弁》，《续修四库全书》第494 册，上海：上海古籍出版社 2002 年影印本，第 15 页。

⑤ 嵇曾筠：《防河奏议》卷 2《条陈河工善后事宜》，《续修四库全书》第494 册，上海：上海古籍出版社 2002 年影印本，第 40 页。

"武弁效力河工者上进之阶"。①

同时，"倘一县之堤有分属南北岸者，每遇汛水长发，隔河防险，势难周顾"，他对原来的防汛管理进行了调整，"令接壤汛弁，南归南汛，北归北汛，就近管理，其厅汛员弁，俱各驻扎险要工所，如有疏防，河弁与汛官一并照例严加议处"。②

第三、建立河官和印官通融调补制度。

河官与印官，关系比较复杂。河官办理河务，必须得到地方协助，方能克济功成。"印官职掌守土。比闾之民，皆其抚驭，一号召间，即夫役也；帑藏之财，皆其典守，一措置间，皆物料也。"③ 而双方由于各种关系和利益的冲突，在很多问题上无法达成一致意见。朱之锡在奏折中多次论及河官与印官的关系，指出印官"未必能一意办河"④，"河官责任在躬，惟恐一覆难收，方恨不得重门以待暴、投鞭以断流；而局外者绝不知误河之为害，徒自见恤民之为名，以省夫为循良，以急公为苛刻"⑤，还指出很多河道官员对于地方官员的不合作深感头疼。但是，他们都没有找到合适的方法来解决这个问题。嵇曾筠认为，"印官专司民事，系抚臣题授；河官专理河工，系河臣题授"的制度有很多弊端，"不特循资升调分为两途，即办事同城，亦不无歧视"。为了解决这个问题，雍正五年（1727年）二月，嵇曾筠建议河工官员与地方官员互相升调，"沿河府州县官，有娴熟河务者，准令河臣会同抚臣保题，升调河工道厅；其河工厅汛官，有才守兼优者，亦准令河臣会同抚臣保题，升调沿河府州县"。还对这种制度予以规范："倘徇情升调，贻误地方河工者，除将该员照例治

① 嵇曾筠：《防河奏议》卷3《添设豫省河营守备》，《续修四库全书》第494册，上海：上海古籍出版社2002年影印本，第66~67页。
② 嵇曾筠：《防河奏议》卷1《增设分防厅员汛弁》，《续修四库全书》第494册，上海：上海古籍出版社2002年影印本，第15页。
③ 薛清祚：《两河清汇》卷8《刍论·治河以得人为要》，《文渊阁四库全书》第579册，上海：上海古籍出版社1987年影印本，第470页。
④ 朱之锡：《河防疏略》卷4《慎重河工职守疏》，《续修四库全书》第493册，上海：上海古籍出版社2002年影印本，第647页。
⑤ 朱之锡：《河防疏略》卷10《治河必资夫力疏》，《续修四库全书》第493册，上海：上海古籍出版社2002年影印本，第730页。

罪外，仍将保题不实之上司，照滥举匪人例议处。"①（东豫两省题补河官之始，江南州县调补亦照此例②）这样，既完善了河工上官员体制，又为新设官员提供了晋升途径。嵇曾筠提出的这项举措在后来得到了较好地施行，其效果也是非常好的。乾隆三十八年（1773年），署理东河总督姚立德在奏折中曾这样评价这个举措："向日豫东率多歧视河工，以致办理掣肘，贻误因循，比比而是。自前河臣嵇曾筠、白钟山等屡经条奏临河印官请升调厅员、河工汛员请升调临河州县，奉旨允行。……近年以来，豫东两抚臣仰遵圣谕，均甚留心河务，举措连为一体，临河州县升调厅员者有之，河工汛员升调州县者有之。在河工汛员，一经升调州县，遇有修防，皆平日熟娴之事，焉敢不踊跃急公？即州县例得升调河工，而于河务紧要之时，亦不敢稍为忽视。是从前印河两途膜不相关之陋习，至今已改除殆尽。"③

第四，添设河兵，提高堡夫素质。

豫省河工不像江南，在清初就受到重视。因此，很多制度并未完善，甚至根本就没有建立。比如，江南地区有专门用于河工防守的"河兵"，河南则只有堡夫，没有河兵。雍正二年（1724年）正月，嵇曾筠上疏，认为豫省虽然设有堡夫，但都是乡间百姓，于河工抢修不甚谙熟，以致"每遇汛险抢救之事，缓急失宜，徒费钱粮，难收实效"。他建议将豫省原设堡夫"选壮健者改充河兵"，其他人裁掉，同时招募河兵。④ 请求于江南十河营内"酌量抽拨拔充头目"用来对改编及新募河兵进行训练。按照要求，每一里分设河兵两名。对于

---

① 雍正《河南通志》卷15《河防四》，《文渊阁四库全书》第535册，上海：上海古籍出版社1987年影印本，第410页。

② 康基田：《河渠纪闻》卷21，《四库未收书辑刊》1辑29册，北京：北京出版社2000年影印本，第516页。

③ 姚立德：《奏请通融地方佐杂升调以裨河务事》，中国第一历史档案馆藏录副奏折，档号：03-0131-096。

④ 此议原起于齐苏勒。《世宗宪皇帝朱批谕旨》卷2上《朱批田文镜奏折》，雍正二年十一月初九日署理河南巡抚印务、布政使田文镜奏，《文渊阁四库全书》第424册，上海：上海古籍出版社1987年影印本，第54页。又见《清国史》第6册《大臣画一列传正编》卷103《田文镜列传》，北京：中华书局1993年影印本，第223页。

嵇曾筠添设河兵的方案，雍正帝大力支持。他力压朝中的反对意见①，下旨"就近于河南抚标拨守备一员、千总一员、把总两员、马兵一百名，听副总河差遣，至总河标下十河营弁兵，应令齐苏勒酌拨分给"。②但是，在裁撤堡夫上，雍正未表态。十一月初三日，嵇曾筠的上疏中对堡夫的态度发生了转变。③但雍正仍不满意。十一月初九日，在同嵇曾筠、石文焯商议之后，田文镜上密折阐述了其意见。他的意见是堡夫不裁、添设河兵。④同月二十二日，嵇曾筠上疏，请求"兵夫兼用，协力修防"。对于原设堡夫，裁"老弱无用"，留"精壮有用"，力求"设一名堡夫即得一名之用"。并且规定，堡夫跟河兵学习"签椿下埽"，经过考核合格，可以"拨作河兵"，"照例给饷"。这个意见最终得到了雍正的首肯。⑤

同时，黄河两岸河堤上原来所建堡房"年久坍毁，十无一二"，河兵堡夫"无地容身"，请按照旧制，"令地方官每二里建堡房一座"。这样，"兵夫驻足有所，风雨不离，长堤蜿蜒，灯火相照，声

---

① 《清实录》载："怡亲王允祥等议覆：副河道总督嵇曾筠疏奏河工调遣不敷，请设标下河兵，应不准行。得上谕曰：嵇曾筠已授副总河。[总河]驻扎南河，兼管运河，于河南黄河相去甚远。猝有紧要工程，实难相顾。若无标下官兵，难供驱使。现在总河标下河兵十营，为数甚多。令齐苏勒酌拨分给，务期永远可行。尔等详议具奏。"《清实录》第7册《世宗实录（一）》卷18雍正二年（1724年）四月丙午，北京：中华书局1985年影印本，第296~297页。

② 嵇曾筠：《防河奏议》卷1《增设分防厅员汛弁》，《续修四库全书》第494册，上海：上海古籍出版社2002年影印本，第14~16页。

③ 嵇曾筠：《防河奏议》卷1《条陈河工应行事宜》，《续修四库全书》第494册，上海：上海古籍出版社2002年影印本，第19~21页。雍正在同年十一月给嵇曾筠的密折上曾批复："堡夫一节，前议原未周详，再加斟酌妥确奏闻。"（《世宗宪皇帝朱批谕旨》卷175之1《朱批嵇曾筠折》，雍正二年十一月初三日副总河、兵部左侍郎嵇曾筠奏，《文渊阁四库全书》第423册，上海：上海古籍出版社1987年影印本，第492页。）

④ 《世宗宪皇帝朱批谕旨》卷126之6《朱批田文镜折》，雍正二年（1724年）十一月初九日署理河南巡抚印务、布政使田文镜奏，《文渊阁四库全书》第421册，上海：上海古籍出版社1987年影印本，第53~54页。

⑤ 嵇曾筠：《防河奏议》卷1《议留堡夫并建堡房》，《续修四库全书》第494册，上海：上海古籍出版社2002年影印本，第23~24页。

息相闻，纵遇险工，一呼即应，则抢护不致失时矣"。① 这个方案在经过波折后终于得到雍正的首肯。嵇曾筠共在豫省建造堡房 512 座。嵇曾筠还建议将堡房管理划入交代册内，作为官员考核的一个依据。②

第五，改革夫役制度。

清朝河夫，最开始沿袭的明代的佥派为主、雇募为辅的方式。到了康熙十二年（1681 年），河南巡抚佟凤彩请求停止河南佥派夫役。这一措施后来逐渐推行开来，至靳辅治河，虽然也偶有佥派的情形出现，但是雇募这一方式已经占了主导地位。③ 但到了康熙后期，募夫制度受到破坏，一到汛期，地方州县，将河工用夫"擅派里下"，这些临时佥派而来的河夫，一方面，在技术上不过关，"强弱不齐"，效率低下，"希图帮贴，每日四名始挑土一方"，殆误河工，河夫亦嫌帮贴价少，易起纷争；另一方面，这一举措也给百姓带来了不小的负担。因此，嵇曾筠建议"嗣后凡用夫役，总以雇募为准"，只在工程险要紧急，不得已的情况下才可以"按地起夫"，并且要挑选"年力精壮之人"。他认为："与其人多而力惰，毋宁人少而力勤。"④ 这样，既避免了河工对于农民的搅扰，又有利于充分发挥现有人力的作用，提高工程效率。

与此同时，嵇曾筠还对夫役工银进行改革。河工定例，每土一方，给银一钱二分，扣除加一节省外，实给银一钱零八厘。嵇曾筠认为，工价不可划一，应该按照一定的标准有所区别：简单易做的工程，每方土给银九分六厘就已经足够；对于比较难做的工程以及取土路途遥

---

① 嵇曾筠：《防河奏议》卷 1《议留堡夫并建堡房》，《续修四库全书》第 494 册，上海：上海古籍出版社 2002 年影印本，第 23~24 页。

② 嵇曾筠：《防河奏议》卷 3《堡房造入交代》，《续修四库全书》第 494 册，上海：上海古籍出版社 2002 年影印本，第 69~70 页。

③ 《清朝文献通考》卷 22《职役二》，浙江：杭州古籍出版社 1988 年影印本，第 5050~5051 页。

④ 《世宗宪皇帝朱批谕旨》卷 175 之 1《朱批嵇曾筠奏折》，雍正二年（1724 年）五月二十一日副总河、兵部左侍郎嵇曾筠奏，《文渊阁四库全书》第 423 册，上海：上海古籍出版社 1987 年影印本，第 482 页。

远，甚至需要花钱买土的工程，则"令管河道亲加察核，酌量加增"。① 这样，一方面可以节省河工经费，另一方面又不至于延误河工。

第六，大力提倡种植柳苇。

明清之际，河工用埽最多。埽有多种，而以柳埽最为坚实。顺治、康熙时期，杨方兴、朱之锡、靳辅、张鹏翮等人，均提倡在黄河两岸种植柳树，且有一定成效。后来，豫省河务荒废，黄河两岸的柳园也逐渐被乡民及堡夫等侵蚀，弊端重重，渐及废弛。赵世显担任河道总督，曾于康熙四十九年（1710 年）在上疏中言及"河南堤上，柳株寥寥，倘遇险工，凭何取用？"题请"凡官地广栽柳株，务期成活，不许奸民盗窃"，得到康熙同意。但未见切实成效如何。②

嵇曾筠认为"豫省堤园柳株，岁久瘦枯，更兼连年险工，采伐殆尽。至获苇一项，原非中州土产，旧例俱以谷草秫秸代用，入水即腐，不能经久"③，对于河工而言，影响重大。雍正二年（1724 年）十一月，嵇曾筠就此问题专门上疏雍正。他认为，黄河两岸滨河处所多有新淤滩地，地方官可以对其进行清查，在尚未升科的土地上，栽种柳树或苇获，以供河工之用。④ 为了能够获得良好的成效，他还申明了奖励制度。"或有种获一顷，或有种柳千枝，实能成活济工者，验实详报咨部。官则给予纪录，民则给予项带荣身。"⑤ 这项措施得

---

① 嵇曾筠：《防河奏议》卷 1《条陈河工应行事宜》，《续修四库全书》第494 册，上海：上海古籍出版社 2002 年影印本，第 19 页。

② 雍正《河南通志》卷 15《河防四》，《文渊阁四库全书》第 535 册，上海：上海古籍出版社 1987 年影印本，第 401 页。

③ 齐苏勒与嵇曾筠观点大致相同。齐苏勒曾说："治河物料，柳苇为先。每年卷埽之苇，辄千百万束，俱动帑购买。仍须以柳枝为骨，在官园伐以继用。柳多则工坚而帑省，柳少则用苇多而工不固。"（《清国史》第 6 册《大臣画一列传正编》卷 97《齐苏勒列传》，北京：中华书局 1993 年影印本，第 167 页。）

④ 嵇曾筠：《防河奏议》卷 1《条陈河工应行事宜》，《续修四库全书》第494 册，上海：上海古籍出版社 2002 年影印本，第 20 页。

⑤ 嵇曾筠：《防河奏议》卷 1《条陈河工应行事宜》，《续修四库全书》第494 册，上海：上海古籍出版社 2002 年影印本，第 20 页；《世宗宪皇帝朱批谕旨》卷 175 之 1《朱批嵇曾筠奏折》，雍正二年（1724 年）十一月初三日副总河、兵部左侍郎嵇曾筠奏，《文渊阁四库全书》第 423 册，上海：上海古籍出版社 1987 年影印本，第 491 页。

到了河道总督齐苏勒的大力支持。雍正三年（1725 年）九月，齐苏勒在给雍正的密折中详细阐述了种植柳苇更加详细的劝惩之法。① 雍正五年（1727 年），嵇曾筠再次重申河畔设立柳园的重要意义："河工埽料，柳束为重。每年河水坍塌，以致柳园渐少，虽此坍彼淤，而官无界址，民多隐占。请敕抚臣将见存柳园丈勘立界，清查淤地，拨补还额。严督河员，广为栽种。"② 经过他的不断努力，豫省黄河两岸的植柳措施取得了很好的成效。雍正七年（1729 年）六月，嵇曾筠视察黄河河工，南北两岸已是"高柳卧柳，层层障蔽，足资捍御"。③

此外，鉴于豫省河工"上至武陟，下至虞城，岁抢二工，拨运无船，不能济急"，雍正五年（1727 年），他还上疏请求按照江南河工在河南建造浚船，用以运送岁抢物料 。"每汛造船五只，给发各汛河兵，运驾看守"，以资岁抢工程"拨运之用"。④

嵇曾筠在河南实行的种种举措，很多被推广到山东、江南等省。如添设河兵的方法雍正三年（1725 年）就被推广到山东。⑤ 嵇曾筠在豫河工实行印河官通融互调，齐苏勒在江南河工亦实行这种制度，河工渐有起色。⑥ 另外如设立堡房堡夫、物料预储等制度在他后来担

① 《世宗宪皇帝朱批谕旨》卷 2 上，雍正三年（1725 年）九月初十日总督河道齐苏勒奏，《文渊阁四库全书》第 416 册，上海：上海古籍出版社 1987 年影印本，第 101~103 页。

② 嵇曾筠：《防河奏议》卷 2《条陈河工善后事宜》，《续修四库全书》第 494 册，上海：上海古籍出版社 2002 年影印本，第 38~39 页。

③ 《世宗宪皇帝朱批谕旨》卷 175 之 3《朱批嵇曾筠奏折》，雍正七年（1729 年）六月十五日吏部尚书总督河南山东河道嵇曾筠、内阁学士协理河工徐湛恩奏，《文渊阁四库全书》第 423 册，上海：上海古籍出版社 1987 年影印本，第 553 页。

④ 嵇曾筠：《防河奏议》卷 2《条陈河工善后事宜》，《续修四库全书》第 494 册，上海：上海古籍出版社 2002 年影印本，第 38~39 页。

⑤ 光绪《钦定大清会典事例》卷 901《工部·河工·河员职掌一》，《续修四库全书》第 810 册，上海：上海古籍出版社 2002 年影印本，第 861 页。

⑥ 康基田：《河渠纪闻》卷 18，《四库未收书辑刊》1 辑 29 册，北京：北京出版社 2000 年影印本，第 392 页。

任江南河道总督时在南河地区继续推行。①

康基田评价嵇曾筠在河南的贡献时写道："河东自嵇文敏建官司，设兵夫，制浚船，以及挑筑之功用，出纳之册，查核之宜，犂然具举，规制加备。"② 完备的制度为河工建设的开展和堤工修守提供了较好的保障。

2. 嵇曾筠豫省治河成功的原因

嵇曾筠治河，先事预防，以求防患于未然。他在豫省河工，成就显著，曾多次受到表彰，七年之内，由临时所设之河南副总河，升任江南河道总督。嵇曾筠取得如此之高的治河成就，是多种因素综合作用的结果。

（1）嵇曾筠不畏艰辛，勤劳任事。

嵇曾筠主理豫省河工之前，并无专门任职河工的经历，仅署理河南巡抚一职，曾涉河务。但嵇曾筠不畏艰辛，实地考察，很快大致掌握了河工情况。前述雍正元年（1723 年）十一月，他曾"雇觅小舟"，对阳武以上黄河进行考察。雍正七年（1729 年），他在给雍正的密折中自述道："臣自受任副总河以来，原于武陟地方赁居民舍，后以河势下移，随时抢护，孑然一身，往来于豫东二省之交，择险奔驰，寓居湫隘。"③ 通过考察，嵇曾筠对于黄河河工有了比较充分的了解，对于各段河工的形势、险工所在等了熟于心，这就非常有利于他在汛期到来之际做到有的放矢。他主张河工以预防为主，防患于未

① 乾隆《江南通志》卷 53《河渠志·黄河五》，《文渊阁四库全书》第508 册，上海：上海古籍出版社 1987 年影印本。

② 陆耀：《切问斋集》卷 10《治河名臣小传》"嵇曾筠"条；康基田：《河渠纪闻》卷 19，《四库未收书辑刊》1 辑 29 册，北京：北京出版社 2000 年影印本，第 448 页。不过后来康基田亦对嵇曾筠在河南设置浚船的举措进行了否定："河工浚船，糜费无实效，豫省坡河尤难见功。"（康基田：《河渠纪闻》卷 20，《四库未收书辑刊》1 辑 29 册，北京：北京出版社 2000 年影印本，第495 页。）

③ 《世宗宪皇帝朱批谕旨》卷 175 之 3《朱批嵇曾筠奏折》，雍正七年（1729 年）五月二十四日吏部尚书总督河南山东河道嵇曾筠奏，《文渊阁四库全书》第 423 册，上海：上海古籍出版社 1987 年影印本，第 552 页。

然。他借鉴前人经验，如遵靳辅筑堤束水冲沙之法，加固黄河两岸大堤。同时，他还不拘泥于前人定法，因地制宜，广推引河杀险法，成效显著。①

嵇曾筠敢于在治河问题上据理力争，坚持正确的观点。清代治河，尤其是在康雍乾时期，皇帝对河工比较重视与关注，向河臣发出各种指令。这种皇帝治河的做法在康熙朝表现得尤为严重，雍正极力模仿康熙，也经常对河工加以指点。这种所谓"商讨式"的君臣之间的"互动"，不能简单理解为"平等的对话"，而只能将其当作指令来遵循。嵇曾筠在主理豫省河工期间，也曾多次受到雍正的"指点"。但是，如果雍正的"指点"有不当之处，嵇曾筠也会直言道出，并不隐瞒自己的正确观点。他的这种不阿上、不逢迎的做法，多次受到雍正的表彰。当然，这也在一定程度上说明了雍正在用人方面有自己独特的方法。

（2）雍正给予了河臣一个相对自由的施政环境和强大的财政支持。

雍正和康熙都非常重视河工与河臣，这是毋庸置疑的。但康熙与雍正在对待河臣的态度上存在较大的分别。由于康熙本人曾六次南巡河工，对河工确实有一定的了解，因此，他对自己在河工上的见解非常自信，对河臣的经理方针，甚至到一沟一渠一坝，都会加以干涉。他认为，除了靳辅之外，其他河臣根本就没有治河的能力，如张鹏翮等人之所以取得一定的成绩，全靠他的指点。② 但是，他自己也曾讲过，河工之事，非几年亲历河上方可得其旨要。几个月的视察河工的经历和从图、书上得到的知识，无法应对瞬息万变的河工形势。他后期大力推行挑水坝，就给河工带来了很大隐患。与康熙不同，雍正登基之前，仅仅三次随康熙视察永定河，接触黄河河工甚少。康熙四十二年（1703年）跟随康熙南巡时才接触到黄河河工，这也是他唯一

---

① 赵尔巽等：《清史稿》卷310《嵇曾筠传》，北京：中华书局1977年点校本，第10625页。

② 《清实录》第6册《圣祖实录（三）》卷198康熙三十九年（1700年）三月己亥，北京：中华书局1985年影印本，第11页。事实上，张鹏翮在治河上是有一定成绩的（郑肇经：《中国水利史》，上海：上海书店1984年版，第74页）。

一次大江南北之行。① 登基之后，由于种种原因，雍正未曾南下巡视。因而，在绝大多数问题上，虽然他也经常表达对于河工的意见，但在与河臣的意见发生冲突的时候，他听从河臣的意见，事实上，他能够清楚地认识到自己的不足，还会经常对自己的不专业表示"惭愧"。这在一定程度上给河臣们提供了一个相对康熙时期较为自由的环境。他们可以从比较专业的角度来实施各项工程。毕竟，长期经营河务的河臣还是比天天呆在紫禁城内的皇帝对于河工的认识更深刻。

其次，雍正给予嵇曾筠很大的财政支持。嵇曾筠在河南所兴工程，多为大工，如大修黄河两岸千里河堤、挑引河等工程，所需钱粮甚多，如果没有雄厚的财政支持，是无法开展的。雍正时期实行了一系列财政改革，逐渐改变了康熙后期国库空虚的局面，国库逐渐充裕，为治河提供了强大的经济后盾。雍正对于河工所需银两，一般是有请必拨。嵇曾筠曾经就节缩夫役工钱问题向雍正上疏，雍正批道："……切勿过于拘执钱粮重轻，较之河防，又其次矣。"②

雍正帝对于嵇曾筠的评价也很高，雍正十二年（1734年）二月，雍正令时任两淮盐政兼管江宁织造、龙江关税务布政使高斌跟随嵇曾筠学习河务，在朱批中写道："悉心尽力学习，不但河工事务，即嵇曾筠之居心为人，亦当勉力效法。嵇曾筠忠正人也。"③

（3）周围大批同僚的支持，是嵇曾筠治河能够取得成功非常重要的因素。

嵇曾筠在河南河工所取得的成绩，并不能看作他一个人的功劳。康熙时靳辅治河，与当时的江苏巡抚慕天颜等人关系不好，后来又在开河口问题上与康熙意见不一致，再加上触动了朝中部分淮扬籍大臣

---

① 冯尔康：《雍正帝》，北京：人民出版社1985年版，第9~11页。

② 《世宗宪皇帝朱批谕旨》卷175之2《朱批嵇曾筠奏折》，雍正七年（1729年）正月二十二日吏部尚书、河南副总河兼管山东黄河堤工嵇曾筠奏，《文渊阁四库全书》第423册，上海：上海古籍出版社1987年影印本，第544页。

③ 《世宗宪皇帝朱批谕旨》卷205下《朱批高斌奏折》，雍正十一年（1733年）三月初一日两淮盐政兼管江宁织造、龙江关税务布政使高斌奏，《文渊阁四库全书》第424册，上海：上海古籍出版社1987年影印本，第525页。

的利益，最终导致他于康熙二十七年（1689 年）被罢免河道总督。①
相对于靳辅来讲，嵇曾筠的遭遇则要好上许多。其主理豫省河工期
间，河南巡抚石文焯、河南布政使杨文乾以及先后担任河南布政使及
河南巡抚的田文镜，河道总督齐苏勒，都是有能力的大臣。在主观和
客观上都曾给予嵇曾筠不少的帮助，令嵇曾筠得益匪浅。

　　比如齐苏勒，是当时的河道总督，雍正时期最受信任的河臣。齐
苏勒治河颇有良方，在豫省河工上对嵇曾筠曾多有帮助和提点。雍正
二年（1724 年），嵇曾筠题请河南设立河兵，就得到了齐苏勒的支
持。② 雍正三年（1725 年）二月，嵇曾筠负责挑挖祥符县引河，齐
苏勒奉雍正旨意前去视察。齐苏勒发现嵇曾筠挑引河的地方稍有偏
差，"上口之地势与现在水向不甚相对"，难以收到预想的效果，于
是就对嵇曾筠的计划进行了修正，"改挖上首三十余丈，以对顶冲，
以迎大溜，又往对岸指示建筑挑水坝，挑溜顺行，以对引河之口"。③
在齐苏勒的指点之下，引河挑挖工程得以顺利完工。

　　田文镜在嵇曾筠担任河南副总河及河南山东河道总督时一直主理
河南山东政务，对嵇曾筠在很多问题上予以大力支持，并提出了许多
非常有意义的见解。前文所述的堡夫制度改革，刚开始时嵇曾筠要求
将堡夫全裁，田文镜则对此提出异议。他认为，河兵、堡夫各有优缺
点，"兵、夫兼用，协力修防，方有实效"。④ 最终嵇曾筠综合了田
文镜的观点，提出了新的制度改革方案，获得了雍正的同意。另外，

---

　　① 详见晏路：《郭琇弹劾靳辅案中案》，《满族研究》2001 年第 4 期；孙
德全：《康熙时期"治河案"述论》，《牡丹江师范学院学报》2009 年第 1 期。
　　② 《世宗宪皇帝朱批谕旨》卷 2 上《朱批齐苏勒奏折》，雍正二年（1724
年）闰四月二十二日总督河道齐苏勒奏，《文渊阁四库全书》第 416 册，上海：
上海古籍出版社 1987 年影印本，第 90~91 页。
　　③ 雍正《八旗通志》卷 161《人物志四十一·大臣传二十七·满洲镶白
旗六》"齐苏勒"条，《文渊阁四库全书》第 666 册，上海：上海古籍出版社
1987 年影印本，第 702 页；赵尔巽等：《清史稿》卷 310《齐苏勒传》，北京：
中华书局 1977 年点校本，第 10621 页。
　　④ 田文镜：《题为详请仍留堡夫以重修防以资巩固事》，《抚豫宣化录》，
郑州：中州古籍出版社 1995 年点校本。

田文镜还多次对河工弊政提出改革意见，为嵇曾筠清理河工积弊提供了帮助。① 当然，田文镜也曾经在一些问题上与嵇曾筠产生过矛盾，比如雍正二年（1724年），两人在河工物料办理过程中河官、印官的责任问题上就发生过分歧②，甚至田文镜还在给雍正的奏折中说过嵇曾筠的坏话③，但这并未影响到二人在治理好黄河这一目的上的一致性。总体上来看，二人在河务上的合作还是可以肯定的。

3. 结论

嵇曾筠在河南主理河工期间实行的种种举措，很多也被推广到山东、江南等省。如嵇曾筠在豫河工实行的"沿河府州县升调河工道厅，河工厅汛升调沿河州县"的方法，"开地方补河官之例"，被称为使"印河各官同心协力、益励寅恭不易之良法也"。后来齐苏勒在江南河工亦实行这种制度，河工渐有起色。④ 另外，如堡夫管理、物料预储等制度也被推广到东河和南河河工。

嵇曾筠在办理河工的同时，注意节省河工经费。嵇曾筠在给雍正的密折中曾经写道："河工私弊易生，河工浮议易起。""河员以有事为荣，以兴工为利，但云工程险要，而不知内中有应做不应做之工，若一概担承，估计兴修，必致帑金糜费。""大工业已告竣，长堤屹若金汤，自应以撙节钱粮为重。"⑤ 对旧有河工弊端加以清理整顿，使在河官员和兵夫最大程度上发挥效用，同时，也节省了银两。史载

---

① 田文镜：《抚豫宣化录》，郑州：中州古籍出版社1995年点校本。

② 田文镜：《议州县河员分办工料疏》，载《皇朝经世文编》卷103《工政九·河防八》），《魏源全集》第18册，长沙：岳麓书社2004年版，第525～526页。

③ 田文镜在奏折中说嵇曾筠"每事游移，全无定见，反致承筑各官无所适从"。《世宗宪皇帝朱批谕旨》卷126之6《朱批田文镜奏折》，雍正三年（1725年）八月三日河南巡抚田文镜奏，《文渊阁四库全书》第421册，上海：上海古籍出版社1987年影印本，第152页。

④ 康基田：《河渠纪闻》卷18，《四库未收书辑刊》1辑29册，北京：北京出版社2000年影印本，第392页。

⑤ 《世宗宪皇帝朱批谕旨》卷175之2《朱批嵇曾筠奏折》，雍正七年（1729年）正月二十二日吏部尚书、河南副总河兼管山东黄河堤工嵇曾筠奏，《文渊阁四库全书》第423册，上海：上海古籍出版社1987年影印本，第544页。

其治河期间"前后省库帑甚巨"。①

稽曾筠在雍正时期主理河南河务七年，在这七年的时间里，他在雍正、齐苏勒、田文镜的大力支持和协助下，大规模兴修河工，加固黄河两岸大堤，同时，施行引河杀险法，对险段河工重点治理，取得了很好的成绩，实现了靳辅之后清代历史上又一次河工"大治"局面②，豫省河工"厥后二十余年，豫省漫决罕闻"。③乾隆八年（1743年），河东河道总督白钟山在奏折中说道，东河自稽曾筠治理之后，"十余年来安然无恙，向之褰裳可涉者，今则深不可测矣。向之大堤卑薄残缺者，今数百里一律高厚、屹若坚城矣。向之两岸滩地普漫若湖淀者，今则非甚盛涨水不出槽漫滩矣。十余年来，二渎安澜，历年顺轨"④，也是充分肯定了稽曾筠的成绩。

稽曾筠在河南大修豫省河工时，齐苏勒在江南地区也开展了对黄河的一系列治理。雍正元年（1723年），在风神庙前东西建清口束水坝，东坝长26丈，西坝长24丈。⑤雍正五年（1727年），复设江南苇荡营采苇官兵。⑥同年，又大修江南黄运两河土石埽坝工程，加筑越堤。⑦齐苏勒在江南地区的建设取得了很好的效果。"黄河自砀山

① 赵尔巽等：《清史稿》卷310《稽曾筠传》，北京：中华书局1977年点校本，第10625页。

② 后世给予了稽曾筠高度评价。嘉庆《大清一统志》称稽曾筠"负经济大略，知人善任，恭慎廉明，累用引河杀险法，前后节省库帑百万。其生平劳绩，治河为大，与靳辅、齐苏勒并称名臣"。（嘉庆《大清一统志》卷81《苏州府五·人物》，《四部丛刊续编》本。）

③ 康基田：《河渠纪闻》卷18，《四库未收书辑刊》1辑29册，北京：北京出版社2000年影印本，第382页。

④ 康基田：《河渠纪闻》卷21，《四库未收书辑刊》1辑29册，北京：北京出版社2000年影印本，第512页。

⑤ 康基田：《河渠纪闻》卷18，《四库未收书辑刊》1辑29册，北京：北京出版社2000年影印本，第372页。

⑥ 康基田：《河渠纪闻》卷18，《四库未收书辑刊》1辑29册，北京：北京出版社2000年影印本，第391页。

⑦ 康基田：《河渠纪闻》卷18，《四库未收书辑刊》1辑29册，北京：北京出版社2000年影印本，第394页。

至海口，运河自邳州至江口，纵横绵亘三千余里，两岸堤防崇广若一，河工益完整。"① 嵇曾筠后调至南河，又大修黄运两河堤岸241000余丈。

这一时期，经过数十年的经营，河工渐趋正规。总体来讲，无论是机构的新建还是官员的增设，大多是在合理的范围之内。这同康熙、雍正等对河工官员数量的控制有关。他们对官员的要求，尤其是对河工官员的要求较高，尽量达到"设一官则有一官之实"的目的。

三、河工经费的收支管理

明代河工经费的管理，刘天和《问水集》曾有详细记载："河道经费旧散贮于临河州县，云以便支放。河南者或径发工所，以便分给。在南北运河则管河郎中掌之，在河南则管河道副使掌之，盖总理都御史添设不常故也。近杨郎中旦、涂郎中樻、胡副使宗明建议北直隶、山东则总贮于东、兖、沧、德四府州，南直隶则总制于淮、扬、徐三府州，河南则总贮于开封一府。余所属州县不得有分毫积，且置循环簿各二：一赴都御史，一赴郎中副使，各按季倒换稽查，永绝弊源矣。"②

清初，河防工程主要由沿河州县征发徭役，自行筹款治理。③

康熙《钦定大清会典》载："黄运两河，需用钱粮，由直省征解，河道总督及各分司支用。年终稽核完欠，分别奏销。"④ 嘉庆

---

① 赵尔巽等：《清史稿》卷310《齐苏勒传》，北京：中华书局1977年点校本，第10622页。对于齐苏勒在江南河工之成绩，雍正《八旗通志》认为"齐苏勒惟以保守堤工为务，其于为民大局初不计也"。（雍正《八旗通志》卷首之五《天章五·皇上御制诗三·故大学士兼江南河道总督高斌》，《文渊阁四库全书》第664册，上海：上海古籍出版社1987年影印本，第99页。）

② 刘天和：《问水集》卷2《黄河运河积贮》，南京：中国水利工程学会1936年版，第35~36页。

③ 孙翊刚、王文素主编：《中国财政史》，北京：中国社会科学出版社2007年版，第298页。

④ 康熙《钦定大清会典》卷138《工部九·河渠三·河道钱粮》，《近代中国史料丛刊三编》，台北：文海出版社1992年影印本，第6905页。

《钦定大清会典》载："河工购料，先期奏请拨发，俱按年覆实报销。"① 康熙年间，河工经费的来源大致有三方面：各部司库的拨款，主要是户部、工部；各省规定的额征河银；商人捐款，主要是盐商。② 另外，还不定期的进行摊派、开纳捐官，晚清时候，关税的一部分也被征用到河工上面。

各省额征河银，"多寡不一"。表4-4、表4-5分别列出了康熙朝各地额征河银的数量。乾隆十三年（1748年），由于直隶、河南、山东三省河务日益受到重视，停止这三省协济江南河工银两，征收河银留作本省河工使用。③

表4-4　　　　　　　**康熙前期每年征解河银数额**

方式	来源	数额（两）
直省征解	直隶	11577.6700
	江南安徽布政使	23446.0900
	江南江苏布政使	82148.5500
	浙江布政使	10525.2400
	山东布政使	40538.2400
	河南布政使	90983.1800
	小计	259218.9700

① 嘉庆《钦定大清会典》卷12《户部》，《近代中国史资料丛刊三编》，台北：文海出版社1991年影印本，第625页。
② 颜元亮：《清代黄河的管理》，载《水利史研究室五十周年学术论文集》，北京：水利电力出版社1986年版。司库余银不多时，有时会从道库进行拨款。如咸丰二年（1852年）二月十六日内阁奉上谕："颜以燠奏道库存款不敷垫发，请先由司库借拨一折。山东兖沂道库因运司岁料帮价递年解不足数，垫发过多，存款不敷支放，着准其于司库先行借拨银五万两归还兖沂道库垫款，以备工用，余着照所拟办理。该部知道。钦此。"（中国第一历史档案馆编：《咸丰同治两朝上谕档》第2册，桂林：广西师范大学出版社1998年版，第60页。）
③ 光绪《钦定大清会典事例》卷904《工部·河工·河工经费岁修抢修一》，《续修四库全书》第811册，上海：上海古籍出版社2002年影印本，第17页。

续表

方式	来源	数额（两）
	通惠河分司	15401.3500
	北河分司	15898.5700
	南旺分司	2936.8700
分司征收	夏镇分司	1514.3500
	中河分司	35038.0000
	南河分司	41197.4200
	小计	111986.5600
合计		371205.5300

（资料来源：康熙《钦定大清会典》卷139《工部九·河渠三·河道钱粮》，《近代中国史料丛刊三编》，台北：文海出版社1992年影印本，第6905～6909页。北河分司另有荩麻12878斤8两。中河分司，顺治十五年，加增600两。康熙十一年，兼征徐州税契银3600两。二十年，加3000两。南河分司康熙二十年加增1000两。）

表4-5 　　　　　　　康熙中后期征解河银数额

	来源	数额（两）
	直隶	2975.63
	江南淮徐道	51562.9
	江南淮扬道	102402.6
	江南江苏布政使	17435.9
直省征解	浙江布政使	10525.24
	山东布政使	44166.91
	河南布政使	90619.74
	小计	319688.92

	来源	数额（两）
盐运司	盐运司（两淮）	50000
	盐运司（两广）	10000
	盐运司（两浙）	10000
	盐运司（长芦）	10000
	盐运司（山东）	7000
	盐运司（河东）	4000
	盐运司（福建）	3000
	小计	94000
分司征收	通惠河分司	15401.35
	北河分司	15898.57
	南旺分司	2936.87
	夏镇分司	1514.35
	中河分司	40638.908
	南河分司	42197.42
	小计	118587.468
总计		532276.388

（资料来源：雍正《钦定大清会典》卷206《工部十·河道钱粮》，《近代中国史料丛刊三编》，台北：文海出版社1994年影印本，第13731~13738页。另，北河分司另有荥麻12878斤8两。）

盐商的捐款是清代河工经费的另一个重要来源。清代河工捐例，大致始于康熙年间。康熙三十九年（1700年），河道总督于成龙奏请开河工捐例。乾隆四十七年（1782年），豫东兰阳三堡兴办大工，盐商捐银200万两，两浙商人捐款80万两。① 雍正九年（1731年），

① 《清实录》第23册《高宗实录（一五）》卷1166乾隆四十七年（1782年）十月乙亥，北京：中华书局1986年影印本，第637页。

大修黄运两岸工程，"需土方银二十万三千五百余两，动支盐课二十万，不敷之数，于河库存银支给"。①

　　以靳辅治河为例，靳辅在《经理河工第六疏》中专门谈"筹画钱粮"。他认为，当时河工需款高达五六百万两白银，在缩减之后，尚至少需款2158000余两，由国库拨款肯定是无法实现的。于是，他提出了筹措经费的方法："一则议令淮扬被淹田亩补纳修河之费也……约可得银一百六七十万……一则运河经过之货物宜令加纳剥浅之资也……约可得银一二十万两……一则开广武生纳监之事例也……大约一二十万金……以上三款若蒙俞允，则治河之费已备。即有不敷，统容臣于河库内通融动用。"②

　　表4-4、表4-5反映的是河道各分司裁撤以前的情况，也就是靳辅治河之前的河银征解数额。至靳辅治河时期，数额有了较大增长，据《水窗春呓》记载："当靳文襄时，只各省额解六十余万而已。"③ 雍正时期的河银征解数额较之顺康时期有了较大的增长。

　　将表4-6与表4-4、表4-5比较，可以发现，除数额有较大增长之外，河银的来源也发生了较大的变化。盐课在其中占了非常大的份额。这主要是由于从雍正五年（1727年）开始，河道总督齐苏勒题定每年拨解河工盐课银30万两，"为办料修防之用"。④ 上述67万两河银中，约有40万两用于岁修、抢修，其余用来支付官兵俸饷。⑤

----

　　① 康基田：《河渠纪闻》卷19，《四库未收书辑刊》1辑29册，北京：北京出版社2000年影印本，第447页。

　　② 靳治豫编：《靳文襄公（辅）奏疏》卷1《治河题稿·经理河工第六疏》，《近代中国史料丛刊》，台北：文海出版社1967年影印本，第73~76页。

　　③ 欧阳兆熊、金安清：《水窗春呓》卷下，北京：中华书局1984年点校本，第62~63页。

　　④ 康基田：《河渠纪闻》卷18，《四库未收书辑刊》1辑29册，北京：北京出版社2000年影印本，第392页。

　　⑤ 王英华、谭徐明：《清代河工经费及其管理》，中国水利水电科学研究院水利史研究室编校：《历史的探索与研究——水利史研究文集》，郑州：黄河水利出版社2006年版。

乾隆早期，江南河道总督高斌称"江南河工，每年岁抢修银三十万两至四十万两不等"。① 乾隆十三年（1748 年），规定江南黄运两河岁修、抢修工程，"所有钱粮，不得过四十万两上下"。②

表4-6　　　　雍正八年江南河库所收河银来源及数额

来源	数额
江苏	112237.5
安徽	23453.0
浙江	10525.2
淮关	26824.8
瓜仪由闸	7666.6
两淮盐政	300000.0
两淮盐运使司	50000.0
广东盐运使司	10000.0
两浙盐运使司	10000.0
长芦盐运使司	10000.0
山东盐运使司	7000.0
福建盐运使司	3000.0
苏州布政使司	99828.0
合　计	670535.1

（资料来源：乾隆《钦定大清会典则例》卷132《工部·都水清吏司·河工二》，《文渊阁四库全书》，上海：上海古籍出版社1987年影印本，第163页。又载于光绪《钦定大清会典事例》卷904《工部·河工·河工经费岁修抢修一》，《续修四库全书》第811册，上海：上海古籍出版社2002年影印本，第13页。同页所载"以上存库银六十七万五百三十六两有奇"，系因表中余数不定所致。）

① 康基田：《河渠纪闻》卷20，《四库未收书辑刊》1辑29册，北京：北京出版社2000年影印本，第469页。
② 光绪《钦定大清会典事例》卷904《工部·河工·河工经费岁修抢修一》，《续修四库全书》第811册，上海：上海古籍出版社2002年影印本，第17页。

　　河南、山东河工用银与江南差别很大。"河工，自康熙中即趋重南河。"① 雍正以后，虽然河南、山东河务均由河东河道总督管理，但两省河工财政却是分开办理。豫省由河南管河道管理，东省则由山东管河道管理。乾隆以前，河南每年预拨办料银为 1 万两，山东没有。乾隆元年（1736 年），才将河南的物料预拨银两增至 1 万 2 千两，山东预拨 1 万两。乾隆三年（1738 年），河南省南北两岸的岁修、抢修银定为每年预拨 7 万两，山东省预拨 1 万 8 千两。② 东河总数不到 10 万两。

　　清代河工经费，未设河库道之前，一般是由各厅就近收支。"康熙七年定，江南、浙江等属额征河银，分令各厅就近收支。"③ 不过，这种收支方式弊端重重。因此，到了康熙三十五年（1696 年），江南设立河库道。河库道驻扎清江浦，"掌出入河帑，而岁要其成于总督"④，于是"一应河工钱粮，均归道库支收"。⑤ 康熙三十八年（1699 年），裁江南省管河道，"钱粮仍照旧例，归于各厅收放"。⑥ 康熙四十八年（1709 年）又规定河道钱粮令淮徐道管理。⑦ 雍正十二年（1734 年）规定："山东通省管河道，收支东省一应河银及兵夫工食、并大小浚酌募帮贴银，均令解存管河道库内。各厅遇有应用之

---

　　① 赵尔巽等：《清史稿》卷 125《食货志六》，北京：中华书局 1976 年点校本，第 3710 页。

　　② 光绪《钦定大清会典事例》卷 904《工部·河工·河工经费岁修抢修一》，《续修四库全书》第 811 册，上海：上海古籍出版社 2002 年影印本，第 16 页。

　　③ 光绪《钦定大清会典事例》卷 904《工部·河工·河工经费岁修抢修一》，《续修四库全书》第 811 册，上海：上海古籍出版社 2002 年影印本，第 11 页。

　　④《清朝通典》卷 33《职官十一》，杭州：浙江古籍出版社 1988 年版，第 2207 页。

　　⑤ 光绪《钦定大清会典事例》卷 904《工部·河工·河工经费岁修抢修一》，《续修四库全书》第 811 册，上海：上海古籍出版社 2002 年影印本，第 12 页。

　　⑥ 光绪《钦定大清会典事例》卷 904《工部·河工·河工经费岁修抢修一》，《续修四库全书》第 811 册，上海：上海古籍出版社 2002 年影印本，第 12 页。

　　⑦ 光绪《钦定大清会典事例》卷 904《工部·河工·河工经费岁修抢修一》，《续修四库全书》第 811 册，上海：上海古籍出版社 2002 年影印本，第 12 页。

处，备领支给。"① 乾隆元年（1736 年）规定："江南省徐属等各厅，一应额收外解河银，自乾隆二年为始，悉令改归河库道收存。如有收支解放兵饷，及修造浚船柳船，并给发物料人夫工银，按时给发。仍将收发款项，随时详报。每于年终，该督照例盘查。"② 同时还规定"嗣后豫省北岸黄运两河岁修、抢修等工需用各项钱粮，并怀河营官兵俸饷银，该布政使司经发、河北道收支。估修报销文册，照南河淮扬淮徐二道例，径送该督察核。堡夫工食兵丁生息银，隶河北道所属者，就近解交。将收支出入数目造册送核，年终盘查"。③ 乾隆二年（1737 年）规定："豫东二省河工，每年岁修抢修银，分储库内。遇有险工，详明动支。" 乾隆二十三年（1758 年）奏准，南河铜沛、邳睢、宿虹、桃源、外河、山安、海防里河等八厅为大厅，每厅每年河员办公经费 2000 两。丰砀、运河、扬河、中河四厅为中厅，每厅每年办公经费 1500 两。江防、水利、扬粮、高堰、山盱五厅为小厅，每厅每年酌给经费 1200 两。此项经费"于河库支给，于每年岁抢修销算时按厅入册报销"。④

嘉庆《大清会典》对于河工银两之存储，有详细说明。"河道钱粮，北河分贮永定河道、通永道、天津道、清河道、大名道库。东河分贮开归道、河北道、兖沂曹道、运河道库。南河专隶河库道，岁由河道总督盘查库贮。"

可见，清代河工银两，江南一般存储于河库道，山东、河南则存于管河道。江南裁河库道之后，钱粮归河道总督管理。不过，康熙三十七

① 光绪《钦定大清会典事例》卷 904《工部·河工·河工经费岁修抢修一》，《续修四库全书》第 811 册，上海：上海古籍出版社 2002 年影印本，第 14 页。

② 光绪《钦定大清会典事例》卷 904《工部·河工·河工经费岁修抢修一》，《续修四库全书》第 811 册，上海：上海古籍出版社 2002 年影印本，第 15 页。

③ 光绪《钦定大清会典事例》卷 904《工部·河工·河工经费岁修抢修一》，《续修四库全书》第 811 册，上海：上海古籍出版社 2002 年影印本，第 16 页。

④ 徐端：《安澜纪要》卷下《河工律例成案图》，《中华山水志丛刊》第 20 册，北京：线装书局 2004 年影印本，第 147 页。

年（1698年）规定了大工岁修钱粮，由"总河自行经管"。① 光绪十年
（1884年），山东省河工设立河防总局，"经理一切收支银款"。②

对于河工银两，两江总督及山东、河南巡抚均有盘查职责。康熙
五十二年（1713年）规定"嗣后山东河南河库，每年令各该抚盘查。
江南河库，每年令总河盘查。出具并无亏空印结，送部存案。出结后
有亏空者，除责令赔补外，仍将该督抚照徇庇例议处"。③ 乾隆三十
年（1765年），两江总督在河务上的权力增加，规定"江南省河工，
每年岁修、抢修，加高土工、另案大工，并苇荡营地一切修防，以及
采办料物、三汛大工银两，三道十七厅一并详报两江总督查考，仍由
江南总河主核"。④ 乾隆三十三年（1768年）还规定："江南河库道
钱粮，每年盘查，据实保题。"除了总河、江苏、河南、山东地方大
员对河道钱粮稽核之外，中央有时也会派员到河库清查库银。

四、清初河工弊政的表现及原因分析

"天下之事，一事立则一弊生。钱谷有钱谷之弊，刑名有刑名之
弊。河工大矣，岂能独无？"⑤ 后人在提及清代河工上的腐败问题时，
多以嘉道年间为例，说明清代中后期河政败坏之因由，因而给人们造
成一种印象，即清前期河工无贪腐。实际上，清代河工贪腐问题一直
存在，并且一直处于不断整治之中。顺治朝河道总督杨方兴、朱之锡
及河南巡抚贾汉复等人就对河工腐败问题非常关注。顺治十二年

①　光绪《钦定大清会典事例》卷904《工部·河工·河工经费岁修抢修
一》，《续修四库全书》第811册，上海：上海古籍出版社2002年影印本，第12页。

②　光绪《钦定大清会典事例》卷907《工部·河工·河工经费岁修抢修
四》，《续修四库全书》第811册，上海：上海古籍出版社2002年影印本，第41页。

③　光绪《钦定大清会典事例》卷904《工部·河工·河工经费岁修抢修
一》，《续修四库全书》第811册，上海：上海古籍出版社2002年影印本，第12页。

④　光绪《钦定大清会典事例》卷904《工部·河工·河工经费岁修抢修
一》，《续修四库全书》第811册，上海：上海古籍出版社2002年影印本，第19页。

⑤　朱之锡：《河防疏略》卷3《严剔河工积弊疏》，《续修四库全书》第
493册，上海：上海古籍出版社2002年影印本，第644页。

（1655 年）曾下旨令河臣"严察河工官吏折扣夫食柳价"①。朱之锡曾言："一、严剔误工病民弊端。凡供役之厂夫、堡夫、堤夫、闸夫、浅夫、铺夫，有奸豪包占、卖富金贫、贿鬻私逃、克减工食之弊。采买之柳梢、砖石、草柴、芦□、灰铁、糯米、桐油，有扣减价值、交收掯索、折干肥私之弊。器具之方船、活闸、刮板、戽斗、铁铲、铁镢、布兜、竹筐、铁舀、杏叶杓、铁簸箕、五尺铁扒、铁杵、木夯、石碨、云梯有储备不预、制作潦草之弊。"② 靳辅上任以后，对河工腐败问题也是深感困扰，但是，没有找到解决河工腐败问题的出路和方法。由于嘉道时期河患加剧，因此人们将关注点就放在了嘉道时期，而忽视了对于清前期河工腐败的关注。清前期河工弊政主要存在于以下几个方面：

第一，物料采办。河工物料采办，大致有两种方式，一种是官办，一种是商办。所谓官办，就是由河官发文给物料出产地方的有关官员，给价买解。而商办，就是由商人到河工上直接领银购料交官。对官办，"州县河官视为寄货，岁佶既定，冒银入已，括取里递草束，河夫攀折柳梢，遮掩一二，便为了事"。③ 甚者如河南巡抚贾汉复说："若夫砍梢之弊，残害尤烈。计河工之所需，自柳之外，余皆无用。今闻各夫下乡，无论坟内、门前，榆、柳、槐、杨，任意砍伐，即桃、杏果木，凭其摧折，毫无顾忌。既索酒食，更索银钱，民受其害，不敢申诉。"④ 另外，地方官员购买物料，必然要通过胥吏，"由胥吏而及各行户，层层剥食，至料户或分文不给"。在赴工交料

---

① 康熙《钦定大清会典》卷 139《工部九·河渠三》，《近代中国史料丛刊三编》，台北：文海出版社 1992 年影印本，第 6928~6929 页。

② 清国史馆原编：《清史列传（一）》卷 8《大臣画一传档正编·朱之锡》，周骏富辑：《清代传记丛刊·综录类②》，台北：明文书局 1985 年影印本，第 722~723 页。

③ 薛凤祚：《两河清汇》卷 8《刍论·岁办物料》，《文渊阁四库全书》第 579 册，上海：上海古籍出版社 1987 年影印本，第 479 页。

④ 贾汉复：《严厘河工积弊檄》，载《皇朝经世文编》卷 103《工政九·河防八》，《魏源全集》第 18 册，长沙：岳麓书社 2004 年版，第 527 页。

的时候，专管物料的官员"更复式外苛求勒贿"，以致民众"不堪其命"。① 官办如此，商办的情形也不尽如人意。"工料之大，莫如桩木，而商人领买，大抵真伪相半。其真商领银入已，分派各小行，其值必亏，伪者实无资本，夤缘冒领，花费拖欠，此商办之害也。"②

对此，靳辅也是束手无策："臣莅事以来，稔悉此弊，再三斟酌，终无至常之□。若竟委之在工各官，恐冒破多；若专委之胥役，又恐势轻而无济。"③ 最终，也只能期望得到清正廉明、不贪不腐的官员而已。"惟有择员而任，以劝惩鼓励之，为稍愈耳。除岁修物料不多，不必差员，其大工物料，若芦苇、麻草之属，当委之邻工各邑佐贰。彼既与工近，习知在工所需之物，必不敢欺。且淹其椿木之属，当籍选廉干之府佐贰端行买解。所办之木，果坚大如式、价值不浮，又往来迅速、克济大工者，工竣题请优叙。否则，请黜，亦如之。庶人人知励，采办不前之弊，或可免矣。"④

第二，河夫役使。河官对河夫的压榨也是非常严重。夫役是河工的一个重要组成，清初大致延续了明代的金派制度，后来逐渐推广雇募制。夫役的任务非常重，"既有风雨昼夜防守之辛劳，又有芟揽柳麻课程之岁办"，再加上搭盖茅房、修理器具。虽然有额定工食银，但是"工食无几，不足供其应用"。就是在这种情形下，"更有指名花费侵吞，或称上司过往，或称上差酒饭，或经丞需索常例，或衙官借题津送。一年工食几何？数端刮削已尽"。⑤ 顺治年间河南巡抚贾汉复也说，"原派人夫百名，而著役者止七八十不等，其余俱为督工。官役与夫头通同折肥，如一月可完之工，而延至数月。及领工食，未尝增于原估，而督工之官役、夫头，仍按月索常例；包夫之奸

---

① 靳辅：《治河奏绩书》卷4《治绩·采办物料》，《文渊阁四库全书》第579册，上海：上海古籍出版社1987年影印本，第740页。

② 傅泽洪：《行水金鉴》卷51，上海：商务印书馆1936年版，第745页。

③ 傅泽洪：《行水金鉴》卷51，上海：商务印书馆1936年版，第745页。

④ 傅泽洪：《行水金鉴》卷51，上海：商务印书馆1936年版，第745页。

⑤ 薛凤祚：《两河清汇》卷8《刍论·存恤夫役》，《文渊阁四库全书》第579册，上海：上海古籍出版社1987年影印本，第472页。

棍，仍按月索私帮"。①

河夫"一身数役，劳惫不堪"，抛产逃亡、弃堤不守的事情时有发生。② 雍正元年（1723 年），皇帝就说："沿河州县，向有额设河夫，自百名至数十名不等。……近闻管夫河官，侵蚀河夫工食，每处仅存夫头数名。遇有工役，临时雇募乡民充数塞责，以致修筑不能坚固，损坏不能堤防。冒销误工，莫此为甚。"③ 河夫大量逃亡，人力不足，给河工造成了很大的危害。

河官不仅压榨寻常百姓和河夫，还对过往商旅敲诈勒索。雍正曾说："朕闻河工官员，每于装运工料，差役封捉船只，而所差胥役即藉端生事骚扰。及至三汛抢工，则称装运紧急物料，百般需索，甚至将重载之客船勒令中途起货，以致商船闻风藏匿、裹足不前。"④

河工克扣兵饷的现象也很严重。清朝规定，河兵饷银"每月厅营公同唱名，照数给发，取具各兵领状，厅营具结，由道转呈宪核达部"，程序规定相当严格，"稍有迟延侵饷，即干参处"。但制度并未真正落实。康熙年间，竟有应发兵饷"迟至三五个月或半年不行给发者"。究其原因，"各该管官将兵饷挪移别用，无项给发，任意稽迟；或亦有正项不足放饷，应请拨补支给者，该管官复漫不经心，[不] 早为详请"。⑤ 不仅如此，河官中还有趁火打劫者。"乘其窘急，滚剥横加，巧托夫人、公子、管家各名色，抽放利债，有七八折及对折不等。甚有各上司衙门及势要豪强之人，贩卖不堪米麦，勒令

---

① 贾汉复：《严厘河工积弊檄》，载《皇朝经世文编》卷 103《工政九·河防八》，《魏源全集》第 18 册，长沙：岳麓书社 2004 年版，第 527 页。

② 薛凤祚：《两河清汇》卷 8《刍论·河夫逃亡》，《文渊阁四库全书》第 579 册，上海：上海古籍出版社 1987 年影印本，第 473 页。

③ 《清实录》第 7 册《世宗实录（一）》卷 9，雍正元年（1723 年）七月甲午，北京：中华书局 1985 年影印本，第 174 页。

④ 黎世序等：《续行水金鉴》卷 9，上海：商务印书馆 1937 年版，第 213 页。

⑤ 傅泽洪：《行水金鉴》卷 173，上海：商务印书馆 1936 年版，第 2525 页。

营汛借领，时价之外加倍作价，威尊命贱，各兵饮恨遵依。"以至放饷之时，"河兵实领之饷，十分中不及二三，且甚有整月饷银全扣，河兵未得分毫者"。① 除此之外，还存在虚增兵员，坐吃空饷等弊端。康熙六十年（1721 年），淮扬道傅泽洪就指出，"虚兵冒饷，巧立名色，坐占太多"，一到伏秋水长、工程险急的时候，"河兵寥寥，不足供用"，"有兵之名，无兵之实"。"及至放饷之时，则又照额支领。其坐占之兵饷，尽饱私橐。做工无人，蚀饷无厌。"②

除了河兵饷银之外，河夫工食也是官员们贪污克扣的对象。贾汉复就说"今闻有役过数月不发一月之银者，亦有转发州县而毫厘通不给散者。更有工房、里老，朋比作奸，领出官银，私相分肥"，以致"官有发银之虚名，而民不得受领银之实惠"。③ 雍正三年（1725年），查出黄河下北岸同知徐志岩克减堡夫工食一案。徐志岩将堡夫工食"提解到署，私自称封，扣除四季规礼并查柳卖草陋规，分作小包，注明字号，总包一大封，当堂发出，随令快手，将陋规小包从宅门缴署，居然入己"。田文镜气愤地说道："此等穷民出尽汗血，惟借此些须工食，以为养命之资，乃任意刻剥，居心何忍？官既如此狼藉，则下而家人、经承、快皂从中染指，诛求无尽，小民何堪?"④ 又乾隆十一年（1746 年）查出江南河库道吴同仁贪污一案。吴同仁在支发钱粮时，除兵饷之外，每一百两扣饭银五两，又扣平二两余。当年支发河工水利银百余万，吴同仁一人所得即近十万。⑤

对于工程款项，很多河官也是虎视眈眈。康熙时期河道总督张鹏

① 傅泽洪：《行水金鉴》卷 173，上海：商务印书馆 1936 年版，第 2525页。

② 傅泽洪：《行水金鉴》卷 173，上海：商务印书馆 1936 年版，第 2527页。

③ 贾汉复：《严厘河工积弊檄》，载《皇朝经世文编》卷 103《工政九·河防八》，《魏源全集》第 18 册，长沙：岳麓书社 2004 年版，第 528 页。

④ 田文镜：《抚豫宣化录》卷 4《告示·严禁克减堡夫工食俾沾实惠事》，郑州：中州古籍出版社 1995 年点校本，第 259 页。

⑤ 转引自荀德麟、周平、刘功昭：《运河之都——淮安》，方志出版社2006 年版，第 38 页。

翯曾说："分工人员，领帑到手，任意花销。河身挑挖，不及原估十之三四，堤用虚土堆成，并不肯如式夯硪。且将挑出之土，堆于临河堤上，使堤岸高耸，以作假河之尺寸。"他感慨道："挑浚甚多，成河甚少，侵帑误工，莫此为甚！"① 雍正元年（1723 年）四月，河道总督齐苏勒在给雍正的奏折中说道："查得江南去年岁修工程，覆对各员领银数目，工不抵半。臣见河工废弛日久，若即执法，概行深□□应劾者众，不无事滋烦扰。又念正在抢救孔亟之时，姑□暂宽时日，谆谆告诫，令各将透额钱粮勒限一月，速行办料，未做堤埽速行补修完固，予以自新去后，讵今限期已满，乃竟有如外河同知王德祚者，至今料物并未买补，工程仍属不堪。查该员领过去年岁修银三万八千余两，而所做工程，皆系零星腐朽，不无指旧作新之弊。即据见在丈尺料算，银工亦不相符。又领今年岁修银二万六千两，校对所做工程，十不抵三。河曹冒帑误工，莫此为甚。又如原署安靖中河通判事、中河主簿梁式者领过去年岁修银五千两，查其所做工程不过零星数段，全属赝工，毫无实据。而接管之署中河通判事、汲县县丞张增领过□年岁修银五千两，而做过工程仅值银六百余两，而料物并无贮工。该工应行急修之要地，经臣指示月余，至今并未修完。而该员将前领银两既不办料及不修工，乃犹藉词请帑，喋喋不已。况该员等承修工段皆系河口要地，见今重运经临，大汛踵至，所关甚巨。似此玩法误工之员，断难一日姑容贻误河防也。更有原任宿桃中河丁忧通判陈麟去年领银万余，验其所做工程，不抵十分之□。其冒破钱粮之罪，情属难宽。至于河营守备，有分防协□之责。臣前于骆马湖口亲督抢筑束水坝工，见中河营守备陈之理所带河兵多人均系新手，不谙做法，临工下埽，经纬混施，及询该守备以桩埽事宜，伊亦全然不晓，其靡饷误工之咎亦不能为该备宽也。以上五员，臣正在缮疏纠劾间。据淮扬道副使傅泽洪、淮徐道金事潘尚智揭报前来，与臣闻见无异。除将王德祚、梁式、张增、陈之理摘印看守并提陈麟到工，檄行该道查明此外有无别项亏空，别疏具题外，请将王德祚、梁式、张

---

① 张鹏翯：《敬陈治河条例疏》，载《皇朝经世文编》卷 103《工政九·河防八》，《魏源全集》第 18 册，长沙：岳麓书社 2004 年版，第 506 页。

增、陈麟、陈之理等去职衔以便严审纠追，相应题参。"①

雍正三年，田文镜参劾河南开封下北同知徐志岩："开封府特设南北两岸同知四员，专司河务，必须洁己率属、加意修防，方称厥职。……不意有赋性贪婪、锱铢刻薄如开封府下北岸同知徐志岩者，纵令家人书役，猫鼠同眠，苛索堰头夫油行盐商赃皆入己。劣迹彰著，民怨沸腾。"②

雍正三年六月，齐苏勒参劾下属官员："查有见任宿虹河务同知甘士调者，臣于挑修运河之时，见其趋事勤敏，熟谙工程，故于雍正元年补行计典案内曾经附荐，不意该员恃为得志，顿改初心，渐至任意狂妄，惟以演习谑浪为事，工务漫不经心。……禁畜戏子，日事笙歌，甚至朝贺大典，竟不到班，而于署中设宴演戏。差委致祭河神，亦在署中作戏，并不亲往。且又领帑承办预备桃伏两汛料物，半年有余。查其运到料物并所做工程，尚未足数。又将官柳兵草所做之工程作伊办之料，希图冒帑。似此居心不敬，行事乖张，藐玩河防，侵冒工帑之员，断难一日姑容。臣正在缮疏参劾，间复据淮徐道张其仁开列劣迹揭报前来，与臣访闻无异，所当特疏纠参，请旨革职，以便严审究拟者也。相应具题，伏乞皇上□□施行，呈请题旨。雍正三年六月十三日题，七月初六日奉旨：这所参甘士调着革了职，其侵帑误工各款即交与齐苏勒严审究拟具奏。该部知道。"③

雍正三年（1725 年），田文镜说："有等不肖州县，平日承筑堤工，止知扣克土方价值肥己，草率完工。或用土块玲珑填砌，或用飞沙浮面加高，并不夯硪坚实。一经大雨时行、汛水涨发之时，不但水沟鼠穴、狼窝獾洞，在在皆是，甚至塌陷分裂，引水受灌，到处危险异常。因而见兔顾犬，亡羊补牢，重加抢护。既不敢冒领河帑，又不

①　齐苏勒：《题为特参玩误厅备以肃官方、以澄河工重守事》，《清代吏治史料·官员管理史料（二）》，北京：线装书局 2004 年影印本，第 869～872 页。

②　田文镜：《题为特参贪玩同知事》，《清代吏治史料·官员管理史料（二）》，北京：线装书局 2004 年影印本，第 7021～7022 页。

③　齐苏勒：《题为特参悖旨蔑法侵帑误工事》，《清代吏治史料·官员管理史料（一三）》，北京：线装书局 2004 年影印本，第 7536～7538 页。

肯破费己财，惟以地方官声势派用民夫，每日不下四五百名，殊属扰累。"① 又如雍正年间河道总督齐苏勒说："河员有领去帑银，而物料工程并无实据者甚多。及至参出，所亏已至数十万两。历经前任各河臣催追二十余年，多属人亡产尽，至今毫无完解。细察其由，无非指称办料名色，将领去帑银营私肥己。兼以请银之时，转详之道员、批发之总河各扣十分之一二，以致领银入手，已耗十分之五六。欲其办料足数，修工有据，不可得矣。及其事已败露，上司碍难参追，不得不任其开销，互相掩饰，遂使正项钱粮，咸饱无餍贪壑。"② 又说："历年奏销，不无虚冒也。再查道库钱粮，收发出入，甚不清楚。而各员所领银两，核对所做工程，每不抵半。"③ 甚至出现官员购买物料不合要求而沿途私卖之事。如雍正年间山东巡抚陈世倌差委都司钮国玺采买木料。钮国玺因"运到木植与原估之式不合"，将买来木植沿途私卖。④

康熙后期，河工腐败现象加剧。河道总督赵世显买官卖官，政出私门，破坏了河官正常的晋升途径，给河官系统带来了极坏的影响。"迨赵世显升任总河，婪财纳贿，卖官鬻爵，并不知国计民生。而其所恃者，结纳廷臣，年送规例，故穷奢极欲，毫无忌惮。至所用之人，大抵门客帮闲，光棍蠹吏。以寡鲜廉耻之徒，而行夤缘钻刺之路，尚何事不为？甚至道厅与堂官崔三结为兄弟，微员认为假子。是以卖官惟论经管钱粮之多寡，以定价值之高低，且题补多系赊账，止

---

① 田文镜：《抚豫宣化录》卷3上《文移·为饬查事》，郑州：中州古籍出版社1995年点校本，第259页。

② 《世宗宪皇帝朱批谕旨》卷2下《朱批齐苏勒奏折》，雍正四年（1726年）二月初九日总督河道齐苏勒奏，《文渊阁四库全书》第416册，上海：上海古籍出版社1987年影印本，第108～109页。

③ 《世宗宪皇帝朱批谕旨》卷2上《朱批齐苏勒奏折》，雍正元年（1723年）四月二十二日总督河道齐苏勒奏，《文渊阁四库全书》第416册，上海：上海古籍出版社1987年影印本，第83页。

④ 《世宗宪皇帝朱批谕旨》卷7之3《朱批孔毓珣奏折》，雍正五年（1727年）五月二十九日两广总督孔毓珣奏，《文渊阁四库全书》第416册，上海：上海古籍出版社1987年影印本，第302页。

取印领一纸。补缺后，沟通开销，照领全楚，则为干员。再有美缺，复又题升。凡有才能而顾品行者，概不援引，所以数年之间，深悉河务之员，踪迹俱绝。"① 康熙六十年（1721 年），年羹尧在奏折中说："（臣）自河南一路，随处留心察访，遇有知识者，皆云：可惜总河、总漕两颗大印掌于崔三之手。臣再加探问，乃知崔三者，赵世显之倖童。现为用事要人，一切出其掌握。家私巨富，兄弟捐官。河工堤堰，全无修筑。"② 就连康熙也说"朕三十年心血所治河工，被赵世显坏了"。③

清初河工经费较少，即使存在贪腐行为，数额也不是很大。至康熙中后期，随着经济的恢复与发展，河工经费逐渐增多，河官生活也日渐奢侈。袁枚曾经记载了河道总督赵世显与里河同知张灏斗富的故事，可见当时河官奢华生活之一斑。"张（灏）请河台饮酒，树林上张灯六十盏，高高下下，银河错落。兵役三百人点烛剪煤，呼叫嗜杂，人以为豪。越半月，赵回席请张，加灯万盏，而点烛剪煤者不过十余人，中外肃然。人疑其必难应用。及吩咐张灯，则飒然有声，万盏齐明，并不剪煤而通宵光焰。张大惭，然不解其故。重赂其奴，方知赵用火药线穿连于烛心之首，累累然每一线实穿百盏，烧一线则顷刻之间百盏明矣。用轻罗为烛红，每烛半寸，暗藏极小炮竹，爆声腷膊，烛煤尽飞，不须剪也。"④ 时人也有一首诗对于赵世显之奢华生活予以描写："开府建崇牙，脂膏自沾渥。百僚试私人，那容吏部录。表授无虚岁，纷如马量谷。积金家邱山，列市辇珠玉。娈童与妙妓，罗绮炫华屋。朝筵喧歌钟，夜宴滥丝竹。日下何曾箸，山海非一

---

① 《世宗宪皇帝朱批谕旨》卷 174 之 1《朱批李卫奏折》，雍正二年（1724 年）七月二十五日云南布政使兼管驿盐道事李卫奏，《文渊阁四库全书》第 423 册，上海：上海古籍出版社 1987 年影印本，第 17 页。

② 年羹尧：《请以张鹏翮等任河漕折》，《年羹尧满汉奏折译编》，天津：天津古籍出版社 1995 年点校本，第 214 页。

③ 年羹尧：《请以张鹏翮等任河漕折》，《年羹尧满汉奏折译编》，天津：天津古籍出版社 1995 年点校本，第 214 页。

④ 袁枚：《续子不语》卷 6，《笔记小说大观》第 20 册，扬州：江苏广陵古籍刻印社 1983 年版，第 203 页。

族。水斋连艖艒，彩缋照屏幄。唐花罗四季，芬香散川陆。骄侈纵儿孙，奢僭逮奴仆。"① 又如乾隆年间江南河库道叶存仁为了给母亲过生日，"张筵演戏数日"。当时，黄河形势危急，江南河务相关道厅竟有"率通工文武，前赴叶存仁署内"，为其母祝寿，"置河库钱粮于膜外"。②

上行下效，官员不理河务，兵夫出力亦不勤劳。雍正二年（1724 年），田文镜在一篇告示中曾说："在工河兵……并不出力修防，任意逍遥，甚至强买市上什物，硬烧工所物料，目无印河各员官役。种种不法，殊属藐玩。"③ 雍正四年（1726 年），田文镜又说河兵"逍遥河上，竟若无人约束者。本都院前日公出兑漕，经由堤岸，并无一处做有土牛，即间或一二堆，俱低小不堪。本都院留心访察，查得各处河兵不但并不做工，每日聚赌嬉游，在街强买什物，稍有拂意，群起而哗，居民敢怒而不敢言，怨声载道。一至有事，衣冠而至堤上。惟手执一柳棍，指点堡夫而已。稍不遂意，即提棍乱打，俨然一督工之人，并非做工之人。殊可发指"。④

对于河工上的种种弊端，皇帝们不是一无所知。如康熙四十四年（1705 年），康熙就对张鹏翮说："河工积弊，汛官利于堤岸有事，修建大工，得以侵冒河帑，又希图修桥建闸，兴无益工程，于中取利。"⑤ 雍正五年（1727 年），雍正说："向来汉军得补河员，凡经手一切工程，修筑既不完固，防守复多疏虞。上下通同，侵欺浮冒，虚糜国帑，甚至冀幸堤工之冲决，以遂其侵那开销之私计。种种弊端，

---

① 龙顾山人：《十朝诗乘》，福州：福建人民出版社 2000 年点校本，第 20 页。
② 《清实录》第 12 册《高宗实录（四）》卷 269 乾隆十一年（1746 年）六月戊子，北京：中华书局 1985 年影印本，第 498 页。
③ 田文镜：《抚豫宣化录》卷 4《告示·严禁河兵滋事扰民以肃法纪事》，郑州：中州古籍出版社 1995 年点校本，第 240 页。
④ 田文镜：《抚豫宣化录》卷 3 下《文移·再行严饬河兵事》，郑州：中州古籍出版社 1995 年点校本，第 191~192 页。
⑤ 《清实录》第 6 册《圣祖实录（三）》卷 220 康熙四十四年（1705 年）闰四月丙午，北京：中华书局 1985 年影印本，第 222 页。

朕所洞悉。"① 乾隆也说："河工宿弊，不可枚举，而无益之费尤多。或明知无用而因循不废，或因以为利而妄事兴修。即以朕巡视高堰，一堤之内，已不胜屈指数。……向来河臣不乏表表尸祝之辈，而糜帑养患、有罪无功，其识机宜、得关键，实著功效者，几人哉?"②

河工腐败问题的出现，是多种因素综合作用的结果。

康熙认为，工部办事效率低下，借机克扣河工银两，拖延时间，是导致河工腐败问题的一个重要因素。康熙二十四年（1685 年）他曾说："近见工部凡于交送物件，皆耽延时日，抑勒不收，弊端滋多。此后其严禁之。"③ 康熙三十九年（1700 年），训斥工部尚书萨穆哈："今观河工诸臣，一有冲决，但思获利。迟至数年，徒费钱粮，河上毫无裨益。此弊之根，皆在尔部。即今河工凡有启奏，惟恐尔部不准行，随即遣人营求，尔部鲜不受其请托者。若此弊不除，河工何由奏绩。"④ 不久萨穆哈即遭罢斥。康熙后又说道："朕观河工之弗成者，一应弊端，起于工部。凡河工钱粮，皆取之该部。每事行贿，贪图肥己，以致工程总无成效。"⑤ 康熙四十三年（1704 年），更是对尚书侍郎予以训斥："天下之民，所倚以为生者，守令也。守令之贤否，系于藩臬；藩臬之贤否，系于督抚；督抚又视乎部院大臣而行。部院大臣所行果正，则外自督抚而下，至于守令，自为良吏矣！今工部弊端发露，尔等亦知愧否？工部之弊，朕屡降严旨切责，并不悛改，以至于此。郎中费仰碬等，俱九卿保举之人，仍尔作弊，

① 《清实录》第 7 册《世宗实录（一）》卷 65 雍正五年（1727 年）十二月戊申，北京：中华书局 1985 年影印本，第 991 页。

② 乾隆《钦定大清会典则例》卷 131《工部·都水清吏司·河工一》，《文渊阁四库全书》第 624 册，上海：上海古籍出版社 1987 年影印本，第 148 页。

③ 《清实录》第 5 册《圣祖实录（二）》卷 122 康熙二十四年（1685 年）十月庚戌，北京：中华书局 1985 年影印本，第 297 页。

④ 《清实录》第 6 册《圣祖实录（三）》卷 198 康熙二十九年（1690 年）三月戊戌，北京：中华书局 1985 年影印本，第 10 页。

⑤ 《清实录》第 6 册《圣祖实录（三）》卷 202 康熙三十九年（1700 年）十二月丁丑，北京：中华书局 1985 年影印本，第 66 页。

侵蚀河工帑金，殊属不堪。堂司官上下扶同，但利之所在，罔顾身命，此何谓也！尔等身为大臣，诚能彼此箴规，有所见闻，即为剖示。属官有品行不端者，即罢斥之，庶几无玷厥职。今部院诸弊，尔等岂果不知？但恐结怨于人，隐忍不言。科道官员亦因彼此掣肘，不肯条奏举劾耳。"① 康熙四十八年（1709 年）又说，"今部院中欲求清官甚难"。② 雍正元年（1723 年），雍正说："向来奏销钱粮，不给部费，则屡次驳回，勒索地方官。"③ 很明显，部院官员的贪婪需索是导致河工腐败的一个重要原因。

康熙时期广为宣扬的宽大之政，一定程度上也为贪污腐败的滋长提供了丰富的土壤。康熙曾多次强调对贪污腐败之人要宽大处理。如康熙二十七年（1688 年）说"凡贪污属吏，先当训诫之。若始终不悛，再行参核可也"。④ 康熙三十年（1691 年）又说"中外臣民，共适于宽大和平之治。凡大小诸臣，素经拔擢……即或因事放归，或罹咎罢斥，仍令各安田里乐业遂生"。⑤ 康熙五十年（1711 年）又说："官之清廉，只可论其大者。……两淮盐差官员送人礼物，朕非不知，亦不追求。"⑥ 针对朝臣或地方大员对僚属严格要求的行为，康熙甚至还会表露自己的不满。如康熙年间甘肃巡抚齐世武在甘肃厉行整治贪污，康熙就说齐世武自授甘肃巡抚："所属各官俱被参劾，署事竟至乏人。其中有初任者，亦有他省调补者。果有不法，自当参

---

① 《清实录》第 6 册《圣祖实录（三）》卷 216 康熙四十三年（1704 年）五月壬寅，北京：中华书局 1985 年影印本，第 187~188 页。

② 《清实录》第 6 册《圣祖实录（三）》卷 238 康熙四十八年（1709 年）五月丁酉，北京：中华书局 1985 年影印本，第 375 页。

③ 《世宗宪皇帝上谕内阁》卷 4，雍正元年（1723 年）二月二十五日，《文渊阁四库全书》第 414 册，上海：上海古籍出版社 1987 年影印本，第 54 页。

④ 《清实录》第 5 册《圣祖实录（二）》卷 133 康熙二十七年（1688 年）正月丁酉，北京：中华书局 1985 年影印本，第 439 页。

⑤ 《清实录》第 5 册《圣祖实录（二）》卷 153 康熙三十年（1691 年）十一月己未，北京：中华书局 1985 年影印本，第 693 页。

⑥ 《清实录》第 6 册《圣祖实录（三）》卷 245 康熙五十年（1711 年）三月庚寅，北京：中华书局 1985 年影印本，第 433 页。

处。若止小过，则惩戒可耳。"① 康熙中后期，官僚系统的腐败已经呈现日益严重的趋势。"各省文武各官，多有虚縻廪禄、怠玩因循、事务废弛、行伍虚冒、船只任其朽坏、器械全不整理，且有无多寡茫然不知，总因分内职业视为具文，漫不经心。"② 至于赵世显一案的发生，在康熙朝也属必然之事。

雍正时期，国家财政逐渐好转，河工经费充裕，动辄发帑数十万至上百万不等。对于河官而讲，如此轻易得来的宽裕经费，不动贪念，才非人之常情。包世臣讲道，河工所费钱粮和河工之治衰，关系甚微，且所费钱粮较少，河工便会逐渐走向正规。相反，一旦河工经费暴涨，则河道情况将会每况愈下。"凡钱粮节省之时，河必稍安；钱粮縻费之时，河必多事。"③

另外，清初官员的低俸禄也是导致河官贪腐的一个重要因素。④明代官员即以低俸著称，而清代官员与明代相比，俸禄更低。明朝正一品官员的俸额约为清朝正一品官员的 3.87 倍，而正九品官的俸禄也为清代的 1.3 倍。⑤ 河官与印官大致相同，甚或稍低一些。显而易见，河官为了维持一定的生活水准，必然会通过各种方式获取利益，而河帑是他们能接触到的最直接的利益来源。张鹏翮曾说："武弁藉空粮，文官赖火耗，河工官员别无所获，惟侵渔河工钱粮。"⑥

种种贪污和腐败，给工程带来了非常坏的影响。如，赵世显任河

① 《清实录》第 6 册《圣祖实录（三）》卷 211 康熙四十二年（1703 年）正月丙寅，北京：中华书局 1985 年影印本，第 139 页。

② 《清实录》第 5 册《圣祖实录（二）》卷 140 康熙二十八年（1689 年）三月丙申，北京：中华书局 1985 年影印本，第 535 页。

③ 包世臣：《安吴四种·中衢一勺》卷中《答友人问河事优劣》，《近代中国史料丛刊》，台北：文海出版社 1968 年影印本，第 136 页。

④ 郑学檬在《中国赋役制度史》（上海：上海人民出版社 2000 年版，第 603~604 页）中指出，清代官员俸禄较之明代低很多，如此微薄的俸禄，"显然不能维持他们奢侈豪华的生活开支"。

⑤ 薛瑞录：《清代养廉制度简论》，《清史论丛》1984 年第 5 辑。

⑥ 《清实录》第 6 册《圣祖实录（三）》卷 202 康熙三十九年（1700 年）十二月丁丑，北京：中华书局 1985 年影印本，第 66 页。

道总督期间，曾经将河工物料重要来源之一的江南苇荡营裁撤，理由是江南苇荡营弊端丛丛①，但江南苇荡营的裁撤并未给河工带来新气象。相反，由于苇荡营被裁，导致河工物料质量下降。雍正四年（1726年）三月，河道总督齐苏勒与到访的浙江巡抚李卫交谈。李卫提道"今苇荡营裁汰已三四年，却被盐商假借民垦名色，暗中分肥，芦苇渐次缺少，一遇险工，难保无虞，况目下各工俱用秫秸、豆秧、麦穰等类，入水数月即朽烂不坚，何以御汛？不惟虚费钱粮，且搬运驼载，劳民妨农，苦不堪言，将何以处之？"号称治水能臣的齐苏勒对此也是有苦难言，只得答道："此系前任赵世显因苇荡营有弊，故尔裁去，如今料物果难办理。"② 工程质量的下降给防洪带来了很大的困难，以致黄河决口频仍，国家花费巨额经费，民众受苦受难。康熙末期连续三年水灾的发生，就是河工腐败所致。

雍正年间，对河工弊端进行了严厉的治理，企图改变康熙晚期河工颓废之态势。雍正要求齐苏勒放手大胆的剔除河工弊政，以保河道安澜。齐苏勒于雍正元年（1723年）六月上任不久，就参劾误工之佟吉图、余甸等人，受到雍正表扬。③ 同时，雍正对于河工贪污之人的处罚也是非常严厉。如赵世显一案中牵扯到山东河工同知董廷柱。雍正要求对其进行彻底追查。"外任大臣但以不袒护属员、秉公甄别贤不肖、惩恶奖善为第一要务。……山东河工同知董廷柱者，向乃赵世显之用人。家私巨富，将河工钱粮冒销至数十万之多。若止予以参革，犹不足以蔽其辜。可一面纠参，一面搜察其宦资。必使其囊橐一

---

① 傅泽洪：《行水金鉴》卷52，上海：商务印书馆1936年版，第762~763页。

② 《世宗宪皇帝朱批谕旨》卷174之2《朱批李卫奏折》，雍正四年（1726年）三月初一日浙江巡抚李卫奏，《文渊阁四库全书》第423册，上海：上海古籍出版社1987年影印本，第34页。

③ 《世宗宪皇帝朱批谕旨》卷2上《朱批齐苏勒奏折》，雍正二年（1724年）三月初七日总督河道齐苏勒奏，《文渊阁四库全书》第416册，上海：上海古籍出版社1987年影印本，第87~88页。

空，庶几警戒不法尔!"① 雍正五年（1727年），又说"向闻河工不肖之员，有将完固堤工故行毁坏，希图兴修，藉端侵蚀钱粮者，着该督时加察访。再有此等不法之员，着即奏闻，于工程处正法示众"。②

不过，河工积弊严重，非朝夕所能解决之问题。乾隆十八年（1753年），安徽铜山漫口，乾隆说："河工废弛已极。"又说"年来工非实工，料非实料"，遂至于此。③ "从前河工积弊，因循怠玩，牢不可破。"④ 他曾经专门派策楞等人整顿河工，但效果并不十分明显。

① 《世宗宪皇帝朱批谕旨》卷2上《朱批齐苏勒奏折》，雍正二年（1724年）闰四月二十二日总督河道齐苏勒奏，《文渊阁四库全书》第416册，上海：上海古籍出版社1987年影印本，第90页。

② 光绪《钦定大清会典事例》卷917《工部·河工·考成保固》，《续修四库全书》第810册，上海：上海古籍出版社2002年影印本，第132页。

③ 《清实录》第14册《高宗实录（六）》卷447乾隆十八年（1753年）九月壬申，北京：中华书局1986年影印本，第816~818页。

④ 《清实录》第14册《高宗实录（六）》卷452乾隆十八年（1753年）十二月乙未，北京：中华书局1986年影印本，第898页。

第五章　乾隆中后期至嘉道咸
时期的河政

一、河道形势恶化

　　经过清前期数十年的经营治理，黄河大约安澜了几十年。虽然康熙末年黄河频繁决口，但经过陈鹏年、齐苏勒、嵇曾筠等人的治理，黄河堤防重新得到大规模修复，河政得以好转。在雍正以及乾隆朝前二十年里，黄河并未有大的决口出现。但是，这并不代表着问题的消弭。事实上，乾隆七年（1742 年），黄河在石林口决溢，已经埋下了隐患。乾隆十五年（1850 年）之后，黄河决口次数逐渐增多（详见表5-1）。乾隆十八年（1753 年），黄河在铜山张家马路决口，更是导致黄河受淤程度加重。乾隆二十二年（1757 年），乾隆曾经说"自石林口之漫溢，张家马路、孙家集之冲夺，黄流势弱，不能刷沙直趋，致河底沙停，大溜侧注，其受病已非一日"。① 乾隆二十四年（1759 年）五月，白钟山奏称"湖水微弱，黄水略有倒灌"。② 从乾隆二十六年（1761 年）开始，黄河便频繁决溢。至嘉庆年间，黄河形势已经异常糟糕。吴璥认为"河势弊坏已久"，"通工皆病"。③ 两江总督

① 《清实录》第 15 册《高宗实录（七）》卷 533 乾隆二十二年（1757年）二月甲申，北京：中华书局 1986 年影印本，第 720 页。
② 黎世序等：《续行水金鉴》卷 14，上海：商务印书馆 1937 年版，第 328页。
③ 吴璥：《通筹湖河情形疏》，载《皇朝经世文编》卷 99《工政五·河防四》，《魏源全集》第 18 册，长沙：岳麓书社 2004 年版，第 359 页。

百龄则将其比作"膏肓内讧，痈疽外溃"。①

表 5-1 　　　　　　　乾嘉道时期黄河主要决溢表

年代	决溢地点	决溢概况	备注
乾隆元年	砀山	四月，河水大涨，由砀山毛城铺闸口汹涌南下，堤多冲塌，潘家道口平地水深三五尺。	《清史稿·河渠志》
乾隆七年	丰县、沛县	决丰县石林、黄村，夺溜东趋，又决沛县缕堤。	《清史稿·河渠志》
乾隆十年	阜宁	决阜宁陈家浦，黄淮交涨，沿河州县被淹。	《清史稿·河渠志》
乾隆十五年	清河县豆班集	六月，在清河县豆班集漫溢，北岸大堤塌宽三十二丈。	《续行水金鉴》卷12，第277页
乾隆十六年	阳武、祥符	六月河决阳武、祥符，水自十三堡口门，经太平镇，分为二道，自口门沿堤东流，分入延津、封丘，复合于封丘之居厢渠，至铁炉庄又分为两股入直隶界，如东明县之魏河，经山东濮州、范县、寿张，出张秋镇，穿运河入海。运道大阻。至冬合龙，河归故道。	《续行水金鉴》卷 12，第 284页
乾隆十八年	阳武、铜山	十八年八月，阳武十三堡大堤漫决。九月，决铜山张家马路，冲塌内堤七八十丈、外堤四五十丈，缕越堤一百四十余丈，南注灵、虹诸邑，入洪泽湖，夺淮而下。	《续行水金鉴》卷 13，第 289页

---

① 百龄：《论河工与诸大臣书》，载《皇朝经世文编》卷 99《工政五·河防四》，《魏源全集》第 18 册，长沙：岳麓书社 2004 年版，第 369 页。

年代	决溢地点	决溢概况	备注
乾隆二十年	曹县三堡	秋，汛水大涨，曹县三堡对岸冲开大河一道，溜势归中，化险为平。	《续行水金鉴》卷13，第304页
乾隆二十一年	铜山孙家集	秋，铜山县黄河北岸孙家集漫口，黄水掣溜东趋，灌入微山湖，湖河相连，下及荆山桥河，铜、邳、宿、桃、海诸州县被淹，荆山河身，淤为平地，运河纤道淹没。	《续行水金鉴》卷13，第305页
乾隆二十六年	武陟、荥泽、阳武、祥符、兰阳、中牟	秋，黄沁并涨，同时决十五口，黄河在中牟县杨桥大溜直趋贾鲁河，大河干涸。由涡河南入于淮，河南开封、陈州、归德，安徽颍、泗等州县，俱被淹没。	《续行水金鉴》卷14，第332页
乾隆三十一年	铜沛厅韩家堂	八月，韩家堂漫溢，汕刷九十余丈，大溜趋入漫口者有十之六七，下注陵子、孟山等湖，汇入洪泽湖，出清口入海。江苏铜山、睢宁，安徽宿州、灵璧、虹县均被淹没。十一月漫口堵闭。	《续行水金鉴》卷15，第353～356页
乾隆三十八年	安东上河汛	四月，安东上河汛堤工坐蛰，刷宽二十余丈。	
乾隆三十九年	清河老坝口	八月，清河老坝口漫溢。大溜全注口门，正河断流。河水由山子湖流入马家荡，下达射阳湖入海。淮安城内，官署、民舍、仓库，均没入水中。	《续行水金鉴》卷17，第382页

年代	决溢地点	决溢概况	备注
乾隆四十三年	仪封、祥符	闰六月，河南黄河南岸仪封汛漫水六处，考城汛漫水三处。每处宽约 30 余丈至 60 余丈不等，其中考城汛十堡陆续刷至 150 余丈，漫水由贾鲁河故道，经考城、睢州、宁陵、亳州之涡河入淮。	《续行水金鉴》卷 18，第 408~411 页
乾隆四十五年	睢宁、考城、曹县	七月初九，睢宁县郭家渡漫口，口门宽百余丈，掣动大溜十之七八。漫水分三股下注，统归洪泽湖。十八日，黄沁并涨，考城汛五堡堤工满却四十余丈，曹县安陵汛六七二堡、蔡家庄一带堤工，漫溢两处，各二十余丈，幸未掣动大溜。九月初，考城张家油房河堤塌 140 余丈，全河夺溜。十一月底堵口完工。	《续行水金鉴》卷 19，第 429~433 页
乾隆四十六年	睢宁、仪封	六月，邳宿厅南岸魏家庄，大堤漫溢，宽 116 丈，越堤也被冲塌，大溜奔注，归入洪泽湖。七月五日，黄、沁并涨，豫省黄河南岸祥符汛八堡刷宽 30 余丈，北岸曲家楼漫塌堤工 20 余丈，关家庄、牛家场、青龙冈、李家滩漫塌三四十丈不等，孔家庄塌宽 100 余丈。二十一日，青龙冈冲宽 70 余丈，全溜归注，水势并入，孔家庄以下沟槽，全部断流。黄河下游多处被淹。青龙冈大工，屡堵屡陷。	《续行水金鉴》卷 20，第 439~446 页

续表

年代	决溢地点	决溢概况	备注
乾隆四十九年	睢州	八月，睢州下汛二堡，前后刷塌250余丈，下游民田庐舍，多被淹没。	《续行水金鉴》卷22，第478～479页
乾隆五十一年	桃源	七月，清口黄河北岸李家庄工尾及汤家庄二处，塌宽50丈至80余丈，桃源南岸之司家庄，外河北岸之烟墩头漫口宽一百一二十丈至一百八九十丈不等。	《续行水金鉴》卷23，第493～494页
乾隆五十二年	睢州	六月，沁洛并涨，黄河南北岸各工俱有塌卸。睢州南岸十三堡决口两处，大溜全注口门，正河不及一分。水由睢州、宁陵、商丘一带，从涡河、浍水下注安徽亳州、蒙城、怀远、凤阳、泗州、盱眙入淮。十月堵住，河归故道。	《续行水金鉴》卷23，第501、508页
乾隆五十四年	睢宁	六月，睢宁南岸周家楼水漫过堤，陆续塌宽230余丈，大河正溜只有五分。十月堵塞。	《续行水金鉴》卷24，第517～521页
乾隆五十五年	王平庄	七月，丰汛四堡曲家庄大堤坐蛰过水。	《续行水金鉴》卷24，第533页
乾隆五十九年	丰县	六月，漫丰北曲家庄。	《清史稿·河渠志》
嘉庆元年	丰县	六月，丰汛六堡堤工漫溢，大溜全注口门。十一月合龙。	《续行水金鉴》卷26，第566页

续表

年代	决溢地点	决溢概况	备注
嘉庆二年	曹县	七月，曹县二十五堡堤工漫溢30余丈。八月，砀汛头堡杨家马路、三堡关家马路漫口，各宽70余丈、40余丈。	《续行水金鉴》卷27，第578页
嘉庆三年	睢州	八月，杨桥、仪封、铜瓦厢、李六口处处漫滩。九月，睢州上汛漫口，宽一百五六十丈。大溜分注漫口者十之八，入正河者仅十之二。后下游断流。漫水出堤后分两路，在亳州汇合，入洪泽湖，出清口归海。	《续行水金鉴》卷28，第598、596页
嘉庆四年	砀山	七月，毛城铺东坝尾大堤刷缺20余丈。月底，丁工民堰至邵家坝民堰，水漫而过，跌塘而入，刷成沟槽五道，致溜归南岸。	《续行水金鉴》卷28，第611～622页
嘉庆八年	封丘	九月封丘汛横家楼，滩水逼溜北趋，刷塌30余丈。	《续行水金鉴》卷28，第662页
嘉庆十一年	宿迁、睢宁	七月，宿南厅周汛二堡，堤身蛰陷60余丈。郭家房于八月初一，陡蛰过水。	《续行水金鉴》卷34，第726页；《再续行水金鉴》，第268页
嘉庆十二年	山阳、安东	七月，海防陈家浦平漫过水。	《再续行水金鉴》，第268页
嘉庆十三年	马港口	马港口决口，全河夺溜。	《再续行水金鉴》，第268页

年代	决溢地点	决溢概况	备注
嘉庆十五年	山安	六月，马港口漫缺过水。	《再续行水金鉴》，第 268 页
嘉庆十六年	马港、邳州	五月，王营减坝土地冲塌 80 余丈，大溜掣动六分。七月，邳北厅绵拐山刷塌 20 余丈。肖南李家楼漫溢。	《续行水金鉴》卷 38，第 820 页
嘉庆十八年	睢州、桃源	九月，睢州决口。水南下入洪泽湖。	《续行水金鉴》卷 41，第 882 页
嘉庆二十四年	祥符、中牟、陈留、仪封、兰阳	七月，决祥符、中牟、陈留、仪封、兰阳，水由涡河入淮。八月，决武陟马营坝，大溜穿张秋入大清河入海。一股入卫河，正河断流。	《续行水金鉴》卷 43，第 933～936 页
嘉庆二十五年	仪封	河决仪封三堡，全河夺溜，南入洪泽湖。	《续行水金鉴》卷 44，第 951 页

（资料主要来源：（清）黎世序等：《续行水金鉴》，上海：商务印书馆 1937 年版。

赵尔巽等：《清史稿》第 13 册，北京：中华书局 1976 年点校本。）

表 5-1 中能够比较明显地反映出来，在乾隆二十年（1755 年）以后，黄河的决口次数逐渐增多，情况日益严重。嘉庆元年（1796 年）到嘉庆二十五年（1820 年），黄河决口大多集中在睢州以下河道。但从嘉庆末年开始，决溢地点开始慢慢上移。① 嘉庆二十四年（1819 年）河南武陟马营决口，道光二十三年（1843 年）中牟决口，

---

① 中国水利水电科学研究院编：《中国水利史稿》（下），北京：水利电力出版社 1989 年版，第 257 页。

都发生在河南境内，对黄河河道产生了很大的影响。①

　　造成这一时期黄河溃决的主要原因是河底淤高，水位上涨，加上堤防损坏，以致行洪能力减弱，汛期无法抵御高水位洪水的冲击。②以南河为例。嘉庆五年（1800年），仁宗说，江南河务长期以来弊坏糜帑，"总因徐城一带，正河日渐淤垫，势成高仰，黄水不能畅流下注，频年屡遭溃溢"。③ 嘉庆十一年（1806年），两江总督铁保等人在谈到黄河下游情形时说："盛涨水痕，比旧日老堤相去悬绝，以致处处险工林立，糜帑无算。"④ 嘉庆十四年（1809年），吴璥分析当时的黄河形势说："溯自丰工、曹工、邵工、衡工漫溢频仍，漫口一次，即河淤一次，河身积受淤垫，以致海口高仰，受病已非一日。近年下游又屡经失事，河底日益抬高。河底愈高，则倒灌益易；倒灌愈甚，则下游更淤。其害相因，积久倍难救治。此黄河受病之实在情形也。"⑤

　　豫、东两省河工的情况也是相当糟糕。嘉庆四年（1799年），吴璥曾说："臣周历豫东两岸，查验堤工丈尺，已较前数年加增，复测量高出水面丈尺，仍与前数年相仿，淤垫显然。计自三四尺至六七尺

---

　　① 黄河水利史述要编写组：《黄河水利史述要》，郑州：黄河水利出版社2003年版，第342页。

　　② 武同举在《河史述要》中认为："乾隆中黄河大势，大抵前三十年遵循靳辅遗规，有整理，无变革，河势可称小康。及废云梯关外大堤不守而尾闾病，陶庄改河、仪封改河而中腕病。行水不畅，河底淤高，水平堤则易决，两岸减水坝闸亦不似从前之安稳。黄高于清，清水倒灌，减黄助清，迄无大效，河病而淮亦病。然犹殚精竭虑于河、淮交汇之地，于补苴中求苟安，危而不改，盖亦由人力矣。"

　　③ 黎世序等：《续行水金鉴》卷29，上海：商务印书馆1937年版，第620页。

　　④ 黎世序等：《续行水金鉴》卷31，上海：商务印书馆1937年版，第733页。

　　⑤ 吴璥：《通筹湖河情形疏》，载《皇朝经世文编》卷99《工政五·河防四》，《魏源全集》第18册，长沙：岳麓书社2004年版，第358页。

不等。"① 道光三年（1823 年），东河总督严烺说："乾隆五十年以前，豫东两省黄河……两岸著名险工不过数处。近来临黄埽坝，鳞次栉比，甚至一厅而有三四处者。"② 道光五年（1825 年），东河总督张井说："臣历次周履各工，见堤外河滩高出堤内平地至三四丈之多。询之年老弁兵，金云嘉庆十年以前，内外高下不过丈许。"③ 可见豫、东两省黄河的淤积情况是非常严重的。

作为黄淮交汇关键的清口，淤积也是越来越严重，黄水倒灌洪泽湖之事时有发生。嘉庆十年（1805 年），两江总督铁保说，"嘉庆七八九年，河底淤高八九尺到一丈不等"，导致清水不能外出。④ 河臣想出"借黄济运"的办法。反而使清口一带的形势更加恶化。百龄评价"借黄济运，如揖盗入门"。⑤ 嘉庆也说："以黄济运，倒灌之病，不可胜言。"⑥

不仅如此，黄河淤垫的情形也在不断地发生变化。如嘉庆十四年（1809 年）铁保、吴璥、徐端等奏："嘉庆七年前，淤垫在徐城以上，至八年而河底刷深，八年后淤垫在桃源以下。"⑦ 这给黄河的治理带来了很大的困难。

黄河堤防损坏的情形也比较严重。嘉庆六年（1801 年），费淳、吴璥考察徐州河工时发现河滩普面淤高，"南北两岸，数百里堤工，

① 吴璥：《复奏黄河治淤情形疏》，载《皇朝经世文编》卷 99《工政五·河防四》，《魏源全集》第 18 册，长沙：岳麓书社 2004 年版，第 361 页。

② 中国水利水电科学研究院水利史研究室编校：《再续行水金鉴·黄河卷 1》，武汉：湖北人民出版社 2004 年版，第 142 页。

③ 中国水利水电科学研究院水利史研究室编校：《再续行水金鉴·黄河卷 1》，武汉：湖北人民出版社 2004 年版，第 237 页。

④ 黎世序等：《续行水金鉴》卷 31，上海：商务印书馆 1937 年版，第 710 页。

⑤ 百龄：《论河工与诸大臣书》，载《皇朝经世文编》卷 99《工政五·河防四》，《魏源全集》第 18 册，长沙：岳麓书社 2004 年版，第 369 页。

⑥ 黎世序等：《续行水金鉴》卷 33，上海：商务印书馆 1937 年版，第 713 页。

⑦ 黎世序等：《续行水金鉴》卷 33，上海：商务印书馆 1937 年版，第 778 页。

日益卑薄，实难抵御"，而毛城铺、三坝集、天然闸、苏家山、峰山等各闸坝，"旧制亦多残破。昔年内地高于河滩，今则河滩高于内地，以致情形危险"。① 嘉庆十三年（1808 年），长麟、戴衢亨查勘河工堤防，发现仅徐州以上堤岸略为齐整，而卑薄之处较多，"一至淮扬所属桃南、桃北，即多滩高堤矮处所。外河山安、海防等厅，更有滩与堤平，仅赖子堰护持者"。② 道光五年（1825 年），张井说以前堤防有遥堤、缕堤及鱼鳞堤防守，缕堤失守，则有遥堤，再失尚有鱼鳞堤，此时黄河两岸"惟赖一线单堤"，"全河受病情形，较康熙年间，不啻十倍"。③

河底不断淤高，堤防损坏，残缺不全，导致黄河在汛期行洪能力变得非常弱，以致在大水到来之际，堤防无法抵御水势的冲击，洪水泛滥，危害甚大。

二、河工弊政日趋严重

（一）河道机构膨胀，人数大增，真正河工人才稀缺

前面谈及，清代河工在雍正时期各项建置逐渐完备。随着建置的完备，治河机构和河员的数量也在逐渐增加。乾隆时期，由于黄河形势逐渐恶化，决口频发，河工机构和官员数量开始迅速膨胀。以东、南河厅的设置而言，康熙初年，南河辖六厅，东河辖四厅，至道光朝分别增至二十二厅和十五厅。仅厅的设置就增加了近三倍。"文武数百员，河兵万数千，皆数倍其旧。"④

---

① 黎世序等：《续行水金鉴》卷30，上海：商务印书馆1937年版，第643页。

② 黎世序等：《续行水金鉴》卷31，上海：商务印书馆1937年版，第767页。

③ 中国水利水电科学研究院水利史研究室编校：《再续行水金鉴·黄河卷1》，武汉：湖北人民出版社2004年版，第238~239页。

④ 魏源：《魏源集》上册，北京：中华书局1976年版，第367页。

河工机构膨胀，人数增多，但是河员素质并未提高。① 嘉庆十七年（1812年），两江总督兼管河务百龄在《论河工与诸大臣书》中写道："启者南河机宜，自靳文襄之后，继以张文端。措置之方，虽不外蓄清敌黄、束水攻沙二语，而术精意美，于中秘妙，实有不可思议者。嗣起诸贤，如齐苏勒、白钟山谨守其成规，于襄勤、嵇文敏善宗其遗意，故百数十年来，安澜顺轨，底绩平成。然考之成业，此数公者，虽皆一时英杰，而兢兢业业，不敢轻议更张。非其才之不能创制新奇，实以后人所虑，前人早已虑之。善作者，尤贵善守也。乃后来在事诸君子，或以节省为见长，或以无事生觊觎，屡次纷更，旧规全废。"② 又称"河工诸员，无一可信。以欺罔为能事，以侵冒为故常。欲有所为，谁供寄使？罚之不胜其罚，易之则无可易"。③

河官素质低下，全不以河务为正职。包世臣说，"河底之深浅，堤面之高下，问之司河事者，莫能知其数"。④ 欺上瞒下，"报有志桩存水之文，测量实水，则与报文悬殊。问之司河事者，莫能言其故"。⑤

对于当时河工机构的迅速膨胀，朝廷已经有人意识到危害性，要求精简机构、裁撤冗员。乾隆五年（1740年）吏部左侍郎蒋溥奏称："厅汛以下佐杂等官，直隶、江南、河南、山东自四十余缺至六七十

---

① 萧一山：《清代通史》（中）（北京：商务印书馆1928年版，第268页）说："乾隆以前，治河者尚多实事求是，自和珅秉政，任河督者皆出其门，先纳贿，然后许之任，故皆利水患，藉以侵蚀中饱，而河防乃日懈，河患乃日亟。"

② 百龄：《论河工与诸大臣书》，载《皇朝经世文编》卷99《工政五·河防四》，《魏源全集》第18册，长沙：岳麓书社2004年版，第368页。

③ 百龄：《论河工与诸大臣书》，载《皇朝经世文编》卷99《工政五·河防四》，《魏源全集》第18册，长沙：岳麓书社2004年版，第369页。

④ 包世臣：《安吴四种·中衢一勺》卷中《答友人问河事优劣》，《近代中国史料丛刊》，台北：文海出版社1968年影印本，第134页。

⑤ 包世臣：《安吴四种·中衢一勺》卷中《答友人问河事优劣》，《近代中国史料丛刊》，台北：文海出版社1968年影印本，第134页。

缺不等。而历年河臣题准收录之员，视缺已过倍。此外尚有未经题准、具呈投效、在外委用者，人数尤多，且多系考职、捐职并贡监人员。不应选用之人，藉为进身之阶。其由正途出身及曾经捐纳即用先用者，寥寥无几。若不量为定额，不特名器冒滥，且人多缺少。补用无期。其奉有差委者，经手钱粮，必至希图浮冒。而未有差委者，坐守河干，渐滋怨望，其弊不可胜言。"① 于是在乾隆七年（1742 年），将南河、东河效力人数予以限制，规定南河效力文员一百五十名，东河六十名，同时停止武职投效。② 但是，河工效力人数依然很多。乾隆十三年（1748 年），江南河道总督周学健上疏奏称"近年水利大工，渐次告竣，无需多人"，请求裁减河工额定官员人数"以一百员为率"。③ 乾隆十八年（1853 年），御史魏涵晖奏请核定河工效力人数，他认为"差遣备用，应请以六十人为率"。如果遇到紧要工程，"数不敷用，再请拣发"。后经吏部议定，河工效力定额南河、北河、东河分别从一百二十员、七十员、六十员，降至六十员、三十五员、三十员。④ 人数减少了一半。

（二）河工腐败的加剧

1. 河员侵蚀河帑，生活奢华

前文已经论及，清代河工的腐败自清朝河工官僚系统设置的开始，就已经出现，并且在康熙末年已经表现得比较严重，对河务产生了消极的影响。雍正时期，经过齐苏勒、嵇曾筠等人的整治，河工贪腐问题得到一定程度的遏制。从乾隆朝开始，河工上的贪腐又有进一

---

① 《清实录》第 10 册《高宗实录（二）》卷 121 乾隆五年（1740 年）闰六月乙卯，北京：中华书局 1985 年影印本，第 775~776 页。

② 黎世序等：《续行水金鉴》卷 11，上海：商务印书馆 1937 年版，第 245 页。

③ 《清实录》第 13 册《高宗实录（五）》卷 313 乾隆十三年（1748 年）四月乙亥，北京：中华书局 1986 年影印本，第 312~313 页。

④ 《清实录》第 14 册《高宗实录（六）》卷 450 乾隆十八年（1753 年）十一月癸丑，北京：中华书局 1986 年影印本，第 861 页。

步发展的趋势。① 乾隆十八年（1853年），以布政使衔学习河务的富勒赫在奏折中描述："堵筑口门，兴举大工……以及物料价值并办工杂费，陋例甚多……如在工文武效力员弁兵丁，则有薪水饭食之需，又有棚厂灯烛之费，办料收料，则有暗中折扣虚出之弊，种种消耗，总入于工料之中。事竣后按照所费，虚捏造册，以符漕规，惟以不干部驳为了事。工员恃此陋习，得以任意浮冒，积弊相沿，由来已久。"②

乾隆中后期，河工费用激增，腐败问题也更加突出。冯桂芬说，两河岁修用银每年约五百万，而"实用不过十之一二"，其余大多被上至河督、下至兵夫"瓜剖而豆分之"。办工谨慎的河员"常以十之三办工"，而贪冒者递减，"甚有非抢险不使一钱者"。③ 熟悉河工运作的浙江人王权斋说，购买物料以及员弁公用，"费帑十之三二，可

---

① "吏治的败坏由来已久，但作为其主要表征的贪污、贿赂痼疾，却是在乾隆中期以后，也就是十八世纪后期才迅速恶化的。"（郭成康：《十八世纪的中国政治》，台北：云龙出版社2003年版，第365页。）乾隆五十五年，内阁学士尹壮图在周历全国大部分省份之后，在给高宗的奏折中称："各督抚声名狼藉，吏治废弛，经过各省地方，体察官吏贤否，商民半皆蹙额兴叹。各省风气，大抵皆然。"（王先谦：《东华续录（乾隆朝）》乾隆一百一十二，上海：上海古籍出版社2002年影印本。）尹壮图将乾隆三十年作为清代"吏治清浊转移的关键点"。"各省属员未尝不奉承上司，上司未尝不取资属员。第觉彼时州县俱有为官之乐，闾阎咸享利乐之福，良由风气纯朴，州县于廉俸之外，各有陋规，尽足敷公私应酬之用。近年以来，风气日趋浮华，人心习成狡诈。属员以贪缘为能，上司以逢迎为喜，踵事增华，诨多斗靡，百弊丛生，科敛竟溢陋规之外。上下通同一气，势不容不结交权贵以作护身之符。"［姚元之：《竹叶亭杂记》卷2，转引自郭成康《十八世纪的中国政治》，台北：云龙出版社2003年版，第366页。郭成康在该书中认为，乾隆时期执法惩贪尽管有种种失误，甚至重大失误，但总体来讲主流还是值得肯定的。至18世纪后期贪风之大盛、吏治败坏，则与当时的政治体制（皇权不受制约，督抚权力膨胀）、立法执法失误以及产生腐败的温床（养廉银不足养廉、社会风气奢华）的存在、士大夫道德自律堤防的溃决有着很大的关系。］

② 策楞、富勒赫：《酌定堵筑兴工一切办料做工章程》，《南河成案》卷10，北京：线装书局2004年影印本，第363页。

③ 冯桂芬：《校邠庐抗议》，郑州：中州古籍出版社1998年版，第77页。

以保安澜；十用四三，足以书上考矣"。其余的银两，多用于逢迎馈赠之事，"除各厅浮销之外，则供给院道，应酬戚友，馈送京员过客，降至丞簿千把总，胥吏兵丁，凡有职事于河工者，皆取给焉"。①

被侵蚀的河帑供给着一大批贪官。他们生活奢华无比，时人笔记、小说中描写河员花天酒地生活的记载比比皆是。② 如道光七年（1827年），御史盛思本说南河工员"习尚繁华，以奔走趋承为能事"，工员不在河工，而住在临近之繁华城市，"如徐属之丰北、肖南各厅，则常住徐城。扬属、海属之外北、中河、海防、山安、海安、海阜各厅以及佐杂员弁，则常住清江"。这些人平时生活奢侈，"任意花销"，等到承办工程时，将所领办工银两，"弥补私亏"。③

①　黄钧宰：《金壶七墨全集·金壶浪墨》卷1《河工》，《近代中国史料丛刊》，台北：文海出版社1969年影印本，第26页。

②　康沛竹《灾害与晚清政治》第二章第一节"河政腐败"，杨杭军《走向近代化：清嘉道咸时期中国社会走向》第三章第二节"河工、漕政与盐务的弊政"对此问题有非常详细的总结和描述。其实，对于河工腐败问题的描述，多数是从一则史料衍生出许多故事，记载上就产生了很多差异，其中不乏人们臆想之成分在内。而时人对于河工上腐败的描述，很多也只是听说，并未实见。如道光元年，道光帝曾说："朕闻查勘堤工，以木橛插入新堤，凿成小穴，取壶水贮穴中，不渗不漏，即为坚固。舞弊者用白芋煮水，其性粘腻，虽虚土亦不渗漏。又或于新筑堤上拉车一过，车轮不致深陷，即为坚实。孰知车系空车，自然不陷。况且科派物料，滋扰闾阎，虚开帑项，以少报多。种种弊窦，总为自私起见。"严烺在回奏中说道光所知道的这些弊病其实都是从前之事，现在多已不存在。如科派物料之事，"其弊从前实有不免。自地料民夫裁革之后，近今二十余年来，东南两河，每当办工需用夫料之时，远近居民，因非河员所管，呼应不灵。虽重价招徕，尚多居奇观望，即欲科派，势有不行，委实并无其事"。又如道光帝所提之"白芋煮水"，掩饰堤工虚松之事，严烺说，这种作弊方法，"从前实属有之"，但是，由于"水色不同，一望可知"，"其弊久已不行"。至于拉空车试验堤防之事，也是因为容易识别，"向无拉车试验之事"。（中国水利水电科学研究院水利史研究室编校：《再续行水金鉴·黄河卷1》，武汉：湖北人民出版社2004年版，第54~56页。）

③　《清实录》第34册《宣宗实录（二）》卷118道光七年（1827年）闰五月壬子，北京：中华书局1986年影印本，第992页。

"间有二三朴实自好者，共指为不合时宜。"① 曾经长期跟随河官做幕僚的包世臣深悉河工弊端，说："今河员无尊卑，皆汛至而奔驰旁午，霜后则群居安坐，樗蒲宴乐。"② 可见河官全无忧患意识。黄钧宰对于江南河道总督衙署所在地附近的清江繁华之描述，可见当时河工腐败之一斑。"当局者张皇补苴，沿为积习。上下欺蔽，瘠公肥私，而河工不败不止矣。故清江上下十数里街市之繁，食货之富，五方辐辏，肩摩毂击，甚盛也。曲廊高厦，食客盈门。细谷丰毛，山腴海馔，扬扬然意气自得也。青楼绮阁之中，鬓云朝飞，眉月夜朗，悲管清瑟，华烛通宵。一日之内，不知其几十百家也。梨园丽质，贡媚于后堂；琳宫缁流，抗颜为上客。长袖利屣，飒沓如云，不自觉其错杂而不伦也。然而脂膏流于街衢，珍异集于胡越，未尝有挥金于室、开矿于山者。荧楎华身，而河流饱腹，自上至下，此物此志也。"③

与清初相比，物料采办过程的弊端也十分严重。吕星垣就说："河工一逢征料，吏胥因缘作奸。民死于水，尚不如死于料之惨也。颇闻往日之弊，实起在工收料之员，其浮收者收十作一，遂以浮收者折价，以致远河州县不得不省运脚之跋涉，求折价之便宜。而近河员弁及駔侩商民，益乘料初出，贱价屯〔囤〕积，贵价居奇，致今垫水苇麻，一如纳仓粟米，而州县吏胥臧获，因其收十抵一，遂累千百倍征之。尝闻料之征也，始按亩，继兼按廛，有一廛责一金者。穷民束手无措，往往鬻儿女偿之。"④ 又如专管苇料办理的江南苇荡营。据包世臣言："时营员领帑下荡，荡内弁自〔目〕临时雇募夫刀，樵

---

① 《清实录》第 39 册《宣宗实录（七）》卷 402 道光二十四年（1844年）二月壬戌，北京：中华书局 1986 年影印本，第 31 页。

② 包世臣：《安吴四种·中衢一勺》卷中《答友人问河事优劣》，《近代中国史料丛刊》，台北：文海出版社 1968 年影印本，第 134 页。

③ 黄钧宰：《金壶七墨全集·金壶浪墨》卷 1《河工》，《近代中国史料丛刊》，台北：文海出版社 1969 年影印本，第 26 页。

④ 吕星垣：《复张观察论工料书》，载《皇朝经世文编》卷 103《工政九·河防八》，《魏源全集》第 18 册，长沙：岳麓书社 2004 年版，第 532 页。

毕即散，弁目专其利。而弁目又为滩棍所持，以致荡料归滩棍者什五六，归弁目者什二三，归工者什一二。营员朋分额饷而已。"① 物料存放过程中也存在许多问题。咸丰初，东河、南河都曾发生料垛被烧之事，而东河兰仪厅料垛竟被烧了六十多垛。②

河工员弁素质下降，加之侵吞河帑，生活奢靡，工程质量自然可想而知。河工上的舞弊行为几成公开，"岁修积弊，各有传授。筑堤则削浜增顶，挑河则垫崖贴腮，买料则虚堆假垛。即大吏临工查验，奉行故事，势不能亲发其藏"。③ 道光二年（1822年）御史佘文铨奏折和江南河道总督黎世序奏折对当时土工当中的舞弊行为进行了非常全面的披露。兹将二人奏折照录如下：

佘文铨的奏折："承办土工员弁，每乘上司巡查后，遣令兵夫搜挖堤根滩地之土。滩地挖去一寸，堤身自高一寸，名曰搜根。再以所挖之土，培所筑之堤，是一寸已得二寸之数，一尺即冒二尺之银。至土工坚否，全赖夯硪。新筑之土，名为坯头。夯硪工价，估在土方价内。承办员弁，冀得盈余。坯头动辄厚至三尺，夯硪焉能结实？锥试之法，止及土面。工段往往高七八尺，底则任其虚松，硪亦有名无实，惟迎面始加套硪。用锥之人，早为关说，下锥提锥，多有手法。执壶淋水，亦用诡计。验收上司，一望而过，当面被其欺朦。至估工之初，旧堤尺寸，略为少报，新工报竣，旧可抵新，名为挪掩。及收工之时，执持丈杆弹绳之人，得收贿赂，照册丈量树杆少斜，顶高即

　　① 包世臣：《清故江安都粮道署江宁布政使除名戍伊犁放还汉军朱君行状》，《小倦游阁集》卷14，《续修四库全书》第1500册，上海：上海古籍出版社2002年影印本，第492页。
　　② 中国第一历史档案馆编：《咸丰同治两朝上谕档》第2册，桂林：广西师范大学出版社1998年版，第34页。
　　③ 冯桂芬：《校邠庐抗议》，郑州：中州古籍出版社1998年版，第77页。

符额数。弹绳微松，单长不殊原估，按之原估额数偷减已多。”①

黎世序后来又对余文铨奏折中的内容进行了补充：“该御史所称搜挖堤根滩地之土，名曰偷底。除偷底之外，所筑坡身，不能饱满，略带微洼，名曰蝗腰。加高之工，顶宽下削，外坡丈尺虽足，而里坡有陡立之势，名曰戴帽。堤顶两边加高丈尺，虽与原估相符，而堤心略带微洼，名曰架肩。一面收高者，将施一面斜高，名曰耸肩。皆是偷减土方之弊。至于坯头加厚，名曰加坯。行硪不到，名曰花硪。工完之后，以长锥签试。兵夫于提拔之时，有意旋转，则灌水易保，名曰泥墙。灌水之时，故将泥浆及胶粘之水灌入，名曰作料。其余琐屑欺蔽之处，实不胜枚举。皆是偷减夫工之弊。”② 由此可见，河工种种营私舞弊行为，当时已是人所共知。

2. 对于河工弊政的治理

其实，对于河工上的种种弊端，皇帝大多也是比较清楚的。道光就说：“朕闻近来江南河工，时有过往官员及举贡生监幕友人等，前往求助。该河督及道厅等官碍于情面，不能不量为资助，以致往者日众，竟有应接不暇之势。”他指出：“此等游客……往往向在京官员求索书信，以为先容。甚至嘱托该河督授意属员，广为吹嘘。此风可

① 《清实录》第 33 册《宣宗实录（一）》卷 58 道光三年（1823 年）九月庚午，北京：中华书局 1986 年影印本，第 1023 页。咸丰初，御史孙鸣珂又奏“挑挖引河，皆系夫头包办。挑出之土，即以培垫河崖。量深虽有三丈，其实入土止一丈有余。且上宽下窄，中高边洼，弊端不可枚举”（中国第一历史档案馆编：《咸丰同治两朝上谕档》第 2 册，桂林：广西师范大学出版社 1998 年版，第 338 页）。这一弊端在随后杨以增的奏折当中得到证实。“南河委员宿南营守备刘元，外北营守备石荣、邳北通判丁承钧于委挑引河工段胆敢将岸路河身一并垫高，并改从滩上挑挖豫为垫压地步。似此侵帑舞弊，巧为尝试，无怪上年引河不畅。”（同前书，咸丰二年十一月初二日，第 384 页。）

② 中国水利水电科学研究院水利史研究室编校：《再续行水金鉴·黄河卷1》，武汉：湖北人民出版社 2004 年版，第 31 页。道光八年（1828 年）四月，御史曹宗翰又说河工积弊四款：堆筑料垛，外实中空；锥试堤工，灌水舞弊；堆积土牛，以旧作新；堤内植柳，日渐废弛。《清实录》第 35 册《宣宗实录（三）》卷 135 道光八年（1828 年）四月丙戌，北京：中华书局 1986 年影印本，第 67 页。

恶之至。"要求江南河道总督、河东河道总督及两江总督、山东、河南巡抚进行严格清查："嗣后查有执信往谒，意在干求者，着该河督即将其人暂行扣留，指名参奏。其有向道厅求助、业经帮助银两者，即将授受之人，一并参办。概不得意存见好，稍事姑容。并着两江总督明查暗访。倘此后仍有前项情弊，该河督未即举发，即行单衔奏参。庶几惩一儆百，力挽颓风。"① 咸丰也发出过内容近乎相同的圣谕。②

从雍正时期开始，对河工中侵帑肥私，工程质量低劣以致河水漫溢的河员，惩处力度一般还是比较大的。乾隆二十三年（1748 年）承办艾山河工段河营千总高文魁、把总张忠所做工段，被查出短少丈尺，即被处于"照军法穿箭，押赴各工，传谕示儆"。乾隆还说："该弁所有侵冒之数，在千两以内，尚可按律定拟，追缴完结。若在千两以外，查勘既确，罪无可逭，即行奏明，在工正法，以昭炯戒。"③ 可见处罚是比较严厉的。

嘉庆、道光年间的处罚力度较之乾隆年间更为严格，并且处罚的力度是级别越高越大。嘉庆三年（1798 年）正月二十八日，山东曹

① 《清实录》第 39 册《宣宗实录（七）》卷 401 道光二十四年（1844 年）正月乙亥，北京：中华书局 1986 年影印本，第 3 页。

② 咸丰元年（1851 年）九月初九日内阁奉上谕："东南两河工次，每有过往官员，及举贡生监幕友人等往求资助。河工各员或碍于情面，或恐其挟制，往往那〔挪〕动公项，以为应酬之费。积习相沿，久滋流弊。道光二十四年曾奉谕旨，严行禁止。近闻此风较前稍息，而游客之请求、河员之滥费仍不能免。试思河工银两，国帑攸关。多一分应酬，即减一分工料，势必侵吞剥削、贻误要需。于河务大有关系。必当严行申禁，力挽颓风。嗣后官员士子等各宜自爱，不准前赴河工藉词要求帮助。河工官员果能廉正自持，又何难概行拒绝？倘有无赖之徒敢于挟制，或投递书函，公行请托。经该河督查出，即将其人扣留，指名严参惩究。如河员克减工程，滥施邀誉，一并从严参办，以除陋习而慎何方。将此通谕知之。钦此。"（中国第一历史档案馆编：《咸丰同治两朝上谕档》第 1 册，桂林：广西师范大学出版社 1998 年版，第 360 页。）事实上，不仅仅是河工衙门，其他款项较多之衙门亦是如此。如盐务衙门。咸丰元年九月二十四日内阁奉上谕："前因东南两河工次每有过往官员等干求资助，业经降旨严禁。兹闻各省盐务衙门亦有出京官员往求□助。"（同前书，第 386 页。）

③ 《清实录》第 16 册《高宗实录（八）》卷 556 乾隆二十三年（1758 年）二月己巳，北京：中华书局 1986 年影印本，第 42~43 页。

汛坝工西坝后段陡蛰入水，嘉庆认为该工"甫于上年腊月合龙，今坝身复有蛰失，虽据称实因风狂溜激、人力难施，究系未能先事抢护，或年内堵闭不坚所致"，下旨将两江总督李奉翰、江南河道总督康基田、河东河道总督司马骏、山东巡抚伊江阿"交部严加议处"。① 嘉庆十七年，户科给事中周铖在奏折《奏为请旨饬定南河善后事宜章程以期杜绝弊端，重防守而专责成事》中写道："臣闻河工间有不肖员以有工程为得计，勾通奸劣兵役，黑夜悄挖，以致缺口。是以并无盛涨之时间有漫溢之事，在伊等或图藉工渔利，或欲承办邀功，或已获愆，尤希冀工竣开复。惟期营私肥己，罔顾国计民生。"② 嘉庆批复："伤害生灵，不可数计，为患至大，一经访获，即应于河干斩枭示众，不能稍为宽宥。"③ 嘉庆二十四年，原河东河道总督叶观潮因堵筑黄沁厅武陟汛漫水不力，导致马营坝决口，"全河下注，兰阳、仪封复决"，叶观潮被枷号示众，且"先在北岸工次枷号，北岸工竣，再移至南岸工次枷号……俟大工合龙，再发往伊犁效力"。④ 嘉庆二十五年（1820年），江南河道候任把总樊印和睢下汛外委刘振山两人承担的工程，因雨雪积水导致工银增加，无法按期完工，二人"情急自缢"。⑤ 道光二十四年（1844年）二月，中牟大工堵口过程中大埽连蛰数段，工程一再推迟，堵口难竣。道光大怒，认为有此失事，皆系河臣"迁延所致"，下旨将钦差大臣麟魁、廖鸿荃革职，给予七品顶戴，留河工督率；河东河道总督钟祥因"任事未久"，从宽

---

① 《清实录》第28册《仁宗实录（一）》卷27嘉庆三年（1798年）二月乙卯，北京：中华书局1986年版，第331页。

② 《给事中周条奏请定南河善后事宜章程钦奉上谕》附《原奏》，《南河成案续编》卷82，国家图书馆藏清刻本，第19~20页。

③ 《给事中周条奏请定南河善后事宜章程钦奉上谕》，《南河成案续编》卷82，国家图书馆藏清刻本，第19~20页。

④ 《清国史》第8册卷108《叶观潮传》，北京：中华书局1993年影印本，第639页。

⑤ "候补把总樊印，睢下汛外委刘振山，均承挑工，因雨雪积水，格外多费工银，不能开销。限期已迫，工难报竣，俱各情急自缢。"（中国水利水电科学研究院水利史研究室编校：《再续行水金鉴·黄河卷1》，武汉：湖北人民出版社2004年版，第1页。）

发落，革职留工，给予七品顶戴，暂留河督之任；河南巡抚鄂顺安因有兼管河务职责，革职留任，降为三品顶戴。① 对于这种现象，周馥在《〈国朝河臣记〉序》曾说：“历来大臣获谴，未有如河臣之多。……河益高，患愈亟，乃罚日益以重。嘉道以后，河臣几难幸免，其甚者仅贷死而已。”② 连嘉庆也说：“河工败坏已极，人人视为畏途。”③ 不过，嘉道时期对于河官的这种严厉惩罚在道光二十八年的时候似乎被停止，处罚减轻了许多。④

三、河工用银急剧增加及其原因

（一）河工用银

这一时期，河工用银较之康熙、雍正、乾隆早期有了很大的增加，给国库带来沉重负担。⑤《水窗春呓》记载：“当靳文襄时，只各省额解六十余万而已。后遂定为冬令岁料一百二十万，大汛工需一

---

① 《清实录》第39册《宣宗实录（七）》卷402道光二十四年二月庚戌，北京：中华书局1986年影印本，第24页。

② 周馥：《秋浦周尚书（玉山）全集·文集》卷1，《近代中国史料丛刊》第9辑，台北：文海出版社1987年影印本，第917页。明代也曾出现过类似情形。崇祯年间，“河患日棘，而帝又重法惩下，李若星以修浚不力罢官，朱光祚以建义苏嘴决口逮系。六年之中，河臣三易。给事中王家彦尝切言之。光祚亦竟瘐死。而继荣嗣者周鼎修洳利运颇有功，在事五年，竟坐漕舟阻浅，用故决河防例，遣戍烟瘴”。（张廷玉等：《明史》卷84《河渠志二》，北京：中华书局1974年点校本，第2073页。）

③ 李元度辑：《国朝先正事略》卷22《松文清公事略》，《续修四库全书》第538册，上海：上海古籍出版社2002年影印本，第22页。

④ 据《咸丰同治两朝上谕档》第2册（桂林：广西师范大学出版社1998年版，第193页）载钦差协办大学士杜受田、福州将军怡良奏请恢复河员处分旧制：“有人向来河工遇有漫口，河员皆予重惩。道光二十八年，经王大臣等会议，将河督处分改为降留，嗣后应改归旧制，俾知敬畏等语。”

⑤ 项怀诚主编，陈光焱著《中国财政通史·清代卷》（北京：中国财政经济出版社2006年版，第115页）将清代河工经费的增长归结为“主要是人祸造成的”。

264

百五十万，加以额解，已三百三十万。又有荡柴作价二三十万。苟遇水大之年，又另请续拨四五十万，而另案工程则有常年、专款之分，常年另案在防汛一百五十万内报销，专款另案则自为报销，不入年终清单。"① 乾隆三十一年（1766年），河工岁修银为380万两。② 程含章称，"河工动辄数百千万"，淮徐河道"岁费数百万以防之，及其决也，又费数百万以塞之"。③

嘉庆十一年（1806年），仁宗抱怨道："南河工程，近年来请拨帑银，不下千万。比较军营支用，尤为紧迫，实不可解。"况且"军务有平定之日，河工无宁晏之期"。每年无论水大水小，都是问题重重："水大则恐漫溢，水小又虞淤浅"，"用无限之金钱，而河工仍未能一日晏然"，"支销之数，年增一年"。④ 嘉庆十五年（1810年），包世臣也说："南河时事，岌岌如斯，加以调拨正供，几遍天下。开土方，增盐价，利源渐穷，而河势更否。率此为常，后将何及？"⑤ 嘉庆十七年（1812年），仁宗上谕："国家经费有常，自剿办邪匪用帑七八千万，继以筹办河工，岁有加增，前后又用银三四千万之多。试思度支事巨，岂能竭天下之力专供南河之费？"⑥

嘉庆十二年（1807年）之前，南河岁修、抢修银两为50万两。嘉庆十二年之后，河工物料加价，每年岁修、抢修银两总计约为150万两。⑦ 嘉庆二十三年（1818年）以前，豫省河工每年在河南藩库

① 欧阳兆熊、金安清：《水窗春呓》卷下《河防巨款》，北京：中华书局1984年点校本，第62~63页。
② 陈锋：《清代财政支出政策与支出结构的变动》，《江汉论坛》2000年第5期。
③ 程含章：《论理财书》，载《皇朝经世文编》卷26《户政一》，《魏源全集》，长沙：岳麓书社2004年版。
④ 黎世序等：《续行水金鉴》卷34，上海：商务印书馆1937年版，第32页。
⑤ 包世臣：《安吴四种·中衢一勺》卷上《策河四略》，《近代中国史料丛刊》，台北：文海出版社1968年影印本，第62页。
⑥ 《清国史》第8册卷108《黎世序列传》，北京：中华书局1993年影印本，第635页。
⑦ 光绪《钦定大清会典事例》卷905《工部·河工·河工经费岁修抢修二》，《续修四库全书》第811册，上海：上海古籍出版社2002年影印本，第25页。

265

征存地丁项下，每年拨银 20 万两，另款存贮，作为防险之用。嘉庆二十四年（1819 年），续请添拨至 30 万两。① 道光元年（1821 年）以前，豫省河工两岸抢修工程，每年额销银 23 万两。②

　　根据李德楠的研究，嘉庆道光年间，南河另案经费为 270 万两，东河河工经费为 150 万两。道光末年，南河另案经费由 270 万两增至 300 万两，东河由 150 万两增加至 190 万两。③ 见表 5-2、表 5-3。加上大工经费，整个嘉道年间，平均计算下来，南河河工经费四五百万两，东河河工经费二百多万两，平均每年河工经费高达六七百万两。④ 嘉道二朝，仅河工用银即达 1 亿多两，是清代后期河工支出最多时期。⑤ 咸丰元年，曾下旨 "南河工用，议定每岁以三百万两为率，不准于定数之外任意浮加"。⑥

表 5-2　　　　　道光二十五年至二十七年河工另案⑦用银

年份	东河另案	南河另案	共计（两）
道光二十五年	2058007	3304808	5362815
道光二十六年	1947123	2953524	4900647

　　① 《清实录》第 33 册《宣宗实录（一）》卷 37 道光二年（1822 年）六月辛亥，北京：中华书局 1986 年影印本，第 655 页。

　　② 中国水利水电科学研究院水利史研究室编校：《再续行水金鉴·黄河卷1》，武汉：湖北人民出版社 2004 年版，第 47 页。

　　③ 据蒋湘南《黑冈观砖工记》（《七经楼文钞》卷 4，清同治八年马氏家塾刻本）载栗毓美曾感慨东河河工经费日增，"自道光元年至十五年较嘉庆中已增至一倍"。

　　④ 李德楠：《工程·环境·社会：明清黄运地区的河工及其影响研究》，复旦大学 2008 年博士论文。

　　⑤ 孙翊刚、王文素主编：《中国财政史》，北京：中国社会科学出版社 2007 年版，第 310 页。

　　⑥ 中国第一历史档案馆编：《咸丰同治两朝上谕档》第 1 册，咸丰元年七月二十三日，桂林：广西师范大学出版社 1998 年影印本，第 231 页。

　　⑦ 刘锦藻：《清朝续文献通考》卷 67《国用五》，杭州：浙江古籍出版社 1988 年影印本，第 8232 页。

年份	东河另案	南河另案	共计（两）
道光二十七年	1798987	2785000	4583987
合计	5804117	9043332	14847449
年均	1934706	3014444	4949150

表 5-3　　　道光元年（1820 年）至咸丰五年（1855 年）
东河河工砖石土埽各工用银

年份	用银总计（两）	备注（页码）
道光元年	1130145.0320	57
道光二年	1291065.6140	168
道光三年	1047967.9360	168
道光四年	1079143.4000	198
道光五年	1144912.2350	253
道光六年	1065072.3130	361~362。本年专案并未列入
道光七年	1399141.3330	409
道光八年	1462032.6490	450~451
道光九年	1415366.9230	482
道光十年	1442730.8070	《林则徐全集》第 1 册，第 62~63 页
道光十一年	1507455.7270	537
道光十二年	1572308.6420	599
道光十三年	1709582.5880	642
道光十五年	1496272.5910	681
道光十七年	1530795.7420	747~748
道光十八年	1453926.5290	758
道光十九年	1430247.1090	777
道光二十年	1321792.4104	791
道光二十一年	1207940.2774	853~854

续表

年份	用银总计（两）	备注（页码）
道光二十二年	1783187.8840	910
道光二十三年	1309712.4850	987
道光二十四年	716468.9500	1038
道光二十五年	1938297.2730	1049
道光二十六年	1834954.4310	1050
道光二十七年	1686768.3710	1053
道光二十八年	1777833.1040	1058
道光二十九年	1585584.7790	1069
道光三十年	1496201.7970	1073
咸丰元年	1470216.7660	1084~1085
咸丰二年	1525622.7960	1095
咸丰三年	1454714.5248	1104
咸丰五年	1058586.4910	1152

（除特别注明外，资料来源于中国水利水电科学研究院水利史研究室编校：《再续行水金鉴·黄河卷》，武汉：湖北人民出版社2004年版。）

在河工经费支绌的情况下，清朝想出了许多办法来筹集河工经费，其中最明显的就是盐斤加价。嘉庆十四年（1809年）南河大工，长芦、山东盐每斤加价2文，河东盐每斤加价1文。谓之河工加价，加价款达56万两。嘉庆十七年，山东盐又每斤加价1文。道光五年（1825年），又因高堰大工，山东盐每斤加价2文。三年后，即道光八年，又规定高堰大工，半归商办，半归公办。① 同治五年（1866

---

① 赵尔巽等：《清史稿》卷123《食货志四》，北京：中华书局1976年点校本，第3620、3625页。山东盐斤加价曾于道光元年停征。陈锋在《清代盐政与盐税》（郑州：中州古籍出版社1988年版，第138~139页）一书中明确指出，嘉庆十四年南河大工加价是清代盐斤"因公加价之始"。

年），河防加价 10 万两。①

咸丰初，内忧外患叠加，国库空虚、财政捉襟见肘，清廷不得不依靠其他方式来筹集治河及赈灾之经费。咸丰元年（1851年），丰北三堡黄河决口，北注微山湖，山东受灾严重，包括河东河道总督、山东巡抚在内的一批官员不得不自掏宦资治河救灾。大致情形见表 5-4②：

表 5-4

职官姓名	捐银数量（两）
河东河道总督颜以燠	3000
山东巡抚陈庆偕	2500
山东布政使刘源灏	2500
山东按察使福济	2000
山东盐运使司徒照	2000
济东泰武临道花咏春	2000
兖沂曹济道夏廷桢	2000
运河道方庸	1000
候补道张凤池	1000
济南知府李天锡	1000
署运河同知罗镶	800
署泇河同知吴吉昌	600
署上河通判娄鼎	300
署捕河通判邹宗枚	300

① 陈锋：《清代盐政与盐税》，郑州：中州古籍出版社 1988 年版，第 139 页。

② 中国第一历史档案馆编：《咸丰同治两朝上谕档》第 2 册，桂林：广西师范大学出版社 1998 年版，第 19~20 页。

（二）河工经费急剧增加的原因

1. 银贱钱贵，物料价格上涨。物料价格上涨是河工经费上涨的一个重要原因。清代前期除个别地方之外，普遍存在"银贱钱贵"现象，乾隆朝之后，这种现象更为突出。虽然清朝采取了一系列平抑钱价的措施，取得了一定成效，但未能够从根本上解决问题。① "银贱钱贵"直接导致商品价格持续上涨。最先就是粮食价格的上涨，产生了所谓的"米贵银贱"。粮食价格的上扬又带动了其他商品价格的上涨，"百物腾涌"，"无不价增"。② 嘉庆十九年（1814 年），桂芳即言："康熙、雍正以及乾隆之初，民间百物之估，按之于今，大率一益而三，是今之币轻已甚矣。"③ 冯桂芬说："今则百物之贵，皆视国初十倍上下。棉衣一袭，值银二两，已罄一亩所入，他物称是。""国初黄河大工，一次不逾百万，乾嘉间几增至千万。"④ 河工所需物料和人力的价格也不断增长。⑤ 包世臣也直言："近年河费繁重，皆因料价腾贵，料贩居奇，以致漕规例价不敷。"⑥

乾隆年间，多次因为物料价格原因增加河工经费。以秫秸为例。秫秸是清代河工埽料的一个重要组成。雍正二年（1724 年）经奏准，

---

① 据陈锋、张建民、任放《中国财政通史·第八卷》上册（长沙：湖南人民出版社 2002 年版）一书，道光以后，尤其是鸦片战争以后，清代陷入长期的"银贱钱贵"格局。（见该书第 326~350 页。）这与乾隆朝、嘉庆朝清代河工经费的增长存在着密切的关系。

② 《清实录》第 13 册《高宗实录（五）》卷 319 乾隆十三年（1748 年）七月甲子，北京：中华书局 1986 年影印本，第 258 页。

③ 桂芳：《御制致变之源说恭跋》，载《皇朝经世文编》卷 9《治体三·政本上》，《魏源全集》第 13 册，长沙：岳麓书社 2004 年版，第 398 页。

④ 冯桂芬：《显志堂稿》卷 12《袁胥台父子家书跋》，清光绪二年（1875）刻本。

⑤ 陈桦在《清代河工与财政》（《清史研究》2005 年第 3 期）一文中即指出"造成河工经费不足的直接原因是各地物料人工价格的不断增长"。

⑥ 包世臣：《安吴四种·中衢一勺》卷上《筹河刍言》，《近代中国史料丛刊》，台北：文海出版社 1968 年影印本，第 62 页。

在河南、山东两省河工正式使用秫秸作埽，河工所用柳料大减。① 在其他物资价格上涨的带动下，河工物料的价格也在走高。乾隆二年（1737年），河南、山东柴薪价格由每斤6毫加至9毫，江南徐州府采办秫秸价格由每斤6毫加至9毫。② 乾隆四年（1739年），河南采办秫秸价格由每斤9毫加至1厘4毫。③ 十月，山东采办秫秸价格每斤也加至1厘4毫。④ 乾隆二十二年（1757年），河南采办秫秸价格每斤加至1厘9毫。⑤ 短短二十年间，河南采办秫秸的价格涨了2倍多。这对河工的影响是很大的。如乾隆四十三年（1778年）堵筑时和驿八堡和仪封两处漫口，就购办秸料达11800万斤⑥，若照每斤6毫算，则仅需银7万余两，调整后料价就需银22万4千多两。仅此一项，就多出15万两白银。又如江南河工柴料价格。嘉庆年间，包世臣曾说："旧例购料，七十五两一堆。在十月至正月，收生柴九万斤。二月至四月，收温柴七万八千斤。五月至九月，收干柴六万六千斤。而今不论月日，改收柴三万斤。一堆发价一百四十五两至一百八十五两不等。是今之一堆，昔日两堆之价也。昔之一堆，今日两堆之用也。出入相乘，悬殊四倍。"⑦

除了物料本身的价格上涨之外，加价银的增长也是导致河工经费增长的一个重要原因。道光三年（1823年）之前，豫省河工秸料每

---

① 姚汉源：《中国水利史纲要》，北京：水利电力出版社1987年版，第468页。

② 《清实录》第9册《高宗实录（一）》卷59乾隆二年（1737年）十二月辛亥，北京：中华书局1985年影印本，第957~958页。

③ 黎世序等：《续行水金鉴》卷11，上海：商务印书馆1937年版，第243页。

④ 《清实录》第10册《高宗实录（二）》卷103乾隆四年（1739年）十月庚寅，北京：中华书局1985年影印本，第548页。

⑤ 《清实录》第15册《高宗实录（七）》卷542乾隆二十二年（1757年）七月乙未，北京：中华书局1986年影印本，第867页。

⑥ 《清实录》第22册《高宗实录（一四）》卷1072乾隆四十三年（1778年）十二月丁卯，北京：中华书局1986年影印本，第397页。

⑦ 包世臣：《安吴四种·中衢一勺》卷上《筹河刍言》，《近代中国史料丛刊》，台北：文海出版社1968年影印本，第62页。

斤例价银为 9 毫，挑河抽沟土每方例价银为 8 分 1 厘。道光三年（1823 年），修复武陟县沁河北岸漫口及其相关工程，秸料每斤例价银加至 2 厘，挑土工方，每方给例价银 3 钱。则秸料每斤例价银增加了 1 倍多，挑土每方例价银增加了 2 倍多。① 又如，嘉庆二十五年（1820 年），东河地方秸料帮价银每斤加 1 厘，共银 5 厘。土每方加帮价银 1 分，共银 5 分。②

　　除例价银、帮价银之外，河工购料还有津贴银一项。津贴银一般是在办理大工之后，由于购料困难而临时加增的银两。③ 津贴银按照购料路程远近、运输难易程度而定。嘉庆二十五年（1820 年），河南办理仪封大工后预采办次年物料时说："此次预办辛巳年秸料，其最近仪工之兰仪、仪睢、下北、曹考四厅，着准其每斤酌加银五毫；距工次近之下南、睢宁、祥河三厅，准其每斤酌加银四毫。"④ 仅此一项，当年津贴银即达 86637 两多。又如道光元年（1821 年）添筑豫省黄河两岸堤埝坝戗，预估利津二价银就高达 54 万 8 千余两。其中例价银 182700 余两，津贴银 35 万多两。⑤ 道光二年（1822 年）增培添筑豫省黄河两岸堤堰坝戗土格等工，预估例津二价银 28 万 7 千余两。⑥

　　2. 河工经费无序支出，用银不知节省。乾隆时期，国库充裕，

----

　　① 中国水利水电科学研究院水利史研究室编校：《再续行水金鉴·黄河卷1》，武汉：湖北人民出版社 2004 年版，第 155～157 页。

　　② 光绪《钦定大清会典事例》卷 909《工部·河工·物料三》，《续修四库全书》第 811 册，上海：上海古籍出版社 2002 年影印本，第 63 页。

　　③ 嘉庆二十五年（1820 年），河东河道总督张文浩在奏折中说："历届大工之后，购料较难，每于例帮二价外，酌加津贴。"《清实录》第 33 册《宣宗实录（一）》卷 11 嘉庆二十五年（1820 年）十二月丙午，北京：中华书局 1986 年影印本，第 219 页。

　　④《清实录》第 33 册《宣宗实录（一）》卷 11 嘉庆二十五年（1820 年）十二月丙午，北京：中华书局 1986 年影印本，第 219 页。

　　⑤ 中国水利水电科学研究院水利史研究室编校：《再续行水金鉴·黄河卷1》，武汉：湖北人民出版社 2004 年版，第 51～52 页。

　　⑥ 中国水利水电科学研究院水利史研究室编校：《再续行水金鉴·黄河卷1》，武汉：湖北人民出版社 2004 年版，第 125 页。

在治河上便不惜帑金。乾隆主张河工先事预防，当然是正确的，但是他却认为"即刻意节省，亦属有限"。如当时河道总督白钟山为了节省河工用银，实行了多项改革措施，却引起了乾隆的不满："白钟山只知慎重钱粮，而不能权其事之轻重，朕所不取。"① 在这种思想的影响下，河工用银不知撙节就是势所当然了。乾隆对于河工所需拨款，异常大方。如乾隆十八年（1753 年），策楞奏请南河拨银 30 万两，以济急需。乾隆却认为，"该处漫口工程紧要，一切修防抢筑，三十万恐不敷用"，大笔一挥，"着于浙江藩库拨银一百万两，协济急工"。② 甚至在河工官员并未奏请拨银的情况下，就想当然认为银数不足，直接拨款。如乾隆四十八年（1783 年），河南挑挖引河，当时户部已经拨款六百万两，而东河并未奏请拨款。乾隆认为，"现在将届引河开放之期，一切需费尚多，着再拨给部库银一百万两，照例迅速解往备用"。③ 乾隆五十四年（1789 年），又说"现在江南河工有堵筑疏浚各事宜，该处库项恐不敷用，着户部查明，于就近地方拨银一百万两，迅速解往。交与书麟等以济工用"。④ 在这种没有节制的拨款方式下，河工用银想不增加都很困难。这些银子到了河工之上，想不挥霍，恐怕也是不可能了。

　　3. 将地方摊征银两改为正项开销，民修堤防改为官修，也在很大程度上增加了河工开支。乾隆朝即定："各处岁修工程，如直隶、山东运河，江南海塘，四川堤堰，河南沁河孟县小金堤等工，向于民田按亩派捐者，悉令动用帑金。"⑤ 道光七年（1827 年），河南巡抚杨国桢说，豫省河工，岁修所需秸麻等物料帮价银，自乾隆五十七年

　　① 《清实录》第 10 册《高宗实录（二）》卷 71 乾隆三年（1738 年）六月，北京：中华书局 1985 年影印本，第 147 页。

　　② 《清实录》第 14 册《高宗实录（六）》卷 448 乾隆十八年（1753 年）十月壬午，北京：中华书局 1986 年影印本，第 828 页。

　　③ 《清实录》第 23 册《高宗实录（一五）》卷 1174 乾隆四十八年（1783 年）二月壬戌，北京：中华书局 1986 年影印本，第 736 页。

　　④ 《清实录》第 25 册《高宗实录（一七）》卷 1333 乾隆五十四年（1789 年）六月癸酉，北京：中华书局 1986 年影印本。

　　⑤ 王庆云：《石渠余纪》卷 1《纪免徭役》，《近代中国史料丛刊》，台北：文海出版社 1957 年影印本，第 86~87 页。

（1792 年）之后，均未摊征。只有兴办大工之事，才将加价用款，"摊征归还"。而仅此一项，就高达 1590 余万，每年摊征 50 余万。①
而地方原有民堤改为官修，则更是加重了河工负担。如河南武陟县沁河以西拦黄民堤，嘉庆二十一年（1816 年）以前系当地民众"自行培筑"。嘉庆二十一年，因当时民堤越培越高，"内外滩面，已有高下。一经塌透，即恐掣溜"，因此，改"官为修守"。此民堰自嘉庆二十一年以来，每年动用钱粮，"自三四万两至十余万两不等"。这还不包括添设官弁及他项开支。② 仅此一例，豫省河工增加银两不少。

同时，在大工兴修时不再无偿征发"民夫民料"，也是河工经费上涨的一个主要原因。道光五年（1825 年），东河总督在谈到河工经费增加的原因时说："即偶有大工，一切民夫民料，悉行革除。如乾隆二十六年间堵筑杨桥漫口，仅用银三十余万两。近则概由官办，每堵漫口，用至一千数百万，至少亦需五六百万，从未丝毫累及闾阎。"③

4. 险工增加，机构增多。清代中后期，随着黄河中上游地区的逐步开发，两岸植被破坏严重，水土流失加剧，导致水中含沙量增大，以致黄河中下游地区淤积严重，险工数量较之以前大大增加。这是河工经费增长的一个重要原因。道光三年（1823 年），东河总督严烺说："查乾隆五十年以前，豫东两省黄河同知通判共十厅。自五十一年以后，南岸添设仪睢、中河、归河三厅，北岸添设卫粮、粮河二厅。皆因工段增添，难以兼顾。……且当时南北两岸著名险工不过数处，近来临黄埽坝鳞次栉比，甚至一厅而有三四处者。……用繁实由于工多。"④

---

① 《清实录》第 34 册《宣宗实录（二）》卷 127 道光七年（1827 年）十月己卯，北京：中华书局 1986 年影印本，第 1122 页。
② 中国水利水电科学研究院水利史研究室编校：《再续行水金鉴·黄河卷1》，武汉：湖北人民出版社 2004 年版，第 224~226 页。
③ 中国水利水电科学研究院水利史研究室编校：《再续行水金鉴·黄河卷1》，武汉：湖北人民出版社 2004 年版，第 239 页。
④ 中国水利水电科学研究院水利史研究室编校：《再续行水金鉴·黄河卷1》，武汉：湖北人民出版社 2004 年版，第 142 页。

以东河另案为例，道光三年（1823年）河东河道总督严烺曾经指出：从前河南省每年另案奏销银数大致在几万两，至多也不会超过一二十万两。但是，近年河工所销另案以至百余万两，少者亦有八九十万两，增加数倍之多。河南开归、河北两道在嘉庆五六年，每年河工另案销银七八万两。嘉庆八年（1803年）衡工漫溢之后，每年所销另案在30余万两至100多万两。嘉庆二十年（1815年）睢工之后，每年所销另案低者90余万两，高者100多万两。嘉庆二十四至二十五年马工、仪工之后，每年用银多至120余万两。①

与此同时，每次大工的用银数量也较之以往大幅增加。"自乾隆十八年，以南河高邮、邵伯、车逻坝之决，拨银二百万两；四十四年，仪封河决之塞，拨银五百六十万两；四十七年，兰阳决河之塞，自例需工料外，加价至九百四十五万三千两。……大率兴一次大工，多者千余万，少亦数百万。"②

5. 浮冒工银。清朝对于河工所办物料，均由工部定有价格。每个地区物料价格多少，都有非常明确的规定。这种规定既有优点，也有不足。优点在于，能够对河工所办物料的价格进行核查。但是，随着物价和人力上涨，部定价格不再适应河工的需求，"部价常绌于市价"。③ 黎世序曾说过："南河料物系雍正年间所定，历年久远，生齿日繁，物价渐昂，例价实有不敷，以致一切不能核实办理，流弊无所底止。"④ 实际购买物料所费银两与部定价格甚至有数倍之差别。这在河工经费报销时表现得极其明显。河工奏销名目繁多，大致有岁

---

① 中国水利水电科学研究院水利史研究室编校：《再续行水金鉴·黄河卷1》，武汉：湖北人民出版社2004年版，第142页。

② 赵尔巽等：《清史稿》卷125《食货志六》，北京：中华书局1976年点校本，第3710页。

③ 包世臣：《安吴四种·中衢一勺》卷中《南河杂纪（中）》，《近代中国史料丛刊》，台北：文海出版社1968年影印本，第171页。

④ 黎世序：《覆奏工部饬减料价疏》，《黎襄勤公（世序）奏议》卷5，《近代中国史料丛刊》，台北：文海出版社1982年影印本，第297~298页。

修、抢修、专案、另案等，另案又分为另案砖石、另案土石等。① 嘉庆十年（1805 年），堵闭义坝，用银 32 万余两，照例应销者仅 6 万余两。② 嘉庆十一年（1806 年），江南河道总督戴均元在奏折中曾经提到办理堵筑智、礼二坝和抢护顺黄坝埽工，承办料物的官员，要求按照柴料"每斤四厘五毫或五厘五毫"给发料价，而当时部定例价"柴料每斤不过九毫"，要求实发料价与部定例价相差四五倍之多。③河官不得不采取一些办法，如虚报工程等，以获得更多的款项。"因不能开销，遂虚估工段，宽报丈尺，以符部价。移彼就此，已属显然。"④ 在当时已是人所皆知的事实，甚至嘉庆对此也十分清楚。

这种奏销方式很容易导致腐败问题的出现。为了解决这个问题，嘉庆于十一年（1806 年）下旨，命令河官"将河工例价应报若干，现在因何不敷，应加至几倍方能办理之处，据实结报"。⑤ 嘉庆十二年（1807 年）五月，清政府根据各地上报的情况，综合起来对江南

---

① 中国水利水电科学研究院水利史研究室编校：《再续行水金鉴·黄河卷1》，武汉：湖北人民出版社 2004 年版，第 17 页。归另案报销的，有"伏秋大汛、河流坐湾、抢办新工以及启闭闸坝"。黎世序：《覆奏工部饬减料价疏》（《黎襄勤公（世序）奏议》卷 5，《近代中国史料丛刊》，台北：文海出版社1982 年影印本，第 295~296 页）："伏查河工用项，款目虽多，而报销章程止分三项。凡就旧有之埽段每年拆旧换新，随时厢办，所谓岁抢修也。其向来无工之处，盛涨抢险及御黄、束清、杨庄等坝随时拆展收束并各闸坝启放堵闭以及运道挑浅、添筑草坝、束水刷沙、修砌砖石、增培堤堰、抛筑碎石皆为另案工程，系常年必应办理之事。随时附折奏明办理，所谓常年另案也。至若堵闭漫口、挑河筑堤、厢办御水埽工及创建拆造闸坝、改挑河道，大案土工，非常年应有之事，悉归专案，奏明办理，所谓专款另案也。"
② 《皇朝政典类纂》卷 167《国用十四·会计》，《近代中国史料丛刊》，台北：文海出版社 1982 年影印本。
③ 陈桦、刘宗志：《救灾与济贫：中国封建时代的社会救助活动（1750—1911）》，北京：中国人民大学出版社 2005 年版，第 303 页。
④ 戴均元：《请工料照时价实销疏》，载《皇朝经世文编》卷 103《工政九·河防八》，《魏源全集》第 18 册，长沙：岳麓书社 2004 年版，第 515 页。
⑤ 《清实录》第 30 册《仁宗实录（三）》卷 169 嘉庆十一年（1806 年）十月乙未，北京：中华书局 1986 年影印本，第 201 页。

河工的物料进行了统一定价。① 但实施定价并未使河工用银有明显的下降，依然呈现出不断增加的趋势。嘉庆十六年（1811 年），河南、山东因为水灾，导致河工物料价格上涨，原定物价无法购买到足够的工料。因此，豫东二省请求增加河工经费，"每斤增银五毫"。道光二年（1822 年），查出仪封大工浮销案，当时查明秸料共 5400 余垛，折合银 98 万 4 千余两，而实际上销银 179 万 6 千余两，"浮销几至加倍"。②

　　河工平时用银甚多，导致真正用银之时经费不足。嘉庆十三年（1808 年），戴均元、铁保、徐端等人经过长期勘察，否定了黄河改由北潮河入海的方案，决定按照原来靳辅所实行的在云梯关外建束水大堤的旧制，疏通黄河入海渠道。这是一个经过长期实践证明可行的方案。当时估计共需银近 290 万两。而清朝经过长期镇压农民起义，军费浩繁，国库空虚。嘉庆的一段话说明了当时财政的窘境："惟是国家帑项，实在支绌。河工连年请拨之项，数已不赀，迄未一劳永逸。询之部臣，此时各省实已无项可拨，不能俯从所请。况天下经费甚多，岂能以天下全力专理一工乎？万不得已，只得姑照所请。降旨阿克当阿令将商捐项下拨银一百五十万两，赶紧解往。至于两浙运库，河南、山东、江西、浙江四省藩库，虽亦降旨筹拨，有无尚不可知。伊等只可就现有饷银，将目前紧要各工内择其尤急者，先为赶办。"③

　　由上可见，导致河工经费增加的原因是非常多的④，官员的贪腐只是导致河工经费增加的其中一个比较重要的因素而已。

---

　　① 光绪《钦定大清会典事例》卷 908《工部·河工·物料二》，《续修四库全书》第 811 册，上海：上海古籍出版社 2002 年影印本，第 54 页。

　　② 《清实录》第 33 册《宣宗实录（一）》卷 38 道光二年（1822 年）七月甲申，北京：中华书局 1986 年影印本，第 678 页。

　　③ 《清实录》第 30 册《仁宗实录（三）》卷 204 嘉庆十三年（1808 年）十二月癸巳，北京：中华书局 1986 年影印本，第 722~723 页。

　　④ 李德楠在其研究中将"自然环境状况"亦列为导致河工经费增加的一个原因。（见李德楠：《工程、环境、社会：明清黄淮运地区的河工及其影响研究》，复旦大学 2008 年博士论文。）

四、治河的固守成法与尝试

1. 乾隆时期的河患与治理

这一时期对黄河的治理主要是修防制度的完善上，在修筑堤防上并没有大型工程出现。清朝将大部分经费投入到运河的治理上，比如治理山东运河，疏通江浙运河通道。对黄河的治理，则集中于南河，南河又集中于清口一带与漕运相关之处。对徐州以上黄河以及清口以下入海口等地的治理，并没有特别关注。虽然河臣经常上疏称欲恢复靳辅治河成法，但并没有将靳辅综合治理黄河的理念予以贯彻。①

不过，也有大臣提出了比较全面的治理黄河的方案。晏斯盛在乾隆三年（1738 年）提出修建徐州黄河南岸毛城铺滚水坝、北岸新开引河，同时加修徐邳等处遥堤、缕堤以及太行堤，下游疏浚云梯关海口的方案。他认为，这是黄河的治本之策。② 乾隆八年（1743 年），奉恩将军宗室都隆阿提出开清口、疏浚下河的建议。③ 乾隆九年（1744 年），命大学士讷亲会同两江总督尹继善、南河总督白钟山查勘下河水利。同时与东河总督完颜伟、直隶总督高斌会商具奏。④ 不过，考察之后，便无下文。

乾隆时期最著名的河道总督为高斌与白钟山二人。高斌先后担任河道总督 16 年，白钟山则长达 22 年。两人注意堤防建设，堵口比较

---

① 包世臣认为，是黄河总体形势的变化导致了虽墨守潘季驯治河成法而始终不见成效的主要原因。见包世臣《说坝》，载《皇朝经世文编》卷 102《工政八·河防七》，《魏源全集》第 18 册，长沙：岳麓书社 2004 年版，第 475~476 页。

② 晏斯盛：《河淮全势疏》，载《皇朝经世文编》卷 99《工政五·河防四》，《魏源全集》第 18 册，长沙：岳麓书社 2004 年版，第 352~354 页。

③ 都隆阿：《开清口浚下河疏》，载《皇朝经世文编》卷 99《工政五·河防四》，《魏源全集》第 18 册，长沙：岳麓书社 2004 年版，第 352~357 页。

④ 康基田：《河渠纪闻》卷 21，《四库未收书辑刊》1 辑 29 册，北京：北京出版社 2000 年影印本，第 528 页。"自议治下河以来至此，而河湖之原委、通江通海之去路未顺，始尽得其底里。"

及时，且注意节省钱粮。如乾隆元年（1736 年），河东河道总督白钟山疏称河工埽坝旧例每单长一丈，用柴三十八束，而事实上，有用四十五束、四十八束、三十八束、三十束不等者。白钟山认为"每丈三十束，实已足用"。① 十一月，白钟山又奏称，济宁所驻河兵，每年青黄不接时，"无仓储可资，不得不称贷贵籴"，请将河标生息银三千七百余两，买谷四千石，"设仓存贮"，在春间粮贵时借给兵丁。秋天还补，免收利息。②

在乾隆早期，尚无大工出现。但是这种情形并未维持很久。徐州以上河工疏于治理的后果开始逐渐显现出来。乾隆七年（1742 年）七月，黄河在丰县石林、黄村，夺溜东趋。③ 乾隆十六年（1751年）、十八年（1753 年），黄河两次正河夺溜。乾隆十六年六月，黄河河决阳武、祥符等地，水自十三堡口门，经太平镇，分为二道，自口门沿堤东流，分入延津、封丘，复合于封丘之居厢渠，至铁炉庄又分为两股入直隶界，如东明县之魏河，经山东濮州、范县、寿张，出张秋镇，穿运河入海。运道大阻。④ 乾隆十八年（1753 年）八月，阳武十三堡大堤漫决。九月，决铜山张家马路，冲塌内堤七八十丈、外堤四五十丈、缕越堤一百四十余丈，南入洪泽湖，夺淮而下。⑤

乾隆十八年（1753 年），铜山决口，久堵不成，吏部尚书孙嘉淦提出了开减河引水入大清河归海的主张。⑥ 他在奏折中说："顺治康

---

① 黎世序等：《续行水金鉴》卷 10，上海：商务印书馆 1937 年版，第221～222 页。

② 黎世序等：《续行水金鉴》卷 10，上海：商务印书馆 1937 年版，第 226 页。

③ 康基田：《河渠纪闻》卷 21，《四库未收书辑刊》1 辑 29 册，北京：北京出版社 2000 年影印本，第 508 页。

④ 黎世序等：《续行水金鉴》卷 12，上海：商务印书馆 1937 年版，第 284 页。

⑤ 黎世序等：《续行水金鉴》卷 13，上海：商务印书馆 1937 年版，第 289 页。

⑥ 孙嘉淦，字谷斋，山西兴县人。康熙五十二年（1713 年）进士，授检讨。闻母病，乞归侍汤药，衣不解带者五月。及服阕，升国子监司业，迁祭酒。累迁刑部侍郎。乾隆元年（1736 年），晋尚书，总督直隶。移制湖广。历任吏部尚书、协办大学士。卒，谥文定，入祀乡贤。嘉淦潜心经学，有志发明，诸经皆有笺解。（乾隆《大清一统志》卷 98《太原府三·人物》，上海：上海古籍出版社 1987 年影印本。）

熙年间，河之决塞，有案可稽。大约决北岸者十之九，决南岸者十之一。北岸决后，溃运者半。凡其溃运道者，则皆由大清河以入海者也。盖以大清河之东南，皆泰山之基脚，故其道亘古不坏，亦不迁移。从前南北分流之时，已受黄河之半，嗣后张秋溃决之日，间受黄河之全。然史但言其由此入海而已，并未闻有冲城郭、淹人民之事，则此河之有利而无害，亦百试而足征矣。"同时他还指出："大清河能受黄河之半，兼能受黄河之全，从前屡试之矣。……今于阳武之下开减河，其道更近，则为患更小。……计大清河所经之处，不过东阿、济阳、滨州、利津等四五州县。即有漫溢，不过偏灾。忍四五州县之偏灾，而可减两江二三十州县之积水，并解淮阳两府之急难。"① 这个是牺牲局部、缩小黄河灾害的一个方案，这个措施并没有得到认可。②

上述几次大决口的出现，并没有引起统治者对于徐州以上黄河堤工的重视，清朝将治河的重点依然放在了下游地区。乾隆二十年（1755 年），富勒赫署理南河总督，大修南河两岸残缺堤工，并择险要地方加以增培。③ 乾隆二十三年（1758 年），河东河道总督白钟山修补下游黄运两河两岸堤工。④ 乾隆二十四年（1759 年），修建大谷山至苏家山碎石滚坝。⑤ 乾隆二十九年（1764 年），南河总督高晋考察黄河云梯关外泥沙淤垫情形。⑥ 乾隆三十年（1765 年），两江总督高晋和南河总督李宏得出结论，认为海口并无淤垫，所谓海口积沙问

---

① 孙嘉淦：《请开减河疏》，《皇清奏议》卷48，《续修四库全书》第473册，上海：上海古籍出版社 2002 年影印本，第 408 页。

② 《黄河水利史述要》编写组：《黄河水利史述要》，郑州：黄河水利出版社 2003 年版，第 352 页。

③ 康基田：《河渠纪闻》卷23，《四库未收书辑刊》1 辑 29 册，北京：北京出版社 2000 年影印本，第 571 页。

④ 康基田：《河渠纪闻》卷24，《四库未收书辑刊》1 辑 29 册，北京：北京出版社 2000 年影印本，第 609 页。

⑤ 康基田：《河渠纪闻》卷24，《四库未收书辑刊》1 辑 29 册，北京：北京出版社 2000 年影印本，第 619 页。

⑥ 康基田：《河渠纪闻》卷25，《四库未收书辑刊》1 辑 29 册，北京：北京出版社 2000 年影印本，第 640 页。

题，并不阻挡黄水归海。"治上源则知治海口矣，执海口以论通塞，非知河也。"① 乾隆四十一年三月，萨载署理南河总督，查勘黄河海口沙淤情形。经过考察，萨载认为，黄河入海口确有拦门沙存在，并且海口淤积情形明显，"从前海口原在王家港地方，雍正年间至今，两岸又接生淤滩长四十余里"。不过他认为，即使有淤沙存在，对于黄河入海亦无影响。②

对于黄河上游的修防，则草草行事。乾隆十六年（1751年）黄河北决夺溜之后，乾隆曾命直隶总督方观承将北岸太行堤"年久残缺"进行维修。又命山东巡抚鄂容安查勘山东境内曹、单二县太行堤工"有无汕刷残缺"。后鄂容安奏称"曹、单二县大行堤大小残缺三千四百三十丈，并加帮卑薄，补筑缺口三百三十余丈"。③ 不过，这也只是属于小修小补，并没有对黄河两岸堤工进行全面勘察和治理。乾隆二十五年（1760年）秋"黄沁并涨，河南中牟县杨桥大堤漫口夺溜，入贾鲁河，由涡河南入于淮。河南之开封、陈州、归德，安徽之颖、泗等州县，俱有被淹"。④ 乾隆三十一年（1766年）八月，铜沛厅黄河南岸韩家堂漫口六十丈，正河夺溜南趋。⑤

直到乾隆三十四年（1769年），河东河道总督吴嗣爵才奏请对豫东二省黄河进行治理。"铜瓦厢溜势上堤，杨桥大工自四五埽至二十一埽俱顶冲迎溜。请于桃汛未届拆修，加镶层土层柴，镶压坚实。两岸大堤外多支河积水，汛发时，引溜注堤，宜多筑土坝拦截。"⑥ 乾

---

① 康基田：《河渠纪闻》卷25，《四库未收书辑刊》1辑29册，北京：北京出版社2000年影印本，第648页。

② 康基田：《河渠纪闻》卷27，《四库未收书辑刊》1辑29册，北京：北京出版社2000年影印本，第701页。

③ 赵尔巽等：《清史稿》卷126《河渠志一·黄河》，北京：中华书局1976年点校本，第3727页。

④ 康基田：《河渠纪闻》卷24，《四库未收书辑刊》1辑29册，北京：北京出版社2000年影印本，第628页。

⑤ 康基田：《河渠纪闻》卷24，《四库未收书辑刊》1辑29册，北京：北京出版社2000年影印本，第649页。

⑥ 赵尔巽等：《清史稿》卷126《河渠志一·黄河》，北京：中华书局1976年点校本，第3727页。

隆三十七年（1772 年），河东河道总督姚立德言："前筑土坝，保固堤根，频岁安澜，已著成效。请俟冬春闲旷，培筑土坝，密栽柳株，俾数年后沟槽淤平，可永固堤根。"① 乾隆三十八年（1773 年），姚立德开始对河南、山东进行一系列治理。在山东曹县汛崔家庄开引河一道，同时疏消河南黄河北岸自武陟、荥泽、原武、阳武、封邱、祥符等汛，南岸自兰阳、仪封、考城、商丘等汛堤根积水。②

　　但这些措施效果并不明显。乾隆四十三年（1778 年）六月，黄河在河南祥符汛南岸时和驿平漫堤工三十余丈。③ 同年闰六月二十八日，黄河南岸仪封汛漫水六处，考城汛漫水三处，每处约宽三十余丈至六七十丈不等。其中十六堡陆续刷宽至一百五十余丈。漫水由贾鲁河故道自考城、睢州、宁陵、永城，达亳州之涡河，入于淮。④ 乾隆四十六年（1781 年）七月，黄沁并涨，黄河南岸祥符汛青龙冈冲宽七十余丈，正河夺溜，青龙冈孔家庄以下沟槽悉皆断流。⑤ 九月，大学士阿桂奉旨来河南驻工督办堵口事宜。⑥ 青龙冈大工历时两年，至乾隆四十八年（1783 年）三月方才堵筑。⑦

　　上述几次决口对于河道产生了非常大的影响。乾隆四十九年八月大学士阿桂、两江总督萨载、南河总督李奉翰、东河总督兰第锡、河

　　① 赵尔巽等：《清史稿》卷 126《河渠志一·黄河》，北京：中华书局1976 年点校本，第 3727 页。
　　② 康基田：《河渠纪闻》卷 26，《四库未收书辑刊》1 辑 29 册，北京：北京出版社 2000 年影印本，第 680、682~683 页。康基田认为姚立德疏消堤根积水的作法是"先事预防之善法也"。
　　③ 康基田：《河渠纪闻》卷 28，《四库未收书辑刊》1 辑 29 册，北京：北京出版社 2000 年影印本，第 714 页。
　　④ 康基田：《河渠纪闻》卷 28，《四库未收书辑刊》1 辑 29 册，北京：北京出版社 2000 年影印本，第 715 页。
　　⑤ 康基田：《河渠纪闻》卷 28，《四库未收书辑刊》1 辑 29 册，北京：北京出版社 2000 年影印本，第 725~726 页。
　　⑥ 康基田：《河渠纪闻》卷 28，《四库未收书辑刊》1 辑 29 册，北京：北京出版社 2000 年影印本，第 730 页。
　　⑦ 康基田：《河渠纪闻》卷 29，《四库未收书辑刊》1 辑 29 册，北京：北京出版社 2000 年影印本，第 748 页。

南巡抚何裕成商议豫省河道形势、漫工受病原因，称"江豫两省河底，较康熙年间淤高，每遇大汛水长，南北两岸漫滩，刷成顺堤河形，水势分流下注，以致生险。加以四十三年祥符八堡、仪封十六堡、张家油房、曲家楼等处叠次漫溢，兰阳以下正河淤垫更高。两岸冲刷，沟槽如冰碎瓦裂，河形几不复办，受病已深"。①

乾隆四十七年（1782 年），兰阳大工堵口屡败垂成，大学士嵇璜重新提出黄河改道大清河入海的方案，因遭到阿桂、李奉翰、韩镈等人的反对而作罢。② 乾隆四十九年（1784 年），乾隆提出在河南修建减水坝，以宣泄河水盛涨的建议，阿桂等在考察全河形势之后，否定了这个提议。"豫省堤工，荥泽、郑州土性高坚，距广武山近，毋庸设减坝。中牟以下，沙土夹杂，或系纯沙，建坝不能保固。至堤南泄水各河，惟贾鲁河系泄水要路。经郑州、中牟、祥符、尉氏、扶沟、西华至周家口入沙河。又惠济系贾鲁支河，二河窄狭淤垫，如须减黄，应大加挑浚，需费浩繁，非一时所能集事。惟兰、仪、高家寨河势坐湾，若挑浚取直，引溜北注，河道可以畅行。"③

乾隆四十九年（1784 年）之后，黄河接连倒灌洪泽湖，致清不敌黄，运河淤垫。乾隆五十一年（1786 年），大学士阿桂奏称"治清水之病，必先去老坝工以下河身之淤垫。欲去河身之淤垫，必先掣低黄水，使清水畅出，以水攻沙，不劳人力而自治"。他建议关闭张福口等四道引河，抬高淮水水位，"通湖引河尽行启放清水全力出口逼黄全注老坝工一带河身可以大资涤"。同时对于老坝工以下河身，主张疏通二套以下多处引河，以资宣泄。④

————————

　　① 康基田：《河渠纪闻》卷 29，《四库未收书辑刊》1 辑 29 册，北京：北京出版社 2000 年影印本，第 757 页。
　　② 康基田：《河渠纪闻》卷 28，《四库未收书辑刊》1 辑 29 册，北京：北京出版社 2000 年影印本，第 735~736 页。
　　③ 赵尔巽等：《清史稿》卷 126《河渠志一·黄河》，北京：中华书局 1976 年点校本，第 3731~3732 页。
　　④ 康基田：《河渠纪闻》卷 30，《四库未收书辑刊》1 辑 29 册，北京：北京出版社 2000 年影印本，第 781 页。

2. 嘉道时期的治河探索

乾隆中后期，治河没有取得明显成效，黄河形势逐渐恶化。至嘉庆八年（1803 年），河南衡工失事，导致下游淤垫程度加深，"淮扬尤甚"。① "十一二三等年，又有王营减坝、郭家房、陈家浦、马港口等工旁溢之事。正河益淤，海口益仰，倒灌亦因之益甚。"② 官员们关于黄河下游地区水患频发的原因产生了非常大的争议。一种观点认为黄河水如流不畅的原因主要在于出海口不畅。如吴璥等认为："全河受病，总在尾闾不畅、去路不畅。"③ 后来担任江南河道总督的徐端与吴璥持相同观点，也认为"海口乃全河尾闾，通塞皆关全局，现在全河之病，首在海口不畅"。④

另一种观点认为，黄河之病不在尾闾，而在中膈，也就是在清口以下至云梯关一带。两江总督百龄、江南河道总督陈凤翔、淮海道黎世序（后升任江南河道总督）均持此观点。他们曾对海口进行考察，发现"河口尾闾，宽约三百余丈。……大溜仍走中泓，水势深有一丈有余至二丈不等"，故而认为"向日相传海口高仰及拦门铁板沙之说，均非灼见"。⑤ 百龄认为："黄河之利病，亦不全系于海口。夫南河之势，海口是其尾闾，清口譬诸肠胃，必肠胃梗结全消，斯尾闾

---

① 黎世序等：《续行水金鉴》卷 36，上海：商务印书馆 1937 年版，第 780页。

② 黎世序等：《续行水金鉴》卷 36，上海：商务印书馆 1937 年版，第 781页。

③ 黎世序等：《续行水金鉴》卷 31，上海：商务印书馆 1937 年版，第 674页。

④ 徐端在嘉庆九年考察海口时曾经说过："黄水出海口之处，河面约宽二三百丈至一千数百丈，该处有横沙一道，拦截水中，以篙试探，其坚如石，即向来所称拦门铁板沙。细询在彼年久之网船渔户人等，据称每潮长时，黄水即为顶遏。秋汛海潮旺大，则顶遏尤甚。是以黄水至此，水去沙留。兼之海水盐碱相凝，遂成横沙，亦不知起于何时等语。臣徐端细查横沙形如坝脊，滩内水深一丈数尺至二丈余，滩上水深仅四尺余寸至五六尺不等。"黎世序等：《续行水金鉴》卷 32，上海：商务印书馆 1937 年版，第 701 页。

⑤ 百龄：《勘海口筹全河疏》，载《皇朝经世文编》卷 99《工政五·河防四》，《魏源全集》第 18 册，长沙：岳麓书社 2004 年版，第 364 页。

畅行无阻。查阅减坝，见新筑拦黄坝以下，老坝工以上，河身淤垫。……此处逼近清口，既有壅滞，黄水焉能顺轨下行？似应从此根求，始可得全河关键。"① 黎世序认为"八巨港以至海口，业已深通，是淤垫不在海口，而在七巨港以上。若能于此处挑河筑堤，拦约漫滩之水，并力攻刷，自能畅通"。②

道光年间两江总督琦善、南河总督张井等人也持第二种观点。道光五年（1825年），琦善、严烺在奏折中说"今受病之河，不在尾闾，而实在中膈，则当兼治河身"。豫东黄河河底淤高，并不是海口淤垫，下游出口不畅所致，而是"溜势旁泄所致"。③南河之病，不在海口，"而在于中段二百余里之积淤。若积淤不去，势必愈垫愈远，并海口俱病，而河工遂以不治"。④

上述两种观点都对黄河河道形势败坏的原因进行了探索，但是，很少有人对于造成黄河下游河道淤积的根本原因进行关注。虽然早在乾隆年间御史胡定就提出了治理黄河上游甘肃陕西等地的泥沙问题，但并未受到后人的重视。

基于上述原因，在治河的问题上，也主要存在两种不同的主张。吴璥等认为，海口淤积导致黄河下游水流不畅，经常决溢。嘉庆十四年（1809年），吴璥曾说："溯自丰工、曹工、邵工、衡工漫溢频仍，漫口一次，即河淤一次，河身积受淤垫，以致海口高仰，受病已非一日。近年下游又屡经失事，河底日益抬高。河底愈高，则倒灌更易；倒灌愈甚，则下游更淤。其害相因，积久倍难救治。……黄河受病既在于倒灌，一倒灌而百病出，则必不倒灌而百病始除。而究其所以倒灌之故，由于清水不能多蓄，海口不能通畅所致。是以考古证今，总

---

① 百龄：《勘海口筹全河疏》，载《皇朝经世文编》卷99《工政五·河防四》，《魏源全集》第18册，长沙：岳麓书社2004年版，第366页。

② 黎世序：《议海口建长堤状》，载《皇朝经世文编》卷99《工政五·河防四》，《魏源全集》第18册，长沙：岳麓书社2004年版，第381页。

③ 中国水利水电科学研究院水利史研究室编校：《再续行水金鉴·黄河卷1》，武汉：湖北人民出版社2004年版，第235～237页。

④ 中国水利水电科学研究院水利史研究室编校：《再续行水金鉴·黄河卷1》，武汉：湖北人民出版社2004年版，第256页。

以蓄清敌黄为第一要策，其次则减黄助清尚属补救之一法。……欲除倒灌之病，必须蓄清；欲筹蓄清之法，先在固堤。然海口不畅，河底日高，岂有将高堰石堤增培无已之理？是海口尤为釜底抽薪之策。"[①] "前人束水冲沙之说，终属不易之论。"[②] 不过，吴璥也认为"海口横沙如旧，其高仰固属不免，而不致阻遏亦系实情"。[③] 在海口问题上，吴璥的态度很明确："守旧则尚可安平，更张则徒费无益。"[④] 吴璥主张黄河宜合不宜分，要以水治水，才是正确的方法。"盖正河一经旁泄，势必溜缓沙停。如果堤埽工程加紧防护，能保数年或十数年无事，不使旁溢，则全溜总在河内冲刷往来，即稍有浅阻，仍有深处畅流，且浅淤处亦可刷透，深处更可加深，以理揆之，束水攻沙，自胜于人力远甚，而修守之功，节宣之道，要在随时设法，因地制宜。"[⑤]

徐端与吴璥持相同观点，认为"治河之策，除蓄清敌黄、束水攻沙之外，别无良法"。[⑥] 黎世序等也认为"束水攻沙之议，终不可易改"。[⑦] 严烺也认为"欲求黄河疏通，只有束水攻沙，逢湾取直，为治河可循之成法"。[⑧]

---

① 吴璥：《通筹湖河情形疏》，载《皇朝经世文编》卷99《工政五·河防四》，《魏源全集》第18册，长沙：岳麓书社2004年版，第358~359页。

② 黎世序等：《续行水金鉴》卷31，上海：商务印书馆1937年版，第677页。

③ 黎世序等：《续行水金鉴》卷32，上海：商务印书馆1937年版，第689页。

④ 黎世序等：《续行水金鉴》卷32，上海：商务印书馆1937年版，第689页。

⑤ 黎世序等：《续行水金鉴》卷32，上海：商务印书馆1937年版，第681页。

⑥ 黎世序等：《续行水金鉴》卷34，上海：商务印书馆1937年版，第716页。

⑦ 黎世序：《议海口建长堤状》，载《皇朝经世文编》卷99《工政五·河防四》，《魏源全集》第18册，长沙：岳麓书社2004年版，第381页。

⑧ 中国水利水电科学研究院水利史研究室编校：《再续行水金鉴·黄河卷1》，武汉：湖北人民出版社2004年版，第222页。

既然海口是问题的关键所在，那么，应当如何治理海口呢？在治理海口的问题上，有两种观点，一种是遵照康熙年间靳辅的作法，接筑黄河两岸大堤，收束水攻沙之效。另一种观点则是舍弃旧海口，在旧海口之南或北寻找一新出口。

认同靳辅作法的有两江总督百龄、南河总督黎世序等人。黎世序是靳辅筑长堤治海口的坚定支持者。他指出黄河在马港口以下夺北潮河入海，在施工上存在很大的难度。嘉庆十五年（1810年）挑河筑堤，修复海口的作法"非立议之不善，乃承办者未照原议，创为节省之说，减少丈尺，以致功亏一篑，事败垂成"。而"为今思补救之术，似舍接堤之外，更无他策"。他极力主张在海口接筑大堤，"新堤必应接长"，"若不遵守成训，废弃新堤，幸海口消散之路宽，冀上游防守之可恃，转瞬下游淤闭，全河次第垫高，恐不独江境不能宴安，即豫、东二省亦难保无事也"。①

另一种观点则是舍弃旧海口，在旧海口之南或北寻找一新出口。改海口的意见始见于康熙年间。康熙年间，相传在黄河云梯关海口"积沙横亘二十余里"，黄河从东北迁回入海。② 靳辅治河，在清口以下筑束河大堤，黄河畅流入海。后河道总督董安国上任，改变了靳辅治河方法，于康熙三十五年（1696年）在海口挑引河一千二百余丈，又在云梯关海口筑拦黄大坝一道，使黄河水改道由马家港入南潮河入海。这次改海口是一次失败的工程，导致黄河"去路不畅、上游易溃"，"河患日亟"。③ 康熙三十九年（1700年），张鹏翮担任河道总督，便将拦黄坝拆掉，堵筑各处决口，黄河去路便又顺畅。

嘉庆十一年（1806年），御史张问陶上疏，要求治理海口。嘉庆帝下旨，令戴均元、铁保、徐端等人考察如何疏浚海口。三人认为，疏通海口非人力所能为，唯一可以做的，就是改变黄河入海之口。他

---

① 黎世序：《议海口建长堤状》，载《皇朝经世文编》卷99《工政五·河防四》，《魏源全集》第18册，长沙：岳麓书社2004年版，第381~384页。
② 《清国史》第4册《河渠志》卷1，北京：中华书局1993年影印本，第862页。
③ 康基田：《河渠纪闻》卷16，《四库未收书辑刊》1辑29册，北京：北京出版社2000年影印本，第287页。

287

们提出了三个方案：北岸由灌河开山一带，可以出海。但这个方案基本上行不通。首先，工程巨大，耗资不菲；其次，康熙年间董安国曾在此地筑拦黄坝，由此处改设海口，但"阻遏更甚"，被张鹏翮拆除，入海改归旧路。第二个方案就是水过射阳湖入海，不过若黄水由此夺湖入海，下河各州县必将会遭受水淹之患，"亦属格碍难行"。① 最终，他们认为，海口最好不改道，等到经费宽裕的时候，在云梯关下接筑遥堤，仿靳辅之法，将河身"量为收窄"，使河流"不致散漫"，以收束水攻沙之效。② 不过，与戴均元、铁保、徐端等不同，吴璥在主张治理黄河下游的同时，对于黄河上游的治理也很关注。"挑复旧海口，诚为釜底抽薪之计，然去路既能畅达，来路仍须严防。"③ 在疏通海口上面，吴璥主张改海口，河走北潮河入海。④

　　同年七月，黄河经由六塘河入海。嘉庆命铁保等人再次考察改海口的可能性。铁保等人经过勘察，认为时机并不成熟。嘉庆也接受了这个结果："看此情形，改道之说，甚觉难行，不必再为观望。"⑤

　　嘉庆十五年（1810年），经过多次考察和尝试，最终确定了以规复旧道、重筑大堤为中心的海口治理方案。但嘉庆十五年（1810年），马慧裕督办的挑筑新堤工程，存在很多问题。⑥ 嘉庆十六年

---

　　① 黎世序等：《续行水金鉴》卷34，上海：商务印书馆1937年版，第715页。
　　② 黎世序等：《续行水金鉴》卷34，上海：商务印书馆1937年版，第716页。
　　③ 黎世序等：《续行水金鉴》卷36，上海：商务印书馆1937年版，第781页。
　　④ 黎世序等：《续行水金鉴》卷36，上海：商务印书馆1937年版，第782页。
　　⑤ 黎世序等：《续行水金鉴》卷31，上海：商务印书馆1937年版，第733页。
　　⑥ 包世臣：《安吴四种·中衢一勺》卷中《郭君传》（《近代中国史料丛刊》，台北：文海出版社1968年影印本，第112页）载："上乃遣尚书马慧裕持节巡视。马公习闻河员说，颇持不堵马工之议。安东海州灾民求计于君，君曰：钦使临工，若等以小舟千余，导使者座船至口门下。马公仁人，能不议堵合耶？从之，马公船行，不数里辄胶浅。大怒，乃奏请兴工，仍如两相国所奏。而司事者复裁减工程，接筑长堤，其长、短、高、宽，皆不及原奏十之五。"

(1811 年)，陈凤翔就任南河总督之后，即与两江总督勒保上疏，称："从前南河诸臣请筑海口新堤及堵合马港口等事，皆非长策"①，意欲更改旧章。

　　同年，两江总督百龄与江南河道总督陈凤翔、淮海道黎世序勘察下游情形："今探量水势，下游海口未挑者，反甚深通。即马港口以上河身，虽经减坝夺流，亦尚存水近丈。独中段大施工作之处，转涸成平陆。此理殊不可解。因传询该处乡民及河兵等，金称去岁挑河出土，即在河滩堆积，并未远移堤外，今春黄水漫滩冲刷。"两江总督铁保也认为："从古无浚海口之法，亦无另改海口之处，是此说竟可勿论矣。""大河辽远，巨浸茫茫，亦万无水底挑捞之理。"② 他认为，潘季驯和靳辅治河的重点在于清口，因此"目下受病之处，与昔正同，虽在河身淤高，亦由历久之闸坝多伤，各处之支河渐塞，致清口日淤，下游受害。是复清口旧规，疏洪湖归路，为刻不容缓之急务也"。③ 改河之事，再次搁置。

　　道光年间，改河之事又被提及。道光五年（1825 年）八月，琦善、严烺等人又欲"择海口较近之处，另导黄河入海"。④ 他们认为，康熙、嘉庆年间，黄河先后由马港口及王营减坝经灌河口入海，但"试行无效，未经改成"，主要原因在于当时马港口及王营减坝以下，没有修筑堤防，导致河流散漫，不能刷成河槽。且康熙、嘉庆年间黄河淤垫的情况不及道光年间重，"掣溜下注，断无今日建瓴之势。而今时之情况，较之当时，非常有利于改海口"。⑤ 但九月份经

---

　　① 黎世序等：《续行水金鉴》卷 38，上海：商务印书馆 1937 年版，第 822 页。

　　② 黎世序等：《续行水金鉴》卷 33，上海：商务印书馆 1937 年版，第 710 页。

　　③ 黎世序等：《续行水金鉴》卷 33，上海：商务印书馆 1937 年版，第 710 页。

　　④ 中国水利水电科学研究院水利史研究室编校：《再续行水金鉴·黄河卷 1》，武汉：湖北人民出版社 2004 年版，第 228 页。

　　⑤ 中国水利水电科学研究院水利史研究室编校：《再续行水金鉴·黄河卷 1》，武汉：湖北人民出版社 2004 年版，第 230 页。

过考察之后，又认为"灌河海口内外，河窄滩高，较现行海口，转无把握，难以率行改移"。① 十一月，琦善、严烺在奏折中提出主张在八滩以下两岸无堤之处接筑长堤，在八滩以上，"坐湾处取直挑河"，并将两岸堤工"增培高厚"。② 也就是主张将束水攻沙和逢弯取直这两种方式结合起来。

同年九月，河东河道总督张井提出治河四法："或应逢湾取直，或应设法疏浚，或应复靳辅成法，仍设浚船，或应做对头坝工，束逼溜势。"③ 琦善、严烺则认为，"惟有束水攻沙之法"，尚且可行。④ 十一月，河南巡抚程祖洛称："今日全河大局，在下游必须先筹疏浚，在上游仍应首重堤防。"⑤

道光六年（1826 年）初，经过会商，两江总督琦善、南河总督严烺、东河总督张井、河南巡抚程祖洛达成一致意见，提出了治河的五条意见：一，严守闸坝；二，接筑海口长堤，三，逢弯取直，切滩挑河；四，修复浚船；五，筑做平滩对坝。⑥

道光六年中，张井再次提出安东改河，主张在安东以下，将原来的黄河北堤改为南堤，另挑新河一道，将旧有弯处取直，"仍归现行

① 中国水利水电科学研究院水利史研究室编校：《再续行水金鉴·黄河卷1》，武汉：湖北人民出版社 2004 年版，第 235~237 页。

② 中国水利水电科学研究院水利史研究室编校：《再续行水金鉴·黄河卷1》，武汉：湖北人民出版社 2004 年版，第 260 页。

③ 中国水利水电科学研究院水利史研究室编校：《再续行水金鉴·黄河卷1》，武汉：湖北人民出版社 2004 年版，第 240 页。

④ 中国水利水电科学研究院水利史研究室编校：《再续行水金鉴·黄河卷1》，武汉：湖北人民出版社 2004 年版，第 251 页。

⑤ 中国水利水电科学研究院水利史研究室编校：《再续行水金鉴·黄河卷1》，武汉：湖北人民出版社 2004 年版，第 235~237 页。

⑥ 中国水利水电科学研究院水利史研究室编校：《再续行水金鉴·黄河卷1》，武汉：湖北人民出版社 2004 年版，第 260 页。据琦善说，南河官员内部意见存在分歧。副总河潘锡恩及道将厅营都对这个意见表示反对。张井本人态度游移，在改河和开放王营减坝之间摇摆不定。琦善先主改河，后主开放减坝，却将责任完全推给张井一人。张井认为，安东改河事未成功，实则是琦善在阻扰。（事见第 303~305 页）

宽大海口"。① 不过，这个意见受到两江总督琦善的阻挠，未获批准。② 道光十二年（1832年），尚书朱士彦请由桃源北岸改至安东，仍归旧河。未果。③

由此可见，清朝嘉道年间，政府关于治河的方法出现了很多分歧，但是，都没寻找到一条正确的治河道路。即使河臣们想探索新的方法，但由于多方面原因的限制，多以失败而告终。

这一时期治河工程的兴建，仍然集中于黄河下游地区。嘉庆十年（1805年），加培桃源以下至外河、里河山安、海防等厅堤工。④ 嘉庆十三年（1808年），加培南河两岸大堤云梯关外南北长堤。⑤ 嘉庆十五年（1810年），增筑海口长堤。⑥ 嘉庆十八年（1813年），加培徐州城外石堤，修筑清江浦汰黄堤外越堤。⑦ 又于蒋家冈以南山冈重建仁义礼三坝。⑧ 嘉庆二十年（1815年），在黎世序的主持下，修建

① 中国水利水电科学研究院水利史研究室编校：《再续行水金鉴·黄河卷1》，武汉：湖北人民出版社2004年版，第308页。这与此前所提的改河之议不同。

② 中国水利水电科学研究院水利史研究室编校：《再续行水金鉴·黄河卷1》，武汉：湖北人民出版社2004年版，第312页。

③ 中国水利水电科学研究院水利史研究室编校：《再续行水金鉴·黄河卷2》，武汉：湖北人民出版社2004年版，第913页。朱士彦，字修承，号亮斋，江苏宝应人。嘉庆七年探花。纂《国史河渠志》，谙习河事。道光二年，擢兵部侍郎。十一年，迁工部尚书。十八年，调吏部尚书。寻卒，谥文定。（蔡冠洛编：《清代七百名人传》，《近代中国史料丛刊》，台北：文海出版社1982年影印本，第216页。）

④ 周馥：《秋浦周尚书（玉山）全集·治水述要》卷7，《近代中国史料丛刊》，台北：文海出版社1987年影印本，第4853页。

⑤ 周馥：《秋浦周尚书（玉山）全集·治水述要》卷7，《近代中国史料丛刊》，台北：文海出版社1987年影印本，第4890页。

⑥ 周馥：《秋浦周尚书（玉山）全集·治水述要》卷8，《近代中国史料丛刊》，台北：文海出版社1987年影印本，第4940页。

⑦ 周馥：《秋浦周尚书（玉山）全集·治水述要》卷8，《近代中国史料丛刊》，台北：文海出版社1987年影印本，第5006页。

⑧ 周馥：《秋浦周尚书（玉山）全集·治水述要》卷8，《近代中国史料丛刊》，台北：文海出版社1987年影印本，第5017页。

了虎山腰减水石坝。① 嘉庆二十一年（1816 年），修复了王营减坝。② 嘉庆二十四年（1819 年），又在峰山建立滚水石坝。③ 道光三年（1823 年），加培南河两岸大堤。④

这一时期虽然对于黄河的治理尝试了许多新的方案，但并未找到治理黄河的有效方法，也无法解决黄河淤沙问题。随着鸦片战争的爆发和太平天国运动的兴起，清廷将关注重点逐渐转移到军政上。道光末年，黄河连年为患，在得不到很好治理的情况下，终于在咸丰五年（1855 年）改道北流入海。

五、对黎世序治河的个案考察

嘉庆时期，清朝已呈衰败之象。经济发展缓慢，吏治败坏，社会矛盾加剧，农民起义不断。作为漕运关键的黄运河道，也是问题重重。两江总督百龄对当时的河工有过形象的描绘：河官"借要工为汲引张本，藉帑项为挥霍钻营"，"纨绔浮华"，"花天酒地"，河道败坏，连年溃决，给运道民生带来极大危害。⑤ 嘉庆意欲改变这种局面，但河臣大多无所作为，频繁更换。嘉庆十七年（1812 年）八月，江南河道总督陈凤翔因办工不力被革职，淮海道黎世序以三品顶带署理江南河道总督，总理江南河务。⑥

---

① 周馥：《秋浦周尚书（玉山）全集·治水述要》卷 8，《近代中国史料丛刊》，台北：文海出版社 1987 年影印本，第 5026 页。

② 周馥：《秋浦周尚书（玉山）全集·治水述要》卷 8，《近代中国史料丛刊》，台北：文海出版社 1987 年影印本，第 5033 页。

③ 周馥：《秋浦周尚书（玉山）全集·治水述要》卷 8，《近代中国史料丛刊》，台北：文海出版社 1987 年影印本，第 5042 页。

④ 周馥：《秋浦周尚书（玉山）全集·治水述要》卷 9，《近代中国史料丛刊》，台北：文海出版社 1987 年影印本，第 5079 页。

⑤ 百龄：《论河工与诸大臣书》，载《皇朝经世文编》卷 99《工政五·河防四》，《魏源全集》第 18 册，长沙：岳麓书社 2004 年版，第 368 页。

⑥ 《清实录》第 31 册《仁宗实录（四）》卷 260 嘉庆十七年八月壬子，北京：中华书局 1986 年影印本，第 518 页。

黎世序，字湛溪，初名承惠，河南罗山人。嘉庆元年（1796年）进士，先后任江西星子、南丰知县。嘉庆六年（1801年），调南昌知县。南昌地广人稠，事务繁多，而黎世序精力旺盛，勤于政事，经常连续工作，"每晨起视事，退食后接宾客、理案牍，恒五夜不倦"，下属"惊以为神"。① 嘉庆八年（1803年），升任饶州府军捕同知。② 他在江西期间，"兴利除弊，驱玩法之徒，惩作奸之吏，庭无滞讼，狱无淹囚，治状为一时最"③，政绩卓著。嘉庆十三年（1808年），升任江苏镇江知府。十六年（1811年）正月，任淮海道。同年十二月，因"稽复帑项，不徇情面"，赏加按察使衔。十七年（1812年）正月，调任淮阳道。八月，命以三品衔署江南河道总督。④ 开始了其长达十三年的江南河道总督生涯。

黎世序治理南河的生涯应当从其就任淮海道之时算起，也就是嘉庆十六年正月。淮海道在江南河务中扮演着非常重要的角色。他任江南河道总督之后，改革河工弊政，恢复靳辅治河成法，以"束水攻沙、蓄清敌黄"为要务，修缮堤防，加固两岸险工，在治河上取得了不错的成绩。兹分述如下：

（一）修缮堤防，接筑海口

清代治河，分东河、南河而治。南河所辖，自安徽砀山至黄河云梯关出海。⑤ 因南河与漕运关系甚密，是以有清一代重南河而轻东河。清人认为，黄河在洪泽湖至出海口之处漫溢成灾的原因主要在于下游淤塞、去路不畅，也就是海口不畅所致。因此，多主张治河要从治海口着手。而在如何治理海口的问题上，有两种观点：一种是遵照

---

① 光绪《江西通志》卷128《宦绩录四·南昌府》。

② 《清国史》第8册卷108《黎世序列传》，北京：中华书局1993年影印本，第635页。

③ 光绪《江西通志》卷128《宦绩录四·南昌府》。

④ 《清国史》第8册卷108《黎世序列传》，北京：中华书局1993年影印本，第635页。

⑤ 乾隆《钦定大清会典》卷74《工部·都水清吏司·河工》，《文渊阁四库全书》第619册，上海：上海古籍出版社1987年影印本，第679页。

康熙年间靳辅的做法，接筑黄河两岸大堤，收束水攻沙之效；另一种观点则是放弃旧海口，在旧海口的南面或北面寻找一个新出口。黎世序是靳辅筑长堤治海口的坚定支持者。他指出，黄河在马港口以下夺北潮河入海，如果改海口，在施工上存在很大的难度，因此，不能改海口。挑河筑堤、修复海口的做法非常好，只是由于"承办者未照原议，创为节省之说，减少丈尺"，才导致功亏一篑。他极力主张在海口接筑大堤，认为如果不遵守成训，废弃新堤，则"下游淤闭，全河次第垫高"，不但两江境内"不能宴安"，就连河南、山东两省"亦难保无事也"，因此"舍接堤之外，更无他策"。① 嘉庆十六年（1811 年）八月，黎世序又给出如何疏浚海口、接筑长堤的详细方案。主要是将嘉庆十五年的工程培高加厚，同时在此基础上，南岸接筑新堤 2125 丈，北岸接筑新堤 2460 丈。② 针对当时河道总督提出"守南堤而不守北堤"的主张③，黎世序据理力争，认为可以通过靳辅的"川"字河的方法来解决北堤防守不力的问题，"慎守一年"，海口一带就可以深通，入海即可顺畅。④ 黎世序的主张得到嘉庆的肯定与采纳。⑤ 嘉庆十七年，两江总督百龄查勘海口情形，得出结论：

---

① 黎世序：《黎襄勤公（世序）奏议》卷 1《筹商海口议（禀总河陈）》，《近代中国史料丛刊》，台北：文海出版社 1982 年影印本，第 13~33 页。

② 黎世序：《黎襄勤公（世序）奏议》卷 1《估疏海口长河议（三道会衔禀总督百总河陈）》，《近代中国史料丛刊》，台北：文海出版社 1982 年影印本，第 49~51 页。

③ 黎世序等：《续行水金鉴》卷 38，上海：商务印书馆 1937 年版，第 823~824 页。事实上，作为淮海道的黎世序和其直接上司江南河道总督陈凤翔之间分歧非常大。陈凤翔主张在海口实行重筑大堤、束水攻沙之策无益，对于嘉庆十五年重筑新堤则坚持守南堤弃北堤。

④ 黎世序：《黎襄勤公（世序）奏议》卷 1《坚守新堤议（禀总河陈）》，《近代中国史料丛刊》，台北：文海出版社 1982 年影印本，第 73~82 页。

⑤ 这从后来的奏折当中可以看出意见确实得到采纳。见黎世序：《十五六年海安海阜二厅接筑长堤动用工料钱粮》，《南河成案续编》卷 90，国家图书馆藏清刻本，第 46 页。

"尾闾宣通，全河东注，诚为大好气象。"①嘉庆二十五年、道光二年，黎世序又两次将黄河自豫东交界起至海口共约两千余里长堤"帮宽加高，以资防御"②。堤防的巩固对于南河的防汛起到了非常大的作用。

（二）加固洪泽湖堤防，蓄清敌黄

黎世序认为，治河必须"以蓄清敌黄为要务"，治河者"得此则河平，失此则河坏"。③洪泽湖是漕运之关键，也是治理黄淮之关键。黄河上游漫决，造成黄河下游淤垫、黄水水位抬高，才会使湖水水位相对下降，导致清不敌黄，无法开启御黄坝以清刷黄，影响漕运。虽然嘉庆十六年（1811年）已将王营减坝、李家楼漫口堵合，云梯关至海口出海口已经通畅，但清江浦至云梯关一带，"较之河底深通之时，尚高八九尺"，问题依然很大。最好的办法就是竭力收蓄湖水，抬高洪泽湖水位，使清水"畅出敌黄，将河底积淤刷涤净尽"，关键就是要将"堰盱堤工培筑坚固"，加固洪泽湖的堤防建设。仁、义、礼三坝"堤基受病过深，即使修复亦难经久"，于是黎世序奏请在"地势较高、土性坚实"的蒋家坝以南附近山岗处选址移建三坝，同时挑开三道引河。④这就大大增强了洪泽湖的蓄水能力。次年，漕运

---

① 百龄：《查明海口实在深通并堤岸巩固情形》，《南河成案续编》卷83，国家图书馆藏清刻本，第41页。

② 孙玉庭、黎世序：《增培黄河堤工估需银两奏议》，《南河成案续编（道光朝）》卷2，国家图书馆藏清刻本，第31~34页；《请拨增培黄河堤工银两》，《南河成案续编（道光朝）》卷6，第77~80页。

③ 黎世序等：《续行水金鉴》卷40，上海：商务印书馆1937年版，第871页。

④ 《清国史》第8册卷108，《黎世序列传》，北京：中华书局1993年影印本，第636页。此议始于嘉庆十七年十月，即黎世序甫任署江南河道总督之时。（百龄、黎世序：《熟筹河湖全局紧要工程次第赶办缘由》，《南河成案续编》卷85，国家图书馆藏清刻本）。嘉庆十八年三月，百龄、黎世序再次上疏，（百龄、黎世序：《确勘移建仁义礼三坝》，《南河成案续编》卷86，国家图书馆藏清刻本。）四月得到嘉庆同意，"著即照所请改建"。（百龄、黎世序：《覆议移建仁义礼三坝附上谕》，《南河成案续编》卷86，国家图书馆藏清刻本，第25页。）

畅通，黄淮安澜，嘉庆因黎世序"修防得宜"，赏其二品顶戴。① 嘉庆二十二年（1817 年）年底，黎世序又奏请在束清坝外添建重坝，"以资擎束"。② 这个奏折得到了原江南河道总督吴璥的赞同。吴璥认为，黎世序添建重坝"钳束颇为得力"。黎世序上任后对于清口的治理，吴璥也给出了很高的评价："（嘉庆）十九年以后，清水畅行，清口刷深，海口通畅，为十余年所未有，实属大好气象。"③ 在吴璥的支持下，黎世序的主张也得以施行。④

（三）重视闸坝

闸坝在靳辅治河过程中曾发挥过重要的作用。靳辅在丰、砀至清江浦中间建了十余处减水坝，"保守堤岸，相机启闭"。⑤ 后因开中运河，将北岸减水坝关闭，完全依靠南岸闸坝来宣泄大汛洪水。嘉庆时期，河底日渐淤高，旧时闸坝"或以淤没已久，不可复开，或以口门过低，防其掣溜，率多不能举办"，使黄河防汛形势日渐严峻。⑥ 黎世序认为，闸坝是河防的重要手段，常年修守，"赖堤防束水以刷沙"；异常洪水，"赖闸坝减水以保险"，两者"互用兼资，不可偏废"。南河治理成效不大，皆因"有堤防而无减坝，不

---

① 赵尔巽等：《清史稿》卷 360《黎世序传》，北京：中华书局 1977 年点校本，第 11379 页。

② 孙玉庭、黎世序：《细勘御黄坝新旧情形详细绘图贴说覆奏》，《南河成案续编》卷 100，国家图书馆藏清刻本，第 9 页。

③ 吴璥：《查勘河口束清、御黄各坝现在筹办大概情形》，《南河成案续编》卷 100，国家图书馆藏清刻本，第 38 页。

④ 吴璥、黎世序：《束清坝刷跌过深请添建二坝以作重门钳束》，《南河成案续编》卷 101，国家图书馆藏清刻本，第 10 页。

⑤ 黎世序：《黎襄勤公（世序）奏议》卷 3《筹画修复下游减水闸坝疏（两江总督百会衔）》，《近代中国史料丛刊》，台北：文海出版社 1982 年影印本，第 201 页。此奏折亦载《南河成案续编》（国家图书馆藏清刻本）卷 96，题为《筹画修复下游减水闸坝以备宣泄》。

⑥ 黎世序：《黎襄勤公（世序）奏议》卷 3《筹画修复下游减水闸坝疏（两江总督百会衔）》，《近代中国史料丛刊》，台北：文海出版社 1982 年影印本，第 202 页。

能保守异涨"。① 当时徐州十八里屯原有东西两闸"不足减水",而西南虎山腰两山对峙,中间宽有二十余丈,"山根石脚相连",可以作为天然滚坝。嘉庆二十年(1815 年)三月,黎世序奏请将山顶铲平,改作临河滚坝,"以虎山腰为重门擎托"。② 此坝于当年七月中旬建成③。作用即刻显现。"适值秋汛异涨,开放减水,上游厅汛始保无虞。"④ 嘉庆御制碑文亦称:"是岁秋涨异常,竟以无患。"⑤ 同年十二月,黎世序奏请将号称"导黄导淮第一机括"的黄河外河北岸王营减坝加高培厚,将减坝外临黄堤埽"预为启拆,盘做裹头","庶缓急启放之时得资钳制"。同时,因减下之水由盐河宣泄,而沿河两岸堤工"日久未修,皆形卑薄",将盐河两岸堤工也一律加高培厚。⑥

(四) 治理险工,成效显著

黄河两岸险工林立,而南河险工主要集中在徐州一带。因此,黎世序上任之后,就加紧了对这一地区险工的治理。嘉庆十八年

① 百龄、黎世序:《徐城以上因山改建减水滚坝分泄黄水情形》,《南河成案续编》卷 93,国家图书馆藏清刻本,第 21、23 页。

② 百龄、黎世序:《徐城以上因山改建减水滚坝分泄黄水情形》,《南河成案续编》卷 93,国家图书馆藏清刻本,第 21~29 页。《清国史》第 8 册卷108《黎世序列传》(北京:中华书局 1993 年影印本,第 636~637 页)作嘉庆二十二年十二月,误。

③ 黎世序:《徐城铜山改建减水滚坝工程全完查验如式》,《南河成案续编》卷 94,国家图书馆藏清刻本,第 69 页。

④ 黎世序:《筹画修复南河下游减水闸坝以备宣泄》,《南河成案续编》卷 96,国家图书馆藏清刻本,第 9 页。

⑤ 黎世序等:《续行水金鉴》卷 42,上海:商务印书馆 1937 年版,第912 页。

⑥ 黎世序:《黎襄勤公 (世序) 奏议》卷 3《筹画修复下游减水闸坝疏(两江总督百会衔)》,《近代中国史料丛刊》,台北:文海出版社 1982 年影印本,第 205~206 页。外河王营减坝工程于嘉庆二十一年六月完工。(见百龄、黎世序:《外河王营减坝工程完竣》,《南河成案续编》卷 97,国家图书馆藏清刻本,第 1 页。)

（1813 年）五月，百龄、黎世序联名上疏奏请将徐州护城石工"加砌二三四五层，一律高巩"，长约 2579 丈。又在东门石工外加筑一道长 260 丈的越堤，包砌碎石，以作重门保障。① 嘉庆二十三年（1818 年），又将徐州护城石工单薄之处加帮高厚。② 同年三月，又上疏将睢南厅薛家楼、桃北厅丁家庄、丰北厅六堡二坝、宿南厅邵工二坝、邳北厅绵拐山五处"旧时险地"加以修理。同时，两岸大堤外"凡有顺堤河形，易于行溜刷淤者，均酌筑土坝，以资拦截"。③ 道光元年（1821 年），针对徐州河面过窄、河形危险的局面，黎世序提出了将徐州北门原宽约七八十丈的河面展宽 40 丈的方案。④ 经过这一系列举措，徐州的危险河势得到了一定的缓解。

　　黄河的治理是一项综合工程，既要考虑到黄河本身的治理，同时也要考虑行洪区的相关问题。黎世序在治理黄河期间，对此问题也是非常关注。

　　河工经费、物料管理，是河工的一个重要问题。乾隆后期开始，物料上涨，成为河工经费逐渐加增的一个重要原因。黎世序担任河道总督之后，在百龄清理苇荡营积弊的基础上⑤，继续加强了对江南苇荡营的管理，使得苇荡营的采苇量增加。⑥ 在此基础上，黎世序将物料价格与市场价格挂钩，首开降减料价之例。嘉庆十九年（1814 年）闰二月，黎世序奏请南河除徐属丰、萧、铜、沛、睢南、邳北六厅

---

　　① 百龄、黎世序：《加砌徐州护城石工，添筑清江汰黄堤外越堤》，《南河成案续编》卷 86，国家图书馆藏清刻本，第 35、37 页。

　　② 孙玉庭、黎世序：《筹估帮培徐州护城石工》，《南河成案续编》卷 102，国家图书馆藏清刻本，第 30～32 页。

　　③ 黎世序等：《续行水金鉴》卷 41，上海：商务印书馆 1937 年版，第 894 页。

　　④ 黎世序：《黎襄勤公（世序）奏议》卷 6《展宽徐州河面初疏（两江总督孙会衔）》，《近代中国史料丛刊》，台北：文海出版社 1982 年影印本，第 205～206 页。

　　⑤ 百龄：《清理苇营积弊柴束加增大有成效》，《南河成案续编》卷 82，国家图书馆藏清刻本，第 43～53 页。

　　⑥ 百龄、黎世序：《查明苇营采运柴数并酌定苇务官兵裁设章程》，《南河成案续编》卷 88，国家图书馆藏清刻本，第 6～12 页。

外，下辖各厅均酌减料价一成。① 使得每年南河河工节省经费二十多万两白银。② 这在当时实属少有之事。

黎世序还非常重视河工水利技术的应用和推广。他在担任淮阳道时曾经有属下制造浚河车，用其来疏浚河道，黎世序命令在山阳县等地"广造用之"，"功效大著"。③ 嘉庆十七年，黎世序听从包世臣的建议，在黄河利用对头斜坝来"刷涤积淤"，"功效甚著"。④ 嘉庆十八年，奏请用混江龙、铁扫帚疏理海口淤沙。⑤ 而黎世序在河工技术上最大的贡献，首推其对碎石坦坡技术的大力提倡。

碎石坦坡技术并非黎世序首创。清代首先采用碎石坦坡技术巩固堤防的是靳辅。他在高家堰首先采用石工。⑥ 后来河道总督兰第锡、康基田、吴璥、徐端、戴均元等人曾偶尔使用⑦，黎世序担任河道总督之前，南河已经"兼用碎石"，但并未普遍推广。⑧ 到了黎世序

① 黎世序：《奏请酌减料价》，《南河成案续编》卷90，国家图书馆藏清刻本，第50~51页。

② 孙玉庭、黎世序：《敬抒钦感下忱并附实在用项情形》，《南河成案续编》卷103，国家图书馆藏清刻本，第18页。体仁阁大学士兼工部尚书曹振镛认为南河减料价一成，则南河每年所减不到用款1%，总共只有二三万两。（曹振镛：《南河物料价值酌减一成部议》，《南河成案续编》卷102，国家图书馆藏清刻本，第34、37页。）黎世序对其观点进行了反驳。这也从一个方面反映了当时治河所面临的复杂关系。

③ 陈康祺：《郎潜纪闻四笔》卷6，"万承纪造浚河车以利疏浚"条，北京：中华书局1990年点校本，第96页。

④ 包世臣：《说坝》，载《皇朝经世文编》卷102《工政八·河防七》，《魏源全集》第18册，长沙：岳麓书社2004年版，第476页。

⑤ 《清国史》第8册卷108《黎世序列传》，北京：中华书局1993年影印本，第636页。

⑥ 包世臣：《中衢一勺》卷2《南河杂纪中》，北京：中华书局1985年版，第49~50页。

⑦ 黎世序：《黎襄勤公（世序）奏议》卷4《覆奏御史条陈碎石疏（两江总督孙会衔）》，《近代中国史料丛刊》，台北：文海出版社1982年影印本，第261页。

⑧ 黎世序：《黎襄勤公（世序）奏议》卷4《覆奏御史条陈碎石疏》，《近代中国史料丛刊》，台北：文海出版社1982年影印本，第270页。

时，才将其普遍应用于河工。①

黎世序在道光元年（1821 年）给皇帝的上疏中详细阐述了埽前抛石护堤的优点。（1）"埽工外抛护碎石，实足抵御大溜，费节工坚。""埽坝以柴秸为之，即使厢做坚实，率至二三年，即归朽腐。是以每岁拆旧换新，劳费迄无底止。且相连数段，同系旧埽，一经大溜冲刷，同时塌卸，名曰脱胎。堤工顿成巨险。即赶紧补还原埽，而随厢随蛰，所用钱粮已属不赀。""凡有抛石之埽，其本段永无蛰塌之患。"徐州一带抛石护坡的地带"工程倍为巩固，碎石亦坚立完整"，而没有进行抛石护坡的地方"厢蛰频仍，险工叠出"。（2）碎石护坡可以节约大量银两，人力物力亦可得到节省。黎世序在上疏中指出，"南河大厅，从前每岁用银至二十五六万两者，近年用银仅止十二三万两，所省已将及半"，同时，人力也得到节省，"工简务闲，人得从容措手，较之从前亦劳逸迥别"。因此，黎世序认为，"欲固工节帑，为河防久安长治之策，除碎石之外，无他术也"。② 当然，黎世序并不认为碎石工程是万能的，碎石工程也有其一定的适用范围，"宜于黄水而不宜于清水"。③ 而在南河工段，邳宿运河、桃清中河、里河、扬河、扬粮、江防六厅"均系漕船经行之处，未便用碎石工程"。

黎世序推广碎石护坡的过程并不顺利，他关于在黄河采用碎石工程的第一道奏折上于嘉庆二十一年。④ 奏折一上，"谤语四起"⑤，很

---

① 赵尔巽等：《清史稿》卷 360《黎世序传》，北京：中华书局 1977 年点校本，第 11379 页。

② 黎世序：《黎襄勤公（世序）奏议》卷 4《覆奏御史条陈碎石疏（两江总督孙会衔）》，《近代中国史料丛刊》，台北：文海出版社 1982 年影印本，第 261~265 页。

③ 百龄、黎世序：《奏覆御史程条奏南河事宜》，《南河成案续编》卷 87，国家图书馆藏清刻本，本卷第 56 页。

④ 黎世序：《黎襄勤公（世序）奏议》卷 4《黄河工程采用碎石方价疏》，《近代中国史料丛刊》，台北：文海出版社 1982 年影印本，第 227~228 页。

⑤ 包世臣：《中衢一勺》卷 2《南河杂纪中》，北京：中华书局 1985 年版，第 49~50 页。

多人进行反对。不仅朝中有人不相信碎石的功效，甚至连他的南河同僚和下属"亦无不谏止"。① 对于个中原因，接替百龄担任两江总督的孙玉庭曾分析道："一由河工兼用碎石，工程平稳，用料减少，贩户不能居奇；一由于游客幕友见工简务闲，不能帮办谋生，故作影响之词，远近传播。"不过，黎世序并没有受到影响，坚持推广自己的正确主张，使得南河形势有了明显好转，"连年工固澜安"。不仅如此，他还积极将这种方法向东河进行推广。"豫东黄河，从未抛护碎石，是以从前漫决频仍。今东河臣张文浩，以及河北道严烺、开归道周以辉，皆曾任南河道员，深知碎石之益。其濒行时，臣黎世序曾与反覆筹商，皆以为必须仿照江境工程，方资巩固。"② 在黎世序的推动下，碎石护坡在东河地区亦得到推广，成效很明显。道光十一年（1831 年），林则徐奉旨"查看碎石工程是否于黄河有益"。经过两次明察暗访，年老兵民均说"既办之后，每遇险工紧急，溃埽塌堤，力加抛护，即不至于溃塌，功效甚著"。综合多方面的情形，林则徐得出结论：东河"化险为平，频岁安澜"，"未尝不资于此"，"碎石之于河工有益，实可断为必然"。③ 至后来栗毓美出任东河总督，"以东河无石可采，故代以砖"④，同样取得了很好的成效。

通过上述种种举措，南河的治理取得了明显成效。黎世序担任江

① 光绪《淮安府志》卷 27《仕绩》。魏源《筹河篇上》（《古微堂外集》卷 6，《魏源全集》第 12 册，长沙：岳麓书社 2004 年版，第 347 页）亦载："若黎襄勤之石工、栗恪勤之砖工，即已有'靡费罪小，节省罪大'之谤。"

② 黎世序：《黎襄勤公（世序）奏议》卷 4《覆奏御史条陈碎石疏（两江总督孙会衔）》，《近代中国史料丛刊》，台北：文海出版社 1982 年影印本，第 271~273 页。

③ 林则徐：《复奏访察碎石工程情形折》，《林则徐全集》编辑委员会编：《林则徐全集》第 1 册《奏折》，福建：海峡文艺出版社 2002 年版，第 84~85 页。

④ 陆以湉：《冷庐杂识记》卷 6，"功在怨磨"条，清咸丰六年刻本。而据包世臣《中衢一勺》卷 2《南河杂纪中》载，栗毓美在东河抛砖护埽，是受了其漳河庙抛砖护堤之启发。

南河道总督期间，"南河赖以安澜者十有二载，为近代之所罕有"。①
为什么黎世序治河会取得如此好的成效？原因大致有以下几点：

黎世序在治河上采取的是复古而不泥古的作法。清代治河，首推
靳辅。在清代治河史上，恢复靳辅治河成法的口号甚而行动屡见不
鲜，但是对于继承什么、恢复什么，众所纷纭。而在黎世序看来，恢
复靳辅治河成法，不是要重复靳辅治河时的具体行动，而是要学其
神、明其意。他主张"不可移者，在地势，而必不可改者，系旧规。
自应师前人之意而不泥其迹，择现在之基而不改其制，斯为妥协"。②
这就同以前的泥古而行有着非常大的区别，便于因地制宜地实施新的
治河方略。如山盱仁义礼三坝的移建、徐州十八里屯减水滚坝的设
置、峰山四闸的改建等，无不体现了黎世序的这种思想，也取得了不
错的效果。

黎世序很好地处理了同两江总督的关系。河道总督与两江总督
关系比较复杂。河道总督为河务专官，但其职权却受到两江总督的
干预甚而压制。乾隆三十年（1765 年），通过《总督总河会办章
程》，两江总督在人事、财政、工程方面对河务进行全面兼管。③
虽然嘉庆初两江总督费淳上疏乞免兼管河务，但并未得到批准。④
"督臣与河臣同在一处，往往意见龃龉，转多掣肘。"⑤ 黎世序前任
陈凤翔因在治河上与两江总督百龄意见不同⑥，加上治河无功，便

---

① 昭梿：《啸亭杂录》，《啸亭续录》卷 5 "黎襄勤" 条，北京：中华书局
1980 年点校本，第 528 页。

② 黎世序：《黎襄勤公（世序）奏议》卷 2《覆议移建山盱仁义礼三坝疏
（两江总督百会衔）》，《近代中国史料丛刊》，台北：文海出版社 1982 年影印
本，第 100 页。

③ 《清实录》第 18 册《高宗实录（一〇）》卷 743 乾隆三十年（1765
年）八月癸酉，北京：中华书局 1986 年影印本，第 181 页。

④ 《清实录》第 28 册《仁宗实录（一）》卷 60 嘉庆五年（1799 年）
二月壬子，北京：中华书局 1986 年影印本，第 804 页。

⑤ 《清实录》第 28 册《仁宗实录（一）》卷 40 嘉庆四年（1799 年）
三月戊辰，北京：中华书局 1986 年影印本，第 480 页。

⑥ 陈康祺：《郎潜纪闻四笔》"百龄作感怀诗自解" 条，北京：中华书
局 1990 年点校本，第 185 页。

被百龄参劾，枷号河干，发往乌鲁木齐，后病死在清河县。① 黎世序与百龄的关系非同一般，正是得力于百龄的推荐他才得以荣膺河道总督一职。② 二人配合默契，如百龄曾计划在清江浦石马头筑圈堤，很多人认为不行，而"世序卒成之"。③ 两人的这种关系，在清代治河史上是比较少见的。百龄之后，孙玉庭继任两江总督。二人的关系也相当好。孙玉庭在《黎襄勤公奏议叙》中对二人的关系如此记载："余以嘉庆丙子奉命节制两江，始得与公相晤，见其任劳任怨，公而忘私，敬且爱之。公亦以余为可交订雁行焉。至道光甲申春公归道山，盖八年于兹矣。"二者在共事当中结下了"金兰"之谊。④ 在推广碎石坦坡的过程当中，黎世序就得到了孙玉庭的大力支持。

嘉庆和道光的肯定。清代帝王对于河臣治河干预甚多，如康熙、乾隆等均是如此。虽然嘉庆、道光声称不为"遥制"，但从现存资料来看，其对河臣的干预依然十分严重。同时，嘉道时期对于河臣的处罚非常严格。"历来大臣获谴，未有如河臣之多。……嘉道以后，河臣几难幸免，其甚者仅贷死而已。"⑤ 连嘉庆也说，河工"人人视为畏途"。⑥ 在这种情形下，黎世序能在江南河道总督任上十三年之久，没有嘉庆和道光的支持，是不可能的。嘉庆亦非常重视河务，嘉庆十

① 《清国史》第 8 册卷 108《陈凤翔列传》，北京：中华书局 1993 年影印本，第 633～635 页。

② 昭梿：《啸亭杂录》，《啸亭续录》卷 5 "黎襄勤"条，北京：中华书局 1980 年版，第 528 页。曹志敏《〈清史列传〉和〈清史稿〉所记"礼坝要工参劾案"考异》（《清史研究》2008 年第 2 期）认为，正是黎世序和百龄合谋，参倒了陈凤翔。

③ 赵尔巽等：《清史稿》卷 360《黎世序传》，北京：中华书局 1977 年点校本，第 11378 页。

④ 孙玉庭：《黎襄勤公奏议叙》，《近代中国史料丛刊》第 20 辑，台北：文海出版社 1982 年影印本，第 4 页。

⑤ 周馥：《秋浦周尚书（玉山）全集·文集》卷 1，《近代中国史料丛刊》，台北：文海出版社 1987 年影印本，第 917 页。

⑥ 《清实录》第 31 册《仁宗实录（四）》卷 236 嘉庆十五年十一月甲子，北京：中华书局 1986 年影印本，第 183 页。

六年殿试便是以河防为题。① 黎世序和嘉庆在治河上也有许多观点一致之处，如在海口问题上，嘉庆亦主张"黄河入海之路，舍正河之外，别无他途"。② 两人在治河问题上有默契，使得黎世序在治河过程中得到了嘉庆的大力支持。

幕僚辅佐得力。黎世序治河期间，有两个得力幕僚。一个是江苏无锡邹汝翼，一个是安徽泾县包世臣。邹汝翼为嘉庆时河工著名幕僚，曾先后给徐端、戴衢亨、黎世序等人做过幕僚。邹汝翼主张师前人治河之精髓，"达其意，不泥其迹"，又称"河流世称浊，治当以清；河工习尚虚，治当以实。河务缓不济急，治当以预以速"。这些都对黎世序产生了很大的影响。黎世序"累著奇迹"，"章奏悉出小西（邹汝翼）"，黎世序倚邹汝翼如左右手，称"滨河百万苍生，君直以三寸笔、千言牍救之耳"，甚至"欲援陈潢故事，荐之于朝"，邹汝翼"力辞而止"。③ 另据包世臣自称，黎世序治河之所以声名鹊起，其功不可没。嘉庆十六年（1811 年），黎世序刚刚升任淮海道时，就买了包世臣的著作，"珍为秘录"。后来在倪家滩渡口一事中，利用了包世臣书中的观点，取得了成功，"以知名"。④

同黎世序对于河工的了解密切相关。"河工情形，非身履河滨，且阅历数年之久，不能真知灼见。"⑤ 光绪《淮安府志》记载了一件事情，虽然有传说的成分，但从一个侧面反映了黎世序对于当时的黄河有着深刻的了解和很高的预见性。道光元年（1821 年），黎世序主张将碎石工程在南河等地推广，遇到很大阻力。有人说碎石工程会逐渐导致河道淤塞，黎世序问道："君等谓碎石渐趋中泓，将塞水道，

---

① 《清实录》第 31 册《仁宗实录（四）》卷 242 嘉庆十六年四月戊辰，北京：中华书局 1986 年影印本，第 265 页。

② 《清实录》第 31 册《仁宗实录（四）》卷 243 嘉庆十六年五月癸卯，北京：中华书局 1986 年影印本，第 287 页。

③ 邹鸣鹤：《从侄小西家传》，载缪荃孙辑《续碑传集》卷 33《河臣·附》，《近代中国史料丛刊》，台北：文海出版社 1973 年影印本，第 22 页。

④ 包世臣：《中衢一勺》卷 2《南河杂纪上》，北京：中华书局 1985 年版，第 44~45 页。

⑤ 黎世序：《黎襄勤公（世序）奏议》卷 3《覆奏御史条陈碎石疏（两江总督百会衔）》，《近代中国史料丛刊》，台北：文海出版社 1982 年影印本，第 270 页。

害在目前乎？抑异日也？"答道："不及四十年，必当为害。"黎世序
说道："不及四十年，河流不复在此矣。"① 咸丰五年（1835年），黄
河在铜瓦厢决口，大溜北趋，正河断流，河流北徙。② 黎世序的预言
得到应验。

重视河工积弊的整治。嘉道时期，河工腐败问题已经非常严重。
治理河工，首先就要对河工积弊予以处治。黎世序对此非常重视：
"其阅工也，严禁舞弊，无所容奸。笔筹口画，参错不爽。偷减者立
加惩责，纵弛者随即革参。"③ 另外，对于嘉庆时期南河河工的冗员
现象，黎世序也是深恶痛绝。嘉庆二十一年（1816年），黎世序上
疏，奏请"投效奏留之例，永行停止"。④ 黎世序还曾加强对河官赔
修制度的管理，加大对河官应赔修的追缴。⑤ 道光元年（1821年），
又上疏请暂停正途人员的河工分发。⑥ 黎世序出任河道总督，修身养
性，清正廉洁，"不纳苞苴，岁所出入，皆实力采购葑楗"。⑦ 死时
"家无余财"。⑧ 黎世序死后，邹汝翼在给友人的信中说："襄勤清能

---

① 光绪《淮安府志》卷27《仕绩》。

② 赵尔巽等：《清史稿》卷126《河渠志一》，北京：中华书局1976年点校本，第3741页。

③ 黎学淳：《先襄勤公奏议后叙》，《近代中国史料丛刊》，台北：文海出版社1982年影印本，第376页。

④ 此例始于嘉庆二年。当时东河、南河大工迭兴，因此广开门路，招揽人才，"地方候补候铨及捐复捐升人员因此纷至沓来，皆欲藉催漕防汛议叙留工"。黎世序认为"投效之例，本系因有重大工程暂时兴举，原非寻常应有之事"，且在当时已经造成人员壅滞。甚而有人因仕途不畅，滋扰事端。因此黎世序上疏请停此例。见孙玉庭、黎世序：《请停止奏留人员并疏通补缺章程》，《南河成案续编》卷98，国家图书馆藏清刻本，第48~52页。

⑤ 孙玉庭、黎世序：《奏定河工分赔银两限期》，《南河成案续编》卷99，国家图书馆藏清刻本，第50~52页。

⑥ 孙玉庭、黎世序：《河工候补人员壅滞请暂停分发》，《南河成案续编》卷3，国家图书馆藏清刻本，第21~29页。

⑦ 昭梿：《啸亭杂录》，《啸亭续录》卷5"黎襄勤"条，北京：中华书局1980年点校本，第528页。

⑧ 葛虚存编，琴石山人校订：《清代名人轶事》"黎襄勤病中异梦"条，北京：书目文献出版社1994年点校本，第203页。

澈底，劳不惜身，浊流中未见其匹。"①

黎世序治河当中也并非没有受到过处分。如嘉庆十八年，因睢州漫口，黄河水由宿、泗等州入洪泽湖，以致清口难以宣泄，不得以而将吴城七堡启放，嘉庆认为黎世序"不能先事预防"，降一级留任。② 黎世序治河也留下了遗憾，如创建虎山腰滚坝时，其幕僚包世臣认为是"积平成险"，"其祸甚烈"，但黎世序并未在意，后来因滚坝"无岁不启"③，以致洪泽湖湖心"积淤数丈"④，"减黄病湖，遂遗隐患"。⑤ 直到道光十年（1830 年）后这种情形才有所改变。⑥ 但这并未影响到人们对于他的总体评价。

黎世序得到了民众和朝廷的极大认可。在民间，黎世序死时，淮安府"邑中罢市巷哭，数十年来所未有也"。他死后次年，淮安文庙建成，当地民众"建祠于庙右祀之"。⑦ 在朝廷，黎世序死后也得到了很高的荣誉。在其去世当年，道光即发布上谕："黎世序宣力河防，十余年来，懋著勤劳，克尽职守。……著加恩赐谥襄勤，入祀贤

①　邹鸣鹤：《从侄小西家传》，载缪荃孙辑《续碑传集》卷 33《河臣·附》，《近代中国史料丛刊》，台北：文海出版社 1973 年影印本，第 22 页。

②　《清国史》第 8 册卷 108《黎世序列传》，北京：中华书局 1993 年影印本，第 636 页。

③　赵尔巽等：《清史稿》卷 360《黎世序传》，北京：中华书局 1977 年点校本，第 11380 页。

④　包世臣：《中衢一勺》卷 3《漆室问答》，北京：中华书局 1985 年版，第 64 页。其他行洪区也产生了非常大的影响。如铜山县丁塘湖，黎世序修建虎山腰滚坝时尚存"该处西南一面，众山环绕，中有丁塘湖，湖滨有虎山腰"（黎世序：《续行水金鉴》卷 41，第 896 页），至道光年间已淤为平陆，"尽为附近居民侵占"（同治《徐州府志》卷 11《山川考》，清同治十三年刻本）。

⑤　赵尔巽等：《清史稿》卷 360《黎世序传》，北京：中华书局 1977 年点校本，第 11381 页。

⑥　魏源：《古微堂外集》卷 6《上陆制府论下河水利书》，《魏源全集》第 12 册，长沙：岳麓书社 2004 年版，第 361 页。

⑦　光绪《淮安府志》卷 27《仕绩》。

良祠。"① 道光还亲自赋诗一首，刻在黎世序墓碑之上。② 在黎世序死后的几年中，道光经常将黎世序作为河臣榜样。道光四年（1824年）十月借黎世序来批评张文浩："从前黎世序综理南河，历年以来，汛水安澜。"③ 同年十二月，东河总督严烺调任南河总督，道光对其提出了殷切希望："以始终忠勤之黎世序为法，负恩误国之张文浩为戒。"④ 显见黎世序在道光心中之地位。同治七年（1868年），又敕封黎世序为孚惠黎河神。⑤

《清史稿》给予了黎世序很高的评价："自乾隆季年，河官习为奢侈，帑多中饱，寖至无岁不决；又以漕运牵掣，当其事者，无不阙败。世序澹泊宁静，一涤靡俗。任事十三年，独以恩礼终焉。"⑥ 甚至有人将其称为"靳文襄后所仅见也"。⑦ 遗憾的是，后人并未遵循黎世序的治河方略而行："黎襄勤在任十三年，了无蚁穴之惊，而公帑节省无算，又倡行碎石以代埽工，实著奇效，使后人遵行之，其功何可殚乎？"⑧ 他对于碎石护坡的推广在后来并未得到很好的延续，后竟"毁坏殆尽"。⑨

---

① 《清实录》第 34 册《宣宗实录（二）》卷 65 道光四年二月辛丑，北京：中华书局 1986 年影印本，第 21 页。

② 《清国史》第 8 册卷 108《黎世序列传》，北京：中华书局 1993 年影印本，第 638 页。

③ 《清实录》第 34 册《宣宗实录（二）》卷 74 道光四年十月乙亥，北京：中华书局 1986 年影印本，第 191 页。

④ 《清实录》第 34 册《宣宗实录（二）》卷 76 道光四年十二月丙寅，北京：中华书局 1986 年影印本，第 230 页。

⑤ 赵尔巽等：《清史稿》卷 84《礼三·吉礼三·群祀》，北京：中华书局 1976 年点校本，第 2549 页。

⑥ 赵尔巽等：《清史稿》卷 360《黎世序传》，北京：中华书局 1977 年点校本，第 11380 页。

⑦ 徐珂：《清稗类钞》第 3 册《吏治类》"黎襄勤治河"条，北京：中华书局 1984 年点校本，第 1252 页。

⑧ 欧阳兆熊、金安清：《水窗春呓》卷下《河防巨款》，北京：中华书局 1984 年点校本，第 64 页。

⑨ 刘成忠：《河防刍议》，《皇朝经世文续编》卷 105《工政二·河防一》，清光绪二十三年（1897）思补楼刻本。

　　从黎世序的治河经历可以看出，清代治河是一项非常复杂的系统工程。治河的好坏不仅仅在于投入人力、物力的多寡，工程技术因素，各方关系的处理，在治河当中也起着非常重要的作用。对于嘉道时期的河政，也不能一概否定，一些河臣依然做了很多努力，进行了积极的有益的探索，值得现今思考与借鉴。

第六章　咸丰朝铜瓦厢决口
之后的河官与河政

咸丰五年（1855 年）六月，黄河在河南兰阳铜瓦厢三堡决口。黄河先向西北斜注，淹没河南封丘、祥符二县村庄，又折向东北，漫注兰仪、考城及直隶长垣等县村庄。河水在长垣兰通集分为两股：一股由赵王河经山东曹州府迤南下注，在张秋镇穿运。一股由长垣县之小清集，在直隶东明县雷家庄，又分为两股。一股由东明县南门外下注，水行七分，经曹州府迤北下注。一股由东明县北门外下注，水行三分，经过茅草河，由山东濮州城及白羊阁集、逯家集、范县迤南，至张秋镇穿运。总的来讲，决口治水分三路行走，在张秋汇流，穿过运河，总归大清河入海。① 黄河在铜瓦厢的这一决口，给晚清河政带来了极大的影响。

一、南河机构的裁撤和东河机构的变更

铜瓦厢决口之后，随着河势的变化，治河机构的设置也发生非常重大的变化。

（一）南河机构裁撤

铜瓦厢决口之后，黄河北徙，江南原有黄河主河道干涸。江南河道总督虚有其职。但当时有改道和复道之争，且出于安抚民心等政治方面的考虑，加上无大工之后的河务费银不多，因此清廷没有马上将其裁撤。河东河道总督黄赞汤即说："兰阳口门以下干河各厅，原可

---

① 中国水利水电科学研究院水利史研究室编校：《再续行水金鉴·黄河卷3》，武汉：湖北人民出版社 2004 年版，第 1129 页。

请撤。但一经裁撤，即系明示以口门不堵之意。又恐穷黎议论纷纷，致生他虑。……且思河干各厅，现在并不开销丝毫钱粮，仅食年俸，为数无多。是所费者小，所全者大。亦请缓至军务肃清时，一并办理。"①

至咸丰十年（1860 年），黄河不复故道已成定局，于是御史薛书堂、福宽、侍郎宋晋上疏以"南河自黄水改道后，下游已成平陆，无工可修。滨淮坝堤亦以河运未复，久不葺治"，请求裁撤南河官缺。② 同年六月十八日，即铜瓦厢决口五周年之际，清廷终于将江南河道总督及其下属机构予以裁撤。"所有江南河道总督一缺，着即裁撤。"对于江南河道总督下辖的机构，或裁撤，或归并，进行了一系列处置。

> 其淮扬、淮海道两缺，亦即裁撤。淮徐道着改为淮徐扬海兵备道，仍驻徐州。所有淮扬、淮海两道应管地方河工各事宜，统归该道管辖。厅官二十员内，丰北、萧南、铜沛、宿南、宿北、桃南、桃北、外南、外北、海防、海阜、海安、山安十三厅，均系管理黄河，现在无工；又管理洪湖之中河、里河、运河、高堰、山盱、扬河、江运七厅，现在工程较少，均着一并裁撤。惟中河等七厅，有分司潴蓄宣泄事宜。所有裁撤之运河、中河二厅事务，着改设徐州府同知一员兼管。裁撤之高堰、山盱二厅，着改设淮安府同知一员兼管。裁撤之里河厅，着改归淮安府督捕通判兼管。裁撤之扬河、江运二厅，着改归扬州府清军总捕同知兼管。至裁撤黄河无工十三厅，原辖各工段泛地，即着落各该管州县官管辖，不得互相推诿。各厅所属之管河佐杂人员，除扬庄等闸官十员专司启闭，毋庸裁撤外，其宿州等管河州同五缺，高邮州等管河州判三缺，东台等管河县丞十九缺，高良涧等管河主簿二十一缺，阜宁等管河巡检十六缺，均着一并裁撤。清江地方紧要，着添设总兵一员，作为淮扬镇总兵，驻扎该处。侯军务平

---

① 中国水利水电科学研究院水利史研究室编校：《再续行水金鉴·黄河卷3》，武汉：湖北人民出版社 2004 年版，第 1175 页。

② 王先谦：《东华续录（咸丰朝）》，《续修四库全书》第 378 册，上海：上海古籍出版社 2002 年影印本，第 417 页。

静，再行改驻扬州。原设河标中营副将一员，着即裁撤，改为镇标中军游击，驻扎蒋坝。其淮徐游击一员，驻扎宿迁。所有镇标中军员弁，并右营、庙湾、洪湖、佃湖等五营游击以下官五十四员，马步守兵共二千五百余名，原属操防，悉仍其旧。至萧、砀等营所属修防兵六千九百余名，着一律改为操防。将二十四营改设蒋坝、宿迁、萧睢、丰沛、桃源、安东、山阜、高邮、苇荡左右等十营。除酌留游击以下八十一员外，其余六十七员，悉行裁撤。以上各营官兵，均归新设淮扬镇总兵统辖。着即裁汰老弱，简选精壮，认真操练，以资战守。现在江南军务未竣，该省督抚，势难兼顾。所有江北镇道以下各员，均着归漕运总督暂行节制。①

至此，在清代历史上发挥过重要作用，产生过重大影响的江南河道总督衙门及其附属机构随着黄河改道北流终于退出了历史舞台。

（二）东河机构变更

江南河道总督裁撤后，人们的关注焦点就转移到河东河道总督上。② 不过，河东河道总督的裁撤过程比江南河道总督的裁撤要复杂很多。

同治元年（1862 年），江西道御史刘其年上疏请求裁撤河东河道总督。他认为，山东河务由山东巡抚办理，河南河务也可由河南巡抚办理，因此"河督一缺，已同冗设"。黄赞汤离任之后，河督一缺尚

---

① 《清实录》第 44 册《文宗实录（五）》卷 322 咸丰十年（1860 年）六月庚辰，北京：中华书局 1987 年版，第 774~775 页。

② 早在乾隆七年（1742 年），刑部侍郎周学健便曾奏请裁撤河东总河。（黎世序等：《行水金鉴》卷 11，上海：商务印书馆 1937 年版，第 250 页。）咸丰三年（1853 年），户部侍郎王庆云曾奏请"遵照康熙四十四年谕旨，裁河东河道总督一缺，令山东、河南两巡抚分司本省河务，以专责成。如有交涉事件，仍令会商办理"。（刘锦藻：《清朝续文献通考》卷 115《职官一》，杭州：浙江古籍出版社 1988 年影印本，第 8734 页。）同年，河东河道总督也奏请裁撤东河总督，未准议行。（中国水利水电科学研究院水利史研究室编校：《再续行水金鉴·黄河卷 3》，武汉：湖北人民出版社 2004 年版，第 1263 页。）

未"简放有人"，不如将河东河道总督"径行裁去"，可节省大量经费。① 不过，河南巡抚张之万认为河东河道总督一职"关系非轻，未敢率议裁撤"。而其所属兰仪、仪睢、睢宁、商虞、曹考五厅，因河道已经干涸，各厅员一无所事，可以裁撤。山东所属的曹河、曹单两厅，交由山东巡抚办理。②

同治二年（1863年），前撤五厅所属十一汛州判、县丞、巡检等员缺，一并裁撤。③ 曹河、曹单两厅划归山东巡抚管理。但是，关于山东河务到底是归河东河道总督还是归山东巡抚官的争论一直没有平息。既有主张归河东河道总督管辖者，也有主张归山东巡抚管辖者。在山东巡抚而言，希望河东河道总督管理；在河东河道总督而言，则希望山东巡抚管理。光绪二十二年（1896年），署河东河道总督任道镕在奏折中就说"东境河工之治与不治，不系乎河督之设与不设，应仍归巡抚兼管，以一事权而免分歧"。④

同治二年（1863年），僧格林沁奏请裁撤河东河道总督，未准议行。同治十三年（1874年），河东河道总督乔松年再次奏请裁汰总河，"所有河道改归巡抚兼办"。乔松年在奏折中明确指出，河东河道总督之设，原因黄河事务繁重，迭以运河事关重大。而铜瓦厢决口之后，河南黄河工裁去五厅，山东黄河工全行裁汰。东省运河归捕河厅管理，后改归山东巡抚管理，"循为成案"。同时，运河的重要性较之以前大为降低，"河运之米，不过十万石"，只有从前运粮的三十分之一。河南黄河距省城开封较近，亦可交由河南巡抚办理。因

① 中国水利水电科学研究院水利史研究室编校：《再续行水金鉴·黄河卷3》，武汉：湖北人民出版社 2004 年版，第 1263 页。刘其年，字子曼，号芝泉，直隶献县人。道光二十七年（1847年）进士。由翰林院编修补授江西道御史，官至四川雅州府知府。（黄叔璥：《国朝御史题名》，清光绪刻本。）
② 《清实录》第 46 册《穆宗实录（二）》卷 55 同治二年（1863年）正月己未，北京：中华书局 1987 年影印本，第 20 页。
③ 《清实录》第 46 册《穆宗实录（二）》卷 59 同治二年（1863年）二月丙午，北京：中华书局 1987 年影印本，第 156~157 页。
④ 中国水利水电科学研究院水利史研究室编校：《再续行水金鉴·黄河卷6》，武汉：湖北人民出版社 2004 年版，第 2485 页。

此，河东河道总督可以裁撤。① 同样，这个建议并未获准。

光绪九年（1883 年），御史吴寿龄再次提出裁撤河东河道总督的意见。② 工部认为，同治七年（1868 年）以后，豫省河工屡出险工，但并没有出现溃决的情况，"未始非厅汛抢护之功"。如若裁撤河东河道总督移至山东，"恐山东之水患未除，而河南之水患又起"，因此，"不可轻为更张"。③ 光绪二十二年（1896 年）正月，河南巡抚兼署河东河道总督刘树堂提出将河南河务交由河南巡抚兼管，希望试办一年。被朝廷否决。④

光绪二十四年（1898 年）戊戌变法期间，朝廷下旨，令原由河东河道总督管辖的山东运河，归山东巡抚就近兼管。同年，下令裁撤河东河道总督。"现在东河在山东境内者，已隶山东巡抚管辖，只河南河工由河督专办。今昔情形，确有不同。着将……东河总督一并裁撤。……东河总督应办事宜，即归并河南巡抚兼办。"⑤ 但不久又重新设置。⑥

---

① 乔联宝编：《乔勤恪公（松年）奏议》卷 16《恭陈管见拟请裁汰总河折》，《近代中国史料丛刊》，台北：文海出版社 1972 年影印本，第 1739~1744 页。

② 中国水利水电科学研究院水利史研究室编校：《再续行水金鉴·黄河卷 4》，武汉：湖北人民出版社 2004 年版，第 1758 页。

③ 中国水利水电科学研究院水利史研究室编校：《再续行水金鉴·黄河卷 4》，武汉：湖北人民出版社 2004 年版，第 1758 页。

④ 《清实录》第 57 册《德宗实录（六）》卷 384 光绪二十二年（1896 年）正月乙丑，北京：中华书局 1987 年影印本，第 21 页。

⑤ 朱寿朋：《东华续录（光绪朝）》，《续修四库全书》第 385 册，上海：上海古籍出版社 2002 年影印本，第 68 页。

⑥ 赵尔巽等：《清史稿》卷 126《河渠志一·黄河》，北京：中华书局 1976 年点校本，第 3762 页。吴宗国在《中国古代官僚政治制度研究》（北京：北京大学出版社 2004 年版，第 540~541 页）中认为，光绪二十四年之裁，是受戊戌变法的影响。其裁而复设，则是因为裁撤此官触动了很多人尤其是官僚和胥吏的既得利益，因此才重新设置。刘锦藻亦言："我朝设官分职，沿前明旧制，因革损益，垂二百余年。上下相维，民怀吏畏。自光绪戊戌变法，内则裁并詹事、通政、大理、光禄、太仆、鸿胪各衙门，外则裁并湖北、广东、云南三省巡抚并河督等官。一时海内骚然，几酿巨祸，旋仍复旧。"（《清朝续文献通考》卷 115《职官一》，杭州：浙江古籍出版社 1988 年影印本，第 8743 页。）

　　光绪二十七年（1901 年），河东河道总督锡良上书，"漕米改折，运河无事，河臣仅司堤岸，抚臣足可兼顾"，请求裁撤河东河道总督。① 光绪二十八年（1902 年）正月十七日，政务处同吏部、兵部会商之后，报请朝廷批准。"所有河东河道总督一缺，着即裁撤。一切事宜，改归河南巡抚兼办。"②

　　这样，在清朝存在长达 259 年之久的河道总督建置随着黄河河道的变更和晚清政改风潮的兴起而彻底成为历史。自此，"河务无专官矣"。③

　　除此之外，这一时期河南河官系统也发生了一些变化。光绪十六年（1890 年），许振祎奏改新章，由南北各厅自设八厅公所，经理岁修工款，并另设河防局办石防险，分派同知通判等员管理，规定各项用款。后任道镕接任河道总督，将河防局归并八厅公所。宣统二年（1910 年），河南巡抚吴重憙奏请改设河防公所，派委大员管理。开归、河北两道，均有河务专责，应即派为总会办，由开归道就近督率各员，切实办理，遇有重要事件，咨商河北道。④

　　这一时期，山东治河机构也发生了一些变化。黄河北流之后，下游山东河务綦重，但山东并无治河专官。咸丰年间，军务繁忙，清廷无暇顾及河务，山东河工建置问题亦未议及。同治年间，山东巡抚丁宝桢奏请黄河两岸设立厅汛，未及举行。后河东河道总督曾国荃奏请于山东黄河两岸设立七厅，部议等直隶、山东、河南三省筹有钱款再

---

　　①　中国水利水电科学研究院水利史研究室编校：《再续行水金鉴·黄河卷6》，武汉：湖北人民出版社 2004 年版，第 2685~2687 页；刘锦藻：《清朝续文献通考》卷 132《职官十八》，杭州：浙江古籍出版社 1988 年影印本，第 8917页。

　　②　《清实录》第 58 册《德宗实录（七）》卷 494 光绪二十八年（1902年）正月戊寅，北京：中华书局 1987 年影印本，第 524 页。

　　③　赵尔巽等：《清史稿》卷 116《职官志三》，北京：中华书局 1976 年点校本，第 3342 页。

　　④　刘锦藻：《清朝续文献通考》卷 132《职官十八》，杭州：浙江古籍出版社 1988 年影印本，第 8919 页。

议。光绪年间，山东巡抚陈士杰奏请设立河防总局。河防总局的设立，对于河防款项的经管起到了很好的作用。"今山东设有河防局，司道会同办理，更有提调经管。凡有用款，无论数之多寡，均须会同核议。每办工程，雇夫者一人，监工者又一人，发钱者又一人，工竣验收者又一人，此工程之无能为弊也。至采买料物防汛，设厂收买。不由州县经手浮收抑称，则卖者不致裹足不前。料垛向有丈尺，防汛各营领用之时，少发一尺，则营官不肯通融，此采买之无能为弊也。"[1] 其后，历任山东巡抚曾多次上疏请求将山东河务划归河东河道总督管辖，或者在山东设立类似河道总督性质的专官，均未准议行。光绪十七年（1891年），山东河务划分为三段：上中下三游，分别办理。其中上游即曹州、兖州二府所辖黄河南北两岸堤防，一般派兖沂曹济道总办；中游自东阿起，北岸至山东历城止，南岸至章丘止，派济东泰武临道总办；下游北岸自济阳起，南岸大堤自齐东起，至利津韩家垣入海止。[2]

总之，清末黄河改道之后，随着河势的变化，治河机构出现了较大的调整。但是，在政局动荡的情况下，山东河务一直未有专官管理，虽然山东巡抚对一些机构进行了调整，力图使河工险要之处有专官修守，但仍缺乏完备的建制。这势必会影响到山东黄河的治理。

二、河工经费的缩减

铜瓦厢决口之际，清朝面临着严重的政治危机，与此同时，清朝的财政状况也急剧恶化。详见表6-1、表6-2。

---

① 中国水利水电科学研究院水利史研究室编校：《再续行水金鉴·黄河卷5》，武汉：湖北人民出版社2004年版，第2084页。

② 中国水利水电科学研究院水利史研究室编校：《再续行水金鉴·黄河卷6》，武汉：湖北人民出版社2004年版，第2309~2310页。

表 6-1　　　　咸丰元年至咸丰十一年户部库银年终结存数①

年　　度	银数（两）
咸丰元年	7632192
咸丰二年	5725468
咸丰三年	1696897
咸丰四年	1662006
咸丰五年	1496602
咸丰六年	1461275
咸丰八年	2370433
咸丰九年	3025494
咸丰十年	1175097
咸丰十一年	1521784

表 6-2　　　　咸丰三年至同治三年历年结存实银数②

年　　度	银数（两）
咸丰三年	118709
咸丰四年	126406
咸丰五年	114238
咸丰六年	91951
咸丰七年	105230
咸丰八年	50432
咸丰九年	74864
咸丰十年	69382

---

①　彭泽益：《十九世纪后半期的中国财政与经济》，北京：人民出版社1983 年版，第 84~85 页。

②　彭泽益：《十九世纪后半期的中国财政与经济》，北京：人民出版社1983 年版，第 84~85 页。

年　　度	银数（两）
咸丰十一年	68173
同治元年	52831
同治二年	56088
同治三年	66400

　　南河、东河经费大为缩减。"凡遇估办工程，可缓即缓，能减即减。且以官票办公，亏折甚大，各工员现均以办工为畏途。而至紧至要者，略为修补，已属不赀。"①《清史稿》亦载，光绪年间，山东时有河溢，然"用款不及道光之十一"。②

　　除政府投资经费缩减外，各省因种种原因欠解或停解奉拨河工经费也是河工支绌的重要原因。③ 在东河河务进行改革之后，东河实际只管辖河南河务，山东河务归山东巡抚管辖。二者财政是分开的。

（一）河南河工用银

　　铜瓦厢决口之后，黄河下游干河各厅工程停办，上游仅有七厅有工可作。朝廷经费紧缺，国库空虚，采取白银搭配钞票的方式，工程办理困难重重。咸丰十一年（1861年），河东河道总督黄赞汤说：

---

　　① 中国第一历史档案馆藏：录副档，咸丰七年三月二十六日江南河道总督庚长奏。转引自申学锋：《晚清财政支出政策研究》，北京：中国人民大学出版社2006年版，第167页。军兴期间河工经费的缩减是显而易见的事情。如咸丰二年，河东河道总督慧成奏请拨款，只得到旨意"于年内先行筹拨五六成以便支发现办工储，其余四五成亦着来岁春间找拨清款，俾资工用"。（中国第一历史档案馆编：《咸丰同治两朝上谕档》第2册咸丰二年十二月十二日，桂林：广西师范大学出版社1998年版，第439页。）

　　② 赵尔巽等：《清史稿》卷125《食货志六》，北京：中华书局1976年影印本，第3711页。

　　③ 申学锋：《晚清财政支出政策研究》，北京：中国人民大学出版社2006年版，第169页。

"近年豫省河工，岁抢修另案各工，虽每年报销银八九十万两上下，按七钞三银而计，除宝钞价值过贱，无济工用外，只需拨司库实银二十余万两，分给有河七厅，每厅牵计只可领银三万余两。较之从前每厅领银十万八万者，仅有三分之一。"① 光绪元年（1875 年），河东河道总督曾国荃在奏折中也说，"从前价值，每两易制钱一千七八百文不等，现在每两仅易钱一千四百文，暗中折耗已多"，导致购料困难，"殊甚焦虑"。② 同样的银两较之以前兑换的制钱减少很多，与此同时，物料价格并未下跌，每逢工程紧张，需料增加之时，价格会不断上涨。对此，黄赞汤在奏折中写道："东河料价，每垛例给银七十两。从前系领实银，除扣六两平及部饭等项之外，可易制钱八九十千文。于秋后新料登场，冬令采购，尚能有余，如迟至春间收买，业已不足。若遇大汛抢险，随买随用，料户居奇抬价，每垛需钱二百千上下。当紧要之际，甚至用钱三百千，方能购料一垛。厅员力不能赔垫，当时已通融办理。自改用七钞三银以来，因钞价过贱，不能计数外，每垛仅领实银二十一两。以数垛之价，方能办一垛之料。"③ 结果就是，"领三分之钱粮，须办十分之料物，修工实形竭蹶"。④ 与此同时，"挑河筑坝工程，例价不敷，准开加价。例价作正开销，加价摊征还款"的做法也于咸丰五年（1855 年）停止。⑤ 这对于河工来讲更是雪上加霜。

　　为筹措河工经费，黄赞汤于咸丰十一年（1861 年）奏请在豫省兰仪以下旧有干河各厅，丈量原有河滩，招民耕种，开垦升科。得旨

<hr />

　　① 中国水利水电科学研究院水利史研究室编校：《再续行水金鉴·黄河卷3》，武汉：湖北人民出版社 2004 年版，第 1221 页。
　　② 中国水利水电科学研究院水利史研究室编校：《再续行水金鉴·黄河卷4》，武汉：湖北人民出版社 2004 年版，第 1502 页。
　　③ 中国水利水电科学研究院水利史研究室编校：《再续行水金鉴·黄河卷3》，武汉：湖北人民出版社 2004 年版，第 1221 页。
　　④ 中国水利水电科学研究院水利史研究室编校：《再续行水金鉴·黄河卷3》，武汉：湖北人民出版社 2004 年版，第 1221 页。
　　⑤ 中国水利水电科学研究院水利史研究室编校：《再续行水金鉴·黄河卷3》，武汉：湖北人民出版社 2004 年版，第 1477 页。

"开垦升科一事，尽可从容筹画"。① 同时，清政府还不断劝办捐输，以资接济。②

随着太平天国运动以及第二次鸦片战争的进行，河防款项更加无从着落。同治二年（1863 年），谭廷襄奏请减工节费、停止河工钞票的使用，同时停止添拨防料砖石、秋汛防险等款项。"河南河北道额征河银，仍准归抢修案内提用。" 当时，黄河七厅每年例拨银二十万两。如果遇到重大工程，需要专门申请款项。后河东河道总督曾国荃、李鹤年等人均对此进行抱怨，"改章之后，用款支绌，无岁不出险工，无岁不请添拨"。③ 在李鹤年等人的强烈要求下，朝廷决定添拨 25 万两防险银。④ 光绪十年（1884 年），工程款项再次缩减，自光绪十一年（1885 年）起，黄河南岸工程款减一成，北岸减两成，共减工程款项近三万两。同时，规定两道额征收河银不准动用，按年解司报部。⑤ 光绪十六年（1890 年）九月，管理户部事务张之万说，光绪十年钦差孙毓汶、乌拉布查办河工，奏明节省之后，河南河工每年岁修以及添拨银两，大致在四五十万两，最多才六十万两。⑥ 光绪十六年（1890 年），许振祎由江宁按察使调任河道总督，奏定新章，

---

① 中国水利水电科学研究院水利史研究室编校：《再续行水金鉴·黄河卷3》，武汉：湖北人民出版社 2004 年版，第 1227 页。

② 中国水利水电科学研究院水利史研究室编校：《再续行水金鉴·黄河卷3》，武汉：湖北人民出版社 2004 年版，第 1230 页。

③ 中国水利水电科学研究院水利史研究室编校：《再续行水金鉴·黄河卷3》，武汉：湖北人民出版社 2004 年版，第 1485、1523 页。

④ 中国水利水电科学研究院水利史研究室编校：《再续行水金鉴·黄河卷3》，武汉：湖北人民出版社 2004 年版，第 1524 页。事实上是"如再不敷，续请添拨"。（本书第 1552 页）

⑤ 中国水利水电科学研究院水利史研究室编校：《再续行水金鉴·黄河卷5》，武汉：湖北人民出版社 2004 年版，第 2242 页。

⑥ 朱寿朋：《东华续录（光绪朝）》，《续修四库全书》第 384 册，上海：上海古籍出版社 2002 年影印本，第 303 页。

河南省河工经费从光绪十七年（1891 年）开始定为每年六十万两。①
光绪二十一年（1895 年），河南黄河两岸七厅岁修、抢办埽砖土石各
工，共用银 481169.216 两，河防局委办土石各工用银 120053.389
两。② 光绪二十二年（1896 年）分别为 480695.6 两、76549.987
两。③ 光绪二十三年（1897 年）为 480574.465 两、780521.258 两。
光绪二十八年（1902 年），河南省河工经费又由每年六十万两，减为
每年五十万两。④

　　总的来讲，河南河工每年所花河工经费在六七十万两，详见表
6-3。⑤

表 6-3　　铜瓦厢决口之后河南河工部分年份另案砖埽土石各工用银

年份	用银（两）	备　注
咸丰六年	842540.6140	1153 页
咸丰七年	821791.4390	1156 页
咸丰八年	842728.5850	1185～1186 页。1161 页作 842730
咸丰九年	846963.0610	1185～1186 页
咸丰十年	1396335.1950	1217～1218 页。包含另案、另抢
光绪二年	624101.2920	1513 页
光绪三年	577367.1680	1559 页

----

　　① 中国水利水电科学研究院水利史研究室编校：《再续行水金鉴·黄河卷
6》，武汉：湖北人民出版社 2004 年版，第 2264 页。

　　② 中国水利水电科学研究院水利史研究室编校：《再续行水金鉴·黄河卷
6》，武汉：湖北人民出版社 2004 年版，第 2453 页。

　　③ 中国水利水电科学研究院水利史研究室编校：《再续行水金鉴·黄河卷
6》，武汉：湖北人民出版社 2004 年版，第 2510 页。

　　④ 中国水利水电科学研究院水利史研究室编校：《再续行水金鉴·黄河卷
6》，武汉：湖北人民出版社 2004 年版，第 2721 页。

　　⑤ 中国水利水电科学研究院水利史研究室编校：《再续行水金鉴·黄河卷
4》，武汉：湖北人民出版社 2004 年版，第 1758 页。

年份	用银（两）	备 注
光绪四年	561452.8950	1594 页
光绪五年	700140.2040	（本年增培土工例津二价银 35168.403 两，抛护碎石工程 64738.68 两）1615 页
光绪六年	655754.8400	1645 页
光绪七年	616499.5510	1663 页
光绪八年	693568.3880	（内含增培土工和抛护碎石）1681~1682 页
光绪九年	695600.2510	（内含增培土工和抛护碎石）1791 页
光绪十二年	544638.0900	1999 页
光绪十三年	558483.6290	（内含增培土工和抛护碎石）2121~2122 页
光绪十四年	438040.6660	2177 页
光绪十五年	567469.9240	2216 页
光绪十六年	711337.0520	（内含例津二价银）2286~2291 页
光绪十七年	456557.3860	内含例津二价银及抛护碎石。2323~2328 页

（资料来源：中国水利水电科学研究院水利史研究室编校：《再续行水金鉴·黄河卷》，武汉：湖北人民出版社 2004 年版。）

（二）山东河工用银

豫、东两省河务分治之始，东省额定经费较河南要少。光绪二年（1876 年），山东巡抚丁宝桢曾说山东"河势堤身，与豫省无异"，但是所拨防汛工需，仅为豫省十分之一。① 此后虽有所增长，但依然有限。光绪十三年（1887 年），山东巡抚张曜抱怨说山东河防工段九百余里，额定防汛经费银 38 万两，河南河工段长三百余里，每年防

---

① 丁宝桢：《丁文诚公奏稿》卷 12《预筹堤防经费并修坝工片》，《续修四库全书》第 509 册，上海：上海古籍出版社 2002 年影印本，第 352 页。

汛银为 50 余万两。① 至光绪十八年（1892 年），山东河工经费才定
为每年 60 万两。②

　　不过，山东河工实际用银比这要多。山东巡抚周馥称，光绪十七
年（1891 年）以前，山东河工每年用银在八九十万两。③ 光绪二十
二年（1896 年），山东巡抚李秉衡称，山东河工"除每年额拨防汛经
费不计外，其另案之款，光绪十二年请至二百二十余万，十六年请至
八十余万，其余则数十万不等。计十年之间，（另案之款）已不下八
百万"。④ 光绪二十二年（1896 年），署河东河道总督任道镕称从光
绪八年至光绪二十一年十余年间，山东省筑堤浚河、堵口建坝，"除
奏拨官款不计外，已费帑一千一百余万"。⑤

　　光绪二十二年(1896 年)，山东省请销岁抢修支款银 582322.0824 两。⑥

──────────

　　① 中国水利水电科学研究院水利史研究室编校：《再续行水金鉴·黄河卷
5》，武汉：湖北人民出版社 2004 年版，第 2002 页。

　　② 周馥：《秋浦周尚书（玉山）全集·奏稿》卷 1《请加拨黄河防汛经费
折》，《近代中国史料丛刊》，台北：文海出版社 1987 年影印本，第 179 页。光
绪二十年，实销银 624159.821 两。见李秉衡：《李忠节公（鉴堂）奏议》卷 9
《奏报黄河防汛经费银数折》，《近代中国史料丛刊》，台北：文海出版社 1982 年
影印本。另，山东河工定额 40 万两增至 60 万两，始于光绪十五年。"但以后岁
修防汛，每用至八十万两以上。"（中国水利水电科学研究院水利史研究室编校：
《再续行水金鉴·黄河卷 5》，武汉：湖北人民出版社 2004 年版，第 2171 页。）

　　③ 周馥：《秋浦周尚书（玉山）全集·奏稿》卷 1《请加拨黄河防汛经费
折》，《近代中国史料丛刊》，台北：文海出版社 1987 年影印本，第 179 页。光
绪十五年，山东河工用银 88 万两，光绪十六年，用银 97 万两。中国水利水电科
学研究院水利史研究室编校：《再续行水金鉴·黄河卷 6》，武汉：湖北人民出版
社 2004 年版，第 2278 页。

　　④ 中国水利水电科学研究院水利史研究室编校：《再续行水金鉴·黄河卷
6》，武汉：湖北人民出版社 2004 年版，第 2518 页。

　　⑤ 中国水利水电科学研究院水利史研究室编校：《再续行水金鉴·黄河卷
6》，武汉：湖北人民出版社 2004 年版，第 2484 页。

　　⑥ 中国水利水电科学研究院水利史研究室编校：《再续行水金鉴·黄河卷
6》，武汉：湖北人民出版社 2004 年版，第 2515 页。

另堵合利津县西韩家漫口等处经费销银 265266.0 两。① 光绪二十三年（1897 年），山东河工共请销支款银 681359.7292 两。② 光绪二十五年（1899 年），山东省河工经费已达到 105 万两。二十六、二十七、二十八三年，经费均在 100 万两左右。光绪二十九年（1903年），山东河工经费为 80 万两。③

除此之外，东河大工的用银也非常多。如光绪元年（1875 年）菏泽贾庄大工，就用银 1801700 余两。④

清政府财政的匮乏直接影响到了黄河两岸堤防的修筑。光绪十三年（1887 年），郑州黄河决口。豫省司库银两仅 20 余万，"尚不敷本省旗、绿各营勇练等项开支"，于是"短解光绪十二年漕折正项银六万两，光绪十三年京饷划拨毅军未发九、十、十一、十二等月饷银四万两，又短解部库京饷银一万两，光绪十二年各属新漕应归来年解部漕折正项银，提出十五万两，应解本年奉裁帮丁月饷四万两"，一律截留，"以作赈需"。⑤ 后来还向汇丰银行借款 200 万元。⑥ 又如光绪十六年（1890 年），山东巡抚张曜拟定增培山东黄河两岸堤工的详细方案，估需银 140 万两，被工部否决。光绪十七年（1891 年），张曜修改既定方案，将估修经费定在 64 万两，仍然被工部以"暂从缓办，以节经费"而否决。⑦ 不得已，张曜只得退而求其次，指出

---

① 中国水利水电科学研究院水利史研究室编校：《再续行水金鉴·黄河卷6》，武汉：湖北人民出版社 2004 年版，第 2571 页。

② 中国水利水电科学研究院水利史研究室编校：《再续行水金鉴·黄河卷6》，武汉：湖北人民出版社 2004 年版，第 2598 页。

③ 中国水利水电科学研究院水利史研究室编校：《再续行水金鉴·黄河卷6》，武汉：湖北人民出版社 2004 年版，第 2720~2721 页。

④ 丁宝桢：《丁文诚公奏稿》卷 11《堤工用款请简员查勘折》，《续修四库全书》第 509 册，上海：上海古籍出版社 2002 年影印本，第 337 页。

⑤ 中国水利水电科学研究院水利史研究室编校：《再续行水金鉴·黄河卷5》，武汉：湖北人民出版社 2004 年版，第 2019 页。

⑥ 李允俊：《晚清经济史编年》，上海：上海古籍出版社 2000 年版，第528、537 页。

⑦ 中国水利水电科学研究院水利史研究室编校：《再续行水金鉴·黄河卷6》，武汉：湖北人民出版社 2004 年版，第 2281~2283 页。

"筹办河防，尤以北岸为紧要"，要求拨银16万两。①

　　总的来看，铜瓦厢决口之后，河工经费在多种因素综合作用下较之以前减少较多。经费的减少，导致工程质量的下降，同时，很多应做工程也未及时兴工，使东省百姓长罹水患，苦不堪言。同时，在朝廷经费不足的情况下，民间资本在河工中逐渐发挥了作用。如山东光绪十七年（1891年）、十八年（1892年）疏浚小清河二百数十里，共用银40余万，"均系协赈公所零星捐凑"。②

三、河官和河兵的频繁调动

　　晚清政局动荡，河官和河兵频繁调动，给已经脆弱不堪的河政带来了更深一重的打击。乾隆后期至嘉庆年间，地方社会矛盾加剧，农民起义风起云涌，河兵就曾有协防地方、镇压叛乱的事例。嘉庆二年（1797年），曾令吴璥与河道总督李奉翰调河标兵丁攻打桐柏山及叶县附近白莲教起义。③咸丰以降，清朝内有民众起义，外有列强环视，服从于军事斗争的需要，官员不断处于调动之中，地方施政受到很大影响。河道总督也处于这样一种状态之中。咸丰年间，太平天国起义爆发，起义军长驱直入，意欲攻占北京。咸丰帝令河东河道总督和江南河道总督密切协助"剿匪"，"着杨以增、福济、李惠、陆应谷仍遵前旨，分饬所属厅营州县并选派妥员，各于黄河渡口实力盘查，遇有紧急，即将船只收至北岸，使无船可掠，自难偷渡。扼守黄河，北省安危所系。杨以增等若稍分畛域，朕必即以军法严办"。④咸丰三年（1853年），河东河道总督长臻受命巡查黄河口岸，防止太

---

①　中国水利水电科学研究院水利史研究室编校：《再续行水金鉴·黄河卷6》，武汉：湖北人民出版社2004年版，第2283~2284页。

②　中国水利水电科学研究院水利史研究室编校：《再续行水金鉴·黄河卷6》，武汉：湖北人民出版社2004年版，第2338页。

③　《清实录》第28册《仁宗实录（一）》卷15嘉庆二年（1797年）三月庚申，北京：中华书局1986年影印本，第213页。

④　王先谦：《东华续录（咸丰朝）》，《续修四库全书》第376册，上海：上海古籍出版社2002年影印本，第353~354页。

平军北上，但是，因防守不严，致使部分义军渡河，长臻以失职"降三级留任，不准抵销"。① 又如咸丰十一年（1861年）七月，正值大汛，河东河道总督黄赞汤本应赴黄河两岸，"周历督防"。但河南各州县禀称山东曹州府属"会匪"窜入河南境内，部分已到陈留县，距省城开封仅有数十里之遥。河南巡抚严树森在陈州大营接连写信告诉黄赞汤"不必出城"，留在省城重地，"或调集兵勇巡城，或酌派马步队出省堵剿，就近商同司道办理"。因此，黄赞汤只得"暂缓赴工"。②

不仅如此，战乱对于河工所需夫役的影响也是非常大。咸丰十一年（1861年）八月二十一日，河东河道总督黄赞汤在奏折中写道："本年黄水节次盛涨，两岸险工迭出……郑州中牟一带，沿堤俱有边马，人夫星散，已成束手之势。"

山东河务与河南分离后，便没有河兵，一般进行堵口及防灾时，多靠兵勇来替代河兵。如光绪元年（1875年），直隶东明黄河南岸新堤加筑高厚的工程便是由李鸿章派淮军二十个营用了两个半月的时间完成的。③ 光绪十二年（1886年），山东惠民县姚家口堵口工程，河营厢兵不敷使用，便佐以"防勇营队"。④ 光绪十四年（1888年），因海防吃紧，山东将部分河营调赴海防，导致河防受到削弱。⑤

四、河工弊政的延续

黄河改道之后，河工经费大为缩减，贪腐风气也有所收敛。

---

① 《清实录》第41册《文宗实录（二）》卷97咸丰三年（1853年）六月丙戌，北京：中华书局1986年影印本，第383页。

② 中国水利水电科学研究院水利史研究室编校：《再续行水金鉴·黄河卷3》，武汉：湖北人民出版社2004年版，第1228页。

③ 李鸿章：《李文忠公奏稿》卷27《派军修筑黄河新堤折》，《续修四库全书》第507册，上海：上海古籍出版社2002年影印本，第38页。

④ 中国水利水电科学研究院水利史研究室编校：《再续行水金鉴·黄河卷5》，武汉：湖北人民出版社2004年版，第1947页。

⑤ 李秉衡：《李忠节公（鉴堂）奏议》卷8《奏规复河防营旧制折》，《近代中国史料丛刊》，台北：文海出版社1968年影印本，第660页。

"河工奢华积习，从前在所不免。……自修防经费搭用宝钞以来，钞价过贱，办公尚形竭蹶。虽有习气，无所施其伎俩。"① 不过同光以后，经费也有所增长，河工弊病重新抬头。光绪十一年（1888年），恽彦彬在奏折中说："黄河自铜瓦厢决口后，下游横溢，豫工遂得偷安。岁糜帑金六十七万，而上下分肥，实可到二者，不及十之四五。"② 光绪十七年（1891年）许振祎担任河道总督之初，对于河工弊端也有详细的描述。"近年黄河两岸工程，每遇三伏，大雨时行，上游山涨暴发，一日数惊。各路纷纷报险，几至无从措手。于是有飞请院道临工之禀，有飞请专案添款之禀。一波未平，一波复起。或称已垫数千，或称已垫万余。撒手放价，抬买秸料。一撮之土，酬给百文。一拳之石，酬给数百。"③ 光绪十四年（1888年）八月，黄河在河南郑州十堡石桥决口，山东黄河断流④，许多官员被严惩。在获罪官员中，上南厅同知余璜之贪腐尤甚。"余璜官上南厅同知且十三四年。余璜平时溲便用银器。姬妾幸者，房桄窗壁，往往用黄金钉地重绣幪，凡村寺演剧无不至，至则先期戒治，幄幔如天宫。"⑤

东省河务亦是如此。光绪十年（1884年），吏科掌印给事中孔宪瑴即指出："土方有价，估地有价，立法非不甚善。无如民间交土，始则三方不能领一方之价，继则索费而后收土。甚至费多者不必交土，其钱悉归委员中饱，而工程不得不草率矣。所占之地，初则以上地给下地之价，继则不给价，而反索百姓免粮之费，其钱又归州县中

---

① 中国水利水电科学研究院水利史研究室编校：《再续行水金鉴·黄河卷3》，武汉：湖北人民出版社2004年版，第1164页。

② 中国水利水电科学研究院水利史研究室编校：《再续行水金鉴·黄河卷5》，武汉：湖北人民出版社2004年版，第1919页。

③ 中国水利水电科学研究院水利史研究室编校：《再续行水金鉴·黄河卷6》，武汉：湖北人民出版社2004年版，第2298页。

④ 中国水利水电科学研究院水利史研究室编校：《再续行水金鉴·黄河卷5》，武汉：湖北人民出版社2004年版，第2015页。

⑤ 中国水利水电科学研究院水利史研究室编校：《再续行水金鉴·黄河卷5》，武汉：湖北人民出版社2004年版，第2015页。

饱，而怨言不得不沸腾矣。"① 光绪十二年（1886 年），御史殷如璋指出："东省治河，向由地方官派民采办，官给价值，各乡民将料购齐，赴官呈缴。衙门胥吏，辄令在二次稽留，听候缴纳。或迟至数日，仍未具报验收，无非为索费起见。乡民河干露处，困顿异常。而且人夫饭食喂养等费，需用不赀，计无所出，不得不向胥吏营求，听其需索。迨至准缴有期，经官过秤，又复任意抑勒。原有斤数，只能折半兑收。" 另外，侵吞工料银的事情仍然时有发生。如光绪十三年（1887 年），姚家口下游挑挖淤滩，附生叶锡麟负责挖淤添夫工价，但是，因负责工段被水漫冲，无从考证，叶锡麒将银两私吞。后被革去附生，发往新疆效力。②

朝廷对于河工上修守失时以致堤防溃决的河工官员有规定的处罚制度。如光绪十三年（1887 年），山东朱家圈民堰被冲垮。尽管巡抚张曜在奏折中提及相关官员所辖地段较长，险工较多，官员平时办事也非常勤奋，希望从轻发落，但署齐河县知县曹和浚、管带济字前营已革候补副将陈荣辉依然受到了惩处。陈荣辉不准留工，并且赔缴领用料银。曹和浚被革去顶戴。③ 光绪十八年（1892 年）七月，山东惠民等县堤堰漫溢，都司王恒德，副将陈长发、张文彩、阎得胜，被革职。候补知县王建畴、赵惠霖、梁锡祜，试用从九品齐宗绥，革职留任。候补直隶州知州李恩祥、候补知府郝廷珍，摘去顶戴。济东道张上达，候补道李希杰交部议处。④

---

① 中国水利水电科学研究院水利史研究室编校：《再续行水金鉴·黄河卷 4》，武汉：湖北人民出版社 2004 年版，第 1820 页。

② 中国水利水电科学研究院水利史研究室编校：《再续行水金鉴·黄河卷 5》，武汉：湖北人民出版社 2004 年版，第 1995 页。

③ 中国水利水电科学研究院水利史研究室编校：《再续行水金鉴·黄河卷 5》，武汉：湖北人民出版社 2004 年版，第 2004~2005 页。

④ 中国水利水电科学研究院水利史研究室编校：《再续行水金鉴·黄河卷 6》，武汉：湖北人民出版社 2004 年版，第 2348~2350 页。这些人在后来实际处罚当中有所减轻，至十月完工，大部分已经官复原职。

光绪二十五年（1899年）十一月，袁世凯署理山东巡抚①，不久实授。袁世凯在担任山东巡抚期间，加大了对于河工失事官员的处罚。如光绪二十六年（1900年）七月，山东黄河南岸章丘县陈家窑大堤漫溢，北岸惠民县杨家大堤决口，袁世凯非常愤怒②，奏请将山东按察使尚其亨、候补道何国褆交部议处，南岸承防委员候补知县王希贤、候补典史均着革职，不准留工。管带河防营参将宫廷魁，哨官外委寇鸿英，均着先行革职，枷号河干，不准留工。北岸防汛委员候补知县汤炳南、县丞陈浚源，均着革职，不准留工。管带防营补用参将宿延庆、哨官都司王春才均着先行革职，枷号河干，不准留工。③

但是，这一时期对于官员的处罚较之嘉道时期已经轻了许多。"一旦伏汛届期，堤防溃决，重者革职留任，轻者摘顶留工而已。而革职追赔、枷号河干示众者，此例久不举也。"不仅如此，"追交冬令，流潮势弱，铺张合龙大工，不但开复摘顶革留之虚处分，而异常保举，两三层华样，均可越级而邀上赏矣。更有委员子侄，朦保邀恩者，是罚仅虚名，赏皆实职"。④

----

① 《清实录》第57册《德宗实录（六）》卷454光绪二十五年（1899年）十一月戊申，北京：中华书局1987年影印本，第987页。

② 袁世凯此时虽然丁忧，但系在抚署穿孝，实际上仍然掌握山东政务。

③ 《清实录》第58册《德宗实录（七）》卷485光绪二十六年（1900年）七月己巳，北京：中华书局1987年影印本，第406页。又据张含英《五十年黄河话沧桑》（载《治河论丛》商务印书馆1936年版）一文（此文为张含英对一位光绪十年即在山东河工效力的人员朱氏的采访）载：袁世凯之来抚山东也，适为光绪二十七年，当时河决屡屡，为患无已，袁深忧之。即通饬沿河，凡决口出自某段者，则某段营官即应就地正法，于是全河震慄，无所容措。乃群请山东藩司，向袁陈情。谓营官素皆忠于所职，且报酬甚薄，如因失事，即行斩首，则无人敢膺斯职矣。由是改为如有决口，营官革职，永不叙用，并枷号河干，带罪效用，俟堵口工竣，始行开释。故每有决口，而荷枷带锁、伛偻蹀躞于众工之间者，必有其人。遇袁巡河，则屈膝迎送，间有向之泣诉者，则曰："此王法，无如何也。"（见该书第192~193页。）

④ 中国水利水电科学研究院水利史研究室编校：《再续行水金鉴·黄河卷6》，武汉：湖北人民出版社2464页。

五、铜瓦厢决口后的治河争议

铜瓦厢改道之后，按照惯例，一般会马上开始着手准备堵口工作。但是，铜瓦厢决口之际，清朝政府正面临着严重的统治危机。太平天国起义如火如荼，安徽、山东、河南等地小股农民起义此起彼伏。决口之后，清廷内部就如何处理产生了两种方案。一种方案是"主挽归故道，仍由云梯关入海"，就是主张筹办堵口工程，使黄河恢复到决口之前的旧河道上。另一种方案是放弃堵口，"就势改河"，听任现在河形入海。①

最先主张规复黄河故道的是钦差稽查豫东河岸都察院左副都御史王履谦。咸丰五年（1855年）六月十八日黄河决口②，二十日，王履谦即上疏请求"预筹防堵"。他认为黄河下游一带渐成"涸辙"，"设南路贼匪阑入，势将无险可守"，因此，要早早筹办。③ 王履谦的意见得到了朝廷的同意。咸丰下旨，令河东河道总督李钧赶紧设法堵合。下旨在山东、河南两省设立捐局，"无论银钱米面及土方秸料，皆准报捐"，以筹集款项。④ 可见，决口之初，清廷办理堵口的决心是很大的。但李钧认为筹办兰阳堵口需银数百万两，当时无法筹办如此巨款，应当"俟南省各路贼匪荡平，再行议堵"。⑤ 安徽巡抚福济也认为黄河南行故道，"曾无数载之安"，"所患终无已时"，此次黄河北徙，正可因势利导。加以"军务未竣，复遭河患……经费

---

① 中国水利水电科学研究院水利史研究室编校：《再续行水金鉴·黄河卷3》，武汉：湖北人民出版社2004年版，第1148页。

② 中国水利水电科学研究院水利史研究室编校：《再续行水金鉴·黄河卷3》，武汉：湖北人民出版社2004年版，第1110页。

③ 中国水利水电科学研究院水利史研究室编校：《再续行水金鉴·黄河卷3》，武汉：湖北人民出版社2004年版，第1115~1116页。

④ 《清实录》第42册《文宗实录（三）》卷170，咸丰五年（1855年）六月丁巳，北京：中华书局1986年影印本，第890页。

⑤ 中国水利水电科学研究院水利史研究室编校：《再续行水金鉴·黄河卷3》，武汉：湖北人民出版社2004年版，第1131页。

浩繁，实恐补苴无术"。综合两方面考虑，"南驶既未能顺轨，而北溃又无力堵修"，则因势利导实不得已而为上策。① 尽管山东巡抚崇恩指出运河堤防与黄河堤防差别很大，如果运河两岸堤堰一旦决口，"则修复之资，恐与现堵漫口相等"，希望尽快堵筑决口。② 但此时清廷正处于"军务未竣，筹款维艰"的境地，李钧、福济的意见受到了朝廷的重视。八月、九月，咸丰帝连下两道旨意，令兰阳大工"暂议缓堵"。③

不过，上述几位大员的观点，无论即时堵筑还是缓堵，都属于堵的主张。后咸丰帝钦命查河的已革山东巡抚张亮基于这两种意见都不同意。他认为，黄河堵口不可办，规复故道的意见也不可取。原因在于：第一，黄河决口一次，河身垫高一次，兰仪以下之故道河身经过丰工两次堵口，加上此次兰阳决口，已经淤垫三次，"开掘谈何容易"？第二，堵口需要大量的秸料木桩，但"逆匪肆扰，田者不时，林木戕伐几尽"，无法购置大批物料。第三，黄河丰北决口数年，下游堤防土石埽工，几乎被完全破坏，欲黄河恢复故道，则下游工程必须修复，国库无此巨款。第四，大型堵口工程所需人力甚多，动辄数万甚至数十万。社会动荡，"人心思乱"，聚在一起，若有意外发生，后果不堪设想。因此，张亮基认为，"此言挽归故道者，未之思也"。对于"就势改河"的主张，张亮基也认为"改之一字，实未易言"。他主张，"河道既改而东，势不能复挽使南。然可以因其自然而治之，不可以强改之也。不强改之，则不甚费，而数年之后，河患息矣"。他主张通过筑拦河堰、塞支河、遇滩切滩的方式来作为"暂

<hr>

① 中国水利水电科学研究院水利史研究室编校：《再续行水金鉴·黄河卷3》，武汉：湖北人民出版社 2004 年版，第 1133~1134 页。

② 中国水利水电科学研究院水利史研究室编校：《再续行水金鉴·黄河卷3》，武汉：湖北人民出版社，第 1133 页。

③ 《清实录》第 42 册《文宗实录（三）》卷 174 咸丰五年（1855 年）八月己亥，第 946 页；卷 176，咸丰五年（1855 年）九月甲子，第 967 页，北京：中华书局 1986 年影印本。

救"之计。咸丰对此深加赞同，认为"惟此为切要之方"。①

张亮基的主张可能是出于私心。他是江苏铜山人。黄河南行淮徐故道，铜山等地经常遭受水患，张亮基当然不希望再让黄水为患故里。他的主张很快遭到了反驳。山西道监察御史宗稷辰和礼部右侍郎杜翱对其提出了反驳意见。杜翱认为："河工一日不合龙，居民一日无生业，民济无生可谋，而欲保其必不滋生事端，亦万难之势也。"主张立即堵筑铜瓦厢决口。宗稷辰则指出："堵决口则两省之浸立平，而漕挽之途立复。"对于堵口所需费用，可责成"负罪疆围之辈"来解决。②

不过，此次争论随着1856年的到来而渐渐淡出人们的视线。咸丰六年（1856年）六月，太平军攻破清军江南大营。十月，英法两国以亚罗号事件为借口，悍然发动第二次鸦片战争。咸丰六年至九年（1859年），黄河几乎处于"无防无治"的状态之下。③

咸丰九年（1859年）三月，刑部右侍郎黄赞汤被任命为河东河道总督。他这样描述当时的河工情形："兰阳漫口，已历五载，自口门迤下，豫东各厅工程，一概停办。旧河两岸未修堤工，袤延数百里，砖石埽坝亦全行腐朽废弃。"④黄赞汤虽然试图对河工有所整肃，

①　中国水利水电科学研究院水利史研究室编校：《再续行水金鉴·黄河卷3》，武汉：湖北人民出版社2004年版，第1148~1150页。

②　军机处录副，黄河水文灾情类，礼部右侍郎杜翱折，3/168/9344/26，第669卷，第3353~3355页；山西道监察御史宗稷辰折，3/168/9344/51，第669卷，第3480~3481页。转引自贾国静：《黄河铜瓦厢改道之后的新旧河道之争》，《史学月刊》2009年第12期。宗稷辰（1792—1867年），近代诗文家。原名续辰，字涤甫，号越岷山民。浙江会稽（今绍兴）人。道光元年（1821年）举人，主虎溪、濂溪两书院讲席。九年，援例授内阁中书。充军机章京，转起居注主事、户部员外郎、监察御史、给事中，官至山东运河道，赏加盐运使衔。（钱仲联等总主编：《中国文学大辞典》，上海辞书出版社1997年版，第1222页。）

③　夏明方：《铜瓦厢改道后清政府对黄河的治理》，《清史研究》1995年第4期。

④　中国水利水电科学研究院水利史研究室编校：《再续行水金鉴·黄河卷3》，武汉：湖北人民出版社2004年版，第1173页。

但是其所奉行的依然是黄河北行之策。山东士绅民众都希望尽快堵口，以期消弭水患，但黄赞汤认为"堵口筑坝计费可计，而挑挖引河、修复堤埽之资难筹"，因此，"统筹大局，必须因势利导，难以挽黄再令南趋"。① 更重要的是，捻军未定，经常在山东、河南出没，"时有窥伺北省之意"，而黄河是阻挡其北上的一道天然屏障，"若中河一有事端，则全河南趋，北路干涸，该逆北犯，路路可通，无黄河天险可守"②，后果不堪设想。因此，从政权稳固的角度出发，不仅不能堵口，还要极力防止黄河自复故道。当然，这种考虑不能让山东士绅民众知道。如若宣扬于外，则被水灾民势必"聚众哗然争辩，并恐不逞之徒煽惑滋事"，因此，虽然朝廷已经决定不让黄河规复故道，但也不能在山东大兴水利，修堤筑坝，只能"暂缓改筑，以顺舆情"，等局势稳定之后，才能进行治理。③ 咸丰十年（1860 年），左都御史沈兆霖建议通过"劝捐筑堤"的方式，使黄河由大清河入海。④ 东河总督黄赞汤、直隶总督恒福、山东巡抚文煜均认为黄河改道之事，"事关大局，究竟有无窒碍，必须通盘筹计"。对于劝捐筑堤之事，予以办理，而对于黄河改道之事，则暂且搁置。⑤

由此可见，铜瓦厢决口不即时堵筑，既是出于财政问题的考虑，更是出于政治稳定的考虑。⑥ 在这种思想的指导下，所能做的，也仅

---

① 中国水利水电科学研究院水利史研究室编校：《再续行水金鉴·黄河卷3》，武汉：湖北人民出版社 2004 年版，第 1175 页。

② 中国水利水电科学研究院水利史研究室编校：《再续行水金鉴·黄河卷3》，武汉：湖北人民出版社 2004 年版，第 1181 页。

③ 中国水利水电科学研究院水利史研究室编校：《再续行水金鉴·黄河卷3》，武汉：湖北人民出版社 2004 年版，第 1175 页。

④ 钱保塘编：《沈文忠公（兆霖）集（附自订年谱）》卷1《就河筑堤疏》，《近代中国史料丛刊》，台北：文海出版社 1982 年影印本，第 49 页。

⑤ 中国水利水电科学研究院水利史研究室编校：《再续行水金鉴·黄河卷3》，武汉：湖北人民出版社 2004 年版，第 1193、1194、1198 页。

⑥ 对清政府当时实施的"暂缓堵筑"的政策，夏明方（《铜瓦厢改道后清政府对黄河的治理》，《清史研究》1995 年第 4 期）和唐博（《铜瓦厢改道后清廷的施政及其得失》，《中国史研究》2008 年第 8 期）分别在各自的文章中阐述了不同的观点。

仅是维持豫省河工七厅的常规修守，不致出现新的大工而已。

虽然无法大规模修筑黄河两岸堤防，黄赞汤依然希望通过民间力量加强对黄河的治理，"拟劝谕民间，捐资筑堤拦束"。但是，这个计划很快落空，连年灾歉之后的民众无法负担如此巨大的工程。不得已，黄赞汤等人只能"随时劝谕绅民，自筑土堤拦御，并令逐年增高"，进行枝枝节节的修补，等到政局稳定，国库充裕，再"培筑长堤"。①

同治年间，政局稍有缓和。同治七年（1868年）黄河在河南荥泽十堡决口，兵部左侍郎胡家玉认为应当趁机疏浚黄河故道，"令河循故道，由云梯关入海"。② 这个主张随即遭到河东河道总督苏廷魁、漕运总督张之万、直隶总督曾国藩、两江总督马新贻、江苏巡抚丁日昌、河南巡抚李鹤年、山东巡抚丁宝桢、安徽巡抚吴坤修的集体反对。他们认为，胡家玉所提出的方案不具有可行性。首先，黄河改道已有十四年，下游堤长二千余里，长期停修，堤身残缺，如欲规复黄河故道，"恐非数千万帑金，不能蒇事"。另外，南河官弁已裁，须重新设官建署，"虽云仍复旧规，其实无殊开创"，又"岁需数百万金"。而当时军务初平，国库空虚，"巨款难筹"。其次，荥泽堵口堵合"尚无定期"，再增一兰阳堵口，"更恐毫无把握"。再次，直隶、山东、江苏、河南等地军务初平，但"土匪游勇，在在须防"。如果再募集数十万丁夫，一旦"驾驭失宜，滋生事端"，后果不堪设想。

---

① 中国水利水电科学研究院水利史研究室编校：《再续行水金鉴·黄河卷3》，武汉：湖北人民出版社2004年版，第1175页。王林在《山东近代灾荒史》一书中将清末山东黄河的治理分为三个阶段：第一个阶段为劝民筑埝时期，起始时间为咸丰五年至同治十年。第二个阶段为大修堤工时期，时间为同治十年至光绪十年。第三个阶段为堵口守堤阶段，时间为光绪十年至宣统三年。咸丰九年之前的民间自发修筑堤埝的工程较小，至咸丰九年之后官方大规模进行劝导，规模才开始增大。

② 中国水利水电科学研究院水利史研究室编校：《再续行水金鉴·黄河卷3》，武汉：湖北人民出版社2004年版，第1321页。同治三年（1864年），胡家玉曾提出黄河由大清河入海的主张，此次立议与上次不同。

胡家玉的建议又被否定。①

随着时间的延长，黄河南归故道与否的争议渐渐告一段落。同治九年（1870 年）六月，漕运总督张之万提出筑山东张秋以西黄河南北两岸大堤的设想。② 同治十年（1871 年）正月，漕运总督张兆栋、河东河道总督苏廷魁、山东巡抚丁宝桢经过考察，认为张之万的方案"置上下游于不问"，如遇黄河盛涨，轻则东阿以下至利津"十数州县，城池居民，益被淹没"，重则黄河夺运北趋，"害尤不可思议"。因此，张之万所提的方案不具可行性。③ 不过，张之万的建议再次引起人们对于铜瓦厢决口是否堵筑的关注。同年二月，籍隶山东东平的兵部学习主事蒋作锦再次主张堵筑铜瓦厢决口、恢复黄河故道。④ 蒋作锦的奏折受到了朝廷的重视，"下河、漕、抚臣议奏"⑤，并命蒋作锦赴山东随同漕运总督张兆栋、河东河道总督苏廷魁、山东巡抚丁宝桢察看黄河下游情形。⑥

八月，蒋作锦的考察尚未结束，黄河在郓城东岸侯家林冲缺民堰，由南旺湖、西北湖堤缺处，灌入湖内，经过赵王河、牛头河，下趋南阳湖。决口宽约八九十丈，深约两丈。⑦ 由于此次决口关系"运道民生"甚大，山东巡抚丁宝桢和河东河道总督苏廷魁都主张将决口迅速堵合。决口于同治十一年（1872 年）二月二十四日合龙。堵

---

① 中国水利水电科学研究院水利史研究室编校：《再续行水金鉴·黄河卷3》，武汉：湖北人民出版社 2004 年版，第 1325～1326 页。

② 中国水利水电科学研究院水利史研究室编校：《再续行水金鉴·黄河卷3》，武汉：湖北人民出版社 2004 年版，第 1340 页。

③ 中国水利水电科学研究院水利史研究室编校：《再续行水金鉴·黄河卷3》，武汉：湖北人民出版社 2004 年版，第 1343～1344 页。

④ 中国水利水电科学研究院水利史研究室编校：《再续行水金鉴·黄河卷3》，武汉：湖北人民出版社 2004 年版，第 1347 页。

⑤ 赵尔巽等：《清史稿》卷 126《河渠志一·黄河》，北京：中华书局1976 年点校本，第 3746 页。

⑥ 《清实录》第 51 册《穆宗实录（七）》卷 306 同治十年（1871 年）二月乙酉，北京：中华书局 1987 年影印本，第 57 页。

⑦ 丁宝桢：《丁文诚公奏稿》卷 8《黄水冲决侯家林民堰请截漕备赈折》，《续修四库全书》第 509 册，上海：上海古籍出版社 2002 年影印本，第 252 页。

口合龙后，河道总督乔松年和山东巡抚丁宝桢在接下来的黄河治理方案上产生了分歧。乔松年主张"东境筑堤束黄为优"，在曹家堤至解家山接筑黄河北岸大堤，在张家支门至沈家口马头山接筑黄河南岸大堤，借黄济运，不主张河归故道。① 丁宝桢则认为，在山东黄河上游筑堤，束黄济运，把握不大，主张堵合铜瓦厢决口，使河归故道，彻底解决东省水灾问题。② 双方争议不休，终无定论。

同治十二年（1873年）二月，清朝决定派李鸿章等人考察黄运两河，拟定治黄方案。③ 同年闰六月，李鸿章提出了新的方案。在这个方案中，李鸿章否定了乔松年所提出的借黄济运、筑堤束水工程，及蒋作锦提出的导卫济运方案，同时也否定了丁宝桢提出的规复黄河淮徐故道的方案。在比较了规复故道和维持现状的优劣之后，李鸿章指出，黄河经山东入海，虽然有害民生，但地方官"补偏救弊，设法维持，尚不至为大患"，"两相比较，河在东虽不亟治，而后患稍轻。河回南即能大治，而后患甚重"。因此，他主张令山东巡抚在秋汛之后，筹措款项，将侯家林上下民埝一律加高培厚，同时，加强修守防护。令河东河道总督乔松年将铜瓦厢至直隶东明一带黄河两岸遥堤筑起，作为"遮拦"。④ 这个方案被付诸实施。⑤

同年秋，黄河在直隶东明石庄户决口两处，口门较宽，约分正溜

---

① 中国水利水电科学研究院水利史研究室编校：《再续行水金鉴·黄河卷3》，武汉：湖北人民出版社2004年版，第1386页。

② 丁宝桢：《丁文诚公奏稿》卷9《黄河穿运请复淮徐故道折》，《续修四库全书》第509册，上海：上海古籍出版社2002年影印本，第279～282页。

③ 《清实录》第51册《穆宗实录（七）》卷349同治十二年（1873年）二月庚戌，北京：中华书局1987年影印本，第604～605页。

④ 李鸿章：《李文忠公奏稿》卷22《筹议黄运两河折》，《续修四库全书》第506册，上海：上海古籍出版社2002年影印本，第566～569页。此文为周馥代拟。见周馥：《秋浦周尚书（玉山）全集》，《周悫慎公奏稿》卷5《代李文忠公拟筹议黄运两河折》，《近代中国史料丛刊》，台北：文海出版社1987年影印本，第553～567页。

⑤ 《清实录》第51册《穆宗实录（七）》卷354同治十二年（1873年）闰六月甲申，北京：中华书局1987年影印本，第675～676页。

二三分水势，至十一月，口门已经冲宽约 140 余丈①。山东巡抚丁宝桢主张即刻着手堵口，漕运总督文彬则认为难以施工，应当缓办。②次年三月，两江总督李宗羲、江苏巡抚张树声、漕运总督恩锡上疏请求堵筑石庄户决口。他们在奏折中指出，铜瓦厢决口之后，无暇顾及河务，以致"淮徐之黄河，遂成平陆"。而今东省黄河并无堤防，如果不加治理，"将来湖河之垫塞，运道之梗阻，民居之荡析，盐场之漂没，皆在意计之中。甚至饥民啸聚，四出剽掠。不独江北不能安枕，即东省亦必先受其害。自古河溃不塞，酿成巨患，考诸史册，前车可鉴"。③加以今日黄河情形，"较之前数年，尤为吃紧"，长此以往，势必将危及清朝的政治稳定。因此，应该将石庄户即刻堵口。同时，他们还提出了治河三策。上策，顺水北流之性，"筑长堤以约束之，设闸坝以节宣之"，不使黄河"南趋一步"。中策，将现有民堰，"薄者加厚，缺者筹堵"。下策，不堵决口，只令山东黄河下游防范而终归无济。④朝廷毫不犹豫地选择了中策，"如石庄户口门实难施工，即先将王老户等处民堰缺口，竭力筹堵，以免黄水下注，贻患江北"。⑤石庄户决口并未得到很好的处理，至同治十三年（1874 年）十月，口门已经宽至三里，"夺溜南趋，局势全变"，"堵筑之难，十倍于前"。⑥丁宝桢只得建议在石庄户下游建坝堵合，同时在黄河南

①　丁宝桢：《丁文诚公奏稿》卷 10《黄水漫注东境通盘筹画折》，《续修四库全书》第 509 册，上海：上海古籍出版社 2002 年影印本，第 304 页。

②　中国水利水电科学研究院水利史研究室编校：《再续行水金鉴·黄河卷3》，武汉：湖北人民出版社 2004 年版，第 1431 页。

③　中国水利水电科学研究院水利史研究室编校：《再续行水金鉴·黄河卷4》，武汉：湖北人民出版社 2004 年版，第 1435 页。

④　中国水利水电科学研究院水利史研究室编校：《再续行水金鉴·黄河卷4》，武汉：湖北人民出版社 2004 年版，第 1434～1435 页。

⑤　《清实录》第 51 册《穆宗实录（七）》卷 364 同治十三年（1874 年）三月辛亥，北京：中华书局 1987 年影印本，第 815 页。

⑥　丁宝桢：《丁文诚公奏稿》卷 10《勘办石庄户决口预筹工需折》，《续修四库全书》第 509 册，上海：上海古籍出版社 2002 年影印本，第 312 页。

北两岸普筑长堤。① 同年，山东黄河两岸分筑长堤 180 余里。②

光绪元年（1875 年），河东河道总督曾国荃提出在山东黄河两岸接筑长堤，同时设厅防守的建议③，最终因"工大费巨"不了了之。

光绪三年（1877 年），署理山东巡抚李元华又在黄河北面金堤之外，在濮州、范县、寿张、阳谷、东阿等五州县境内，添筑近河北堤 170 余里。④ 光绪八年（1882 年）九月，黄河在山东历城桃园冲开民埝，决口宽一百四十余丈，深一丈到三丈不等⑤，导致历城、章丘、济阳、齐东、临邑、乐陵、惠民、阳信、商河、滨州、海丰、蒲台等十余州县"多陷巨浸，淹死人口，不可胜计"⑥。清朝马上组织进行堵口，在山东巡抚任道镕的主持下，堵口于当年十一月完工。⑦ 完工之后，即加筑两岸大堤。上游从桃园筑至齐河县城，约 30 里。下游从桃园筑至历城和济阳交界之任家岸，约 70 里。⑧ 同年，利津县大修本县黄河两岸各庄民堤民埝。⑨

光绪九年（1883 年），惠民县清河镇黄河漫决民堰，河水北入徒

① 丁宝桢：《丁文诚公奏稿》卷 11《拟在贾庄建坝普筑长堤折》，《续修四库全书》第 509 册，上海：上海古籍出版社 2002 年影印本，第 314~317 页。

② 中国水利水电科学研究院水利史研究室编校：《再续行水金鉴·黄河卷 4》，武汉：湖北人民出版社 2004 年版，第 1457 页。

③ 中国水利水电科学研究院水利史研究室编校：《再续行水金鉴·黄河卷 4》，武汉：湖北人民出版社 2004 年版，第 1489~1491 页。

④ 中国水利水电科学研究院水利史研究室编校：《再续行水金鉴·黄河卷 4》，武汉：湖北人民出版社 2004 年版，第 1533~1534 页。

⑤ 中国水利水电科学研究院水利史研究室编校：《再续行水金鉴·黄河卷 4》，武汉：湖北人民出版社 2004 年版，第 1668 页。

⑥ 《清实录》第 54 册《德宗实录（三）》卷 152 光绪八年（1882 年）九月甲辰，北京：中华书局 1987 年影印本，第 149 页。

⑦ 中国水利水电科学研究院水利史研究室编校：《再续行水金鉴·黄河卷 4》，武汉：湖北人民出版社 2004 年版，第 1676 页。

⑧ 中国水利水电科学研究院水利史研究室编校：《再续行水金鉴·黄河卷 4》，武汉：湖北人民出版社 2004 年版，第 1678 页。

⑨ 中国水利水电科学研究院水利史研究室编校：《再续行水金鉴·黄河卷 4》，武汉：湖北人民出版社 2004 年版，第 1685 页。

骇河。当月堵口合龙。① 同年三月，钦差查勘黄河工程仓场侍郎游百川提出治河三策。他明确否定规复黄河故道，指出"南行之说""毋庸置议"，关键是要治理好山东黄河。他将山东黄河泛滥成灾的原因归结为"疆臣以山东无办过黄河成案，诿为民堤民埝，听其自行修筑"，以致黄河屡次开决为患，"贻害至斯"。他提出了治理黄河的方案。第一，疏通河道。采用刷沙淘沙船只，深挖河底。第二，分减黄河。在惠民县东南白龙湾挑建减水坝，挖开一条支河，将黄河水分入徒骇河入海。第三，加紧修筑沿河缕堤。游百川指出，缕堤临近河干，以前民间自行修筑的堤防"多不合法"，"大率单薄"，"断续相间"，作用不大。因此，欲求"救急之方"，则需在长清和利津之间黄河南北两岸先筑一道缕堤，"本有之堤，加高培厚，无堤之处，一律补齐。其顶冲险要处所，再添筑重堤一道"。② 两岸共筑堤长 1340 余里。③

游百川开引河的主张遭到了礼部郎中吴峋和翰林院侍读学士何如璋、给事中邓承修的反对。吴峋认为开引河之举违反靳辅治河成法，成功几率很小，不如在海口宽筑长堤有益。④ 何如璋则列举了游百川坚筑缕堤的五点危害，指出筑缕堤不如展筑遥堤。⑤ 邓承修直接指

---

① 中国水利水电科学研究院水利史研究室编校：《再续行水金鉴·黄河卷4》，武汉：湖北人民出版社 2004 年版，第 1695 页。

② 中国水利水电科学研究院水利史研究室编校：《再续行水金鉴·黄河卷4》，武汉：湖北人民出版社 2004 年版，第 1689~1692 页。当时治河之法，有主张坚筑遥堤者，有主张加培缕堤者。而游百川、陈士杰等也认为筑遥堤对于黄河防汛更为有利。但是作为地方民众则对于遥堤的修筑多有反对意见。"一闻修筑遥堤，人情万分惊惧，十百成群。在堤外者，以为同系朝廷赤子，何以置我于不顾？在堤内者，非恐压其田亩，计虑损其墓庐。或拦舆递呈，或遮道哭诉。事尚未行，民情已遂如此。若一旦丈地兴筑，节节阻挠，更不待言。"（第1699页）

③ 中国水利水电科学研究院水利史研究室编校：《再续行水金鉴·黄河卷4》，武汉：湖北人民出版社 2004 年版，第 1703 页。

④ 中国水利水电科学研究院水利史研究室编校：《再续行水金鉴·黄河卷4》，武汉：湖北人民出版社 2004 年版，第 1699~1702 页。

⑤ 中国水利水电科学研究院水利史研究室编校：《再续行水金鉴·黄河卷4》，武汉：湖北人民出版社 2004 年版，第 1710~1711 页。

出，游百川分水入徒骇河入海之举，是"以邻为壑"，因为游百川"籍隶滨州"，所以他执意欲开引河，北入畿辅。①

这些反对意见很快起了作用。八月，上谕："仓场侍郎游百川着即回任。所有山东黄河工程，即着陈士杰督饬各员认真办理，以专责成。"② 其所主张的开河入徒骇河一事，也被"暂缓"办理。③ 光绪十年（1883 年）四月，李鸿章指出了开引河入马颊河入海的七条弊端，彻底否定了游百川的计划。④

同年，御史赵尔巽及经筵讲官、内阁学士兼礼部侍郎衔周德润均提出疏浚海口，挑挖河身的建议。赵尔巽在奏折中说黄河下游应当疏浚，利用机器开挖海口。同时在上游长清以上至曹州沿河无堤防的地方，先筑缕堤，待下游重堤竣工后，上游应当接办重堤。⑤ 周德润提出应当利用靳辅"川"字河方法挑浚大清河河身，疏通海口，两年

---

① 中国水利水电科学研究院水利史研究室编校：《再续行水金鉴·黄河卷4》，武汉：湖北人民出版社 2004 年版，第 1719 页。

② 《清实录》第 54 册《德宗实录（三）》卷 168 光绪八年（1872 年）八月戊午，北京：中华书局 1987 年影印本，第 352 页。事实上，游百川在山东主持河工，还是有成绩的。山东巡抚陈士杰给予了游百川高度评价："该侍郎正月到东，正值凌汛涨发，漫决各口，不下十余处。均经节次堵合。彼时会同臣规划全河，只以工大费繁，又值农忙，难以大举，因将各属民埝择险要处所，先行设法兴修。计加筑埽坝及抢修地段，百数十处。本年伏秋两汛水势之大，为数十年所未有。加以淫雨兼旬，山水暴发，险工迭出，而业经修筑各处民埝，幸皆抢护无恙。其赈抚灾黎，尤属竭力经营，筹画详尽。以故虽遇大灾，地方仍安堵如故。微臣得以稍免愆尤者，该侍郎之力居多。"（中国水利水电科学研究院水利史研究室编校：《再续行水金鉴·黄河卷4》，武汉：湖北人民出版社2004 年版，第 1721 页。）

③ 李鸿章：《李文忠公奏稿》卷 47《马颊河暂缓开引折》，《续修四库全书》第 508 册，上海：上海古籍出版社 2002 年影印本，第 562 页。

④ 见周馥：《秋浦周尚书（玉山）全集·周悫慎公奏稿》卷 5《代李文忠公拟议覆马颊河不宜开折》，《近代中国史料丛刊》，台北：文海出版社 1987 年影印本，第 569~577 页。

⑤ 中国水利水电科学研究院水利史研究室编校：《再续行水金鉴·黄河卷4》，武汉：湖北人民出版社 2004 年版，第 1761~1764 页。

即可见成效。①

　　不过，游百川所力持的黄河两岸坚筑缕堤的方案在陈士杰的支持下得以推行。光绪九年（1883年），陈士杰奏请在张秋以下黄河两岸离水各五百丈建立大堤，"勘明基址，先后兴工"。② 光绪十年（1884年）五月，山东各州县大堤大部分陆续告成。南岸自长清至蒲台，计四百余里。北岸自东阿至利津，计六百余里。③ 后陈士杰又接修缕堤一百一十里。④ 闰五月，陈士杰奏称，山东修筑长堤，已经完全竣工。⑤ 不过因经费短缺，山东河防本属草创，因此所修堤防规制不是很好，仅止一丈之高。⑥ 加上其他一些因素的存在，堤防的实际作用不是很大。⑦ 大堤修成之后，当年齐东、历城两处堤工没有经受住大水的考验。历城县堤工漫决二口，共宽百余丈。利津县也有两处冲决。⑧ 朝廷震怒，将陈士杰交部严加议处，历城、齐东两县共有四

---

　　① 中国水利水电科学研究院水利史研究室编校：《再续行水金鉴·黄河卷4》，武汉：湖北人民出版社2004年版，第1766~1768页。

　　② 周馥：《秋浦周尚书（玉山）全集·治水述要》卷10，《近代中国史料丛刊》，台北：文海出版社1987年影印本，第5277页。

　　③ 李鸿章：《李文忠公奏稿》卷79《勘筹山东黄河会议大治办法折》，《续修四库全书》第508册，上海：上海古籍出版社2002年影印本，第680页。

　　④ 中国水利水电科学研究院水利史研究室编校：《再续行水金鉴·黄河卷4》，武汉：湖北人民出版社2004年版，第1791页。

　　⑤ 中国水利水电科学研究院水利史研究室编校：《再续行水金鉴·黄河卷4》，武汉：湖北人民出版社2004年版，第1797页。

　　⑥ 李鸿章：《李文忠公奏稿》卷79《勘筹山东黄河会议大治办法折》，《续修四库全书》第508册，上海：上海古籍出版社2002年影印本，第680页。

　　⑦ 据周馥《治水述要》载：缕堤修成之后，"东民仍守临河民埝为缕堤。官亦谕先守民埝，如民埝决，再守大堤。而大堤内村庐，未议迁徙。大涨出槽，田庐全淹，居民遂决堤放水，而官不能禁。亦有因新堤土松而浸溃者。闻是年溃决之处不少，旋即堵塞。嗣是只守民埝，而不守大堤矣"。（引自中国水利水电科学研究院水利史研究室编校：《再续行水金鉴·黄河卷4》，武汉：湖北人民出版社2004年版，第1725页。）

　　⑧ 中国水利水电科学研究院水利史研究室编校：《再续行水金鉴·黄河卷4》，武汉：湖北人民出版社2004年版，第1802页。

名官员受到革职处分。①

同年七月，吏科掌印给事中孔宪珏历陈山东河政弊端，指出山东河工糜帑上千万，却毫无成绩，原因就在于"历任督修，不得其人"。"始于文格之搪塞，周恒祺之废弛，而河患遂成。继以任道镕之铺张，陈士杰之巧滑，而河患更巨"。② 他还彻底否定了游百川开引河的方案，对陈士杰加筑黄河两岸缕堤的行为大肆抨击。但孔宪珏并未提出治理黄河的可行方案。

光绪十二年（1886年），山东巡抚张曜提出了解决山东河患的新方案。他指出，分黄河水流的十分之三，归入南河故道。其余十分之七，照现有河道。张曜的方案得到了游百川的支持。游百川认为，张曜的提法切中肯綮，在不掣动大溜的情况下，将原来黄河故道河槽加以挑浚，对于"南民田庐，毫无妨碍"。③ 不过，提议遭到了河东河道总督成孚、河南巡抚边宝泉以及两江总督曾国荃、漕运总督卢士杰的反对。成孚、边宝泉认为，"分流之策，当先于上游建闸创其基，再议于下游堤防束其势"，但是筑坝"窒碍既多"，分流"毫无把握"。并且即使分流成功，对减轻山东河患作用不大，河南、江苏等地河防"因而转增"。通盘筹划，张曜的方案弊大于利，不具备可行性。④ 曾国荃等人则指出，黄河旧河道"失修三十年，溃塌单薄，残缺不堪"，若回复故道，工程庞大。另外，"豫省既已难行，江北自无须议办"。⑤ 后经醇亲王奕譞等人商定，认为张曜所奏河分三成入故道之方案不可行，而曾国荃等人所奏"但就本地工程立说，而于

① 《清实录》第 54 册《德宗实录（三）》卷 187 光绪十年（1884 年）六月甲戌，北京：中华书局 1987 年影印本，第 612 页。
② 中国水利水电科学研究院水利史研究室编校：《再续行水金鉴·黄河卷4》，武汉：湖北人民出版社 2004 年版，第 1820 页。
③ 中国水利水电科学研究院水利史研究室编校：《再续行水金鉴·黄河卷5》，武汉：湖北人民出版社 2004 年版，第 1969 页。
④ 中国水利水电科学研究院水利史研究室编校：《再续行水金鉴·黄河卷5》，武汉：湖北人民出版社 2004 年版，第 1975~1978 页。
⑤ 中国水利水电科学研究院水利史研究室编校：《再续行水金鉴·黄河卷5》，武汉：湖北人民出版社 2004 年版，第 1979~1980 页。

东省河患之如何救全，未经筹及"。奕譞认为，目前当务之急，就在于如何培筑山东堤防、疏浚海口。① 不过，奕譞等人的提议未及议行，郑州黄河决口方案也被搁置。②

光绪十三年（1887 年）六月，黄河在直隶开州大辛庄决口，洪水"弥漫无际"③。八月十四日，又在郑州决口。洪水"横四五十里，深者寻丈"，河南中牟、郑州、祥符、尉氏、通许、杞县、鄢陵、扶沟、西华、淮宁、商水、沈丘、项城、鹿邑等地，"漂没村庄镇集以二三千计"④。郑工堵口于光绪十五年十二月十九日合龙⑤，总开销银数达 10966976.225 两。⑥

黄河在郑州决口以及由此引起的巨大灾情，再次引发治理黄河新道与规复黄河故道之争。户部尚书翁同龢、工部尚书潘祖荫认为黄河规复故道有二大患、五可虑：江南运河东堤不保；黄淮合并，淮扬受灾，东南大局，不堪设想。五可虑：漕米难筹，河运必废，两淮盐课无征，小民滋生事端，民众受灾等。因此，"断不能入黄河故道"⑦。河南巡抚倪文蔚、河东河道总督成孚⑧、两江总督曾国荃、署两江总

---

①　中国水利水电科学研究院水利史研究室编校：《再续行水金鉴·黄河卷5》，武汉：湖北人民出版社 2004 年版，第 1987~1988 页。

②　中国水利水电科学研究院水利史研究室编校：《再续行水金鉴·黄河卷5》，武汉：湖北人民出版社 2004 年版，第 1988 页。

③　中国水利水电科学研究院水利史研究室编校：《再续行水金鉴·黄河卷5》，武汉：湖北人民出版社 2004 年版，第 2007 页。

④　中国水利水电科学研究院水利史研究室编校：《再续行水金鉴·黄河卷5》，武汉：湖北人民出版社 2004 年版，第 2014 页。

⑤　中国水利水电科学研究院水利史研究室编校：《再续行水金鉴·黄河卷5》，武汉：湖北人民出版社 2004 年版，第 2177 页。

⑥　中国水利水电科学研究院水利史研究室编校：《再续行水金鉴·黄河卷5》，武汉：湖北人民出版社 2004 年版，第 2215 页。

⑦　中国水利水电科学研究院水利史研究室编校：《再续行水金鉴·黄河卷5》，武汉：湖北人民出版社 2004 年版，第 2021~2022 页。

⑧　中国水利水电科学研究院水利史研究室编校：《再续行水金鉴·黄河卷5》，武汉：湖北人民出版社 2004 年版，第 2017 页。

督裕禄、漕运总督卢士杰也主张迅速堵口，反对规复故道。① 另外，御史赵增荣则称仍复山东故道，在牡蛎口建筑长堤，逼水攻沙，使海口不浚自辟，"是亦以南流为不可行"。阎敬铭、御史刘恩溥②、山东巡抚张曜③、总兵罗辅臣、御史刘纶襄④、李鸿藻、李鹤年⑤则希望规复黄河南行故道。

双方争论不休，朝廷决定派李鸿藻趁办理堵口之际，查勘黄河规复故道的可能性。不过，此举纯粹是为了掩人口舌。李鸿藻考察之后，给出了黄河可以规复故道的建议。朝廷马上予以否决。又命曾国荃、卢士杰、嵩骏详细考察南河故道情形，论证规复故道有无可能。⑥ 不久，几人给出故道不可复的结论。⑦

侍郎孙诒经的意见可谓一部分人的代表。他认为，"策时务者，以黄河南趋为是。泥古论者，以黄河北趋为是。其实黄河本可南可北，全恃人力为之"。不过挽归南河故道之举，"工大费巨，万难再筹此款"，当下之策"惟有因势利导，毋惜经费，尽力于山东现有之河身"，采取各种方法疏浚山东河道。⑧ 而太常寺卿徐致祥则提出了

① 中国水利水电科学研究院水利史研究室编校：《再续行水金鉴·黄河卷5》，武汉：湖北人民出版社 2004 年版，第 2025～2027 页。

② 《清实录》第 55 册《德宗实录（四）》卷 247 光绪十三年（1887 年）九月癸未，北京：中华书局 1987 年影印本，第 327～328 页。

③ 中国水利水电科学研究院水利史研究室编校：《再续行水金鉴·黄河卷5》，武汉：湖北人民出版社 2004 年版，第 2047～2048 页。

④ 《清实录》第 55 册《德宗实录（四）》卷 247 光绪十三年（1887 年）九月癸未，北京：中华书局 1987 年影印本，第 329 页。

⑤ 《清实录》第 55 册《德宗实录（四）》卷 249 光绪十三年（1887 年）十一月戊寅，北京：中华书局 1987 年影印本，第 359 页。

⑥ 《清实录》第 55 册《德宗实录（四）》卷 249 光绪十三年（1887 年）十一月戊寅，北京：中华书局 1987 年影印本，第 360 页。

⑦ 萧荣爵编：《曾忠襄公奏议》卷 28《开浚下河情形疏》，《近代中国史料丛刊》，台北：文海出版社 1982 年影印本，第 2829～2834 页。

⑧ 中国水利水电科学研究院水利史研究室编校：《再续行水金鉴·黄河卷5》，武汉：湖北人民出版社 2004 年版，第 2057 页。

在利津县肖神庙东北另辟海口的建议。① 湖南巡抚卞宝第提出与前述张曜大致相同的黄河南北分流建议。②

同年十二月，翰林院侍讲学士龙湛霖上疏称"南河之不能复也，审矣"，认为当前治河之策，仍然是河行山东，减水入徒骇、马颊两河，同时加筑黄河北岸长堤。③ 光绪十四年（1888 年）五月，山东巡抚张曜回奏，认为导黄减水一事，所需经费甚巨，且"两省民情，恐惧太甚"。龙湛霖之议不可行。④

张曜虽然力主黄河规复故道，但也知道规复的可能性不是很大，在争论的同时，他在山东开始了一系列治理黄河的举措。光绪十四年（1888 年），培筑山东长清、历城、张秋、东阿、平阴、肥城、齐河、济阳、惠民、滨州、利津十一州县南北两岸民埝。⑤ 光绪十五年（1889 年）三月，又奏请加修山东黄河堤埝，同时迁移滨河村民。⑥计划增修黄河南岸大堤 46710 余丈，北岸大堤 47510 丈，同时增培南岸民埝 18620 余丈，北岸民埝 96100 丈。⑦ 光绪十六年（1890 年），张曜又制定了一个庞大的修筑山东黄河两岸堤防的计划。增培山东黄河两岸堤埝，添建石坝、水门，挑沟，购买浚水船只，建护城堤工，约计需银 2880473 两。这个方案获得朝廷批准，下令户部"查照所请

---

① 中国水利水电科学研究院水利史研究室编校：《再续行水金鉴·黄河卷5》，武汉：湖北人民出版社 2004 年版，第 2059 页。
② 中国水利水电科学研究院水利史研究室编校：《再续行水金鉴·黄河卷5》，武汉：湖北人民出版社 2004 年版，第 2068 页。
③ 中国水利水电科学研究院水利史研究室编校：《再续行水金鉴·黄河卷5》，武汉：湖北人民出版社 2004 年版，第 2076~2079 页。
④ 中国水利水电科学研究院水利史研究室编校：《再续行水金鉴·黄河卷5》，武汉：湖北人民出版社 2004 年版，第 2125~2126 页。
⑤ 中国水利水电科学研究院水利史研究室编校：《再续行水金鉴·黄河卷5》，武汉：湖北人民出版社 2004 年版，第 2135 页。
⑥ 中国水利水电科学研究院水利史研究室编校：《再续行水金鉴·黄河卷5》，武汉：湖北人民出版社 2004 年版，第 2184 页。
⑦ 中国水利水电科学研究院水利史研究室编校：《再续行水金鉴·黄河卷5》，武汉：湖北人民出版社 2004 年版，第 2188~2189 页。

数目，迅速筹拨"①。光绪十七年（1891年），张曜病逝，山东布政使福润护理山东巡抚，不久实授。② 福润、李秉衡相继接任山东巡抚，但治河无多大成绩。

光绪二十四年（1898年）九月，李鸿章带领东河总督任道镕、山东巡抚张汝梅、比利时工程师卢法尔、山东粮道尚其亨、福建兴化知府启续、直隶臬司周馥、大顺广道吴廷斌及山东河道上中下三游总办对山东黄河进行勘察。同时还带领天津武备学堂学生进行测量。经过详细考察，光绪二十五年（1899年）二月，李鸿章等提出了大修山东黄河的十条方案：一，大修黄河两岸堤身。拟定标准为险工顶宽4丈5尺，平工顶宽3丈，底宽11丈至15丈，高1丈6尺至2丈。计算两岸堤埝工总长230415.3丈（合1500多里），需土25117136方，合银6279200余两。二，下口尾闾，规复铁门关故道，直达归海。办理此项，需挑引河30余里，筑两岸大堤各80余里，同时迁移新旧村庄40余个，筑坝130余丈，共需银200万两。三，建立减水坝，以泄异涨、保堤工。四，添置西洋机器浚船。五，设置迁民局，随时办理迁民事宜。六，大堤建成之后，设立厅汛，专供修防。其中设厅官十员，汛官四五十员。七、设立堡夫。每里设堡夫一名，共设堡夫1600名。八，堤内堤外十丈地亩，及堤身续压地亩，统应给价除粮，归官管理。此项需银244500余两。九，南北两地，应设德律风（即电话）传语，便于沟通。并于险工地段，酌设小铁路，方便

① 中国水利水电科学研究院水利史研究室编校：《再续行水金鉴·黄河卷5》，武汉：湖北人民出版社2004年版，第2219～2225页。
② 中国水利水电科学研究院水利史研究室编校：《再续行水金鉴·黄河卷6》，武汉：湖北人民出版社2004年版，第2303页。张曜担任山东巡抚近十年，"于山东黄河尤能悉心擘画，亲历河干，督率公元，力筹修守，实属勤劳罔懈"。他在任期间从山东民众利益出发，曾力主黄河规复淮徐故道。在此议被否后，又主张大修黄河两岸堤防民埝，确保黄河安澜，民众少罹灾难。朱寿朋：《东华续录（光绪朝）》，《续修四库全书》第384册，上海：上海古籍出版社2002年影印本，第360页。

运送物料。十, 两岸清水各工, 应俟治黄要工粗毕, 量加疏筑。① 鉴于工程庞大, 同日, 李鸿章又上了一道关于治标的奏折, 即拨款一百万两, 加培两岸险工, 同时疏浚海口。②

在同日所上第三折中, 李鸿章代比利时工程师卢法尔陈述了他的治河意见。第一, 应用当时先进技术, 测量全河形势, 绘制河图, 查勘水性, 全面掌握黄河的水文状况。这是治理黄河的基本工作。"此三事未办, 所有工程, 终难得当。"第二, 坚固堤防, 多办石工。添筑减水坝应用石头和水泥。第三, 疏浚黄河尾闾。可先筑海塘, 再用机器, 或可事半功倍。第四, 沿岸设立电话。第五, 严定守河章程。第六, "上游之山, 应令栽种草木, 以杀水势"。③

李鸿章等人提出的治理山东黄河的方案是一个庞大的工程, "计已估工程, 所需各费, 除官俸兵饷不计外, 约共需银九百三十万三千余两"④。这仅仅是其中一部分开支。而据卢法尔的估计, 全河大修约需银三千二百万两。⑤ 对当时的清政府而言, 这实在是一笔庞大的支出。不过, 这确实是一个非常好的方案。方案提出之后, 很快得到批准。"山东河患日亟, 非大加修治, 无以洒沈淡灾。现议治标即大

---

① 李鸿章:《李文忠公奏稿》卷79《勘筹山东黄河会议大治办法折》,《续修四库全书》第508册, 上海: 上海古籍出版社2002年影印本, 第679~686页。李鸿章《勘筹山东黄河会议大治办法折》及下文《筹议山东河工救急治标办法折》执笔者为周馥。见周馥:《秋浦周尚书 (玉山) 全集·奏稿》卷5,《代李文忠公拟勘筹山东黄河会议大治办法折》、《代李文忠公拟筹议山东河工救急治标办法折》,《近代中国史料丛刊》, 台北: 文海出版社1987年影印本, 第643~675页。

② 李鸿章:《李文忠公奏稿》卷79《筹议山东河工救急治标办法折》,《续修四库全书》第508册, 上海: 上海古籍出版社2002年影印本, 第686~687页。

③ 李鸿章:《李文忠公奏稿》卷79《代陈卢法尔拟办河新法片》,《续修四库全书》第508册, 上海: 上海古籍出版社2002年影印本, 第697页。

④ 李鸿章:《李文忠公奏稿》卷79《勘筹山东黄河会议大治办法折》,《续修四库全书》第508册, 上海: 上海古籍出版社2002年影印本, 第682页。

⑤ 李鸿章:《李文忠公奏稿》卷79《代陈卢法尔拟办河新法片》,《续修四库全书》第508册, 上海: 上海古籍出版社2002年影印本, 第697页。

治之始事，自应预筹的款，以资开办。着户部按照所议应需各款，依期分别筹拨。并将筹拨的款，先行具奏。河工为民命所关，毋任指拨各省辗转推延，致误要需。"① 显示了晚清政府治理山东黄河的决心。这次治理显示出了一定的效果。光绪二十九年（1903年），山东巡抚周馥说："今日堤身有顶宽三丈者，即其工也。二十五六两年，幸获安澜。"② 不过，随着山东义和团运动的爆发，在户部首次拨款一百万两之后，再未续请拨款办工。庚子事变后，"两宫自长安回銮，时事益见艰难，无暇议及河防事矣"③。

光绪二十八年（1902年），山东巡抚周馥提出，黄河两岸"民埝纵横，有逼近河唇，以致河面之宽不及二里者"，是"黄河受病之一大病根"，要想治理山东黄河，必须要拆去民埝。④ 光绪二十九年（1903年），周馥提出了治理山东黄河的五条建议，其内容"大致仍不出大学士李鸿章等之原议"。但在经费上有所节省，估计约需银五百六十万两。其中三百万两，由户部筹拨，其余二百六十万，通过其他方式筹集。⑤ 该议得到了朝廷的支持，"虽库款支绌，仍应饬部设法筹措"。⑥

虽然清政府内部一直存在着如何治河的争论，看似决心很大，但在当时的政治军事环境以及财政困境下，清朝无法投入大量的人力物

① 《清实录》第57册《德宗实录（六）》卷440光绪二十五年（1899年）三月甲寅，北京：中华书局1987年影印本，第795页。

② 周馥：《秋浦周尚书（玉山）全集·奏稿》卷1《山东河工请分年拨款筹办折（附清单）》，《近代中国史料丛刊》，台北：文海出版社1987年影印本，第210页。

③ 周馥：《秋浦周尚书（玉山）全集·治水述要》卷10，《近代中国史料丛刊》，台北：文海出版社1987年影印本，第5293页。

④ 周馥：《秋浦周尚书（玉山）全集·奏稿》卷1《黄河拆除拦河民埝片》，《近代中国史料丛刊》，台北：文海出版社1987年影印本，第153页。

⑤ 周馥：《秋浦周尚书（玉山）全集·奏稿》卷1《山东河工请分年拨款筹办折（附清单）》，《近代中国史料丛刊》，台北：文海出版社1987年影印本，第211页。

⑥ 《清实录》第58册《德宗实录（七）》卷515光绪二十九年（1903年）五月辛酉，北京：中华书局1987年影印本，第801页。

力来对山东黄河实施全面的治理。铜瓦厢决口之后，最大的治理成绩就是于同治三年至光绪十年在山东境内新建了黄河新河大堤，但新堤单薄，尺度有限。① 总的来讲，晚清时对山东黄河的治理规模不大，且工程断断续续，并未取得十分明显的成效。

---

① 《黄河水利史述要》编写组：《黄河水利史述要》，郑州：黄河水利出版社 2003 年版，第 383~384 页。

结　语

　　本书将清代河官作为一个整体来进行考察，研究了清代河官的选任与考成，分析了治河过程中不同力量对于河政的干预情况，探讨不同时期河政腐败的发生原因与发展趋势，考察了清代不同时期河官为治河所做的努力和探索，从而重新审视清代河政的变化过程，研究清代治河成败背后的深层因素。

　　为了选拔治河人才，清朝在河官的培养、选拔、任用和考成等方面，采取了一些特别举措，制定了严密的规章制度，严格河官的考成与监督。这些措施，有的取得了良好的效果，如清初重视河官的培养，使得清中期出现了一些治河成绩相对不错的河臣。有些措施则没有达到预期的功效，甚而如赔修制度的施行，其结果与政策推行的初衷正好相反，对治河产生了消极的影响。

　　在治河过程中，河道总督与皇帝、部院、督抚之间及河官与印官之间存在着复杂的关系。清代黄河的治理体制实际上是多重管理。皇帝、部院大臣、河道总督、地方督抚、地方其他河印官员，都是这个庞大治河系统中的一部分。河官在治河的同时，要处理好各方面的关系。这对清代河政产生了复杂的影响。一方面，治河受到多方的关注与监督，另一方面，错综复杂的关系使得治河机构的运行效率一直不高，影响到了河政系统官员体制的效率。在清代治河过程中，对于治河方略和具体措施始终存在着很大的争议。有的争议是单纯治河理念的差异所致，也有很多是不同群体利益冲突所致，但显而易见，都会对河臣施加很大的压力。康熙时期崔维雅曾说："至于治河之家言人人殊，聚讼盈庭，道旁筑舍，或旁观袖手而只资笑柄，或心切时艰而但凭耳食。总之，身未亲历，目未及睹，议论虽多，而成功者少，最

足以挠国是而灰任事者之心。"① 嘉庆年间两江总督百龄也说："自
河务多事，内外讲求，而急功竞名者，咸思建白。道谋滋议，邪说纷
纭，众论风生，口多金铄。设有措置，辄动浮言，摇惑人心，扰乱至
计。"② 道光六年（1826 年）东河总督张井说道："以靳文襄之才，
每议河工，动生诅谤，甚至交章弹劾，褫职议罪，至再而三，然后起
用，克成厥工。"③ 这种不休的争论使治河政策无法保持长期的一致
性，总是处于一种摇摆不定的状态之中，政策的不连续对治河的危害
也是不言而喻的。当然，不同主张的官员群体对于河官的任职也带来
了一定的冲击。

　　清代河工腐败问题一直存在。清前期就已经产生、扩大，在康熙
后期对河工造成了很大的危害。至乾隆中后期以后，更是达到了一个
新的阶段。河工弊政的出现以及贪腐问题的日趋严重，同社会经济以
及官僚体制等诸多方面有着密切的关系。对这个问题的分析，不应该
仅仅着眼于河官自身的因素，还应当全面分析当时的政治、经济、社
会等诸多因素的影响。可以看出，尽管清朝也作了许多努力，如完善
监督机制，通过立法加大惩处力度，进行官员道德教育等，但在传统
社会体制下，无法找到一种能够根治此问题的有效方式。制度的规定
与渐趋完善并没有很大的意义，执行过程中的偏差甚至会完全扭曲制
度规定的本意。即使在某一时期制度执行得较好，也会存在人在政
存、人亡政息的现象。

　　研究清中期河政可以很明显地发现两个问题，一个是靳辅治
河方略的缺失，另一个就是黄河划段而治的危害。靳辅之后，无
论是皇帝、河臣还是其他朝中大臣，谈及治河，皆云文襄治河成
法。这充分显示了靳辅治河的成绩。但同时应当看到，在这种思
想指导下的治河，主要是治理徐州以下之江南河道，对于豫、东
二省之黄河，不甚关注。清中期河政逐渐转坏的一个重要原因即

---

　　① 崔维雅：《河防刍议》，"序"，《续修四库全书》第 847 册，上海：上
海古籍出版社 2002 年影印本，第 103 页。
　　② 百龄：《论河工与诸大臣书》，载《皇朝经世文编》卷 99《工政五·河
防四》，《魏源全集》第 18 册，长沙：岳麓书社 2004 年版，第 370 页。
　　③ 张井：《安东改河议》，载《皇朝经世文编》卷 97《工政三·河防二》，
《魏源全集》第 18 册，长沙：岳麓书社 2004 年版，第 289 页。

在于忽视了黄河上游（徐州以上地区）的治理。这个问题在有清一代河政中始终存在。此外，还有以下两个方面值得注意：一是东河河工经费较少；二是东河官弁兵夫素质比南河较差。南河总督治河不力，多被调往东河；东河总督有所成绩，则可调任南河总督。东河大工兴作，常常需从南河调配熟练官弁河兵指导。①即使东河欲有所兴作，限于人力、物力，也只是枝节细补而已。

东河与南河的分治，虽然能够方便二者对各自区域的管辖，但在整体协调上存在很多问题，缺乏对全河的关注。即使在有河务须共同办理之时，也存在诸多不便。清帝也注意到了这种现象，试图寻找解决问题的方法，如乾隆年间副总河由武陟移至徐州，就是为了协调东河、南河总督。但效果显然不理想，次年即撤。清末黄河改道之后，曾有机会进行统一管理，却依然采取了分段而治的做法，将豫省、东

① 道光二十三年（1843年）八月二十一日，钦差工部尚书廖鸿荃、河东河道总督钟祥在奏折中专门言及中牟大工需要从南河调拨员弁一事："臣等历稽成案，东河有事，俱调南河熟练文武员弁襄理。缘南河工繁任剧，多谙堵筑事宜。不特厅营员弁，于勘度坝基河头及捆厢进占之法，素有传授，即河兵中亦多练习其事者。若东河自马工、仪工而后，二十余年，河工安定，以故河兵渐忘做法。迨至详工，初拟用本地河兵，因不得力，复奏调南河河兵来豫襄助。是以此次大工，必得仍照向例，调取南河员弁，带领捆厢兵前来，庶可放心。……再于各厅营中，择其曾历大工，熟谙能事者，各派两三员，带领捆厢兵，随后来豫。卷查从前马工，系调南河兵四百名，仪工系调六百名，详工系调四百名。现距详工，阅时未久，本地河兵，谅亦有能谙晓者。酌调三百名，可期得力。并责令豫省兵夫，随同学习捆厢，实于河务大有裨益。俟工竣后，仍饬归原隶营汛。"可见，豫省河工每逢大工兴筑，便会从南河调拨河兵及河官辅助进行施工。奏折中对其原因也进行了分析。原因有三：一，南河"工繁任剧"，河官、河兵处于不断的实践之中，有着非常丰富的经验。奏折中写道"不特厅营员弁，于勘度坝基河头及捆厢进占之法，素有传授，即河兵中亦多练习其事者"。与南河相比，东河地区的官兵因为大工较少，平常多是小型堵口工程，因此，在大工兴筑上面的经验较于南河是非常逊色。"若东河自马工、仪工而后，二十余年，河工安定，以故河兵渐忘做法。"对于每次大工从南河调拨的河兵人数，这章奏折也进行了说明："马工，系调南河兵四百名，仪工系调六百名，详工系调四百名。"对于本次中牟大工的人数要求，相对前几次大工稍微少一些，"酌调三百名，可期得力"。原因就在于，中牟大工距离祥符大工时间相隔不远，本地河兵，"谅亦有能谙熟者"。

省河务分别由河东河道总督和山东巡抚管理。这事实上是延续了两河分治的做法。而河道总督与山东巡抚的矛盾以及在许多问题处理上的分歧，在清末表现得尤其明显。

另外，清代河工经费的增长是多种因素综合作用的结果，如物价上涨、民堤官修等。清代中后期河工经费增长的原因，除了河官的贪污腐败，还与清代皇帝个人以及制度的僵化有着密切的关系。晚清时期，随着国家财政收入结构的变化，河工经费的来源也发生了变化，逐渐向多元化的方向发展，包括关税、厘金等在河工中所占的比重不断上升。与此同时，民间资金在黄河修防中也起到了更多的作用。

乾隆中后期至铜瓦厢决口之前清代治河进行了一些努力和探索，但都未能实现新的突破，取得好的效果。通过安东改河可以看出，清代治河的成败有时不是河臣所能决定的，有着非常多的政治利益和复杂关系。

铜瓦厢决口之后，受政治原因和军事斗争的影响，河政一度趋于无序状态，河官河兵调拨频繁，经费骤减，工程不兴。但是，在此情况下，依然有一些官员，包括河东河道总督及山东巡抚在内，进行了各种努力，虽然成效不大，却也一直进行着尝试。受限于当时局势和条件，在治河上并未有大的作为。这也充分反映了治河受时局的影响之大。

不过，在晚清治河的过程当中，西方的技术和思想已经逐渐开始使用，如运泥挖沙船①、水泥②、电话电报③、铁轨④以及新测绘技

① 李鸿章：《李文忠公奏稿》卷60《黄河海口订购机器折》，《续修四库全书》第508册，上海：上海古籍出版社2002年影印本，第151~152页。
② 《清实录》第55册《德宗实录（四）》卷262光绪十四年（1888年）十二月癸未，北京：中华书局1987年影印本，第520页。
③ 周馥：《秋浦周尚书（玉山）全集·奏稿》卷5《山东黄河安设电线片》，《近代中国史料丛刊》，台北：文海出版社1987年影印本，第257页。
④ 中国水利水电科学研究院水利史研究室编校：《再续行水金鉴·黄河卷5》，武汉：湖北人民出版社2004年版，第2239页。

术①的应用，虽然使用范围不大，但从中已经能够看到近代治河技术和理念的曙光。另外，这一时期西方的治河思想也逐渐向中国传播，并且在河工中已经有所应用②。

---

① 中国水利水电科学研究院水利史研究室编校：《再续行水金鉴·黄河卷5》，武汉：湖北人民出版社 2004 年版，第 2238 页。

② 李鸿章：《李文忠公奏稿》卷 79《代陈卢法尔拟办河新法片》，《续修四库全书》第 508 册，上海：上海古籍出版社 2002 年影印本，第 694 页。

参 考 文 献

(一) 历史文献

1. 《圣祖仁皇帝圣训》, 《文渊阁四库全书》第 411 册, 上海: 上海古籍出版社 1987 年影印本。

2. 中国第一历史档案馆编: 《咸丰同治两朝上谕档》, 桂林: 广西师范大学出版社 1998 年版。

3. 中国第一历史档案馆整理: 《康熙起居注》, 北京: 中华书局 1984 年版。

4. 《世宗宪皇帝圣训》, 《文渊阁四库全书》第 412 册, 上海: 上海古籍出版社 1987 年影印本。

5. 《世宗上谕八旗》, 《文渊阁四库全书》第 413 册, 上海: 上海古籍出版社 1987 年影印本。

6. 《世宗上谕内阁》, 《文渊阁四库全书》第 414~415 册, 上海: 上海古籍出版社 1987 年影印本。

7. 《世宗宪皇帝朱批谕旨》, 《文渊阁四库全书》第 416~425 册, 上海: 上海古籍出版社 1987 年影印本。

8. 康熙《钦定大清会典》, 台北: 文海出版社 1992 年影印本。

9. 康熙《钦定大清会典》, 台北: 文海出版社 1994 年影印本。

10. 乾隆《钦定大清会典》, 《文渊阁四库全书》第 619 册, 上海: 上海古籍出版社 1987 年影印本。

11. 乾隆《钦定大清会典则例》, 《文渊阁四库全书》第 620—625 册, 上海: 上海古籍出版社 1987 年影印本。

12. 嘉庆《钦定大清会典》, 台北: 文海出版社 1991 年影印本。

13. 嘉庆《钦定大清会典事例》, 台北: 文海出版社 1992 年影印本。

14. 光绪《钦定大清会典》，《续修四库全书》第 797 册，上海：上海古籍出版社 2002 年影印本。

15. 光绪《钦定大清会典事例》，《续修四库全书》第 798～814 册，上海：上海古籍出版社 2002 年影印本。

16. 《清朝通典》，杭州：浙江古籍出版社 1988 年版。

17. 《清朝文献通考》，杭州：浙江古籍出版社 1988 年影印本。

18. 刘锦藻：《清朝续文献通考》，杭州：浙江古籍出版社 1988 年影印本。

19. 《历代职官表》，《文渊阁四库全书》第 601～602 册，上海：上海古籍出版社 1987 年影印本。

20. 《大清律例》，《文渊阁四库全书》第 672～673 册，上海：上海古籍出版社 1987 年影印本。

21. 杨锡绂：《漕运则例纂》，清乾隆刻本。

22. 载龄等修，福趾等纂：《钦定户部漕运全书》，《续修四库全书》第 499 册，上海：上海古籍出版社 2002 年影印本。

23. 《清国史》，北京：中华书局 1993 年影印本。

24. 《清实录》，北京：中华书局 1985—1987 年影印本。

25. 蒋良骐：《东华录》，北京：中华书局 1980 年点校本。

26. 王先谦：《东华续录（道光朝）》，《续修四库全书》第 375 册，上海：上海古籍出版社 2002 年影印本。

27. 王先谦：《东华续录（咸丰朝）》，《续修四库全书》第 376～378 册，上海：上海古籍出版社 2002 年影印本。

28. 王先谦：《东华续录（同治朝）》，《续修四库全书》第 379～382 册，上海：上海古籍出版社 2002 年影印本。

29. 朱寿朋：《东华续录（光绪朝）》，《续修四库全书》第 383～385 册，上海：上海古籍出版社 2002 年影印本。

30. 赵尔巽等：《清史稿》，北京：中华书局 1976—1977 年版。

31. 《钦定八旗通志》，《文渊阁四库全书》第 664～671 册，上海：上海古籍出版社 1987 年影印本。

32. 乾隆《大清一统志》，《文渊阁四库全书》第 474～483 册，上海：上海古籍出版社 1987 年影印本。

33. 嘉庆《大清一统志》,《四部丛刊续编》本。

34. 蔡冠洛编:《清代七百名人传》,沈云龙主编:《近代中国史料丛刊》第 63 辑,台北:文海出版社 1982 年影印本。

35. 李桓:《国朝耆献类征初编》,台北:明文书局 1985 年版。

36. 李元度编:《国朝先正事略》,《续修四库全书》第 538~539 册,上海:上海古籍出版社 2002 年影印本。

37. 缪荃孙编:《续碑传集》,沈云龙编:《近代中国史料丛刊》第 99 辑,台北:文海出版社 1973 年影印本。

38. 钱仪吉编:《碑传集》,北京:中华书局 1993 年版。

39. 汪胡桢、吴慰祖编:《清代河臣传》,周骏富辑:《清代传记丛刊·名人类⑪》,台北:明文书局 1985 年影印本。

40. 清国史馆原编:《清史列传》,周骏富辑:《清代传记丛刊·综录类②》,台北:明文书局 1985 年影印本。

41. 王锺翰点校:《清史列传》,北京:中华书局 1987 年版。

42. 吴忠匡校订:《满汉名臣传》,哈尔滨:黑龙江人民出版社 1991 年版。

43. 琴川居士编:《皇清奏议》,《续修四库全书》第 473 册,上海:上海古籍出版社 2002 年影印本。

44. 朱橒:《国朝奏疏》,《续修四库全书》第 471~472 册,上海:上海古籍出版社 2002 年影印本。

45. 魏源:《皇朝经世文编》,《魏源全集》,长沙:岳麓书社 2004 年版。

46. 盛康:《皇朝经世文续编》,台北:文海出版社 1987 年影印本。

47. 葛士濬:《皇朝经世文续编》,台北:文海出版社 1987 年影印本。

48. 邵之棠:《皇朝经世文统编》,台北:文海出版社 1987 年影印本。

49. 陈忠倚:《皇朝经世文三编》,台北:文海出版社 1987 年影印本。

50. 甘韩:《皇朝经世文新编续集》,台北:文海出版社 1987 年影印本。

51. 赵汝愚：《国朝诸臣奏议》，台北：文海出版社 1970 年影印本。

52. 《南河成案》，《中华山水志丛刊》第 26～28 册，北京：线装书局 2004 年影印本。

53. 《南河成案续编》，国家图书馆藏清刻本。

54. 包世臣：《安吴四种》，沈云龙主编：《近代中国史料丛刊》第 30 辑，台北：文海出版社 1968 年影印本。

55. 魏源：《魏源集》，北京：中华书局 1976 年版。

56. 周馥：《秋浦周尚书（玉山）全集》，沈云龙主编：《近代中国史料丛刊》第 9 辑，台北：文海出版社 1987 年影印本。

57. 靳治豫编：《靳文襄公（辅）奏疏》，沈云龙编：《近代中国史料丛刊》第 15 辑，台北：文海出版社 1967 年影印本。

58. 靳辅：《文襄奏疏》，《文渊阁四库全书》第 430 册，上海：上海古籍出版社 1987 年影印本。

59. 靳辅：《治河奏绩书》，《文渊阁四库全书》第 579 册，上海：上海古籍出版社 1987 年影印本。

60. 黎学淳编：《黎襄勤公（世序）奏议》，沈云龙主编：《近代中国史料丛刊》第 20 辑，台北：文海出版社 1982 年影印本。

61. 林则徐：《林则徐全集》，福州：海峡文艺出版社 2002 年版。

62. 李鸿章：《李文忠公奏稿》，《续修四库全书》第 508 册，上海：上海古籍出版社 2002 年影印本。

63. 萧荣爵编：《曾忠襄公（国荃）奏议》，沈云龙主编：《近代中国史料丛刊》第 44 辑，台北：文海出版社 1982 年影印本。

64. 丁宝桢：《丁文诚公奏稿》，《续修四库全书》第 509 册，上海：上海古籍出版社 2002 年影印本。

65. 钱保塘编：《沈文忠公（兆麟）集（附自订年谱）》，沈云龙主编：《近代中国史料丛刊》第 51 辑，台北：文海出版社 1982 年影印本。

66. 陶澍：《陶云汀先生奏疏》（卷 17 至卷 52），《续修四库全书》第 498～499 册，上海：上海古籍出版社 2002 年影印本。

67. 曾国藩：《曾国藩全集》，长沙：岳麓书社 1994 年版。

68. 张之洞：《张之洞全集》，武汉：武汉出版社 2008 年版。

69. 袁枚：《袁枚全集》，南京：江苏古籍出版社 1993 年版。

70. 方苞：《方望溪文集》，北京：中国书店 1991 年版。

71. 李概编：《李文恭公（星沅）奏议》，沈云龙主编：《近代中国史料丛刊续编》第 32 辑，台北：文海出版社 1969 年影印本。

72. 陈康祺：《郎潜纪闻初笔、二笔、三笔》，北京：中华书局 1984 年版。

73. 陈康祺：《郎潜纪闻四笔》，北京：中华书局 1990 年版。

74. 欧阳昱：《见闻琐录》，长沙：岳麓书社 1986 年版。

75. 赵翼：《廿二史札记》，北京：中华书局 2008 年版。

76. 欧阳兆熊、金安清：《水窗春呓》，北京：中华书局 1984 年版。

77. 王庆云：《石渠余纪》，北京：北京古籍出版社 1985 年点校本。

78. 萧奭：《永宪录》，北京：中华书局 1959 年版。

79. 俞正燮：《癸巳类稿》，上海：商务印书馆 1957 年版。

80. 昭梿：《啸亭杂录》，北京：中华书局 1980 年点校本。

81. 陆耀：《切问斋集》，北京：北京出版社 2000 年版。

82. 薛福成：《庸盦笔记》，南京：江苏古籍出版社 2000 年版。

83. 黄钧宰：《金壶七墨全集》，沈云龙主编：《近代中国史料丛刊》第 43 辑，台北：文海出版社 1969 年影印本。

84. 裘玉麟：《清代轶闻》，上海：上海书店出版社 1989 年版。

85. 朱彭寿：《旧典备征》，北京：中华书局 1982 年点校本。

86. 胡思敬：《国闻备乘》，北京：中华书局 2007 年版。

87. 傅泽洪：《行水金鉴》，上海：商务印书馆 1936 年版。

88. 黎世序等：《续行水金鉴》，上海：商务印书馆 1937 年版。

89. 中国水利水电科学研究院水利史研究室编校：《再续行水金鉴·黄河卷》，武汉：湖北人民出版社 2004 年版。

90. 康基田：《河渠纪闻》，《四库未收书辑刊》1 辑 29 册，北京：北京出版社 2000 年影印本。

91. 朱之锡：《河防疏略》，《续修四库全书》第 493 册，上海：上海古籍出版社 2002 年影印本。

92. 陈潢：《天一遗书》，《续修四库全书》第 847 册，上海：上海古籍出版社 2002 年影印本。

93. 崔维雅：《河防刍议》，《续修四库全书》第 847 册，上海：上海古籍出版社 2002 年影印本。

94. 张伯行：《居济一得》，《文渊阁四库全书》第 579 册，上海：上海古籍出版社 1987 年影印本。

95. 张鹏翮：《治河全书》，《续修四库全书》第 847 册，上海：上海古籍出版社 2002 年影印本。

96. 田文镜：《抚豫宣化录》，郑州：中州古籍出版社 1995 年版。

97. 嵇曾筠：《防河奏议》，《续修四库全书》第 494 册，上海：上海古籍出版社 2002 年影印本。

98. 白钟山：《南河宣防录》，国家图书馆藏乾隆年间刻本。

99. 白钟山：《续豫东宣防录》，马宁主编：《中国水利志丛刊》第 15 册，扬州：广陵书社 2006 年版。

100. 白钟山：《豫东宣防录》，马宁主编：《中国水利志丛刊》第 14 册，扬州：广陵书社 2006 年版。

101. 范玉琨：《安东改河议》，《中华山水志丛刊》第 21 册，北京：线装书局 2004 年影印本。

102. 吴筼孙：《豫河志》，《中华山水志丛刊》第 21 册，北京：线装书局 2004 年影印本。

103. 徐端：《安澜纪要》，《中华山水志丛刊》第 20 册，北京：线装书局 2004 年影印本。

104. 徐端：《回澜纪要》，《中华山水志丛刊》第 20 册，北京：线装书局 2004 年影印本。

105.（康熙）《江南通志》。

106.（康熙）《河南通志》。

107.（康熙）《河南通志》。

108.（康熙）《开封府志》。

109.（雍正）《河南通志》。

110. （雍正）《浙江通志》。

111. （乾隆）《江南通志》。

112. （乾隆）《续河南通志》。

113. （乾隆）《淮安府志》。

114. （乾隆）《归德府志》。

115. （道光）《济南府志》。

116. （同治）《徐州府志》。

117. （光绪）《江西通志》。

118. （光绪）《重修安徽通志》。

119. （光绪）《淮安府志》。

120. （民国）《河南新志》。

121. （民国）《杭州府志》。

122. （民国）《中牟县志》。

123. （民国）《考城县志》。

124. 刘德昌修，叶澐纂：《商丘县志》，台北：成文出版社 1968 年影印本。

125. 黄纪中等纂修：《仪封县志》，台北：成文出版社 1968 年影印本。

126. 李淇修，席庆云纂：《虞城县志》，台北：成文出版社有限公司 1976 年影印本。

127. 徐元灿、赵擢彤、宋缙等纂修：《孟津县志》，台北：成文出版社有限公司 1976 年影印本。

128. 张士杰修，侯昆禾纂：《通许县新志》，台北：成文出版社有限公司 1976 年影印本。

129. 谭其骧主编：《清人文集地理类汇编》第 4 册，杭州：浙江人民出版社 1987 年版。

130. 谭其骧主编：《清人文集地理类汇编》第 5 册，杭州：浙江人民出版社 1988 年版。

131. 黄河水利委员会黄河志总编辑室编：《历代治黄文选》（上册），郑州：河南人民出版社 1987 年版。

132. 黄河水利委员会黄河志总编辑室编：《历代治黄文选》（下

册），郑州：河南人民出版社 1989 年版。

（二）现代文献

著述

1. ［美］费正清编，中国社会科学院历史研究编译室译：《剑桥中国晚清史：1800—1911》，北京：中国社会科学出版社 1985 年版。

2. ［美］曾小萍著，董建中译：《州县官的银两》，北京：中国人民大学出版社 2005 年版。

3. ［美］芮玛丽著，房德邻等译：《同治中兴：中国保守主义的最后抵抗 1862—1874》，北京：中国社会科学出版社 2002 年版。

4. ［日］佐伯富著，郑梁生译：《清雍正朝的养廉银研究》，台北：台湾"商务印书馆"股份有限公司 1996 年版。

5. 岑仲勉：《黄河变迁史》，北京：中华书局 2004 年版。

6. 陈锋、张建民主编：《中国经济史纲要》，北京：高等教育出版社 2007 年版。

7. 陈锋：《清代财政政策与货币政策研究》，武汉：武汉大学出版社 2008 年版。

8. 陈锋：《清代盐政与盐税》，郑州：中州古籍出版社 1988 年版。

9. 陈国达等主编：《中国地学大事典》，济南：山东科学技术出版社 1992 年版。

10. 陈善同等编：《豫河续志》，《中华山水志丛刊》第 22 册，北京：线装书局 2004 年影印本。

11. 程有为主编：《黄河中下游地区水利史》，郑州：河南人民出版社 2007 年版。

12. 戴逸主编，陈桦著：《18 世纪的中国与世界·经济卷》，沈阳：辽海出版社 1998 年版。

13. 杜省吾：《黄河历史述实》，郑州：黄河水利出版社 2008 年版。

14. 冯天瑜、黄长义：《晚清经世实学》，上海：上海社会科学院出版社 2002 年版。

15. 顾浩主编：《中国治水史鉴》，北京：中国水利水电出版社 2006 年版。

16. 郭成康：《十八世纪的中国政治》，台北：龙云出版社 2003 年版。

17. 郭艳茹：《经济史中的国家组织结构变迁：以明清王朝为例》，北京：中国财政经济出版社 2008 年版。

18. 河南省地方史志编纂委员会：《河南省志·黄河志》，郑州：河南人民出版社 1991 年版。

19. 黄河防洪志编纂委员会、黄河水利委员会黄河志总编辑室编：《黄河志》卷 7《黄河防洪志》，郑州：河南人民出版社 1991 年版。

20. 黄河水利史述要编写组著：《黄河水利史述要》，郑州：黄河水利出版社 2003 年版。

21. 黄河水利委员会黄河志总编辑室编：《黄河志》卷 10《黄河河政志》，郑州：河南人民出版社 1996 年版。

22. 黄河水利委员会黄河志总编辑室编：《黄河志》卷 11《黄河人文志》，郑州：河南人民出版社 1996 年版。

23. 黄惠贤、陈锋主编：《中国俸禄制度史》，武汉：武汉大学出版社 1996 年版。

24. 冀朝鼎著，朱诗鳌译：《中国历史上的基本经济区与水利事业的发展》，北京：中国社会科学出版社 1981 年版。

25. 康沛竹：《灾荒与晚清政治》，北京：北京大学出版社 2002 年版。

26. 李国祁：《清代基层地方官人事嬗递现象之量化分析》，台北："国科会" 1975 年印行。

27. 李孔怀：《中国古代行政制度史》，香港：三联书店（香港）有限公司 2007 年版。

28. 李少军：《迎来近代剧变的经世学人：魏源与冯桂芬》，武汉：湖北教育出版社 2000 年版。

29. 李文治、江太新：《清代漕运》，北京：中华书局 1995 年版。

30. 李向军：《清代荒政研究》，北京：中国农业出版社 1995

年版。

31. 李仪祉原著，黄河水利委员会选辑：《李仪祉水利论著选集》，北京：水利电力出版社 1988 年版。

32. 林省吾：《黄河历史述要》，郑州：黄河水利出版社 2008 年版。

33. 林修竹：《历代治黄史》，《中华山水志丛刊》第 23 册，北京：线装书局 2004 年影印本。

34. 刘子扬：《清代地方官制考》，北京：紫禁城出版社 1988 年版。

35. 孟昭华：《中国灾荒史记》，北京：中国社会出版社 2003 年版。

36. 倪玉平：《清代漕粮海运与社会变迁》，上海：上海书店 2005 年版。

37. 彭大成、韩秀珍：《魏源与西学东渐：中国走向近代化的艰难历程》，长沙：湖南师范大学出版社 2005 年版。

38. 彭云鹤：《明清漕运史》，北京：首都师范大学出版社 1995 年版。

39. 钱实甫编：《清代职官年表》，北京：中华书局 1980 年版。

40. 钱宗范：《康乾盛世三皇帝》，南宁：广西教育出版社 1992 年版。

41. 瞿同祖著，范忠信等译：《清代地方政府》，北京：法律出版社 2003 年版。

42. 山东省济宁市政协文史资料委员会编：《济宁运河文化》，中国文史出版社 2000 年版。

43. 史念海：《河山集·二集》，北京：生活·读书·新知三联书店 1981 年版。

44. 史念海：《河山集·三集》，北京：人民出版社 1988 年版。

45. 史念海：《黄河诸河流的演变与治理》，西安：陕西人民出版社 1999 年版。

46. 水利部黄河水利委员会《黄河水利史述要》编写组：《黄河水利史述要》，北京：水利出版社 1982 年版。

47. 水利部黄河水利委员会民主党派办公室编：《治河文选》，郑州：黄河水利出版社 1996 年版。

48. 水利电力部水管司、科技司，水利水电科学研究院：《清代黄河流域洪涝档案史料》，《清代江河洪涝档案史料丛书》，北京：中华书局 1993 年版。

49. 水利水电科学研究院《中国水利史稿》编写组：《中国水利史稿》（下册），北京：水利电力出版社 1989 年版。

50. 宋正海、高建国、孙关龙、张秉伦：《中国古代自然灾异动态分析》，合肥：安徽教育出版社 2002 年版。

51. 申学锋：《晚清财政支出政策研究》，北京：中国人民大学出版社 2006 年版。

52. 孙翊刚、王文素主编：《中国财政史》，北京：中国社会科学出版社 2007 年版。

53. 谭其骧：《长水集》（上、下），北京：人民出版社 1987 年版。

54. 谭其骧：《黄河史论丛》，上海：复旦大学出版社 1986 年版。

55. 唐瑞裕：《清代乾隆朝吏治之研究》，台北：文史哲出版社 2001 年版。

56. 王林主编：《山东近代灾荒史》，济南：齐鲁书社 2004 年版。

57. 王毓蔺编：《侯仁之学术文化随笔》，北京：中国青年出版社 2001 年版。

58. 王云：《明清山东运河区域社会变迁》，北京：人民出版社 2006 年。

59. 王志明：《雍正朝官僚制度研究》，上海：上海古籍出版社 2007 年版。

60. 韦庆远、柏桦编著：《中国官制史》，上海：东方出版中心 2001 年版。

61. 魏秀梅：《清代之回避制度》，台北："中央研究院近代史研究所" 1992 年版。

62. 魏秀梅：《清季职官表：附人物录》，《"中央研究院近代史研究所" 资料丛刊》（5），台北："中央研究院近代史研究所" 2002

年版。

63. 吴承明：《吴承明集》，北京：中国社会科学出版社 2002 年版。

64. 吴宗国：《中国古代官僚政治制度研究》，北京：北京大学出版社 2004 年版。

65. 熊达成、郭涛：《中国水利科学技术史概论》，成都：成都科技大学 1989 年版。

66. 徐福龄、胡一三：《黄河埽工与堵口》，北京：水利电力出版社 1989 年版。

67. 许大龄：《清代捐纳制度》，燕京大学哈佛燕京学社 1950 年印行。

68. 杨杭军：《走向近代化：清嘉道咸时期中国社会走向》，郑州：中州古籍出版社 2001 年版。

69. 姚汉源：《黄河水利史研究》，郑州：黄河水利出版社 2003 年版。

70. 姚汉源：《中国水利发展史》，上海：上海人民出版社 2005 年版。

71. 姚汉源：《中国水利史纲要》，北京：水利电力出版社 1987 年版。

72. 尹树国：《盛衰之界——康雍乾时期国家行政效率研究》，合肥：黄山书社 2008 年版。

73. 张含英：《黄河水患之控制》，上海：商务印书馆 1938 年版。

74. 张含英：《历代治河方略述要》，上海：商务印书馆 1946 年版。

75. 张含英：《历代治河方略探讨》，北京：水利出版社 1982 年版。

76. 张含英：《明清治河概论》，北京：水利电力出版社 1986 年版。

77. 张含英：《治河论丛》，上海：国立编译馆 1936 年版。

78. 张含英：《治河论丛续编》，北京：水利电力出版社 1992 年版。

79. 张念祖：《中国历代水利述要》，上海：上海书店 1992 年影印本。

80. 张丕远主编：《中国历史气候变化》，济南：山东科学技术出版社 1996 年版。

81. 张研：《清代经济简史》，郑州：中州古籍出版社 1998 年版。

82. 张艳丽：《嘉道时期的灾荒与社会》，北京：人民出版社 2008 年版。

83. 张玉法：《中国现代化的区域研究：山东省（1860—1916）》，《"中央研究院近代史研究所"专刊》（43），台北："中央研究院近代史研究所" 1987 年版。

84. 张仲礼：《张仲礼文集》，上海：上海人民出版社 2001 年版。

85. 赵春明、周魁一：《中国治水方略的回顾与前瞻》，北京：中国水利水电出版社 2005 年版。

86. 赵德馨主编，陈锋、张建民、任放著：《中国经济通史·第八卷》上册，长沙：湖南人民出版社 2002 年版。

87. 郑连第主编：《中国水利百科全书·水利史分册》，北京：中国水利水电出版社 2004 年版。

88. 郑学檬主编：《中国赋役制度史》，上海：上海人民出版社 2000 年版。

89. 郑肇经：《中国水利史》，上海：上海书店 1984 年版。

90. 中国水利水电科学研究院水利史研究室编：《历史的探索与研究——水利史研究文集》，郑州：黄河水利出版社 2006 年版。

91. 中国水利学会水利史研究会：《黄河水利史论丛》，西安：陕西科学技术出版社 1997 年。

92. 周魁一主编：《中国科学技术史·水利卷》，北京：科学出版社 2002 年版。

93. 周魁一著：《水利的历史阅读》，北京：中国水利水电出版社 2008 年版。

94. 周育民：《晚清财政与社会变迁》，上海：上海人民出版社 2000 年版。

论文

1. 白景石：《清前期督抚"满人为多"质疑》，《社会科学辑刊》1984 年第 1 期。

2. 曹松林、郑林华：《雍正朝河政述论》，《湖南城市学院学报》2007 年第 3 期。

3. 陈桦：《清代的河工与财政》，《清史研究》2005 年第 8 期。

4. 陈锋：《清代财政支出政策与支出结构的变动》，《江汉论坛》2000 年第 5 期。

5. 狄宠德：《林则徐的治河方略》，福建省社会科学院历史研究所编：《林则徐与鸦片战争研究论文集》，福州：福建人民出版社1985 年版。

6. 丁建军：《顺康时期的河道总督探讨》，《琼州大学学报》2002 年第 5 期。

7. 丁孟轩：《林则徐在豫东对黄河的治理》，《史学月刊》1980 年第 3 期。

8. 段天顺：《清代"河神"黎世序》，《北京水利》1994 年第 1 期。

9. 傅瑛：《黎世序》，《信阳师范学院学报》（哲学社会科学版）2002 年第 4 期。

10. 傅宗懋：《清代督抚职权演变之研析》，《"国立政治大学"学报》第 6 期。

11. 高建国：《自然灾害群发期的发现和进展》，《历史自然学的理论和实践》，北京：学苑出版社 1994 年版。

12. 龚小峰：《清代两江总督群体结构考察——以任职背景和行政经历为视角》，《江苏社会科学》2009 年第 2 期。

13. 郭涛：《潘季驯的治黄思想》，《水利史研究室五十周年学术论文集》，北京：水利电力出版社 1986 年版。

14. 和卫国：《康熙前期靳辅治河争议的政治史分析》，《石家庄学院学报》2008 年第 9 期。

15. 侯仁之：《陈潢——清代著名治河专家》，《科学史集刊》1959 年第 2 卷。

16. 侯仁之：《靳辅治河始末》，《史学年报》1936 年第 2 卷第 3 期。

17. 霍有光：《清代综合治理黄河下游水患的系统科学思想》，《灾害学》1999 年第 12 期。

18. 霍有光：《清代综合治理黄河下游水患的常用策略与方法》，《灾害学》2000 年第 3 期。

19. 贾国静：《大灾之下众生相——黄河铜瓦厢改道后水患治理中的官、绅、民》，《史林》2009 年第 3 期。

20. 贾国静：《何时缚住苍龙？——记 1855 年黄河铜瓦厢决口改道》，《中国减灾》2009 年第 11 期。

21. 贾国静：《天灾还是人祸？——黄河铜瓦厢改道原因研究述论》，《开封大学学报》2009 年第 2 期。

22. 赖福顺：《清初满人"以汉制汉"的军事制度》，《近代中国初期历史研讨会论文集》（上册），台北："中央研究院近代史研究所"1988 年版。

23. 李爱琴：《黄河的改道及其影响》，《濮阳教育学院学报》2002 年第 4 期。

24. 李春梅：《试探清朝前期督抚的陋规收入》，《内蒙古社会科学》（汉文版）2005 年第 3 期。

25. 李德楠：《工程、环境、社会：明清黄运地区的河工及其影响研究》，复旦大学 2008 年博士论文。

26. 李鸿彬：《康熙治河》，《人民黄河》1980 年第 6 期。

27. 李文海、林敦奎、周源、宫明：《鸦片战争爆发后连续三年的黄河大决口》，《清史研究通讯》1989 年第 2 期。

28. 李霞：《清前期督抚制度研究》，中央民族大学 2006 年博士论文。

29. 李英铨：《论洋务时期的河务工程》，《中南民族学院学报》1994 年第 4 期。

30. 李云峰：《试论靳辅、陈潢治河思想的历史地位》，《人民黄河》1992 年第 12 期。

31. 林观海：《林则徐治水》，《华北水利水电学院学报》（社科版）2003 年第 19 卷第 3 期。

32. 刘超文：《黄河下游河道的历史变迁》，《泰安师专学报》1998 年第 3 期。

33. 刘冬：《清高宗御制水利诗与乾隆治水》，北京大学 2003 年博士论文。

34. 刘凤云：《从康雍乾三帝对督抚的简用谈清代的专制皇权》，《河南大学学报》（哲学社会科学版）2004 年第 3 期。

35. 刘菊素、卢经：《清代陋规与吏治》，《黑龙江社会科学》2000 年第 3 期。

36. 鲁克亮：《近代以来黄河下游水灾频发的生态原因》，《哈尔滨学院学报》2003 年第 11 期。

37. 马红丽：《靳辅治河研究》，广西师范大学 2007 年硕士论文。

38. 马俊亚：《被牺牲的"局部"：治水决策与淮北社会转型（1580—1949）》，《"历史学前沿论坛——历史进程与社会转型"论文集》（未刊本），武汉：2007 年 11 月。

39. 马雪芹：《明清黄河水患与下游地区的生态环境变迁》，《江海学刊》2001 年第 5 期。

40. 缪全吉：《明清道员的角色初探》，《近代中国初期历史研讨会论文集》（上册），台北："中央研究院近代史研究所" 1988 年版。

41. 倪玉平：《陶澍与东南"三大政"》，《江苏社会科学》2008 年第 1 期。

42. 饶明奇：《清代防洪工程的修防责任追究制》，《江西社会科学》2007 年第 3 期。

43. 商鸿逵：《康熙南巡与治理黄河》，《北京大学学报》（哲学社会科学版）1980 年第 4 期。

44. 申学锋：《光绪十三年至光绪十四年黄河郑州决口堵筑工程述略》，《历史档案》2003 年第 1 期。

45. 石志新：《清代道光咸丰间吏治败坏情况述略》，《史学月刊》1999 年第 5 期。

46. 史延廷：《栗毓美与清代河患》，《晋阳学刊》1990 年第 4 期。

47. 世博、伯钧：《道光朝的水灾及有关问题》，《历史教学》1989 年第 9 期。

48. 苏全有：《论林则徐的农业水利思想与实践》，《邯郸师专学报》1996 年第 1、2 期合刊。

49. 孙琰：《清朝治国重心的转移与靳辅治河》，《社会科学辑刊》1996 年第 6 期。

50. 孙仲明：《黄河下游 1855 年铜瓦厢决口以前的河势特征及决口原因》，中国水利学会水利史研究会编：《黄河水利史论丛》，西安：陕西科学技术出版社 1987 年版。

51. 唐博：《铜瓦厢改道后清廷的施政及其得失》，《历史教学》2008 年第 8 期。

52. 汪荣祖：《吏治问题——试论清季自强运动成败的一个关键》，《清季自强运动研讨会论文集》（下册），台北："中央研究院近代史研究所" 1987 年版。

53. 汪志国、黄学军：《周馥与山东黄河治理》，《池州师专学报》2000 年第 11 期。

54. 汪志国：《林则徐治水述论》，《海河水利》2001 年第 5 期。

55. 汪志国：《论周馥的治水思想》，《中国农史》2004 年第 2 期。

56. 王家俭：《魏源的水利议——兼论晚清经世学家修法务实的精神》，《清史研究论数》，台北：文史哲出版社 1994 年版。

57. 王京阳：《清代铜瓦厢改道前的河患及其治理》，《陕西师范大学学报》1979 年第 1 期。

58. 王林、万金凤：《黄河铜瓦厢决口与清政府内部的复道与改道之争》，《山东师范大学学报》2003 年第 4 期。

59. 王萍：《康熙帝与水利工程》，《近代中国初期历史研讨会论文集》（上册），台北："中央研究院近代史研究所" 1988 年版。

60. 王伟：《当代和清代黄河治理比较研究》，《安阳师范学院学报》2006 年第 2 期。

61. 王渭泾：《黄河流域环境变异与治河方略的演变》，黄河网：http：//www. yellowriver. gov. cn/lunwen/2006/200904/t20090402 _ 58902.

htm，2009-04-02。

62. 王雪华：《督抚与清代政治》，《武汉大学学报》（哲学社会科学版）1992 年第 1 期。

63. 王雪华：《关于清代督抚甄选的考察》，《武汉大学学报》（哲学社会科学版）1989 年第 6 期。

64. 王英华、谭徐明：《清代河工经费及其管理》，中国水利水电科学研究院水利史研究室编：《历史的探索与研究——水利史研究文集》，郑州：黄河水利出版社 2006 年版。

65. 王英华：《康乾时期关于治理下河地区的两次争论》，《清史研究》2002 年第 4 期。

66. 王英华：《清代河臣的贪冒》，《光明日报》2005 年 8 月 2 日第 7 版。

67. 王英华：《清口东西坝与康乾时期的河务问题》，《中州学刊》2003 年第 3 期。

68. 王跃生：《清代督抚体制特征探析》，《社会科学辑刊》1993 年第 4 期。

69. 王振忠：《河政与清代社会》，《湖北大学学报》（哲学社会科学版）1994 年第 2 期。

70. 王质彬、王笑凌：《清嘉道年间黄河决溢及其原因考》，《清史研究通讯》1990 年第 2 期。

71. 王质彬：《林则徐治黄——纪念林则徐诞辰二百周年》，《人民黄河》1985 年第 4 期。

72. 卫广来、王安菊：《康基田事略》，《沧桑》1995 年第 3 期。

73. 魏秀梅：《从量的观察探讨清季督抚的人事嬗递》，《"中央研究院近代史研究所"集刊》1973 年第 4 期。

74. 魏秀梅：《清代任官之亲族回避制度》（上册），中国台湾"中央研究院近代史研究所"编：《近代中国初期历史研讨会论文集》，台北："中央研究院近代史研究所"1988 年版。

75. 夏明方：《铜瓦厢改道后清廷对黄河的治理》，《清史研究》1995 年第 4 期。

76. 谢高潮：《晚清荒政思想简议》，《晋阳学刊》1997 年第 1 期。

77. 谢义炳：《清代水旱灾之周期研究》，《气象学报》1943 年第 17 卷。

78. 行龙：《从"治水社会"到"水利社会"》，《走向田野与社会》，北京：三联书店 2007 年版。

79. 徐近之：《黄河中游历史上的大水和大旱》，《地理学资料》1957 年第 1 期。

80. 薛履坦：《清乾隆黄河决口考》，《水利》1936 年第 5 期。

81. 薛玉琴：《林则徐治淮政绩考述》，《淮阴师范学院学报》（哲学社会科学版）1997 年第 3 期。

82. 颜元亮：《论民国时期的水利科学技术》，《水利史论文集（第 1 辑）——纪念姚汉源先生八十华诞》，南京：河海大学出版社 1994 年版。

83. 颜元亮：《清代黄河的管理》，《水利史研究室五十周年学术论文集》，北京：水利电力出版社 1986 年版。

84. 晏路：《郭琇弹劾靳辅案中案》，《满族研究》2001 年第 4 期。

85. 阳光宁、汪志国：《周馥与直隶河道的治理》，《安庆师范学院学报》2000 年第 3 期。

86. 杨联升：《从经济角度看帝制中国的公共工程》，《国史探微》，沈阳：辽宁教育出版社 1998 年。

87. 姚汉源：《从历史上看中国水利特征》，《水利史研究室五十周年学术论文集》，北京：水利电力出版社 1986 年版。

88. 姚汉源：《二千七百年来黄河下游真相的概略分析》，中国水利学会水利史研究会编：《黄河水利史论丛》，西安：陕西科学技术出版社 1987 年版。

89. 姚汉源：《河工史上的固堤放淤》，《水利史研究室五十周年学术论文集》，北京：水利电力出版社 1986 年版。

90. 姚汉源：《中国古代的农田淤灌及放淤问题》，《武汉水利电力学院学报》1964 年第 2 期。

91. 姚汉源：《中国古代的河滩淤灌及其他放淤问题——古代泥沙利用问题之二》，《华北水利水电学院学报》1980 年第 1 期。

92. 姚汉源：《中国古代的放淤和淤灌的技术问题——古代泥沙利用问题之三》，《华北水利水电学院学报》1981 年第 1 期。

93. 尹尚卿：《明清两代河防考略》，《史学集刊》1936 年 4 月。

94. 庾丽萍：《元明清的黄河水患及治理》，《陕西水利》2006 年第 6 期。

95. 张安东：《试论道光帝》，《安徽大学学报》（哲学社会科学版）1997 年第 5 期。

96. 张大海：《清代豫东黄河平原的自然灾害与地方社会》，武汉大学 2009 年博士论文。

97. 张德珠：《清代著名治河专家黎世序》，《水利天地》1992 年第 4 期。

98. 张建民、王雅红：《清代治河名臣——高斌》，朱雷主编：《外戚传》下册，郑州：河南人民出版社 1992 年版。

99. 张勉治：《洞察乾隆：帝王的实践精神、南巡和治水政治，1736—1765》，《清史译丛》第五辑，北京：中国人民大学出版社 2006 年。

100. 张丕远、龚高法：《十六世纪以来中国气候变化的若干特征》，《地理学报》1979 年第 3 期。

101. 张仁善：《康熙朝"明珠案"与"治河案"的关系》，《南开学报》（哲学社会科学版）1992 年第 3 期。

102. 张曙光：《治水的政治经济学——兼评卢跃刚的报告文学〈辛未水患〉》，《个人权利与国家权力》，成都：四川文艺出版社 1996 年版。

103. 张天周：《乾隆防灾救荒论》，《中州学刊》1993 年第 6 期。

104. 张岩：《论包世臣河工思想的近代性》，《晋阳学刊》1999 年第 3 期。

105. 张玉法：《清初山东的地方建制：1644—1795》，中国台湾

"中央研究院近代史研究所"编:《近代中国初期历史研讨会论文集》（上册），台北："中央研究院近代史研究所" 1988 年版。

106. 张玉芬:《道光皇帝述评》,《史学月刊》1986 年第 4 期。

107. 赵希鼎:《清代的总督与巡抚》,《历史教学》1963 年第 10 期。

108. 赵晓耕、赵启飞:《浅议清代河政部门与地方政府的关系》,《河南政法干部管理学报》2009 年第 5 期。

109. 赵宜珍:《论琦善》,《福建论坛》（人文社会科学版）1996 年第 5 期。

110. 郑师渠:《论道光朝河政》,《历史档案》1996 年第 2 期。

111. 郑永福:《东河总督任上的林则徐》,《历史教学》1986 年第 7 期。

112. 竺可桢:《中国近五千年来气候变化的初步研究》,《中国科学 A 辑》1973 年第 2 期。

113. 邹逸麟:《黄河下游河道变迁及其影响概述》,《复旦学报》（社会科学版）1980 年第 1 期。

后 记

当初涉足水利史问题的研究，得益于业师张建民教授的引导。2005 年，我从武汉大学历史系本科毕业后，随张老师攻读硕士学位，后获得硕博连读资格。2008 年，张老师台湾讲学归来，我去拜访他。张老师告诉我，清代治河问题还有研究空间，认真去做，是可以做出一些新东西出来的。巧合的是，我也在关注这方面的内容。就这样确立了这一阶段的研究方向。2010 年博士毕业后，我进入武汉工程大学工作。2010 年年底，进入华中师范大学中国近代史研究所随著名学者朱英教授从事博士后研究。博士后研究的内容也是博士研究内容的延续和扩展。本书的内容，正是从攻读博士学位到博士后研究的主要成果。

从博士到博士后研究阶段，武汉大学陈锋教授、谢贵安教授、李少军教授、任放教授、杨国安教授、周荣教授、徐斌副教授、洪钧副教授，华中师范大学朱英教授、罗福惠教授、吴琦教授，中国人民大学陈桦教授，南京大学范金民教授，中山大学刘志伟教授，中南财经政法大学苏少之教授、姚会元教授等对研究中的问题提出了非常宝贵的意见。本书根据各位老师、专家的意见尽可能地进行了修改，但很多宝贵的意见，由于时间等关系，还没有来得及融入本书。在下一阶段的研究中，我将会对这些宝贵的意见进行消化，完善相关研究内容。

本书在写作的过程中，参考借鉴了许多前辈学者及相关专家的研究成果，受益良多。相关成果在注释及参考文献中尽可能地做了标注，在此谨表谢意。若有遗漏，敬请见谅并予告知。

感谢武汉大学出版社王雅红副社长对本书出版的支持，感谢编辑朱凌云老师、易瑛老师为本书所做的认真、细致的编校工作！

　　感谢我的家人一直以来给予我学习和工作上的最大支持！

　　最后，还要说明的是，本课题在研究的过程中，相继获得教育部人文社会科学青年基金项目（11YJCZH076）和中国博士后科学基金（2012M511638）、湖北省教育厅科学技术研究项目（Q20121505）的支持，为研究的开展创造了便利条件，在此一并表示衷心的感谢！

金诗灿

2014 年 12 月 4 日于武汉